微生物によるものづくり
―化学法に代わるホワイトバイオテクノロジーの全て―

Microbial Bioconversion and Bioproduction
—Development of White Biotechnology beyond Chemical Synthesis—

《普及版／Popular Edition》

監修 植田充美

シーエムシー出版

はじめに

　今，地球温暖化防止による持続的かつ地球への負担の少ない社会や産業のあり方が問われております。従来の化石燃料からバイオマス由来エネルギーへと大転換の時代を迎え，化石燃料依存の化学産業は，微生物などの生体触媒を用いた産業（ホワイトバイオテクノロジー産業）へと，技術革新を迫られております。本著は，こういった現在の潮流であるホワイトバイオテクノロジーの基本である「微生物によるものづくり」に焦点をあて，そのアウトプットである生成物を中心にまとめるという新しい企画によるホワイトバイオテクノロジーの現状と将来の展開を見据えたユニークな著となっております。

　これまでの微生物や酵素を用いた有用物質生産は，発酵産業としてなじみの深い時代をおくってきました。伝統的なスクリーニングに基づく自然界からのこつこつと着実な探索は，この研究分野の根幹をなすものであります。得られた目的の微生物や酵素は，代謝を考慮した変異体の作製や，時には，遺伝子工学的手法による酵素の部位特異的な変異手法の導入により，より高い活性をもったり，基質特異性を改変したりして，物質変換に供されてきました。

　ゲノム解析が飛躍的に進歩した現在，これらの伝統的な手法に加えて，網羅的な（コンビナトリアル）改変による最適な微生物や酵素の調製が可能になるとともに，ゲノム情報から新たに創り出すという進化を先取りするような手法も編み出されてきており，ホワイトバイオテクノロジーの奥行きは，とどまるところを知らないほど魅力あふれる世界となってきました。さらに，このシリーズの中の既刊である「複合微生物系の産業利用と新産業創出」（倉根隆一郎監修，2006年）でたくさん紹介のある酵素複合系や共役系の再構築も視野に入ったホワイトバイオテクノロジーからは，複雑な多段階反応産物や改変変異体ライブラリーによる各種ケミカルライブラリーの創製も可能になり，創薬を導くケミカルバイオロジーを支えるバイオテクノロジーともなってきました。

　この最新のホワイトバイオテクノロジーの著では，上記のように，これまでの伝統的な手法と最新の手法が織り成す新しい「微生物ものづくり」のまさに現在進行形の現場を集大成し，地球に優しく，人類の自然との共存共栄の社会を未来永劫に持続的に継承してゆく基礎と実用の基盤研究の一助になれば幸いです。

　最後に，ご多忙のなか，こういった考え方に賛同いただき，執筆にご協力いただいた方々に深謝いたします。

京都大学　大学院農学研究科　応用生命科学専攻
教授　植田充美

普及版の刊行にあたって

　本書は2008年に『微生物によるものづくり―化学法に代わるホワイトバイオテクノロジーの全て―』として刊行されました。普及版の刊行にあたり，内容は当時のままであり加筆・訂正などの手は加えておりませんので，ご了承ください。

2015年5月

シーエムシー出版　編集部

執筆者一覧（執筆順）

植田　充美	京都大学　大学院農学研究科　応用生命科学専攻　教授	
田村　具博	�㈱産業技術総合研究所　ゲノムファクトリー研究部門　遺伝子発現工学研究グループ　グループリーダー	
橋本　義輝	筑波大学　大学院生命環境科学研究科　生物機能科学専攻　講師	
小林　達彦	筑波大学　大学院生命環境科学研究科　生物機能科学専攻　教授	
北本　勝ひこ	東京大学　大学院農学生命科学研究科　応用生命工学専攻　教授	
加藤　純一	広島大学　大学院先端物質科学研究科　分子生命機能科学専攻　教授	
本田　孝祐	大阪大学　大学院工学研究科　先端生命工学専攻　助教	
大竹　久夫	大阪大学　大学院工学研究科　先端生命工学専攻　教授	
鈴木　利雄	ダイソー㈱　研究開発本部　研究所　次長	
広常　正人	大関㈱　総合研究所　所長	
安枝　寿	味の素㈱　ライフサイエンス研究所	
中村　純	味の素㈱　甘味料部	
浅野　泰久	富山県立大学　生物工学研究センター　所長；工学部　生物工学科　教授	
山本　幸子	杏林大学　医学部　化学教室　助教	
立木　隆	立命館大学　生命科学部　生物工学科　教授	
小川　順	京都大学　大学院農学研究科　応用生命科学専攻　助教	
岸野　重信	京都大学　大学院農学研究科　産業微生物学（寄附講座）　助教	
櫻谷　英治	京都大学　大学院農学研究科　応用生命科学専攻　助教	
清水　昌	京都大学　大学院農学研究科　応用生命科学専攻　教授	
荻野　千秋	神戸大学　大学院工学研究科　応用化学専攻　准教授	
岩崎　雄吾	名古屋大学　大学院生命農学研究科　准教授	
昌山　敦	名古屋大学　大学院生命農学研究科　研究員	
中野　秀雄	名古屋大学　大学院生命農学研究科　教授	
三沢　典彦	キリンホールディングス㈱　フロンティア技術研究所　主任研究員	
原田　尚志	キリンホールディングス㈱　フロンティア技術研究所　特別研究員	

内海　龍太郎	近畿大学　農学部　バイオサイエンス学科　教授	
芝崎　誠司	兵庫医療大学　薬学部　医療薬学科　准教授	
近藤　昭彦	神戸大学　大学院工学研究科　応用化学専攻　教授	
秦　洋二	月桂冠㈱　総合研究所　所長	
城道　修	メルシャン㈱　生物資源研究所長	
武田　耕治	メルシャン㈱　医薬化学品事業部　バイオ技術開発センター長	
中川　篤	ダイソー㈱　研究開発本部　研究所　主任研究員	
宮崎　健太郎	㈱産業技術総合研究所　生物機能工学研究部門　酵素開発研究グループ　グループ長	
木野　邦器	早稲田大学　理工学術院　先進理工学部　応用化学科　教授	
横関　健三	味の素㈱　アミノサイエンス研究所　理事；京都大学　大学院農学研究科　産業微生物学講座（寄附講座）　客員教授	
勝山　陽平	東京大学　大学院農学生命科学研究科	
鮒　信学	東京大学　大学院農学生命科学研究科　助教	
堀之内　末治	東京大学　大学院農学生命科学研究科　教授	
瀬脇　智満	㈱ジェノラックBL　基礎研究部　部長	
夫　夏玲	Korea Research Institute of Bioscience and Biotechnology, Bionanotechnology Research Center, Principal Investigator	
川名　敬	東京大学　医学部附属病院　産科婦人科学教室　助教	
金　哲仲	Chungnam National University, College of Veterinary Medicine, Laboratory of Infectious Disease, Professer	
成　文喜	㈱バイオリーダース　代表取締役社長；国民大学　自然科学大学　生命ナノ化学　教授	
千葉　勝由	㈱ヤクルト本社　中央研究所　応用研究二部化粧品研究室　主席研究員	
渡邉　正己	京都大学　原子炉実験所　放射線生命科学研究分野　教授	
吉居　華子	京都大学　原子炉実験所　放射線生命科学研究分野	

藤井 亜希子	長崎大学　薬学部　放射線生命科学研究室	
吉田 拓史	キユーピー㈱研究所　健康機能 R&D センター	
岩本 美絵	㈱ジェノラック BL　機能性素材部　主任	
朴　　清	㈱バイオリーダース　営業本部長　常務理事	
小山内　靖	㈱ジェノラック BL　取締役	
宇山　浩	大阪大学　大学院工学研究科　応用化学専攻　教授	
森田 友岳	㈳産業技術総合研究所　環境化学技術研究部門　研究員	
井村 知弘	㈳産業技術総合研究所　環境化学技術研究部門　研究員	
福岡 徳馬	㈳産業技術総合研究所　環境化学技術研究部門　研究員	
北本　大	㈳産業技術総合研究所　環境化学技術研究部門　グループ長	
田口 精一	北海道大学　大学院工学研究科　生物機能高分子専攻　生物工学講座バイオ分子工学研究室　教授	
谷野 孝徳	神戸大学　工学部　G-COE 研究員	
大窪 雄二	㈱カネカ　フロンティアバイオ・メディカル研究所　基幹研究員	
松井　健	京都大学　大学院農学研究科　応用生命科学専攻	
黒田 浩一	京都大学　大学院農学研究科　応用生命科学専攻　助教	
稲葉 千晶	京都大学　大学院農学研究科　応用生命科学専攻	
中西 昭仁	京都大学　大学院農学研究科　応用生命科学専攻	
三宅 英雄	三重大学　大学院生物資源学研究科　助教	
田丸　浩	三重大学　大学院生物資源学研究科　准教授	
民谷 栄一	大阪大学　大学院工学研究科　精密科学・応用物理学専攻　教授	
石川 光祥	北陸先端科学技術大学院大学　マテリアルサイエンス研究科　機能科学専攻；（現）㈱フジタ	
池田 隆造	北陸先端科学技術大学院大学　マテリアルサイエンス研究科　機能科学専攻　産学連携研究員	
田中　勉	神戸大学　自然科学系先端融合研究環　助教	
福田 秀樹	神戸大学　自然科学系先端融合研究環　環長, 教授	

執筆者の所属表記は，2008 年当時のものを使用しております。

目　次

第1章　微生物によるものづくりのための技術開発

1 放線菌を宿主とした多目的用途に利用可能な生物工場創製に向けた技術の開発 …………田村具博… 1
　1.1　はじめに ……………………… 1
　1.2　発現ベクターの開発 ………… 1
　1.3　トランスポゾンベクターの開発 … 2
　1.4　シトクロムP450を利用した物質変換系構築の試み ……………… 5
　1.5　おわりに ……………………… 6
2 新規タンパク質発現系を利用したストレプトミセスの改良
　　　　　………橋本義輝，小林達彦… 8
　2.1　はじめに ……………………… 8
　2.2　ロドコッカス属放線菌のニトリル代謝酵素の誘導発現 ……………… 8
　2.3　J1菌由来ニトリラーゼ系を利用したストレプトミセスでの新規誘導型大量発現系の開発 ……………… 9
　2.4　J1菌由来H-NHase系を利用したストレプトミセスでの新規構成型大量発現系の開発 ……………… 11
　2.5　おわりに ……………………… 13
3 タンパク質工場としての麹菌の利用
　　　　　………………北本勝ひこ… 15
　3.1　はじめに ……………………… 15
　3.2　ヒトリゾチームを生産する麹菌の取得 ……………………………… 15
　3.3　プロテアーゼ遺伝子破壊によるヒトリゾチームの高生産 …………… 16
　3.4　ヒトリゾチーム活性を指標とした分泌タンパク質高生産株の取得 …… 17
　3.5　プロテアーゼ遺伝子2重破壊株（NS-tApE株）およびAUT株によるウシキモシンの高生産 ……………… 19
　3.6　RNAiを用いたα-アミラーゼ発現抑制による異種タンパク質生産の改善 ……………………………… 20
　3.7　おわりに ……………………… 21
4 疎水性ケミカルのバイオプロダクションのための有機溶媒耐性細菌の活用
　　　……加藤純一，本田孝祐，大竹久夫… 24
　4.1　はじめに ……………………… 24
　4.2　有機溶媒耐性細菌 …………… 25
　4.3　P. putida T57株を用いたトルエンの水酸化 ……………………… 25
　4.4　疎水性な有機溶媒耐性細菌 R. opacus B4株の活用 ……………… 29
　4.5　おわりに ……………………… 30
5 アーミング技術による生体触媒創製の新しい展開—ホワイトバイオテクノロジーのイノベーション ………植田充美… 32
　5.1　はじめに ……………………… 32

5.2 細胞表層工学（Cell Surface Engineering）—アーミング技術の確立 …… 32
5.3 アーミング技術基盤が開拓するホワイトバイオテクノロジー …… 35
5.4 アーミング技術による実用的細胞触媒の創製 …… 37
　5.4.1 共役複合酵素系を持つ細胞触媒の調製 …… 37
　5.4.2 網羅的改変変異酵素群の調製と今後の展望 …… 39

第2章　食品素材の生産

1 黒酵母 *Aureobasidium pullulans* が産生する発酵 β-グルカンとその生理機能 …………… **鈴木利雄** …… 43
　1.1 はじめに …… 43
　1.2 黒酵母の産生する β-1,3-1,6-グルカン …… 43
　　1.2.1 ダイソーでの β-グルカンの開発 …… 43
　　1.2.2 発酵法による β-1,3-1,6-グルカンの生産 …… 44
　　1.2.3 DS β-グルカンの構造とその諸性質 …… 44
　1.3 DS β-グルカン『アクア β』の安全性について …… 46
　　1.3.1 既存添加物としての黒酵母 *Aureobasidium pullulans* の培養液 …… 46
　　1.3.2 急性経口毒性試験 …… 46
　　1.3.3 28日反復経口投与試験（亜急性毒性試験） …… 47
　　1.3.4 皮膚・眼粘膜に対する刺激試験 …… 47
　　1.3.5 ヒトパッチ試験 …… 47
　1.4 DS β-グルカン『アクア β』の生理機能について …… 47
　　1.4.1 腸管免疫賦活効果について …… 47
　　1.4.2 抗腫瘍活性と抗癌転移活性について …… 48
　　1.4.3 抗アレルギー作用について …… 48
　　1.4.4 抗ストレス作用について …… 49
　　1.4.5 便秘改善効果について …… 50
　　1.4.6 自律神経系への作用について …… 51
　1.5 おわりに …… 52

2 日本酒の醸造における α-エチルグルコシドの生成とその機能 …… **広常正人** …… 54
　2.1 はじめに …… 54
　2.2 日本酒の機能性に関する研究 …… 54
　2.3 日本酒に含まれるエチル α-D-グルコシド（α-EG） …… 54
　　2.3.1 α-EG の生成 …… 55
　　2.3.2 日本酒と α-EG の外用の効果 …… 55
　2.4 日本酒および α-EG 飲用時の機能性 …… 56

2.4.1 α-EG の吸収と代謝 ………… 56	4.6.4 アミノ酸アミドのダイナミックな光学分割 ………………… 75
2.4.2 日本酒の美肌効果 …………… 56	4.7 おわりに ……………………… 76
2.4.3 日本酒の肝障害抑制作用 …… 57	5 γ-グルタミルエチルアミド（テアニン）の合成 ……… 山本幸子，立木　隆… 78
2.5 おわりに …………………………… 59	5.1 テアニン ………………………… 78
3 アミノ酸―L-グルタミン酸発酵とその生産機構の解明へ― ……………… 安枝　寿，中村　純… 60	5.2 γ-グルタミル基転移反応を用いた生産法 ……………………………… 79
3.1 はじめに ………………………… 60	5.3 合成酵素反応を用いた生産法 …… 81
3.2 グルタミン酸発酵の概要 ……… 60	5.4 まとめ ………………………… 83
3.3 生産菌研究の最近の進歩 ……… 61	6 高度不飽和脂肪酸・共役脂肪酸含有油脂の微生物生産 …… 小川　順，岸野重信，櫻谷英治，清水　昌… 85
3.4 グルタミン酸の過剰生成機構 … 61	
3.5 おわりに ………………………… 66	6.1 はじめに ………………………… 85
4 酵素法による D-アミノ酸の製造 ……………………………… 浅野泰久… 68	6.2 PUFA 含有油脂の発酵生産 …… 86
4.1 はじめに ………………………… 68	6.2.1 n-6 系 PUFA 含有油脂 …… 86
4.2 ヒダントイン誘導体に D-ヒダントイナーゼなどを作用させる方法 …… 70	6.2.2 n-9 系 PUFA 含有油脂 …… 86
	6.2.3 n-3 系 PUFA 含有油脂 …… 87
4.3 N-アシル-D-アミノ酸に D-アミノアシラーゼを作用させる方法 ……… 71	6.2.4 メチレン非挿入型 PUFA 含有油脂 ……………………………… 87
4.4 α-ケト酸に D-アミノ酸アミノ基転移酵素およびその他3種類の酵素を作用させる方法 ……………… 72	6.2.5 n-7, n-4, n-1 系 PUFA 含有油脂 …………………………… 87
	6.3 微生物変換による CLA などの共役脂肪酸の生産 …………………… 88
4.5 α-ケト酸に D-アミノ酸脱水素酵素を作用させる方法 ……………… 72	6.3.1 リノール酸の異性化による CLA 生産 ……………………… 88
4.6 D 立体選択的アミノ酸アミダーゼを用いる方法 ……………………… 73	6.3.2 リシノール酸の脱水による CLA 生産 ……………………… 89
4.6.1 D 立体選択的ペプチダーゼおよびアミダーゼの探索 ………… 73	6.3.3 trans-バクセン酸の不飽和化による CLA 生産 ……………… 90
4.6.2 光学分割による D-アミノ酸類合成への応用 ………………… 74	
4.6.3 アミノ酸アミドラセミ化活性… 74	6.3.4 微生物変換による種々の共役脂

　　　　肪酸の生産 …………………… 90
　6.4　おわりに ……………………… 91
7　リン脂質修飾酵素の動向 …荻野千秋… 92
　7.1　はじめに ……………………… 92
　7.2　ホスホリパーゼDについて ……… 93
　7.3　放線菌での発現系構築 ………… 93
　7.4　遺伝子組み換え放線菌による培養特
　　　　性解析 …………………………… 95
　7.5　固定化放線菌によるPLD酵素の繰り
　　　　返し培養 ………………………… 96
　7.6　固定化培養における培地成分の効果
　　　　………………………………… 97
　7.7　おわりに ……………………… 98
8　ホスホリパーゼDによるリン脂質の変
　　　換 …岩崎雄吾, 昌山　敦, 中野秀雄… 100
　8.1　はじめに ……………………… 100
　8.2　PLDによる酵素反応工学 ……… 100
　　8.2.1　天然型リン脂質の合成 ……… 100
　　8.2.2　非天然型リン脂質の合成 …… 101
　　8.2.3　反応系の改良 ……………… 101
　8.3　PLDの酵素化学 ……………… 102
　　8.3.1　転移反応に利用されるPLDの起
　　　　　源 …………………………… 102
　　8.3.2　PLDの構造 ……………… 103
　　8.3.3　PLD遺伝子の発現系 ……… 103
　　8.3.4　PLDの蛋白質工学 ………… 103
　8.4　おわりに ……………………… 105
9　大腸菌を宿主としたパスウェイエンジニ
　　　アリングによる食品成分イソプレノイド
　　　（カロテノイド, セスキテルペン）の生産
　　　…三沢典彦, 原田尚志, 内海龍太郎… 107

　9.1　はじめに ……………………… 107
　9.2　従来の組換え大腸菌によるイソプレ
　　　　ノイド（カロテノイド）生産の研究
　　　　例 ……………………………… 107
　9.3　メバロン酸経路遺伝子群発現用プラ
　　　　スミドの作製 ………………… 109
　9.4　FPPからリコペンまたはアスタキサ
　　　　ンチン合成用プラスミドの作製 … 111
　9.5　プラスミドpAC-Mevを持つ大腸菌
　　　　によるカロテノイド生産 ……… 112
　9.6　プラスミドpAC-Mev/Scidiを持つ
　　　　大腸菌によるカロテノイド生産 … 114
　9.7　プラスミドpAC-Mev/Scidi/Aaclを
　　　　持つ大腸菌によるカロテノイド生産
　　　　………………………………… 114
　9.8　α-フムレン生産用プラスミドの作製
　　　　と本プラスミドを持つ大腸菌による
　　　　α-フムレン生産 ……………… 115
　9.9　おわりに ……………………… 116
10　イソフラボンアグリコン
　　　……芝崎誠司, 荻野千秋, 近藤昭彦… 118
　10.1　はじめに ……………………… 118
　10.2　β-グルコシダーゼのクローニング
　　　　と酵母ディスプレイ系の構築 …… 118
　10.3　β-グルコシダーゼ提示酵母による
　　　　アグリコン生産 ……………… 120
　10.4　BGL1酵素の特徴 …………… 121
　10.5　おわりに ……………………… 125
11　酒蔵からサプリメント ……秦　洋二… 127
　11.1　はじめに ……………………… 127
　11.2　清酒とは ……………………… 128

11.3 お酒の分類 …………………… 129	11.5 フェリクリシン …………………… 132
11.4 酒粕ペプチド ………………… 130	11.6 おわりに ……………………… 134

第3章 医薬品素材の生産

1 シュードノカルディアによるカルシトリオールの生産 …**城道 修，武田耕治**… 136
 1.1 はじめに …………………… 136
 1.2 微生物を用いた水酸化反応 ……… 137
 1.3 シクロデキストリンによる水酸化反応の促進と制御 ……………… 138
 1.4 水酸化反応におけるシクロデキストリンの作用機序 ……………… 140
 1.5 酵素の改良による今後の展開 …… 141
 1.6 おわりに …………………… 142
2 バイオ法による光学活性クロロアルコールの工業的生産法の開発
 ………………**鈴木利雄，中川 篤**… 143
 2.1 はじめに …………………… 143
 2.2 クロロプロパンジオール脱ハロゲン化酵素について ……………… 144
  2.2.1 ハロアルコール脱ハロゲン化酵素について ………………… 144
  2.2.2 3-クロロ-1,2-プロパンジオール（CPD）の立体選択的光学分割について ……………………… 144
  2.2.3 新規な (*R*)-CPD 脱ハロゲン化酵素の分離，精製とその性質 … 145
  2.2.4 (*R*)-CPD 脱ハロゲン化酵素遺伝子のクローニング ………… 146
  2.2.5 HDDase 酵素遺伝子（*HDD*）の発現 ……………………… 147
 2.3 光学活性 1,2-ジオール合成ユニットの生産 ……………………… 147
  2.3.1 光学活性 1,2-ジオール合成ユニットについて ……………… 147
  2.3.2 HDDase を利用した光学活性 1,2-ジオール合成ユニットの調製 … 148
 2.4 光学活性 C4 合成ユニットの開発… 149
  2.4.1 光学活性 C4 合成ユニットの有用性 ……………………… 149
  2.4.2 光学活性 C4 合成ユニットの微生物光学分割 ……………… 149
  2.4.3 光学活性 C4 合成ユニットの生産とその脱ハロゲン化酵素について ……………………… 151
  2.4.4 CHB 脱ハロゲン化酵素遺伝子の単離と高発現 ……………… 152
  2.4.5 遺伝子組換え大腸菌を利用した光学分割 ……………… 153
 2.5 おわりに …………………… 154
3 微生物の不斉分解を利用した D,L-ホモセリンからの D-ホモセリンの製造
 ………………………**宮崎健太郎**… 158
 3.1 はじめに …………………… 158
 3.2 微生物を用いた D-ホモセリンの製造 ……………………… 158

3.3　L-ホモセリン分解菌の探索 ……… 159
3.4　A. nicotinovorans 2-3 株による光学分割 ……………………………… 160
3.5　A. nicotinovorans 2-3 株の洗浄菌体による光学分割 …………………… 162
3.6　おわりに ……………………… 165

4　ジペプチド合成酵素の探索とジペプチド生産技術の開発 …………**木野邦器**… 167
4.1　はじめに ……………………… 167
4.2　ジペプチドの合成法 ………… 167
4.3　新規酵素の探索とジペプチド合成への利用 ……………………… 169
　4.3.1　D-アミノ酸ジペプチド合成酵素 …………………………… 169
　4.3.2　L-アミノ酸 α-リガーゼの発見 …………………………… 170
　4.3.3　L-アミノ酸 α-リガーゼの多様性 ………………………… 172
　4.3.4　ペプチド性抗生物質生産菌からのジペプチド合成酵素の発見 … 173
4.4　ジペプチドの製造法 ………… 174
　4.4.1　菌体反応法 ……………… 174
　4.4.2　直接発酵法 ……………… 175
4.5　おわりに ……………………… 176

5　新規酵素を用いる工業的オリゴペプチド新製法の開発 ………**横関健三**… 178
5.1　はじめに ……………………… 178
5.2　生体におけるペプチド合成戦略 … 178
5.3　既存製法におけるペプチド合成戦略 …………………………… 179
5.4　新製法の戦略 ………………… 180
5.5　新規酵素のスクリーニングと新製法の開発 …………………… 181

6　微生物を宿主としたコンビナトリアル生合成法による非天然型植物ポリケタイドの生産
　………**勝山陽平，鮒　信学，堀之内末治**… 187
6.1　はじめに ……………………… 187
6.2　ポリケタイドとポリケタイド合成酵素（PKS） ………………… 187
6.3　コンビナトリアル生合成 …… 189
6.4　フラボノイド（植物ポリケタイド）の生合成 …………………… 189
6.5　微生物を宿主としたフラボノイドの生産 …………………… 191
6.6　大腸菌と酵母の共培養によるイソフラボンの生産 …………… 193
6.7　スチルベン（stilbene）の生産 …… 194
6.8　クルクミノイド（curcuminoid）の生産 …………………………… 195
6.9　非天然型植物ポリケタイドの生産 … 196
6.10　総括 ………………………… 197

7　乳酸菌を活用した粘膜ワクチンの特性と臨床応用を目指した開発 ……**瀬脇智満，夫　夏玲，川名　敬，金　哲仲，成　文喜**… 199
7.1　はじめに ……………………… 199
7.2　抗原運搬体としての乳酸菌の役割 ……………………………… 199
7.3　当社の乳酸菌ワクチンについて … 201
7.4　当社の開発パイプラインの紹介 … 203
7.5　まとめ ………………………… 204

第4章　化粧品素材の生産

1　乳酸菌を利用した化粧品素材づくり
　　　　　　　　　　　　千葉勝由… 206
　1.1　はじめに ………………………… 206
　1.2　乳酸菌を利用した化粧品素材開発の
　　　　現況 ……………………………… 206
　1.3　開発事例 ………………………… 208
　　　1.3.1　乳酸菌培養液 …………… 208
　　　1.3.2　乳酸桿菌／アロエベラ発酵液… 209
　　　1.3.3　大豆ビフィズス菌発酵液 … 210
　1.4　おわりに ………………………… 212
2　海洋微生物をソースとしたメラニン生成
　　抑制能を有する微生物の探索とメラニン
　　生成抑制剤開発
　　　　…**渡邉正己，吉居華子，藤井亜希子**… 214
　2.1　はじめに ………………………… 214
　2.2　海洋微生物の分離と保存 ……… 214
　2.3　メラニン生成抑制能 …………… 215
　2.4　メラニン生成抑制機構 ………… 216
　2.5　結論 ……………………………… 218
3　微生物発酵法によるヒアルロン酸の生産
　　　　　　　　　　　　吉田拓史… 219
　3.1　はじめに ………………………… 219

3.2　ヒアルロン酸の構造と分布 ……… 219
3.3　ヒアルロン酸の機能 ……………… 220
3.4　ヒアルロン酸の工業生産の歴史 … 221
3.5　微生物発酵によるヒアルロン酸の生
　　　産 …………………………………… 221
　　　3.5.1　生産菌について …………… 221
　　　3.5.2　ヒアルロン酸の生合成経路 …… 221
　　　3.5.3　ヒアルロン酸発酵生産の流れと
　　　　　　プロセス管理 ……………… 222
3.6　おわりに ………………………… 223
4　高分子量ポリ-γ-グルタミン酸の魅力と
　　新展開…**岩本美絵，朴　清，小山内　靖，
　　宇山　浩，金　哲仲，夫　夏玲，成　文喜**… 226
　4.1　はじめに ………………………… 226
　4.2　高分子量 γ-PGA ………………… 227
　　　4.2.1　微生物発酵法による γ-PGA の生
　　　　　　産 …………………………… 227
　　　4.2.2　γ-PGA の分子量測定技術の開発
　　　　　　…………………………………… 228
　4.3　高分子量 γ-PGA の魅力 ……… 230
　4.4　γ-PGA の市場性 ……………… 232
　4.5　おわりに ………………………… 233

第5章　化成品素材の生産

1　バイオサーファクタント … **森田友岳，
　　井村知弘，福岡徳馬，北本　大**… 235
　1.1　はじめに ………………………… 235
　1.2　バイオサーファクタントとは …… 235

1.3　バイオサーファクタントの構造と
　　　機能 ………………………………… 236
1.4　バイオサーファクタントの生産 … 237
1.5　各種バイオサーファクタントの生産

　　　　と機能 ……………………… 237
　　1.5.1　マンノシルエリスリトールリピッド ……………………… 237
　　1.5.2　ソホロリピッド ……………… 239
　　1.5.3　ラムノリピッド ……………… 240
　　1.5.4　トレハロースリピッド ……… 240
　　1.5.5　サーファクチン ……………… 241
　1.6　バイオサーファクタント生産微生物の遺伝子組換え技術 ……………… 241
　1.7　おわりに ……………………………… 242
2　バイオポリエステル ……… **田口精一**… 244
　2.1　はじめに ……………………………… 244
　2.2　代表的なバイオポリエステルの開発研究 ……………………………… 244
　　2.2.1　PLA のケース ……………… 245
　　2.2.2　PBS のケース ……………… 245
　　2.2.3　PHA のケース ……………… 246
　　2.2.4　PHA の生産コスト ………… 250
　2.3　おわりに ……………………………… 251
3　ポリオール ………………… **宇山　浩**… 254
　3.1　はじめに ……………………………… 254
　3.2　低分子バイオポリオール …………… 255
　3.3　ポリ乳酸ポリオール ………………… 255
　3.4　発酵乳酸液からのポリ乳酸誘導体の製造 ……………………………… 258
　3.5　おわりに ……………………………… 260
4　ポリエステル …**谷野孝徳，近藤昭彦**… 262
　4.1　はじめに ……………………………… 262
　4.2　酵母細胞表層ディスプレイ法とリパーゼアーミング酵母 …………… 262
　4.3　ポリエステル合成反応におけるリパーゼアーミング酵母の選択 ……… 263
　4.4　CALB アーミング酵母の改良 …… 264
　4.5　CALB アーミング二倍体酵母によるポリブチレンアジペートの合成 … 265
　4.6　おわりに ……………………………… 266
5　生分解性ポリエステル PHBH 生産酵母の開発 ……………… **大窪雄二**… 268
　5.1　はじめに ……………………………… 268
　5.2　PHBH ………………………………… 268
　5.3　酵母を用いた PHBH の生合成 …… 269
　　5.3.1　菌体内ポリエステル生産の宿主 …………………………… 269
　　5.3.2　*C. maltosa* における PHBH 生産菌育種―1 ……………… 269
　　5.3.3　多遺伝子導入可能な *C. maltosa* 株の構築 ……………… 271
　　5.3.4　*C. maltosa* における PHBH 生産菌育種―2 …………… 271
　5.4　まとめと今後の展望 ………………… 274
6　有機溶媒耐性を賦与した酵母を用いたエステル合成 …… **松井　健，黒田浩一**… 275
　6.1　はじめに ……………………………… 275
　6.2　有機溶媒耐性酵母 …………………… 275
　　6.2.1　KK-211 株の特徴 …………… 276
　　6.2.2　有機溶媒耐性関連因子の同定 … 277
　　6.2.3　有機溶媒耐性の構築 ………… 278
　6.3　*PDR1*-R821S 変異株による還元反応 ……………………………… 279
　6.4　おわりに ……………………………… 279
7　バイオマスからの乳酸エステルの合成 ………………… **稲葉千晶，植田充美**… 281

7.1 はじめに …………………… 281	8.2 バイオリファイナリーについて … 288
7.2 Candida antarctica リパーゼB提示酵母による乳酸エステルの合成 …… 282	8.3 バイオリファイナリーに用いられるバイオマス資源について ………… 289
7.2.1 Candida antarctica リパーゼB提示酵母の作製 ……………… 282	8.4 フェニルプロパノイドを利用した化成品とリグニンとの関わりについて …………………………………… 289
7.2.2 CALB提示酵母を用いた乳酸エチルの合成 ………………… 284	8.5 ホワイトバイオテクノロジーにおけるリグニン変換化成品の価値について …………………………………… 290
7.3 おわりに ……………………… 286	
8 バイオリファイナリーによるリグニンの有用物質への変換 …………中西昭仁，黒田浩一… 288	8.6 酵素によるリグニンの分解について …………………………………… 290
8.1 はじめに ……………………… 288	8.7 おわりに ……………………… 293

第6章　資源・燃料の生産

1 アセトン・ブタノール・エタノール発酵における研究開発の動向 ………………三宅英雄，田丸　浩… 295	2.2 水素産生菌 …………………… 303
	2.3 多層バイオ水素リアクター ……… 304
1.1 はじめに ……………………… 295	2.4 多層バイオ水素リアクターの並列化 …………………………………… 305
1.2 ABC発酵の問題点 …………… 296	
1.3 ソルベント生成 Clostridium 属細菌の代謝経路 ……………………… 296	2.5 バイオ水素-電気エネルギー変換システム ……………………………… 306
1.4 バイオブタノール生産研究の海外動向 ……………………………… 298	2.6 バイオマスからの電気エネルギー生産 ……………………………… 308
1.5 バイオブタノール生産研究の国内動向 ……………………………… 299	2.7 おわりに ……………………… 309
	3 バイオエタノール ………… 荻野千秋，田中　勉，福田秀樹，近藤昭彦… 310
1.6 まとめ ………………………… 300	3.1 はじめに ……………………… 310
2 バイオマスからのバイオ水素-電気エネルギー変換システム ……民谷栄一，石川光祥，池田隆造… 302	3.2 細胞表層提示技術を用いたエタノール生産 …………………………… 310
	3.3 デンプンからのエタノール生産 … 311
2.1 はじめに ……………………… 302	3.4 セルロースからのエタノール生

産 …………………………………… 312
3.5 ヘミセルロースからのエタノール生
　　　産 …………………………………… 313
3.6 まとめ ………………………………… 314
4 複数の全菌体酵素を用いたバイオディー
　　ゼル燃料の生産 ………**福田秀樹** 316
4.1 はじめに ……………………………… 316
4.2 酵素によるバイオディーゼル燃料の
　　　生産 …………………………………… 317
4.3 糸状菌 *Rhizopus oryzae* による全菌体
　　　生体触媒 ……………………………… 317
　　4.3.1 糸状菌 *Rhizopus oryzae* によるメ
　　　　　　タノリシス反応 …………………… 317
　　4.3.2 *R. oryzae* 菌体におけるリパーゼ
　　　　　　の局在性 …………………………… 318
　　4.3.3 *R. oryzae* 菌体を用いた充填層型
　　　　　　培養装置による BDF 生産 …… 319
4.4 部分グリセリド特異的リパーゼによ
　　　る BDF 生産 ………………………… 320

　　4.4.1 部分グリセリドによる特異性… 320
　　4.4.2 2 種類の全菌体生体触媒による
　　　　　　BDF 生産 ………………………… 321
4.5 おわりに ……………………………… 322
5 レアメタルや重金属を吸着・回収する
　　バイオアドソーベント ……**黒田浩一** 324
5.1 はじめに ……………………………… 324
5.2 金属の社会的必要性 ………………… 324
5.3 微生物による金属イオン吸着と回収
　　　………………………………………… 325
5.4 金属イオン吸着・回収のための細胞
　　　表層デザイン ………………………… 326
5.5 金属イオン吸着タンパク質・ペプチ
　　　ドの細胞表層ディスプレイ ……… 327
5.6 細胞表層デザインにより創製したバ
　　　イオアドソーベントの利点と更なる
　　　可能性 ………………………………… 330
5.7 おわりに ……………………………… 331

第1章　微生物によるものづくりのための技術開発

1　放線菌を宿主とした多目的用途に利用可能な生物工場創製に向けた技術の開発

田村具博*

1.1　はじめに

放線菌は高 GC 含量のグラム陽性菌であり，同族細菌の中には抗菌物質生産菌として（主に *Streptomyces* 属）利用されているもの，またアミノ酸などの発酵生産（*Corynebacterium* 属）などに利用されているものがあり，実用的あるいは工業的利用が盛んな細菌の一つである。筆者らは，この放線菌の中から *Rhodococcus* 属細菌を取り上げその宿主—ベクター系の開発を進め，同族細菌を多目的用途に使用可能なプラットフォームにすべく各種技術開発を行ってきた。*Rhodococcus* 属細菌は，同族同種（例えば *R. erythropolis*）であっても株特異的な触媒能力や表現型を示すことが知られ，この表現型の違いは，多くの場合細胞内線状プラスミドにコードされている遺伝子に依存している。細胞内プラスミドの数やサイズが株によって異なっていることからも，*Rhodococcus* 属細菌は多様な遺伝子資源としてあるいは生物資源として利用価値が非常に高いと考えられる。また，種によっては4度の低温下でも増殖能を示し，広温度域での触媒系を構築することが可能である。本節では，*R. erythropolis* を宿主とした物質変換に関連する技術を解説する。

1.2　発現ベクターの開発

放線菌 *Rhodococcus erythropolis* より内在性プラスミドを探索し，異なる複製開始起点をもつ2種類のプラスミドを同定した。その後，これらプラスミドの自律複製に必須な領域を取り出し，プロモーターをはじめとするタンパク質発現に必要な各遺伝子要素とを組込んだ大腸菌とのシャトルベクターを構築した。本シャトルベクターは，*R. erythropolis* のみならず *R. opacus* をはじめ複数のロドコッカス属細菌に形質転換が可能である。この複製開始起点の異なる各ベクターに更に遺伝子発現に必要なプロモーター等を組込み，誘導型発現ベクターを開発した。誘導型発現ベクターは，抗生剤であるチオストレプトンによって発現誘導が制御される。チオストレプトンによる発現制御は厳密で，10ng/ml 程度の低濃度から有意に発現が誘導され，1μg/ml 程度でほぼ

---

*　Tomohiro Tamura　㈳産業技術総合研究所　ゲノムファクトリー研究部門　遺伝子発現工学研究グループ　グループリーダー

最大の発現誘導活性が得られる。一方，誘導型プロモーターの配列に改変を加えることで発現様式が構成型に改変されることを見出し，この改変型プロモーターを導入した構成型発現ベクターも開発された。構成型プロモーターは，誘導型プロモーター最大活性の約 60％程度の発現量が期待できる。これら発現ベクターは，R. erythropolis を宿主とした場合，4～35 度の温度域で使用することが可能である[1,2]。従って，宿主細胞の選択，発現温度の選択，遺伝子単独発現のみならず複製開始起点の異なるベクターを利用した共発現系の選択など多様な発現系の構築が可能である。これら発現ベクターの発現機構を含む詳細については他の総説を参考にされたい[3～5]。更に以下で紹介するトランスポゾンベクターを利用することでゲノム挿入型の発現系の構築が可能となり，宿主細胞の機能解析・機能改変など多角的な解析が可能である。

筆者らは，発現した組換えタンパク質の精製を容易にする R. erythropolis のリゾチーム感受性株を取得し[6]，このリゾチーム感受性株を宿主としてヒトから微生物まで 500 種以上の組換えタンパク質発現系を構築してきた。本来，ロドコッカス属細菌はリゾチームに対して強い耐性を示す。この新規に取得した変異体は，野生株に比べて 400 倍以上のリゾチーム感受性を示し，細胞内からの組換えタンパク質の回収率を著しく改善させることに成功している。また，細胞内タンパク質の初期分解を担う ATP-依存性プロテアーゼの内，プロテアソーム遺伝子破壊株も作製しており，タンパク質によっては細胞内蓄積量を大きく改善することが可能である。

組換えタンパク質の発現という観点から R. erythropolis 宿主—ベクター系と汎用型宿主—ベクター系である大腸菌と比較してみると，放線菌における発現量は平均して大腸菌より低い傾向にある。しかし GC 含量の高い遺伝子にあっては逆に放線菌を宿主とした方が発現が高い傾向にある。これは宿主細胞側のコドン使用頻度が影響していると考えられる。次に，タンパク質発現が可能な遺伝子について比較をしてみると，大腸菌で発現できなかった遺伝子の約 3 割程度について放線菌で発現が可能であることが判明した。また大腸菌では不溶化するタンパク質が放線菌では可溶化する事例も複数観察される。この理由の一つとして，放線菌でのタンパク質合成速度が大腸菌より遅く，局所的なタンパク質の蓄積が抑えられることに起因すると考えられる。大腸菌で発現できるタンパク質全てが放線菌で発現できるわけでもないことから，タンパク質の発現環境が両菌では大きく異なっており，大腸菌と放線菌とを上手に使い分けることで組換えタンパク質の生産効率を改善させることが可能である。

1.3 トランスポゾンベクターの開発

トランスポゾンを利用した変異体作製は，ゲノム解析をはじめ宿主細胞の機能解析・改変に有効なツールである。これまで，各種トランスポゾンを利用した変異体作製方法が開発されているが，放線菌を対象とした高頻度に挿入効率を示すシステムは少ない。そこで，R. erythropolis

第1章　微生物によるものづくりのための技術開発

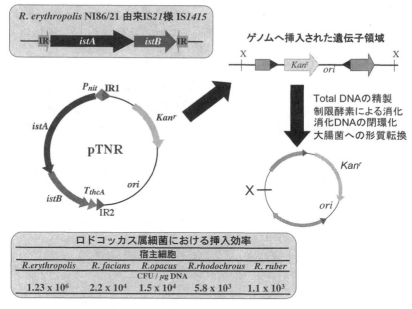

図1　トランスポゾンベクター
IS*21*様IS*1415*からpTNRベクターを開発。*istAB*を挟み込んでいたIRを逆向きに配置し，カナマイシン耐性遺伝子と大腸菌用クローニングベクターの*ori*を挟み込む特徴をもつ。IRに挟まれた領域がゲノムへ挿入されることから，ゲノムへの挿入部位周辺を回収し挿入部位を同定することが容易にできる。

NI86/21株由来挿入配列IS*1415*を利用してトランスポゾンベクター（pTNR）を開発した[7]。IS*1415*はIS*21*ファミリーに属する挿入配列でトランスポゼース（IstA）とコインテグラーゼ（IstB）をコードするオペロンの両端に逆方向反復配列が存在する（図1）。通常は，逆方向反復配列に挟まれた遺伝子領域が転位するのでトランスポゾンベクター構築にあっては，*istAB*が転位されないベクターを作製した。構築したベクターは，図1に示すように*istAB*の両端に位置する逆方向反復配列がそれぞれ本来の向きとは逆に配置され，反復配列に挟まれる領域として，放線菌と大腸菌の両菌で機能する抗生剤耐性遺伝子（カナマイシン耐性）と大腸菌用クローニングベクターの複製開始起点（*ori*）が挿入されている。従って，本ベクターは大腸菌では自律増殖できるがロドコッカス属細菌では自律増殖できない構成になっており，更に*istAB*はゲノムに転位されないので挿入された遺伝子の再転位を防ぐことが可能となっている。

　IstABによる遺伝子の挿入には，主として6塩基の不特定配列を認識して反応が進む。また，反復配列に挟まれたDNA領域はゲノムに1コピー挿入され，pTNRによる挿入効率は，ロドコッカス属細菌に対する既存のシステムよりずっと高いことが確かめられている。これは，*istAB*を構成的に発現するよう上記発現ベクター由来構成型プロモーター支配下に制御したことが大きな要因であったと筆者らは考えている。また，上述したようにpTNRによりゲノムへ挿入さ

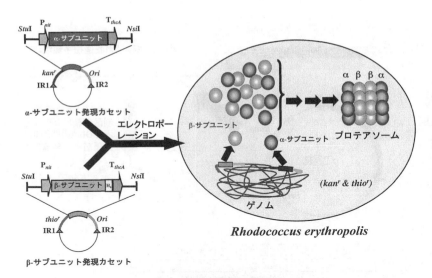

図2 ゲノム挿入型発現系
放線菌 Streptomyces 属細菌由来プロテアソーム遺伝子の発現カセットをトランスポゾンベクターに導入し，宿主細胞のゲノムへ挿入する。発現させる遺伝子は2種類あるため，ゲノムへ挿入される抗生剤耐性遺伝子が異なるトランスポゾンベクターに発現カセットを組込む。

れるDNA領域には抗生剤耐性遺伝子と大腸菌用複製開始起点が含まれることから，変異株からゲノムDNAを精製して任意の制限酵素で消化後，再環状化して大腸菌に形質転換すれば，ゲノムへの挿入部位近傍を含むプラスミドとして回収し遺伝子挿入部位を容易に特定することができる。現在では，pTNRのカナマイシン耐性遺伝子を別の抗生剤耐性遺伝子に置き換えたベクターも構築しており複数のトランスポゾンベクターを同一細胞内に導入することが可能になっている。このことより本ベクターは，ゲノム変異ライブラリー作製による宿主細胞の機能改変や新規有用遺伝子探索に大きな威力を発揮するものと期待される。

　トランスポゾンベクターの反復配列に挟まれる領域をゲノムの不特定部位に挿入できるという事実は，本ベクターを利用して任意の外来遺伝子をゲノムに挿入することが可能になることを意味する。例えば，発現ベクター同様，本来宿主が保有しない遺伝子を発現させ新たな機能が付与された細胞を構築することも可能である。そこで実際，2成分（αサブユニットとβサブユニット）から構成される Streptomyces coelicolor 由来高分子量プロテアーゼ（プロテアソーム）の発現系をゲノムに挿入した，ゲノム挿入型発現系が構築できるか試してみた（図2）。まずαサブユニットをコードする遺伝子の発現ベクターとβサブユニットをコードする遺伝子の発現ベクターを構築した。それぞれのベクターよりサブユニット発現に必須な領域を発現カセットとして取り出しトランスポゾンベクターに組込んで宿主細胞に導入すると，各発現カセットからタンパク

第1章　微生物によるものづくりのための技術開発

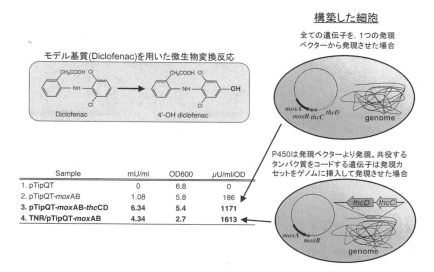

図3　シトクロムP450を利用した物質変換
P450と電子伝達系の遺伝子を共発現させた細胞を構築し，培養後，基質となるジクロフェナックと反応させ，水酸化体への変換効率を調べた。

質が発現し，2成分が会合したプロテアソームを精製することが可能であった[8]。発現ベクターは，細胞内安定性が必ずしも高くないので，その維持には，培養液への抗生剤の添加が欠かせない。しかし，発現カセットがゲノムに挿入されると，抗生剤を加えずとも安定に保持されるため，微生物変換等による大スケールでの物質生産系では培地における抗生剤の使用や処理といった点で優位性があると考えられる。

1.4　シトクロムP450を利用した物質変換系構築の試み

シトクロムP450は，微生物から動物まで広く保存されるヘムタンパク質で，モノオキシゲナーゼ様式の一原子酸素添加酵素反応を触媒する酵素として知られる。この酵素の特性と機能の多様性から，化学的手法では困難な位置・立体選択的な水酸化反応に代わる水酸化体製造への応用が期待されている。

そこで筆者らは放線菌 *Nonomurae recticatena* 由来シトクロムP450（MoxA）を利用して，本菌が微生物変換に利用可能か検討を行った（図3）。この反応系を動かすためには，P450（MoxA）以外に共役する電子伝達系（フェレドキシン還元酵素ならびにフェレドキシン）を共発現させる必要がある。そのため *R. erythropolis* N186/21 株由来フェレドキシンとフェレドキシン還元酵素をコードするオペロン *thcCD* と *moxA* 両者を発現ベクターに組込んだ共発現系と，*thcCD* をトランスポゾンを用いてその発現カセットをゲノムに挿入し，*moxA* を単独で発現ベクターから発現

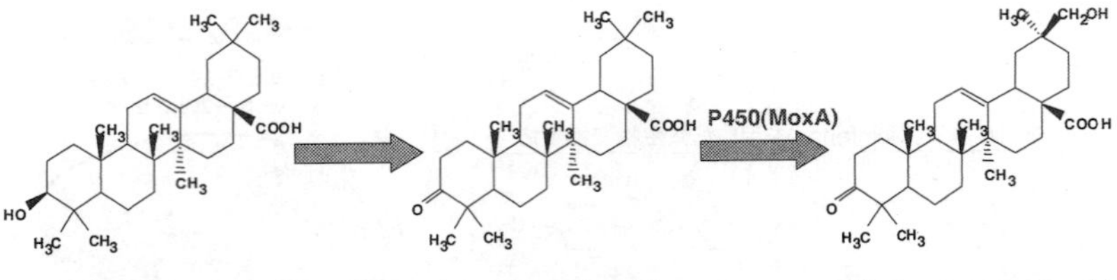

Oleanolic acid　　　3-keto-oleanolic acid　　　3-keto-queretaroic acid

図4　オレアノール酸の水酸化
大腸菌では透過が困難なオレアノール酸はロドコッカス属細菌では透過できる。P450（MoxA）による水酸化部位は30位の位置となるが，細胞内で別の酵素による反応が確認され，3-keto-oleanolic acidへまず変換されることが判明した。

させる系を構築して，モデル基質としてジクロフェナックの水酸化反応を調べた。各機能タンパク質を共発現した R. erythropolis 培養液にジクロフェナックを添加すると，両発現系ともにジクロフェナック水酸化体を確認することができた。このことより，R. erythropolis を宿主とした微生物変換系の構築が可能であることが判明した。また，共発現する電子伝達系をゲノム挿入型発現系として固定すれば，P450の発現ベクターのみ構築し組合せを替えることで多様な水酸化体生産系の構築が可能と思われる。

　P450を利用した水酸化体生産に関しては，微生物から多様なP450遺伝子を取り出し，それぞれを大腸菌で発現したP450発現ライブラリーを構築し，多様な水酸化体物生産系に対応すべくシステムが構築されている[9]。この系は，基質が大腸菌の膜を透過できる場合は菌体をそのまま使用できるが，膜の透過が困難な物質については無細胞系での反応系が必要となる。P450の基質特異性を調べる上では無細胞系でも十分対応可能だが，大量生産を目指した反応系のスケールアップは容易ではない。そこで，大腸菌の膜透過が困難な基質，オレアノール酸（oleanolic acid）を用いて上記発現系による水酸化反応を調べた。オレアノール酸はトリテルペンの一種で抗腫瘍活性をはじめとした様々な生理活性を示すため，その各種誘導体による新規活性の創成が期待されている物質である。P450（MoxA）はオレアノール酸の30位を水酸化することが知られているが[10]，P450（MoxA）と電子伝達系を発現している R. erythropolis で反応させると，オレアノール酸はまず3-ケトオレアノール酸（3-keto-oleanolic acid）へ変換され，その後30位の水酸化体（3-keto-queretaroic acid）が確認された（図4）。以上のことから R. erythropolis では，大腸菌では透過性が低い物質についても物質変換が可能であることが示された。

1.5　おわりに

　ロドコッカス属細菌は，コモディティケミカルであるアクリルアミドの実生産にも利用されている菌であり，物質生産系における本菌のポテンシャルは非常に高いと考えられる。しかし，一方

第1章 微生物によるものづくりのための技術開発

では，本菌を目的や用途に合わせて宿主の機能を改良していくツールが少なかった。そこで，筆者らは，ロドコッカス属細菌のもつ能力を引き出すあるいは引き上げるべく技術開発を進め今日に至っている。本文では記述しなかったが，ロドコッカス属細菌はある程度の有機溶媒耐性を示すことから，有機溶媒存在下に水に難溶の物質に対する微生物変換への利用も考えられる。物質の分解・資化という観点からは，バイオレメディエーションの分野で水に難溶な環境汚染物質の分解・資化に本菌がよく利用されており，本文に記した発現系を利用して大腸菌では困難な物質分解系が成功している例もある。本文で紹介したロドコッカス属細菌の宿主―ベクター系が，将来物質生産系構築を目指したプラットフォームとして利用されることを期待したい。

謝辞

本研究は，㈱産業技術総合研究所ゲノムファクトリー研究部門遺伝子発現工学研究グループ（URL：http://unit.aist.go.jp/rigb/gf-ppt/index.html）で行われた研究成果であり，これまで一緒に研究を行ってきた全てのメンバーに深く感謝します。また，シトクロム P450 に関する研究については，メルシャン㈱との共同研究成果であり関係各位に深謝いたします。

文　献

1) N. Nakashima et al., *Biotechnol. Bioeng.*, **86**, 136（2004）
2) N. Nakashima et al., *Appl. Environ. Microbiol.*, **70**, 5557（2004）
3) 田村具博ほか，環境バイオテクノロジー学会誌，**7**, 3（2007）
4) N. Nakashima et al., *Microbial Cell Factories*, **4**, 7（2005）
5) Y. Mitani et al., *Actinomycetologica.*, **20**, 55（2006）
6) Y. Mitani et al., *J. Bacteriol.*, **187**, 2582（2005）
7) K. Sallam et al., *J. Biotech.*, **121**, 13（2006）
8) K. Sallam et al., *Gene*, **386**, 173（2007）
9) Y. Fujii et al., *Biosci. Biotechnol. Biochem.*, **70**, 2299（2006）
10) 藤井良和ほか，ファインケミカル，**37**, 49（2008）

2 新規タンパク質発現系を利用したストレプトミセスの改良

橋本義輝[*1]，小林達彦[*2]

2.1 はじめに

1944年に結核治療薬としてストレプトマイシンが発見されて以来，今日までに*Streptomyces*属放線菌から数多くの抗生物質，生理活性物質や2次代謝産物が見つかっている。微生物に由来する2次代謝産物の約7割がこれまで放線菌から発見されていることからもわかるように，極めて魅力的な微生物資源である。放線菌から発見された抗生物質・生理活性物質は医薬品だけでなく，農薬，動物用医薬品，酵素阻害剤など多方面で工業的に広く利用されている。このように*Streptomyces*属放線菌はこれらの生理活性物質生産菌として今日の応用微生物学上極めて重要な菌群となっているだけでなく，各種有用物質を大量に生産する能力を有していることから工業的に重要な物質の大量生産に適した宿主としても着目を浴びつつある。*Streptomyces*属での有用物質生産の重要性を鑑み，本属をさらに高機能化させる微生物育種の観点から，本属で利用可能な大量発現系の開発が望まれていた。これまで，*Streptomyces*属放線菌において誘導剤を添加せずとも発現可能な構成型プロモーターの例はあるが[1]，基礎研究レベルでの利用においてもその発現は微弱である。さらに，*Streptomyces*属放線菌において発現が制御可能な誘導型プロモーターを利用した報告例は数えるほどしかない[2,3]。しかも，これらは①発現が非常に弱い，②宿主によっては利用できない，③2次代謝産物に代表される生理活性物質生産に悪影響を及ぼす可能性が考えられる抗生物質を誘導剤として用いる，など様々な利用上の制約が存在する。これらの理由のために，現存の大量発現系の有用性は極めて限られ，しかも，これらの問題点を改良する大量発現・誘導発現の報告例はこれまでになかった。

2.2 ロドコッカス属放線菌のニトリル代謝酵素の誘導発現

筆者らは，現在も（アクリロニトリルからの）アクリルアミドや，（3-シアノピリジンからの）ニコチンアミドの工業生産のバイオ触媒として活躍している *Rhodococcus rhodochrous* J1菌（以下，J1菌と略）を研究対象の1つとして，ニトリル代謝研究[4]を行っている。*Rhodococcus*属微生物はDNAのGC含量が高いグラム陽性菌であり，*Streptomyces*属微生物と同様に放線菌群に属し，有用物質を生産する微生物としてだけでなく，近年，芳香族化合物，複素環化合物や塩素系化合物に対し高い分解活性を示す微生物として知られている。

*Rhodococcus*属微生物であるJ1菌は，（猛毒性の性質を与えるシアノ基を含む）ニトリル化合

[*1] Yoshiteru Hashimoto　筑波大学　大学院生命環境科学研究科　生物機能科学専攻　講師
[*2] Michihiko Kobayashi　筑波大学　大学院生命環境科学研究科　生物機能科学専攻　教授

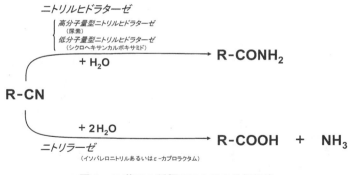

図1　J1菌の2種類のニトリル分解経路

物の分解代謝活性を2種類持っている（図1）。1つは，ニトリラーゼ酵素によりニトリルが酸とアンモニアに分解される経路であり，もう1つは，ニトリルヒドラターゼ酵素（以下，NHaseと略）[5]によりニトリルはいったんアミドに分解され，その後，アミダーゼ酵素により酸とアンモニアに分解される経路である。さらに，培地へ添加する誘導物質の種類によって3種類の誘導型ニトリル分解酵素の発現が変化する。培地にイソバレロニトリル（あるいはε-カプロラクタム）を誘導物質として添加した場合，ニトリラーゼが無細胞抽出液の35％以上を占めるほど大量に生成する。一方，コバルトイオン存在下で，培地に尿素を誘導物質として添加した場合，高分子量型NHase（以下，H-NHaseと略）が生成し，同じく，コバルトイオン存在下で，培地にシクロヘキサンカルボキサミドを誘導物質として添加した場合には，低分子量型NHaseが生成する[6]。特に，H-NHaseの生成はJ1菌の無細胞抽出液の50％以上を占める程である。そこで，筆者らは本菌の両ニトリル分解酵素を対象とし，世界で初めて*Rhodococcus*属の転写開始点の決定および遺伝子プロモーターを同定し，ノーザン解析等も含め各酵素の遺伝子発現調節機構をDNA・RNA両レベルで解明してきた。その結果，ニトリラーゼ[7]やH-NHase[8]の構造遺伝子上流に存在する遺伝子プロモーターは非常に強力な転写活性を持つことが判明し，得られた知見を（極めて重要な菌群でありながら開発が望まれていた）*Streptomyces*属放線菌の大量発現系に応用することを試みた。

2.3　J1菌由来ニトリラーゼ系を利用したストレプトミセスでの新規誘導型大量発現系の開発

まず，J1菌のニトリラーゼ系とH-NHase系を比較し，誘導発現系がシンプルなニトリラーゼ系[7]を利用した発現系の開発から着手した。*Rhodococcus*属放線菌由来の遺伝子プロモーターが*Streptomyces*属放線菌でも機能するかどうかを調べる目的で，ニトリラーゼの構造遺伝子（*nitA*）とその制御遺伝子（*nitR*）をともに，*Streptomyces*属放線菌用プロモーター検索ベクター

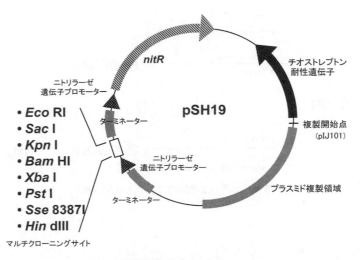

図2 誘導型発現プラスミド pSH19

に連結し，Streptomyces lividans を形質転換させた。誘導剤添加の有無により培養を行い，ニトリラーゼを指標に解析した結果，誘導的に発現したニトリラーゼは全可溶性タンパク質の 20% に達し，Rhodococcus 属の遺伝子プロモーターが Streptomyces 属放線菌においても機能するだけでなく，本誘導発現調節機構が極めて強力な誘導型発現系として利用できる可能性が示唆された。そこで次に本発現調節に必要とされる最小領域の決定を目的として，デリーション実験および Streptomyces 属放線菌内での発現を検討した結果，nitR を欠失させたプラスミドを導入した場合には誘導剤の添加にも関わらず酵素の発現は確認できず，本誘導発現系が機能するにはニトリラーゼ遺伝子プロモーター（PnitA）・転写調節タンパク質（NitR）・誘導剤という3種類の極めてシンプルな構成要素のみで十分であり，他の制御因子を必要としないことが明らかとなった。得られた結果を基に，新規誘導型タンパク質発現系（PnitA-NitR）を保持する高発現ベクター pSH19（図2）を構築した[9]。ニトリラーゼ誘導発現系を用いた本発現系は，マルチクローニングサイトすぐ上流に PnitA を配置し，（nitR 上流にはプロモーターが存在しない点も考慮し）nitR 遺伝子上流にも PnitA を配置した。また上流からの転写のリードスルーを防ぐために各々の PnitA の上流にはターミネーターを配置した。本ベクター系を利用した発現系では，誘導物質を添加することにより転写活性化タンパク質 NitR が目的タンパク質の発現を顕著に促進するだけでなく，NitR 自身の発現も促進し，そこに再び誘導物質が作用することで，目的タンパク質の自己増幅的な発現が期待できる。本発現ベクターは Streptomyces 属放線菌で汎用されるプラスミド複製領域を利用しているため高コピー型であり，チオストレプトンが選択マーカーとして利用可能である。抗生物質選択圧下では 100% のプラスミドが保持され，極めて安定性の

第1章　微生物によるものづくりのための技術開発

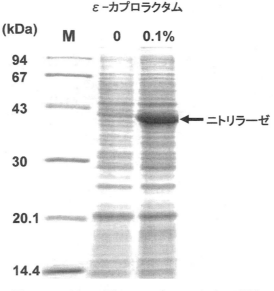

図3　ニトリラーゼ系のε-カプロラクタムでの誘導

高い発現ベクターである。この新規発現ベクターを用いて異種タンパク質の発現を試みた結果，*Rhodococcus* 属のニトリラーゼ，DNA の GC 含量が高いグラム陽性菌である *Arthrobacter pascens* 由来の N-置換ホルムアミドデフォルミラーゼ[10, 11]，グラム陰性菌由来のカテコール-2,3-ジオキシゲナーゼ[12]，イソニトリルヒドラターゼ[13, 14] など，いずれの酵素においても誘導剤の添加に依存した大量発現に成功した。カテコール-2,3-ジオキシゲナーゼでは，全可溶性タンパク質の 40%に及ぶ極めて著量の誘導的生成が確認された。また，シアノ基を持つイソバレロニトリルだけでなく，毒性が低くかつ安価な化合物である ε-カプロラクタムも誘導剤として利用可能であり（図3），実験室レベルだけでなく工業生産レベルにおける大量使用においても実用的である。P*nitA*-NitR 系には誘導発現に必要な最小構成要素がすべて含まれており，従来報告のある *tipA* プロモーターのように誘導発現に際し *trans* に働く他の染色体由来因子を必要としない。このため，P*nitA*-NitR 系を保持するプラスミドが複製しさえすれば，理論上すべての放線菌で機能すると考えられる。実際，本発現系が *S. lividans* のみならず，ゲノム情報解読の完了した *Streptomyces avermitilis*[15] や *Streptomyces coelicolor* A3(2)[16]，学術研究で汎用される *Streptomyces griseus*[17] など幅広い宿主で利用可能であることを確認している。

2.4　J1 菌由来 H-NHase 系を利用したストレプトミセスでの新規構成型大量発現系の開発

次に，J1 菌の持つ2つ目の誘導発現系である H-NHase 系を用いて *Streptomyces* 属放線菌にお

微生物によるものづくり

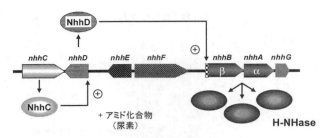

図4　J1菌のH-NHase遺伝子クラスター

ける発現系の開発を検討することにした。H-NHaseはコバルト存在下で培養液に誘導剤として尿素を添加することで誘導的に大量発現する。その発現量は，H-NHase構造遺伝子がゲノム上に1コピーしか存在しないにも関わらず，J1菌の無細胞抽出液の50％にも及ぶ。本酵素遺伝子（nhhBA）発現にその上流域が必須であり，本領域には，大腸菌由来の調節遺伝子 marR や hpcR と相同性を示す遺伝子（nhhD）と，Pseudonomas aeruginosa のアミダーゼの負の調節遺伝子である amiC と相同性を示す遺伝子（nhhC）が存在している（図4）[8]。また，これらの調節遺伝子は，（尿素などの）アミド化合物によるH-NHaseの誘導発現を転写レベルで制御し，H-NHaseの大量発現を引き起こすことを明らかにしている。この Rhodococcus 属由来のH-NHase発現系が先のニトリラーゼ系と同様に，Streptomyces 属放線菌においても機能するかどうか，E. coli-Streptomyces シャトルベクターを用いてH-NHase遺伝子クラスターを S. lividans に導入し調べた結果，誘導剤である尿素の添加に関係なく顕著なH-NHaseの発現が認められた。即ち，H-NHase発現系は Streptomyces 属放線菌において機能するものの，誘導的であったその発現様式が構成的に変化することが明らかとなった。誘導的には機能しなかったものの，誘導剤を添加しなくとも極めて強力にタンパク質を発現する能力は非常に魅力的であり，本系を利用した構成型発現系を開発することを試みた。構成的高発現として機能するための必須領域を特定することを目的として，様々な欠失断片を作製し，Streptomyces 属放線菌内でのH-NHaseの発現を検討した。その結果，遺伝子クラスター全長を含むプラスミドを導入した場合ではH-NHaseの顕著な発現が確認できたが，制御タンパク質をコードする nhhC あるいは nhhD を欠失させたプラスミドを導入した場合にはその発現が著しく減少した。また，nhhC と nhhD は含むが nhhEF を欠失させたプラスミドを導入した場合では，H-NHase遺伝子クラスター全長の場合と同様，顕著なNHase発現が確認できた。これらの結果から，本発現系が構成的大量発現系として機能するにはH-NHase遺伝子プロモーター，nhhC および nhhD が構成要素として必要であり，他の制御因子は必要でないことが明らかとなった。次に，得られた結果を基に，H-NHase発現系を用いた新規構成型タンパク質発現系を保持する高発現ベクターpHSA81（図5）の構築を試みた。本

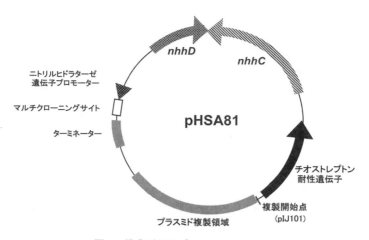

図5　構成型発現プラスミド pHSA81

発現系は，H-NHase 遺伝子プロモーター支配下に Streptomyces 属放線菌内で認識される SD 配列の他，NdeI サイトを先頭に複数の制限酵素サイトを配置した。pHSA81 は Streptomyces 属放線菌で汎用されるプラスミド複製領域を利用した高コピー型の発現ベクターであり，チオストレプトンが選択マーカーとして利用可能である。抗生物質存在下ではほぼ100%のプラスミドが保持され，プラスミド安定性は非常に高い。本ベクターのタンパク質発現能力を確認するため，強力な構成型のプロモーターとして Streptomyces 属放線菌でしばしば利用されているエリスロマイシン耐性遺伝子プロモーター[1]と比較した結果，pHSA81 のタンパク質発現能力は格段に優れていた。この新規発現ベクターを用い S. lividans を宿主として異種タンパク質の発現を試みた結果，グラム陽性菌由来の H-NHase やニトリラーゼのみならず，グラム陰性菌由来のカテコール-2,3-ジオキシゲナーゼ[12]，イソニトリルヒドラターゼ[13,14]など，最高で全可溶性タンパク質の50%程に及ぶ程の著量の発現に成功した。本発現系にはタンパク質発現に必要な因子がすべて含まれるため，構築した発現プラスミドが複製しさえすればすべての放線菌で利用可能と考えられる。実際，pSH19 と同様に，S. lividans のみならず，S. avermitilis[15] や S. coelicolor A3(2)[16]，S. griseus[17] においても良好に機能することが判明している。

2.5　おわりに

Rhodococcus 属のニトリラーゼ遺伝子プロモーターを応用した発現プラスミド pSH19 および H-NHase 遺伝子プロモーターを応用した発現プラスミド pHSA81 を利用した場合に生成する目的タンパク質の発現量は，従来までに報告されているいかなる Streptomyces 属タンパク質発現系をも凌駕する。そのため，これらの大量発現系は Streptomyces 属放線菌を宿主としたタンパク質の

大量発現ツールとして利用できる。近年相次いでゲノム情報が解読され今後ますます盛んになるポストゲノム研究，特に，タンパク質の機能解析において両発現プラスミドの能力が如何なく発揮されることが期待される。さらに，（誘導発現の制御が可能でかつ非常に強力な転写活性を持つ）P*nitA*-NitR 系の特性を利用して，P*nitA* 支配下に目的遺伝子の相補的配列を連結し，誘導的に転写させ，目的遺伝子の発現制御を行うアンチセンス RNA 法[18]などの基礎研究用ツールとしても利用することもできる。また，今回構築したこれらの発現系を用いることで各種有用酵素生産やその反応産物の生産性の向上，生理活性物質生産性の向上といった *Streptomyces* 属放線菌の育種改良に利用可能であり，ひいては様々な医薬品や生理活性物質などの工業生産への活用が期待されている。毒性が低くかつ安価な物質を使用し著量の誘導発現が可能である pSH19 の特性，誘導剤さえ必要とせず著量の発現が可能である pHSA81 の特性，さらには両者が示す幅広い宿主域で利用可能な特性が最大限に活用され，本発現系が多くの *Streptomyces* 属放線菌の育種改良・物質生産に広く利用されることを願っている。

文　　献

1) J. M. Ward *et al., Mol. Gen. Genet.,* **203**, 468（1986）
2) T. Schmitt-John and J. W. Engels, *Appl. Microbiol. Biotechnol.,* **36**, 493（1992）
3) E. Takano *et al., Gene,* **166**, 133（1995）
4) M. Kobayashi and S. Shimizu, *Nature Biotech.,* **16**, 733（1998）
5) Y. Asano *et al., Agric. Biol. Chem.,* **44**, 2251（1989）
6) M. Kobayashi *et al., Trends Biotechnol.,* **10**, 402（1992）
7) H. Komeda *et al., Proc. Natl. Acad. Sci. USA,* **93**, 10572（1996）
8) H. Komeda *et al., Proc. Natl. Acad. Sci. USA,* **93**, 4267（1996）
9) S. Herai *et al., Proc. Natl. Acad. Sci. USA,* **101**, 14031（2004）
10) H. Fukatsu *et al., Proc. Natl. Acad. Sci. USA,* **101**, 13726（2004）
11) H. Fukatsu *et al., Protein Expr. Purif.,* **40**, 212（2005）
12) C. Nakai *et al., J. Biol. Chem.,* **258**, 2923（1983）
13) M. Goda *et al., J. Biol. Chem.,* **276**, 23480（2001）
14) M. Goda *et al., J. Biol. Chem.,* **277**, 45860-45865（2002）
15) H. Ikeda *et al., Nature Biotech.,* **21**, 526（2003）
16) S. D. Bentley *et al., Nature,* **417**, 141（2002）
17) Y. Ohnishi *et al., J. Bacteriol.,* doi: 10. 1128/JB. 00204-08（2008）
18) C. M. Kang *et al., Genes Dev.,* **19**, 1692（2005）

3 タンパク質工場としての麹菌の利用

北本勝ひこ*

3.1 はじめに

　我が国で古くから日本酒，味噌，醤油などに使用されてきた産業上重要な微生物である麹菌（*Aspergillus oryzae*）は，真核微生物のなかでひときわ高いタンパク質分泌生産能力を持つため，これまで様々な酵素生産に利用されてきた。また，発酵醸造食品の製造に利用されてきたことから安全が保証されている微生物であり，近年，遺伝子組換えによる異種有用タンパク質生産の宿主としても世界的に注目されており，既に様々な有用タンパク質の生産に利用されている。

　従来，組換えタンパク質を生産する際には大腸菌や酵母などを宿主として行う場合が多かったが，近年では動植物細胞や昆虫細胞，動植物個体などの高等真核生物もタンパク質の生産宿主として利用されるようになっている。大腸菌を宿主とする場合には，大量培養が可能で簡便であり，安価かつ短期間で行えるという利点があるが，一方で真核生物特有の翻訳後修飾が起こらないなどの問題点もある。他方，昆虫，培養細胞，植物を宿主として用いると，真核生物特有の翻訳後修飾は起こるものの，培養コストがかかる，生産までに時間がかかる，大規模生産に向かないなどの問題がある。このようなことから，タンパク質生産能力が高くかつ生育の速い真核微生物である麹菌をタンパク質工場として利用することは，21世紀の食糧，環境，エネルギーの諸問題の解決にとって重要なことと考えられる。

　筆者らは，麹菌を宿主として有用タンパク質の生産に関する実験を行っているが，これまでに得られた成果について最近の成果を中心として紹介したい。麹菌は分泌生産能力は高いものの，菌体外に生産された異種タンパク質は麹菌自身の生産するプロテアーゼによって分解される。そのため異種タンパク質の培地中への高生産・蓄積のためには，関与するプロテアーゼ活性をいかに低下させるかは，まず始めに解決すべき問題である。しかし，麹菌を用いた異種タンパク質生産においてプロテアーゼ遺伝子を破壊することは，遺伝子破壊が困難であったことなどからこれまでほとんどなされていなかった。そこで，筆者らが開発した4重栄養要求性宿主・ベクター系と破壊用プラスミドの迅速作成法[1,2]を用いることでセルファクトリーシステムの基本となるプロテアーゼ遺伝子多重破壊株の作製を行った。さらに，これを親株としてランダム変異を導入することにより，より高分泌能を持つ変異株の取得にも成功した。

3.2 ヒトリゾチームを生産する麹菌の取得

　図1に示すように，キャリアタンパク質として α-アミラーゼ（AmyB）の下流にタンデムに

---

* Katsuhiko Kitamoto　東京大学　大学院農学生命科学研究科　応用生命工学専攻　教授

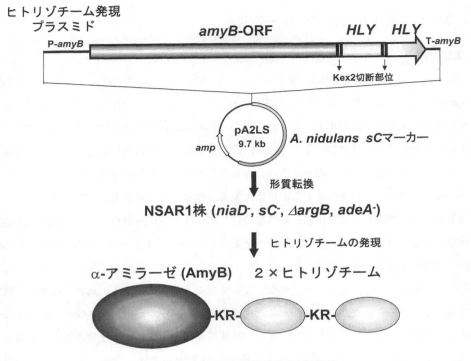

図1 麹菌におけるヒトリゾチームの発現

2コピーのヒトリゾチーム（HLY）を連結し，つなぎ目にはゴルジ体に局在するKexB（Kex2ホモログ）により切断されるリジン，アルギニンの配列を挿入した発現プラスミドを作製した。つづいて，4重栄養要求性を持つNSAR1株[1,2)]に本プラスミドを形質転換した。このようにして取得したNAR-2L-7株は，活性から約12mg/Lのリゾチームの生産性を示した。また，期待されるサイズのヒトリゾチームが生産されていることをウエスタン解析で確認している。

3.3 プロテアーゼ遺伝子破壊によるヒトリゾチームの高生産

上記のようにして取得したヒトリゾチームを生産するNAR-2L-7株を宿主として用いて，下記の6種類のプロテアーゼ遺伝子の単独破壊株を作成した。これらの破壊株のリゾチーム生産性から各プロテアーゼの効果を検証した。

①菌体外酸性プロテアーゼ（PepA）：*Aspergillus niger*において異種タンパク質の培養上清での分解に関与することが報告されている遺伝子のホモログである。

②菌体内酸性プロテアーゼ（PepE）：*pepE*遺伝子は*A. oryzae* EST情報において最も発現頻度が高いプロテアーゼをコードする遺伝子であり，*A. niger*の破壊株では菌体内酸性プロテアーゼ

第1章 微生物によるものづくりのための技術開発

活性の大部分が消失すると報告されている[3]。

③菌体外アルカリプロテアーゼ（AlpA）：alpA 遺伝子は A. oryzae において既にクローニングされているが，これまでに異種タンパク質生産に関連する報告はない。

④トリペプチジルペプチダーゼ（TppA）：tppA 遺伝子は筆者の研究室においてクローニングおよび機能解析された。最近，報告された A. fumigatus のタンパク質のアミノ末端から3アミノ酸ずつ非特異的に切り出す酵素であるトリペプチジルペプチダーゼ SedB[4] と68.8％の相同性を有するセリンペプチダーゼである。

⑤カルパイン様プロテアーゼ（PalB）：PalB はアルカリ性での環境応答に関与するシステインプロテアーゼで，A. nidulans においてアルカリ性で必要とされる様々な遺伝子の発現に関与することが知られている。A. oryzae の palB 遺伝子は筆者の研究室においてクローニングされた。palB 変異株では異種タンパク質（糸状菌 T. lanuginose 由来のリパーゼ）の生産が上昇することが報告されているが[5]，その原因についてはよくわかっていない。

⑥中性プロテアーゼ（NptB）：nptB 遺伝子は A. oryzae において既にクローニングされているが，これまでに異種タンパク質生産に関連する報告はない。

上記の6種のプロテアーゼをコードする遺伝子について，隣接する領域の配列を A. oryzae ゲノム配列情報（http://www.bio.nite.go.jp/dogan/MicroTop?GENOME_ID=ao）より取得し，破壊用の DNA 断片を fusion PCR 法および MultiSite Gateway™ システムにより構築した[6,7]。これらの破壊用断片を，ヒトリゾチーム生産株 NAR-2L-7 株に形質転換した。形質転換株のゲノム DNA を回収したのち，PCR およびサザン解析により各々の遺伝子が破壊されていることを確認した。プロテアーゼ遺伝子の破壊によるヒトリゾチーム生産への影響を調べるために，各破壊株を5×DPY 液体培地（pH 8.0）で培養したのち培地上清のリゾチーム活性を測定した（図2）。その結果，いずれのプロテアーゼ遺伝子破壊株においても生産量の増加が認められた。このうち，tppA 遺伝子破壊株では生産量が約21mg/L まで上昇した。

さらに，プロテアーゼ遺伝子を2重破壊することにより，ヒトリゾチーム生産量の増加を試みた[8]。上記と同様にして，tppA 遺伝子破壊用 DNA 断片を作成し，palB および pepE 各遺伝子破壊株に形質転換し，目的の遺伝子破壊株を取得した。これらの株を用いてヒトリゾチーム生産を行ったところ，tppA，pepE 遺伝子2重破壊株が最も高い生産量（約25mg/L）を示した（図3）。

3.4 ヒトリゾチーム活性を指標とした分泌タンパク質高生産株の取得

上記のプロテアーゼ遺伝子破壊の結果をもとに，他の異種タンパク質も発現・生産することができる汎用性のある高生産宿主の育種を試みた。ここではヒトリゾチーム活性によりハロが形成

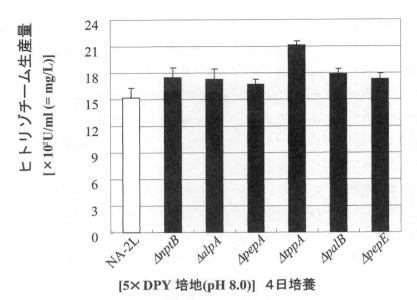

図2 ヒトリゾチーム生産量に及ぼすプロテアーゼ遺伝子破壊の効果

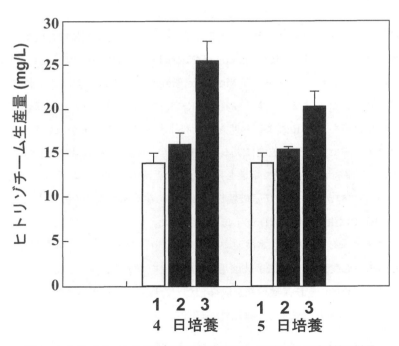

図3 ヒトリゾチーム生産量に及ぼすプロテアーゼ遺伝子2重破壊の効果
1；コントロール株, 2；ΔpalB, ΔtppA 株, 3；ΔpepE, ΔtppA 株

されることを利用して，タンパク質高分泌生産株の育種を行った。前述の実験では，ヒトリゾチームを生産する株を用いているので，他の異種タンパク質を生産する株としては望ましくない。そこで，プロテアーゼ遺伝子破壊株に，ヒトリゾチーム発現プラスミドを脱落可能なかたちで導入した株を親株として，汎用タンパク質高分泌生産株の育種を試みた。

最初に，ヒトリゾチームの生産で最も効果のあった2つのプロテアーゼ遺伝子を，4重栄養要求性株において同時に破壊した。4重栄養要求性 NSAR1 株（$niaD^-\ sC^-\ \Delta argB\ adeA^-$）を親株として，pepE，tppA 両遺伝子をそれぞれ adeA および argB マーカーで破壊した。取得した pepE，tppA 遺伝子2重破壊株を宿主として，ヒトリゾチーム発現プラスミドを niaD 遺伝子座に単コピーで導入した。

次に，リゾチーム活性を指標としたハロアッセイにより，高生産変異株をスクリーニングした。ヒトリゾチーム生産株の分生子に紫外線を照射し，リゾチームの基質である *Micrococcus* 菌体入り寒天培地に 100～200 コロニー／枚となるようにまいた。生育した約8万の株についてハロとコロニーの直径の比を計算し，2倍以上になった株を選抜した。取得した 50 株を液体培地で培養した結果，ほとんどの株で親株より生産量が増加した。これらの変異株を HHL（Hyper producing strain of human lysozyme）株と命名した。親株の生産量は約 27mg/L だったのに対し，HHL22 株は約 51mg/L と 1.9 倍の生産量を示した。

さらに，生産量が上位の変異株をポジティブセレクション培地である改変塩素酸培地[9]に植菌し，ヒトリゾチーム発現プラスミドを脱落させ $niaD^-$ になった株を取得し，AUT（*Aspergillus oryzae* hyper-producing strain developed in University of Tokyo）株と命名した。高生産の原因が発現プラスミドの変異でないことを確認するために，これらの株にヒトリゾチーム発現プラスミドを再導入した株での生産実験を行った結果，親株よりも生産量が多いことが確認されたことから，変異は変異株の染色体上に起こっていることが確認された。また，AUT 株がヒトリゾチーム以外の異種タンパク質を高生産することを確認するため，ウシキモシンを発現するプラスミドを形質転換して生産量を検討した。

3.5 プロテアーゼ遺伝子2重破壊株（NS-tApE 株）および AUT 株によるウシキモシンの高生産

キモシンは仔ウシの第4胃において産生される凝乳酵素であり，牛乳中のκカゼイン中の Phe105-Met106 の結合を特異的に切断する。古くからチーズ製造に使用されてきた重要な酵素であるが，近年，チーズ生産量の増加から遺伝子組換えにより大腸菌や酵母などにより製造されたキモシンも多く使用されている。麹菌によるキモシン生産実験のために，キャリアタンパク質としてグルコアミラーゼ（GlaA）および α-アミラーゼ（AmyB）を用いた発現プラスミドを作製し，プロテアーゼ遺伝子2重破壊株（NS-tApE 株）に形質転換した。取得した株を 5×

図4 麹菌により生産されたキモシンによる凝乳
スキムミルク溶液5mlにキモシン生産麹菌培養上清500μlを添加したもの（右）とコントロールの無添加（左）。添加後，6時間後に撮影。

DPY液体培地（pH 5.5）で30℃，4日間培養したのち，培地上清について，凝乳活性測定（図4）およびウエスタン解析を行った。生産量は約60mg/Lであった。これは，これまでの液体培養での報告値（0.3mg/L）[10]に比べて約200倍もの高い生産性を示したことから，菌体内酸性プロテアーゼ（PepE）とトリペプチジルペプチダーゼ（TppA）が生産されたキモシンの分解に大きくかかわっていることが示された。さらに，AUT株（AUT1，AUT2，AUT3）を使用しAmyBをキャリアとして用いた発現プラスミドを作製し，niaD遺伝子を選択マーカーとして形質転換した。このようにして取得した形質転換株を5×DPY液体培地（pH 5.5）で4日間培養し，培養液上清の凝乳活性を測定した。その結果，形質転換株ではコントロール株よりウシキモシン生産量が1.3～1.7倍に増加し，最大約107.9mg/Lの生産量を示した。

3.6 RNAiを用いたα-アミラーゼ発現抑制による異種タンパク質生産の改善

RNAi（RNA干渉）とは，二本鎖RNAが相補的な標的mRNAの特異的な分解を促進することにより標的タンパク質の発現を特異的に抑制する転写後遺伝子サイレンシングのことである。このRNAiによるサイレンシングは線虫やショウジョウバエなどの真核生物における遺伝子機能の解析に有効な逆遺伝的手法の一つとなっており，アカパンカビなど糸状菌でも最近，報告が多くなされるようになっている。

麹菌のα-アミラーゼは，培地中に最も大量に分泌されるタンパク質であり，培地中に分泌された目的の異種タンパク質を精製する際に，このα-アミラーゼが夾雑タンパク質として障害と

第1章　微生物によるものづくりのための技術開発

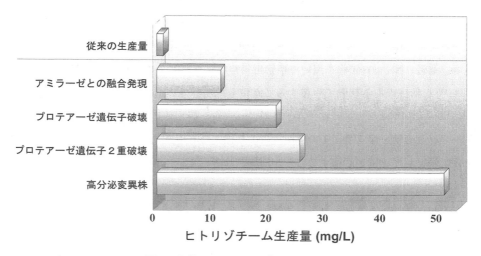

図5　麹菌によるヒトリゾチーム生産量

なる。また大量のα-アミラーゼは，細胞内分泌経路で発現させたい異種タンパク質と競合している可能性もある。異種タンパク質生産のためには，麹菌が分泌するα-アミラーゼの発現を抑制することは有効であると思われるが，麹菌は配列がほとんど同一のα-アミラーゼ遺伝子を3つ（amyA, amyB, amyC）持っており，3つとも破壊した株の作製は不可能であった。

そこで，α-アミラーゼRNAi用プラスミドpgAAiNを作製し，ウシキモシン生産株（tp-GCS6株）に導入した。得られた形質転換株は，α-アミラーゼ活性が約4分の1から3分の1に減少し，ウシキモシン生産量は最大約105 mg/Lと，コントロール株の約1.7倍に増加することが確認された[11]。このことから，異種タンパク質生産レベルをg/Lオーダーにすることを考えた場合には，α-アミラーゼ発現抑制は効果的な方法であることがわかった。

3.7　おわりに

今回，麹菌を用いた異種タンパク質生産の例として，ヒトリゾチームとウシキモシンをモデルタンパク質として研究を行った。これまで，麹菌での有用タンパク質生産に関しては多数の報告がなされているが，今回のように多種類のプロテアーゼ遺伝子破壊株の作製，それを親株として高分泌生産株取得などの一連の系統的な研究は初めての例である。今回の結果をまとめたものが図5である。単に強力なプロモーターの下流にヒトリゾチーム遺伝子を連結して形質転換した株[12]に比べて，キャリアタンパク質としてα-アミラーゼとの融合タンパク質としての発現により約10倍に，さらにpepE, tppA遺伝子の2重破壊により約21倍に，高分泌生産変異株AUT1株により約42倍と生産量が向上することが明らかとなった。プロテアーゼ2重破壊株（NS-tApE 株）および高分泌生産変異株 AUT1 株はヒトリゾチームのみではなく，キモシンも生産量が増加することが確認されているので，様々な異種タンパク質生産のための優れた宿主として期待される。最近，NS-tApE 株を用いて植物由来の味覚修飾タンパク質であるネオクリン[13]やミラクリン[14]を活性のある状態で生産することにも成功している。しかしその生産量はヒトリゾチームに比べて多くはない。今後，AUT1 株や α-アミラーゼ RNAi など，さらには分泌経路でのボトルネックの鍵を握る遺伝子の解明等により様々な有用タンパク質の生産が可能となり，タンパク質工場として麹菌が活躍することが期待される。

文　　献

1) 北本勝ひこほか，麹菌の4重栄養要求性宿主・ベクター系の開発，生物工学会誌，**83**，277-279（2005）
2) F. J. Jin *et al.*, Development of a novel quadruple auxotrophic host transformation system by *argB* gene disruption using *adeA* gene and exploiting adenine auxotrophy in *Aspergillus oryzae.*, *FEMS Microbiol. Lett.*, **239**, 79-85（2004）
3) J. P. van den Hombergh *et al.*, Disruption of three acid proteases in *Aspergillus niger*—effects on protease spectrum, intracellular proteolysis, and degradation of target proteins., *Eur. J. Biochem.*, **247**, 605-613（1997）
4) U. Reichard *et al.*, Sedolisins, a new class of secreted proteases from *Aspergillus fumigatus* with endoprotease or tripeptidyl-peptidase activity at acidic pHs., *Appl Environ Microbiol*, **72**, 1739-1748（2006）
5) D. S. Yaver *et al.*, Using DNA-tagged mutagenesis to improve heterologous protein production in *Aspergillus oryzae.*, *Fungal Genet. Biol.*, **29**, 28-37（2000）
6) 北本勝ひこ，ポストゲノム時代を迎えた麹菌，生物工学会誌，**84**，361-363（2006）
7) Y. Mabashi *et al.*, Development of a versatile expression plasmid construction system for *Aspergillus oryzae* and its application to visualization of mitochondria., *Biosci. Biotechnol. Biochem.*, **70**, 1882-1889（2006）
8) F.J. Jin *et al.*, Double disruption of the proteinase genes, *tppA* and *pepE,* increases the production level of human lysozyme by *Aspergillus oryzae.*, *Appl. Microbiol. Biotechnol.*, **76**, 1059-1068（2007）
9) K. Ishi *et al,*. Development of a modified positive selection medium that allows to isolate *Aspergillus oryzae* strains cured of the integrated *niaD*-based plasmid., *Biosci. Biotechnol. Biochem.*, **69**, 2463-2465（2005）
10) K. Tsuchiya *et al.*, High level secretion of calf chymosin using a glucoamylase-prochymosin fusion gene in *Aspergillus oryzae.*, *Biosci. Biotechnol. Biochem.*, **58**, 895-899

(1994)
11) 根本崇ほか，RNAi 法による α-amylase の発現抑制が麹菌の異種タンパク質生産に及ぼす効果，平成 19 年日本生物工学会大会要旨集
12) K. Tsuchiya *et al.*, High level expression of the synthetic human lysozyme gene in *Aspergillus oryzae.*, *Appl. Microbiol. Biotechnol.*, **38**, 109-114（1992）
13) K. Nakajima *et al.*, Extracellular production of neoculin, a sweet‐tasting heterodimeric protein with taste‐modifying activity, by *Aspergillus oryzae.*, *Appl. Environ. Microbiol.*, **72**, 3716-3723（2006）
14) K. Ito *et al.*, Microbial Production of Sensory‐active Miraculin., *Biochem Biophys Res Commun.*, **360**, 407-411（2007）

4 疎水性ケミカルのバイオプロダクションのための有機溶媒耐性細菌の活用

加藤純一[*1]，本田孝祐[*2]，大竹久夫[*3]

4.1 はじめに

　身のまわりを見渡しただけでも，我々は多数の疎水性ケミカルを素材とした製品を使って生活していることが容易に分かる。すなわち疎水性ケミカルはホワイトバイオテクノロジーの重要なターゲットであると言える。疎水性ケミカルの多くは石油化学プロセスで生産されている。石油化学プロセスの問題点のひとつは，石油を原料だけでなく，プロセス運転のエネルギーとしても多量に消費していることである。もし，バイオプロセスを導入することにより，石油をなるべく原料としてのみ使用するプロセスに変換することができれば，生産プロセスの環境適合性を大幅に向上させることができよう。疎水性ケミカルを生産する上で，石油は優れた原料である。したがって，疎水性ケミカルのバイオプロダクションの開発研究では，バイオマスだけでなく，石油も原料として視野に入れる必要があると考える。

　これまで疎水性ケミカルの生産に，リパーゼを始めとする加水分解酵素が利用されている。しかし，バイオプロセスの特徴であるところの，ワンポットでの多段階反応プロセス，不活性炭素への特異的な酸素付加反応プロセスの開発研究の進展ははかばかしくない。開発研究の壁となっているのは，疎水性の原料および生産物が有する強い生物毒性である。多段階反応にしても不活性炭素への酸素付加にしても代謝エネルギーの供給系とリンクさせる必要がある。したがって，これらプロセスでは生体触媒として菌体を用い，細胞内で代謝エネルギーを供給しつつ目的の反応を行わせるのが有利である。しかし，毒性な原料もしくは生産物が高濃度存在しては，細胞の代謝がストップしてしまい，目的の反応が進まなくなる。したがって，疎水性ケミカルのバイオプロダクション技術開発のポイントは，いかに原料および生産物の生物毒性の問題を克服するかにある。

　細菌の中には，脂肪族炭化水素や芳香族炭化水素などの有機溶媒を重層した条件でも増殖するものが存在する。疎水性物質の生物毒性の問題を克服するものとして，この有機溶媒耐性細菌が着目されている。本節では，有機溶媒耐性細菌を宿主とした生体触媒を用いた疎水性ケミカルのバイオプロダクションの試みについて紹介する。

---

*1　Junichi Kato　広島大学　大学院先端物質科学研究科　分子生命機能科学専攻　教授
*2　Kosuke Honda　大阪大学　大学院工学研究科　先端生命工学専攻　助教
*3　Hisao Ohtake　大阪大学　大学院工学研究科　先端生命工学専攻　教授

第 1 章　微生物によるものづくりのための技術開発

4.2　有機溶媒耐性細菌

いわゆる石油タンパクと呼ばれた single cell protein の生産には，$C_{12} \sim C_{20}$ の長鎖 n-アルカンが炭素源として用いられた。長鎖アルカンは比較的毒性は低く，それに耐性な微生物は古くから多々報告されている。しかし，単環芳香族炭化水素や短鎖のアルカンは毒性が強く，それらが高濃度存在する条件で生存する生物はいないと考えられてきた。1989年，その「常識」は覆された。堀越らのグループがトルエンを重層した条件でも生育する *Pseudomonas putida* IH-2000 を発見[1]したのである。それ以降，世界各地で有機溶媒耐性な *P. putida*, *Bacillus*, *Flavobacterium*, *Arthrobacter*, *Rhodococcus* 属細菌が単離[2]された。我々も日本各地の土壌や活性汚泥試料を分離源として独自にスクリーニングを行った結果，数株の有機溶媒耐性細菌の取得に成功した。その代表菌株が *Rhodococcus opacus* B4 株[3]と *P. putida* T57 株[4]である。スクリーニングは，①土壌および活性汚泥試料をトルエン／ベンゼン蒸気に曝露し馴化，②唯一炭素源としてのトルエン／ベンゼンを蒸気で供給した集積培養，③寒天平板培養による単離，の3ステップで行った。このスクリーニング法は一般的にトルエン／ベンゼンを資化する微生物の取得に用いられる手法で，特に有機溶媒耐性細菌を選択するステップは含んでいない。また，*P. putida* T57 株はトルエン含有廃水を処理している活性汚泥から分離されたが，*R. opacus* B4 株の分離源は特に有機溶媒の負荷がかかっている試料ではなかった。さらに，タイの研究グループが培養温度だけを変え，あとは同じ手法でスクリーニングしたところ，中高温性の有機溶媒耐性細菌の取得に成功した。これらのことを考え合わせると，有機溶媒耐性の選択圧を特段考えずとも数をこなせば有機溶媒耐性細菌を取得できるのかもしれない。

4.3　*P. putida* T57 株を用いたトルエンの水酸化

P. putida T57 株は，トルエン，キシレン，エチルベンゼンなどの芳香族炭化水素，オクタン，デカンなどの n-アルカン，オクタノール，デカノールなどのアルコールに対して耐性を示す。この菌株はトルエンジオキシゲナーゼ経路（図1）を有しており，トルエンを唯一炭素源／エネルギー源として資化できる。芳香族炭化水素の一水酸化物（フェノール化合物）および二水酸化物（カテコール化合物）は重要なコモディティケミカルおよびファインケミカルである。しかし，合成化学的にはワンポットでの変換は非常に難しい。そこで，T57 株の細胞と T57 株が有するトルエンジオキシゲナーゼ系を活用し，芳香族炭化水素を一水酸化および二水酸化する反応システムの構築を行った。

トルエンジオキシゲナーゼ経路によるトルエンの代謝は以下のとおりである。まず，トルエンジオキシゲナーゼ（TodC1，TodC2，TodB および TodA の複合系）によりトルエンはトルエン *cis*-グリコールに酸化される。トルエン *cis*-グリコールはトルエン *cis*-グリコールデヒドロゲナ

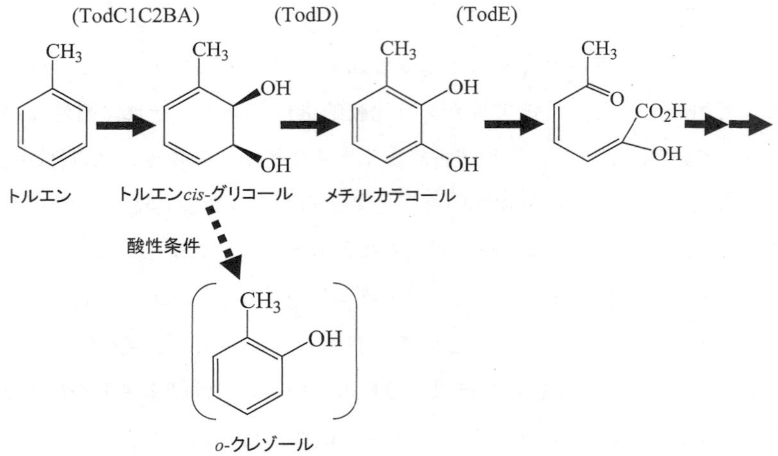

図1　P. putida T57 株のトルエンジオキシゲナーゼ経路

TodC1C2BA, トルエンジオキシゲナーゼ複合体；TodD, トルエン cis-グリコールデヒドロゲナーゼ；TodE, カテコール 2,3-ジオキシゲナーゼ。トルエン cis-グリコールは酸性条件で化学的に o-クレゾールに変換する。トルエンからクレゾールおよびメチルカテコールを生産するために，それぞれ todD 遺伝子および todE 遺伝子にカナマイシン耐性遺伝子カセットを導入することで破壊した。

ーゼ（TodD）の酸化を受け，メチルカテコールに変換される。メチルカテコールはカテコール 2,3-ジオキシゲナーゼ（TodE）の酸化を受けて開環する。開環した代謝物はさらに酸化されて最終的には TCA 回路で無機化される。トルエン代謝の最初の中間体であるトルエン cis-グリコールは化学的に不安定で，酸性条件におくと容易に脱水してクレゾールに変換する。そこで，トルエン cis-グリコールの酸化反応に関与する todD の破壊株を作成し，まずトルエン cis-グリコールを蓄積させ，ついで酸性条件にすることにより，トルエンからクレゾールをバイオプロダクションすることを試みた[5]。反応系には培地に有機層としてオレイルアルコールを重層する二相反応系を採用した。二相反応系を採用したのは，

①有機相による生体触媒反応の場（水相）からの有害物質の抽出除去によって生体触媒細胞の保護作用が期待できる。

②反応プロセス終了後生産物はほとんど有機相に分布するので，回収が容易である。

と考えたからである。

図2に培養装置の概念図を示す。5 l 容培養槽中の 1 l の無機培地に 100ml のオレイルアルコールを重層し，P. putida T57 todD 破壊株を好気培養した。この時，基質のトルエンと代替炭素源としての n-ブタノールは蒸気で供給した。また pH は 6.8～7.1 に制御した。図3に培養経過を示す。培養時間の経過に伴い，水相および有機相中に低濃度であるがクレゾールの蓄積が検出された。蓄積したクレゾールはすべて o-クレゾールであった。水相および有機相の試料に HCl

第 1 章　微生物によるものづくりのための技術開発

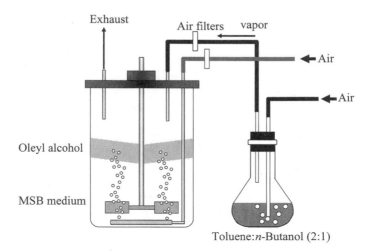

図 2　*P. putida* T57 *todD* 破壊株を用いたトルエンからの *o*-クレゾール生産のための反応システム

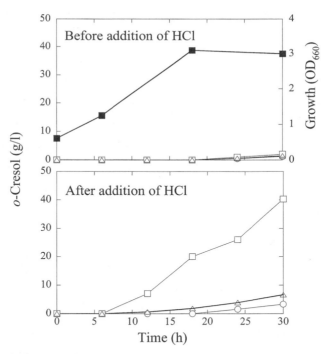

図 3　*P. putida* T57 *todD* 破壊株によるトルエンからの *o*-クレゾール生産の経時変化
上図：菌体増殖（OD$_{660}$），■；水相（○）および有機相（□）の *o*-クレゾール濃度；液相全体の *o*-クレゾール平均濃度（△）。*o*-クレゾール濃度は pH 調整をせずに測定した。
下図：水相（○）および有機相（□）の *o*-クレゾール濃度；液相全体の *o*-クレゾール平均濃度（△）。*o*-クレゾール濃度は HCl 添加で酸性処理した後に測定した。

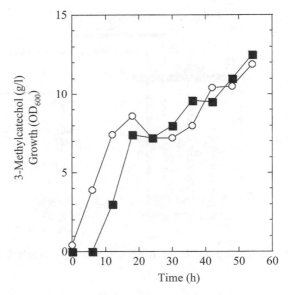

図4 *P. putida* T57 *todE* 破壊株によるトルエンからの3-メチルカテコール生産の経時変化
増殖（○），3-メチルカテコール濃度（■）。

を添加した後に測定を行うと，いずれも *o*-クレゾール濃度は増加した。これは，予想どおりまず トルエン *cis*-グリコールが蓄積し，酸性条件にしたところで *o*-クレゾールに変換したためと考えられる。培養開始30時間後の試料を酸性処理して *o*-クレゾールを定量したところ，水相の濃度は3.62g/l，有機相では40.3g/l にも達した。液相全体での平均濃度は，6.6g/l であった。すなわち，*o*-クレゾールの55%は有機相に存在することになる。オレイルアルコールを重層せずに一相反応系で培養を行ったところ，*o*-クレゾール生産は1.72g/l に留まった。この結果は二相反応系が有利であることを支持するものである。トルエンに換えて *p*-キシレンを用い同様な培養を行い，培養60時間の試料を酸性処理して分析したところ，*p*-キシレンの一水酸化物である *p*-キシレノールを有機相に25.5g/l 検出した。このことから，トルエン以外の芳香族化合物の一水酸化にも本システムが適用できることが示唆された。

ついで，T57 *todE* 破壊株を用いてトルエンからメチルカテコールの生産を行った[6]。50ml 容のバイアル瓶を用いた予備試験から，有機相として *n*-デカノールの方が適していることが分かった。2 l 容培養槽に無機塩培地400ml と *n*-デカノール400ml を入れ，T57 *todE* 破壊株を好気培養した。トルエンの添加方法を検討したところ，図2のように蒸気で供給するよりも，流加的に添加する方がよいことが分かった。そこで，28℃で培養して OD_{600} が0.5になった時点から，6時間ごとにトルエンを5ml 添加して反応を行った。その結果を図4に示す。*n*-デカノールを炭素源としたとき，T57 *todE* 破壊株は階段状の増殖パターンを示した。3-メチルカテコールは，

第1章　微生物によるものづくりのための技術開発

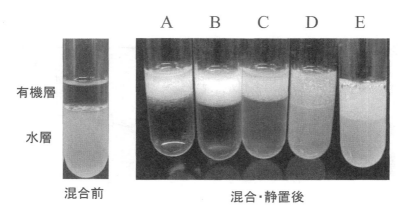

図5　BATH試験による菌体細胞の疎水度の評価
菌体懸濁液に n-テトラデカンを重層して撹拌する。その後5分静置したものが，「混合後」の写真である。A, R. opacus B4 株；B, Rhodococcus erythropolis PR4 株；C, R. erythropolis KA2-1 株；D, Escherichia coli JM109 株；E, P. putida T57 株。

その増殖に連動して生産された。生産された3-メチルカテコールはほぼすべて有機相に局在していた。培養54時間の時点で，有機相の3-メチルカテコール濃度は25g/l，液相全体の平均濃度で12.5g/lに達した。

有機相なしの一相系で培養した場合，培地は濃い赤褐色に変色した。また，その赤褐色の物質は菌体細胞に付着し，それに伴いトルエンジオキシゲナーゼ活性は低下した。これは，3-メチルカテコールが菌体による非特異的な酸化を受け，重合体を形成したものと思われる。有機相が存在する場合，3-メチルカテコールは有機相に局在して菌体との接触頻度が落ちるためか，着色の度合いが低かった。このことから，有機相は生産物を安定に保持する機能も有していることが分かった。

4.4　疎水性な有機溶媒耐性細菌 R. opacus B4 株の活用

グラム陽性細菌の R. opacus B4 株もグラム陰性細菌 P. putida T57 株と同様に様々な芳香族炭化水素や脂肪族炭化水素に耐性を示す[3]。R. opacus B4 株が際だっているのは，その菌体細胞が極めて疎水性[7]なことである。図5は，種々の細菌の疎水度をBATH試験で評価した結果を示している。BATH試験は，菌体を懸濁した緩衝液に有機溶媒（図5では n-テトラデカン）を重層・撹拌・静置した後，どれだけの菌体が有機層に移動するかで細胞の疎水度を評価する試験である。前述した有機溶媒耐性細菌 P. putida T57 株は親水性の細胞で，ほとんど有機溶媒層に移行しない。それに対し，R. opacus B4 株はほとんどすべての細胞が有機溶媒層に移行する。R. opacus B4 株の細胞はほとんど水分を含まない有機溶媒にも容易に懸濁される。驚いたことに，R. opacus B4

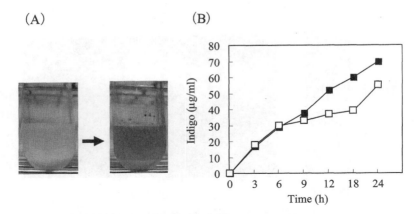

図6 有機溶媒一相系でR. opacus B4株が示すトルエンジオキシゲナーゼ活性
（A）R. opacus B4株をインドール含有のビス(2-エチル-ヘキシル)フタレートに懸濁した。トルエンジオキシゲナーゼによるインドールの酸化でインジゴが生じ，懸濁液は青色化した。（B）インジゴ生成の経時変化。炭素源としてオレイン酸を添加した系（■），添加していない系（□）。

株は有機溶媒に懸濁された状況で，長時間にわたってトルエンジオキシゲナーゼ活性を示す（図6）。トルエンジオキシゲナーゼ活性の進行には還元力の供給が必要なこと，炭素源となるオレイン酸を添加するとより高い活性を示すことから，R. opacus B4株は有機溶媒中でも代謝活性を保持することが分かった。このように，R. opacus B4株細胞は疎水性の生体触媒パーティクルとしての利用が期待できる。大腸菌やP. putidaなど親水性の細胞では，疎水性の高い基質へのアクセスは非常に悪いと考えられる。このような場合，R. opacus B4株を土台にした生体触媒であれば，そのような基質に対しても容易にアクセスし，物質変換機能を発揮してくれるであろう。

4.5 おわりに

本稿で紹介したのは主に石油由来の物質を原料に想定した研究である。しかし，ここで紹介した技術はバイオマス由来の糖質を原料とした疎水性ケミカルの生産にも必要なものである。なぜなら，親水性の糖質から疎水性ケミカルを生産しようとするならば，その反応は多段階反応となり，やはり菌体細胞そのものを生体触媒として利用する必要があるからである。すなわち，生体触媒として活用される菌体は，生産物である疎水性ケミカルの毒性に対して耐性でなくてはならない。ここで開発した技術を発展させ，ひとつでもふたつでも疎水性ケミカル生産の場にバイオプロダクション技術を導入したいと考えている。

第1章　微生物によるものづくりのための技術開発

文　　献

1) A. Inoue *et al., Nature,* **338**, 264（1989）
2) S. Isken *et al., Extremophiles,* **2**, 229（1998）
3) K.-S. Na *et al., J. Biosci. Bioeng.,* **99**, 378（2005）
4) I. Faizal *et al., J. Ind. Microbiol. Biotechnol.,* **32**, 542（2005）
5) S. Yamashita *et al., Process Biochem.,* **42**, 46（2007）
6) I. Faizal *et al., J. Environ. Biotechnol.,* **7**, 39（2007）
7) S. Yamashita *et al., Appl. Microbiol. Biotechnol.,* **74**, 761（2007）

5 アーミング技術による生体触媒創製の新しい展開
―ホワイトバイオテクノロジーのイノベーション

植田充美*

5.1 はじめに

　生物のゲノム解析が飛躍的に進み，ゲノムに基づく生命の情報を実用化していく時代となってきている。細胞の分子育種をそのゲノム解析の基盤に立って考えるときも，細胞内のタンパク質が機能を発揮する情報，例えば，立体構造を形成したり，機能する場所にたどり着くための情報の調査が事前に十分なされていなければ，安定な育種細胞の構築はできない。ミトコンドリア，ペルオキシソーム，クロロプラスト，小胞体や核などの細胞内器官固有のタンパク質には，個々に特有の輸送局在化のための情報シグナル配列があり，プロセッシングを経て輸送局在化している。一方，細胞外へ放出されるタンパク質も分泌シグナルを持っており，このシグナルは遺伝子工学的に利用されて外来発現タンパク質を細胞外の培養液へ導き出し，以後の回収を容易にしている。我々は，細胞表層，即ち，細胞膜や細胞壁に着目して，これらの領域に輸送局在化するタンパク質の情報の利用を考え，外界との接点であり，多くの分子を認識して取捨選択する興味深い領域である細胞表層フロントラインの開発とその新しい界面反応場の開拓を行ってきている。
　「細胞表層工学（Cell Surface Engineering）」とは，こういった細胞表層へ輸送局在化されるタンパク質の分子情報を活用して，外来タンパク質を細胞膜の外側や細胞壁にターゲティングさせ，未開拓エリアである細胞表層へ新機能を賦与することにより，従来の細胞を新機能を装備した細胞に生まれ変わらせる「アーミング技術」のことである（図1)[1~3]。即ち，生物細胞を生体触媒という見方をすると，遺伝子工学的に細胞表層に酵素・タンパク質を発現させ，細胞を固定化担体として利用することになり，酵素・タンパク質がプロモーターの活性化により生産されるため，再生機能を有するという画期的なメリットがあり，従来の遺伝子工学と固定化酵素というバイオテクノロジーの2本の支柱を結びつけたことになる。さらに，これまでのバイオリアクターの概念にも新風を吹き込んでいる。酵素の担体への固定化は，数多く試みられてきたが，従来の化学的・物理的固定化法では，固定化された酵素の失活による性能劣化が避けられなかっただけに，その利用価値は，育種した微生物などの細胞培養工学の分野でも大いに広まってきている[4]。

5.2 細胞表層工学（Cell Surface Engineering）―アーミング技術の確立

　細胞表層タンパク質の移行プロセスを，特に，医薬品や食品や飲料などのバイオプロセスに

＊　Mitsuyoshi Ueda　京都大学　大学院農学研究科　応用生命科学専攻　教授

第1章　微生物によるものづくりのための技術開発

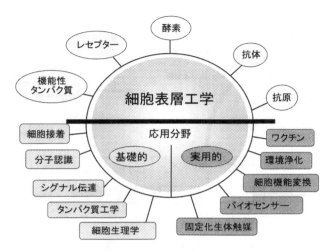

図1　細胞表層工学とその広がる応用分野

図2　アーミング酵母や細胞表層工学が世界で初めて紹介された記事

応用する場合，その安全性が極めて重要であるが，その点を考慮すると，パン酵母 S. cerevisiae は格好の細胞である．我々は，この酵母を用いて，細胞表層に外来タンパク質を提示させる細胞表層工学を開発してきた．この新しい手法とそれによって創製された細胞は，アメリカのChemical & Engineering News（**75**(15)，32（1997））などでも取り上げられ，世界初の技術と評されるとともに，その先駆性が高く評価された．我々は，この技術を用いて，酵母細胞が従来持ち得ない機能を細胞表層に賦与して，新しい機能性細胞につくりかえた．このような細胞は，千手観音になぞらえて，「アーミング酵母（Arming Yeast）」と命名されており，この技術のことを「アーミング技術」とも称している（図2）[1〜4]．

微生物によるものづくり

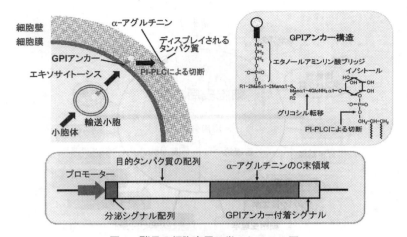

図3　酵母の細胞表層工学のシステム図
PI-PLC, ホスファチジルイノシトール特異的ホスホリパーゼC

　実際, 具体的には, 酵母 S. cerevisiae においては, 細胞表層最外殻に位置する性凝集素タンパク質である α-アグルチニンの分子情報を活用したわけであるが, この分子の構造は, 簡単に言えば, 分泌シグナル・機能ドメイン・細胞壁ドメイン（セリンとスレオニンに富むC末320アミノ酸残基）からなっており, このC末320アミノ酸残基のC末端にGPIアンカー付着シグナルが存在するので, 分泌シグナル・機能ドメインを操作することによって, 種々の酵素やタンパク質を細胞表層に提示することが可能となるのである（図3）[5]。このアグルチニンはその本来の機能や性質からして通常時には機能しないながらも, その発現の潜在スペースを細胞表層に保持しているとも考えられ, しかもその活性部分を細胞外に理想的に配向していると考えられる。この手法により細胞表層に新しい機能を賦与したり, スクリーニングなどにより得た特殊な機能を持つ細胞の表層にさらに細胞機能を増強する分子を修飾したりする分子育種を行い, もとの代謝系を保持したまま, 例えば, これまで資化できなかった栄養源を資化できるように変換したこれまでにない全く新しい生体（細胞）触媒を創製することも可能になった。

　我々の開発した細胞表層工学（アーミング）技術は, 分泌経路と細胞表層提示のためのGPIアンカーシステムという真核生物細胞の細胞内外移行シグナルとそれによる分子メカニズムに立脚した生命ゲノム情報を活用したシステムであり, 遺伝子の側としては多くの酵素やタンパク質をコードするものが, 細胞の側としては, 原生動物や昆虫から動植物細胞に至るまで, 適用範囲が広い点でも汎用性のある手法として価値を有すると考えている。

　このように, 世界に先駆けて開発に成功した細胞表層工学（アーミング）技術は, 基礎的にも応用的にも魅力あふれる研究領域である細胞表層領域というフロンティアを開拓する1つの革新

第1章　微生物によるものづくりのための技術開発

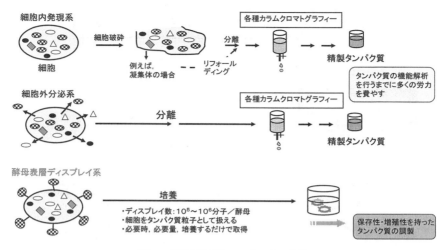

図4　細胞表層ディスプレイの特徴

的手法として，代謝工学を含む細胞触媒の新しい分子育種のバイオテクノロジーの分野を広げつつある。

5.3　アーミング技術基盤が開拓するホワイトバイオテクノロジー

　タンパク質のアーミング技術は，「タンパク質ディスプレイ法」として，DNA情報を活性のあるタンパク質分子に変換する新技術とも言えよう。この技術は，さらに，「コンビナトリアル」手法と組み合わさって，ランダムなDNA情報からこれまでに存在しなかったタンパク質を創製したりする潜在的な能力のある魅力あふれるホワイトバイオテクノロジー用の細胞触媒創製技術ともなった。これは，既知のDNA情報を機能タンパク質に迅速に変換したり，タンパク質の機能変換とそのスクリーニングを高速にしたり，これまでにこの世の中に存在しなかったタンパク質や酵素をランダムなDNA情報から創製したりするという「コンビナトリアル・バイオエンジニアリング」と呼ばれている新しい手法を生み出し[5, 6]，DNA情報を基盤とした高機能タンパク質などのバイオ分子の創製系として，また，新しい生体触媒の創製系として，ナノバイオテクノロジーの基盤技術となり，その将来的展開が期待されている。さらに，これによって，創意工夫によるオーダーメードな生体触媒や細胞が創出されたり探索されたりするという，これまでにない，また，無限の資源の探索を基盤にしたホワイトバイオテクノロジーの世界も開けてきた。即ち，多くの遺伝子に由来するタンパク質を迅速に選択して機能解析するには限界がありながら，DNAからタンパク質への変換系として使われてきたこれまでの煩雑な細胞内発現系と細胞外分泌系から脱却して（図4），キーボードでDNAを入力すれば変換されたタンパク質が画面にデ

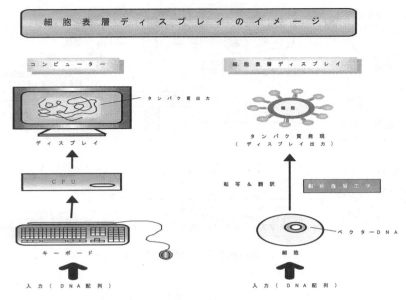

図5 細胞表層ディスプレイのイメージ図

ィスプレイされるような新しい手法,「コンビナトリアル・バイオエンジニアリング」が登場したのである（図5)[5〜8]。多くの遺伝子に由来するタンパク質を網羅的に，かつ迅速に（これは，ハイスループットとも呼ばれる）選択して，導入した個々のDNAから生まれてきた個々のタンパク質が個々の細胞の表層や担体などの上に安定な形でディスプレイされ，ディスプレイされた細胞や担体を1つの支持体として，ディスプレイされたタンパク質をいつも生きたまま，必要ならいつでも増幅できる。さらに，タンパク質のアミノ酸配列分析をしなくても,PCR（遺伝子増幅）法などの併用により，導入されたDNAの配列からディスプレイされたタンパク質のアミノ酸配列が決定できるという他の方法論の追随を許さないメリットも創出される。周知のコンビナトリアルケミストリーとの大きな違いは，生細胞や酵素反応を「分子ツール」として，これらの増殖性を利用するとともに目的の分子をディスプレイする点で,細胞を「分子ツール」として使って，簡易で迅速に情報分子を機能分子へ変換するだけでなく，多くの組み合わせの（コンビナトリアル）分子ライブラリーから適合するものをディスプレイして，ハイスループットに，かつ，システマティックに選択できる。したがって，こういった「分子ツール」を利用して，機能する未知の新しい機能分子や細胞を,「自然界から探す」という方向から「情報分子集団（ライブラリー）から創る」という方向へと研究の基本戦略の変革が進んでいる。従来，望みの機能を持つ分子や細胞の自然界からのスクリーニングは膨大な時間と労力が必要であったが，このようにゲノムから効率的な機能性バイオ分子や細胞を創る手法とそのシステム化の開拓は，さらにグリーンバイ

オ分野や医療分野へも大きく波及していき，ナノバイオテクノロジーの旗頭としても先駆的役割を果たしている。

5.4 アーミング技術による実用的細胞触媒の創製
5.4.1 共役複合酵素系を持つ細胞触媒の調製 [9]

　地球上の再生可能で未利用なバイオマス資源を従来の石油や石炭由来のエネルギーや化学化成品の代替原料にしていくバイオマスリファイナリーは，2004年の地球の環境保全を提唱した京都議定書に盛込まれたカーボンニュートラルの骨格でもあり，この課題への微生物利用の拡大は，グリーンバイオテクノロジーとホワイトバイオテクノロジーの連携という人類の未来への大きな布石でもある。

　バイオマスリファイナリーの中核であるバイオエタノールの生産において，酵母 S. cerevisiae は，その中心として非常に重要な位置を占めてきている。しかし，酵母 S. cerevisiae は，光合成による炭酸ガスの固定とその循環のグリーンバイオによる生産物であるデンプンを直接利用できない。例えば，醸造において周知のごとく，デンプンは麹のアミラーゼ類を用いてグルコースに変えられ，それで酵母を生育させてエタノールを製造している。地球上には，多くの未利用のデンプン源もあり，これらを直接資化できる酵母の創製は，クリーンなエネルギーを生み出すエコバイオエネルギー創製技術基盤の申し子ともなり，新機能酵母育種のモデルケースとなろう。このような細胞を創製するために，グルコアミラーゼや α-アミラーゼの遺伝子を，細胞表層工学システムに組み込み，両酵素を細胞表層で共発現ディスプレイさせた細胞を開発した。これにより，初めて可溶性ならびに生のデンプンを唯一の炭素源として生育するアーミング酵母が創製でき，さらに，この両酵素を共発現ディスプレイさせることにより，これまでの記録を撃ち破るような高いデンプン分解速度とエタノール生産性を実現できてきている。これらの育種細胞触媒では，細胞表層で，高分子であるデンプンから変換されたグルコースは，培地に留まることなく，エタノール生産が可能になったため，他の雑菌の汚染がないエタノール生産が可能な新しい培養工学手法の展開も実現しつつある（図6）。

　さらに，デンプンよりはるかに資源として有望で，しかも地球資源の中でも最も豊富であるセルロースを資化して生育し，エネルギーとなるエタノールを生み出す酵母が創製できれば，地球規模でのエネルギー循環系の革命が起こるなど，その有用性は測り知れない。酵母がセルロース由来のグルコースを栄養源にするには，最終的に β-グルコシダーゼを必要とするので，エンドグルカナーゼや β-グルコシダーゼを共発現ディスプレイさせたセルロース資化によるエタノール生成酵母のプロトタイプの創製が試みられた。この酵母は，セルロースを唯一の炭素源として生育し，エタノールを生成できる世界初の酵母となった。この細胞は，セロビオースやセロオリ

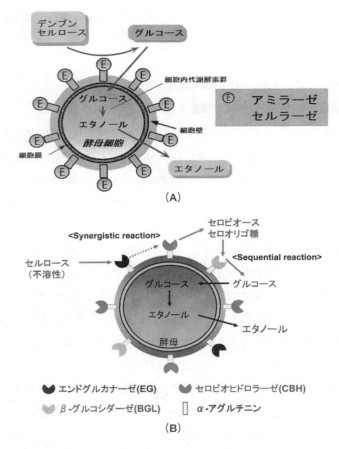

図6 アーミング酵母によるデンプンやセルロースからのエタノール発酵モデル図（A）と3種のセルロース分解酵素の細胞表層ディスプレイのイメージ図（B）

ゴ糖などのセルロースを分解して生育できることがわかり，細胞そのものが自然界に存在するセルロソームを凌ぎ，セルロースからエタノールなどのクリーンなエネルギーを生み出すグリーンバイオテクノロジーとホワイトバイオテクノロジーの掛け橋となる切り札として，スーパーセルロソーム構築に向けた戦略的足場となった。

結晶領域と非結晶領域を持つ固体セルロースからのエタノール生成には，糸状菌などからのエンド型セルラーゼであるエンドグルカナーゼやエキソ型セルラーゼであるエキソセロビオヒドロラーゼの共役とβ-グルコシダーゼの連携が必須で，細胞表層でそのような共役連携が可能な酵母も分子育種できており，その機能を十分に発揮し始めている（図6）。また，木質系および草本系のリグノセルロースにセルロースとともに多く含まれるヘミセルロースを細胞表層で分解できる各種酵素を共発現ディスプレイさせた酵母細胞も育種され，未来のエネルギー産生への期待

の細胞触媒の分子育種が展開してきている。

5.4.2 網羅的改変変異酵素群の調製と今後の展望 [10〜13]

　リパーゼはエステラーゼの一種であり，動物からバクテリアに至るまで幅広い生物種の中に存在している。リパーゼは脂質の加水分解やエステル反応，さらにはエステル交換反応など基礎的にも応用的にも興味深い反応を触媒し，現在工業レベルでも広く用いられている。したがってその有用性から，また基質が水に不溶の油脂であることからも現在最も活発に研究が繰り広げられている酵素の1つである。糸状菌 Rhizopus oryzae 由来のリパーゼ（ROL）について，酵母 Saccharomyces cerevisiae を用いて，ROL を酵母の細胞表層最外殻に活性を有した状態で提示することに成功し，その ROL 提示酵母細胞の触媒能を評価するとともに，酵母細胞表層上で ROL の変異体ライブラリーを構築し，鎖長などに関する基質特異性に関してスクリーニングや有機溶媒中でのエステル合成を行った。

　ROL は中鎖脂肪酸のトリグリセリドに対し高い基質特異性を持つことが知られており，1,3 位特異的な立体選択性を持つリパーゼである。ROL の活性部位が C 末近くに存在すると考えられており，α-アグルチニンと結合させると，基質が入り込みにくくなり活性が減少する可能性があると考えられたので，ROL と α-アグルチニンとの間にグリシンとセリンの繰り返しからなるリンカーを挿入した。様々な長さのリンカーを導入した ROL 細胞表層提示用プラスミドを導入した酵母について，短鎖長基質として，2,3-ジメルカプトプロパン-1-オル-トリブチルエステルを用い，長鎖長基質としてトリオレインのエマルジョンを用いて機能評価を行ったところ，どちらの基質に対しても活性を示し，短鎖長基質に対してはリンカーの導入により最大で2倍の活性の上昇が確認され，また，長鎖長基質に対してはリンカーを長くすればするほど活性が上がることが示された。また ROL 提示酵母は1％トリオレインを唯一の炭素源として生育が可能なことも確かめられた。

　酵母へのアーミング技術を用いると酵母細胞の表面に抽出，精製を経ずに活性を測定することのできる変異体タンパク質ライブラリーを作り出すことができ，その活性を指標として一度に大量にスクリーニングすることが可能となる。リパーゼは，セリン，ヒスチジン，アスパラギン酸からなるセリンプロテアーゼ様の活性中心を持つ酵素であり，その活性中心を覆うような位置に基質認識に関わる部位としてリド部位やフラップ部位があることが知られている（図7）。リド部位は開状態，閉状態と呼ばれる2つのコンフォメーションをとることが知られており，通常は閉状態で，活性中心を覆っているが，脂質と水との界面において，基質となる脂質を認識し開状態となり，脂質が活性中心に入り込めることになる。リパーゼはその工業的価値が高いこともあり，変異導入により，熱耐性や有機溶媒耐性を上げる試みや，部位特異的に活性中心近傍に変異を加え立体選択性やエナンチオ選択性を変える試みが盛んに行われている。また，リド

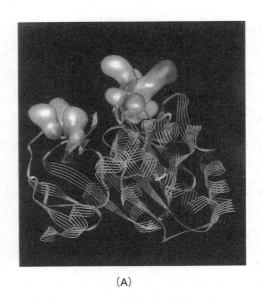

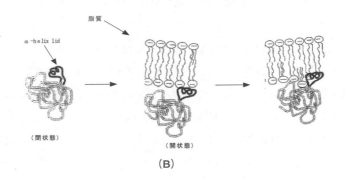

図7　リパーゼの立体モデルにおけるリド部位（A）と基質認識モデル図（B）

部位やフラップ部位についても改変の例はこれまで多くある。筆者らは，酵母ディスプレイ法を用い ROL のリド部位のコンビナトリアルライブラリーを作製し，いくつかの鎖長に対する基質特異性の変化した変異体を高速に取得し，リド部位の構造と機能との相関関係を調べた。ここで用いたコンビナトリアル変異とは，複数の標的となるアミノ酸に対し，そのコドンを NNK（N は A,T,G,C 等量混合物，K は G,T 等量混合物）に置換することによって，20種のアミノ酸からなる全ての組み合わせを網羅的に作り出す方法であり，酵母ディスプレイ法のような機能を指標としたスクリーニング系と組み合わせることによって構造と機能との相関に対する有用なデータを網羅的に得ることのできる変異手法である。ROL のリド部位は，Phe88-Arg89-Ser90-Ala91

第1章　微生物によるものづくりのための技術開発

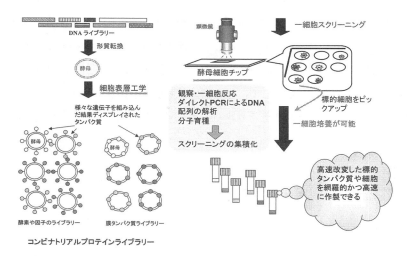

図8　細胞表層ディスプレイによるタンパク質ライブラリーと細胞チップスクリーニングの
共役ハイスループットによる網羅的改変変異細胞触媒の作製

-Ile92-Thr93の6つのアミノ酸からなる。この6つのアミノ酸をコードするコドンを全てNNKに置き換えることにより20の6乗個の変異体をコードできるライブラリーを作製した。食品添加物として重要なフレーバー調製に重要な短鎖脂肪酸に特異的なリパーゼを取得するために，ROL変異体提示酵母を短鎖長基質であるトリブチリンをエマルジョン化したプレートで培養し，ハロアッセイによるスクリーニングを行ったところ，1万個のコロニーからROLを提示していない酵母に比べて明らかに大きなハロを形成したコロニーを7つ取得した。この7つのコロニーについてフルオレセインダイブチレイト（C = 4）とフルオレセインダイラウレイト（C = 12）の2種類の蛍光基質を用いて，その比活性を調べたところ，4つのコロニーが活性を示し，基質特異性を見ると4つの変異体全てが短鎖長側に基質特異性がシフトしていることがわかり，これはフレーバーを調製するのに非常に適した酵素となった。また，これら変異体のリド配列からは塩基性残基—極性残基—非極性残基という連続した並びが共通して見られ，この並びがリド部位が機能を持つ上で重要な役割を果たしていることが示唆されるとともに，これまでに部位特異的変異やランダム変異などによる点特異的な変異では到底得られなかった変異を有する興味深い性質を持ったリパーゼを高速に取得することに成功した。さらにライブラリーのサイズを増やし，コンピューターモデリングなどの理論的解析と組み合わせることにより，より詳細なリド部位の役割がわかってきている。リパーゼは洗剤や食品加工の分野などで工業的によく用いられている酵素であり，また基礎的にも水と油脂との界面での機能発現というその特異性から注目を集め続けているので，新しい手法の導入は，この酵素研究に大いに貢献してきている。

　以上述べてきたように，アーミング技術は有用酵素を提示した酵母をそのまま固定化酵素とし

て用いる応用的な面と，酵母ディスプレイ法として網羅的な変異体タンパク質の迅速なスクリーニングが可能な点を利用しタンパク質の機能改変や機能解析に用いる基礎的な面とを兼ね備えた技術であり（図8）[7, 14～16]，今後，生体触媒や細胞の新しい創製法とともに，タンパク質機能改変と構造解析への革新的な一手法として，さらに，改変変異酵素ライブラリーを用いて，各種のケミカルライブラリーを作るというケミカルバイオロジーの展開にも貢献して発展していくものと思われる。

文　　献

1) 植田充美ほか，バイオサイエンスとインダストリー，**55**，275（1997）
2) 植田充美ほか，化学と生物，**35**，525（1997）
3) 植田充美ほか，現代化学，**361**，48（2001）
4) 植田充美ほか，ケミカルエンジニヤリング，**44**，440（1999）
5) 植田充美ほか，化学フロンティア 第9巻，化学同人（2003）
6) 植田充美，コンビナトリアル・バイオエンジニアリングの最前線，シーエムシー出版（2004）
7) 植田充美，ナノバイオテクノロジーの最前線，シーエムシー出版（2003）
8) 植田充美，未来材料，**4**，44（2004）
9) 植田充美ほか，エコバイオエネルギーの最前線，シーエムシー出版（2005）
10) S. Shiraga *et al., J. Mol. Cat. B: Enzyme,* **17**, 167（2002）
11) 白神清三郎ほか，科学と工業，**78**，310（2004）
12) S. Shiraga *et al., Appl. Microbiol. Biotechnol.,* **68**, 779（2005）
13) S. Shiraga *et al., Appl. Environ. Microbiol.,* **71**, 4335（2005）
14) T. Fukuda *et al., Nanobiotechnology,* **1**, 105（2005）
15) T. Fukuda *et al., Biotechnol. Prog.,* **22**, 944（2006）
16) 植田充美ほか，21世紀の農学 第6巻，京都大学学術出版会（2008）

第2章 食品素材の生産

1 黒酵母 Aureobasidium pullulans が産生する発酵β-グルカンとその生理機能

鈴木利雄*

1.1 はじめに

β-グルカンはキノコ（担子菌の子実体）に含まれる成分（重量あたり数%から数10%程度）であり、それらのβ-グルカンには抗腫瘍活性があることが報告されている[1,2]。例えば、スエヒロタケから得られるシゾフィラン（Schizophyllan）、シイタケから得られるレンチナン（Lentinan）、カワラタケから得られるクレスチン（Krestin）はそれぞれβ-グルカンを主成分とする抗癌剤などの医薬品として製造販売されている。しかし、免疫賦活という観点からは、その分子レベルのメカニズムの詳細解明がなされていないのが現状である[3]。キノコ以外のβ-グルカンとしては、酵母やカビ由来のβ-1,3-結合にβ-1,6-分岐結合を有するものや、カラスムギや大麦由来のようにβ-1,3-1,4-結合の繰り返し構造を有するもの、そして海草などにもラミナランのようなβ-1,3-1,6-結合の繰り返し構造を有するものが知られている。キノコやパン酵母由来のβ-グルカンについては、以前から抗腫瘍活性を指標とする生理機能について詳細な研究が行われている[4,5]。

本稿ではβ-1,3-結合にモノマーでβ-1,6-分岐結合を有するβ-グルカンに焦点を絞って解説する。ここでは、そのβ-1,3-1,6-グルカンの代表として黒酵母由来のβ-グルカンについてその特徴を紹介する。

1.2 黒酵母の産生するβ-1,3-1,6-グルカン

1.2.1 ダイソーでのβ-グルカンの開発

我々は微生物、黒酵母 Aureobasidium pullulans の1菌株（図1）が、β-グルカンの中でも免疫賦活活性の特に高いβ-1,3-1,6-グルカンを分泌生産することに注目した。ダイソーでは、2004年より高純度の低粘度な可溶化β-グルカン食品素材を『アクアβ®』として提供を始める一方、愛媛大学医学部との共同研究で本β-グルカンが抗腫瘍活性ならびに抗癌転移活性を有すること[6]、食物アレルギー改善効果を有すること[7]、最近では抗ストレス効果を明らかにした[8]。さらに日本大学生物資源科学部との共同研究で腸管免疫に対する免疫賦活調節メカニズムについて明らかにした[9,10]。その他、マダイを中心とした養殖魚への抗病性の強化に関して効果のあるこ

---

* Toshio Suzuki　ダイソー㈱　研究開発本部　研究所　次長

微生物によるものづくり

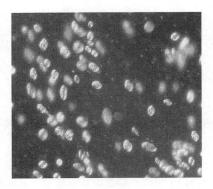

図1　黒酵母 Aureobasidium pullulans 1A1 株の光学顕微鏡写真

とを近畿大学水産研究所との共同研究で明らかにした[11]。

1.2.2　発酵法によるβ-1,3-1,6-グルカンの生産

　我々は，黒酵母 Aureobasidium pullulans によるβ-1,3-1,6-グルカン（以後，DSβ-グルカンと省略）の発酵生産に着手した。特にここではその生産性が優れていた Aureobasidium pullulans 1A1 株（以後，1A1 株と省略）について述べることにする[12]。

　発酵培養は食品としての安全面を重視するため，ショ糖を単一の炭素源として食品ならびに食品添加物からなる簡単な合成培地で行われた。得られた培養液は粘度が数千 mPa・s に達するため，このままでは菌体と DSβ-グルカンの分離は不可能であった。そこで，金属塩濃度，pH，そして温度条件等を駆使したユニークな特殊処理技術により低粘度化に成功し，工業スケールにおいて安定な低粘度 DSβ-グルカンの発酵生産法ならびに高純度回収法を確立した。β-グルカンの定量は，基本的にはエタノール沈澱法により多糖を回収し，グルコースを標準物質としたフェノール硫酸法により測定した。次いで，その純度は ^{13}C-^1H の2次元 NMR 解析より求めた。すなわち図2に見られるように4.8ppm と4.5ppm に相当するβ-1,3-結合とβ-1,6-結合のシグナル積算値からその分岐度を確認し，その純度を測定した。

1.2.3　DSβ-グルカンの構造とその諸性質

　DSβ-グルカンの構造についてさらに検討した[12]。分子量は0.1N の水酸化ナトリウム水溶液を展開液とするゲルクロマト分析により，プルランを分子量マーカーにして測定した。構造は上述の ^{13}C-^1H 2次元 NMR 解析とエキソ型のβ-1,3-グルカナーゼ処理による生成物の分析から決定した。その結果，分子量はゲルクロマト分析でメインピークが数万～30万程度の低分子量β-グルカンで，重量平均分子量は約10万と推定した。また，DSβ-グルカンは一部イオウ含有基により置換されており，その含量は元素分析の結果から約0.1％と推測された。グルコースの結合様式についても上述のように NMR 分析を用いた解析により，β-1,3-結合を主鎖にβ-1,6-

第 2 章　食品素材の生産

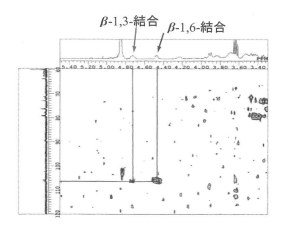

図2　¹³C-¹H cosy NMR 分析による DSβ-グルカンの解析

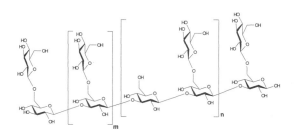

図3　*Aureobasidium pullulans* 由来 DSβ-グルカンの構造

結合の側鎖を有していることが示され，その分岐度は培養条件によっても異なるが，NMR の各シグナル積算値により 50%から 80%程度の高分岐度であることを確認した。また，エキソ型β-1,3-グルカナーゼによる酵素分解生成物の解析から，グルコースとゲンチオビオースを確認し，DSβ-グルカンは図3に示す構造であることを確認した。さらに，NMR 解析から 1A1 株が生産するDSβ-グルカンの純度は生成多糖あたり 95%以上であることも明らかとなった。

　DSβ-グルカンは水に数%までは可溶性で，その溶解度は pH が高いほど，また温度が高いほど増加する傾向を示した。一方，非可溶時は微粒子で存在するという興味深い知見を得た。その微粒子は 0.3μm の一次粒子から構成され，保存条件によっては数十μm の二次粒子へ成長した。ただし，その凝集力は非常に弱く，わずかな撹拌力で一次粒子にまで再分散可能であることから緩凝集状態であると考えられた。一方，DSβ-グルカンが低粘度化β-グルカンであることとその高次構造との関係は，物理化学的にも生理学的にも今後明らかにしていかなければならないが，DSβ-グルカンが水溶液中で一部微粒子（< 1μm）を形成していることは，腸管免疫の賦活化に有効であることが示唆され大変興味深いことである[1]。

微生物によるものづくり

表1 DSβ-グルカンの安全性

試験項目	被験物質	評価対象	結果
急性経口毒性	アクアβ 1.7%水溶液	マウス	LD50＞1,360mg/kg（固体換算として）
	アクアβパウダー（2%）	マウス	LD50＞2,500mg/kg
28日反復経口投与試験	アクアβパウダー（5%）	ラット	5g/kg/day 特に問題なし
皮膚感作性試験	アクアβ 0.2%水溶液	モルモット	特に問題なし
皮膚一次刺激性試験	アクアβ 0.2%および0.5%水溶液	モルモット	特に問題なし
連続皮膚刺激性試験	アクアβ 0.2%および0.5%水溶液	モルモット	特に問題なし
眼粘膜刺激性試験	アクアβ 0.2%水溶液	ラット	特に問題なし
ヒトパッチ試験	アクアβローション（0.2%グルカン水溶液60%配合）および高純度β-グルカン2%（20%1,3-BG水溶液）	ヒト	特に問題なし

既述のように，ダイソーではDSβ-グルカン水溶液（2mg/ml）である『アクアβ』と高含量β-グルカンパウダーである『アクアβパウダー』（80%以上）を機能性食品素材として開発し，すぐにでも大量供給が可能である。続いてDSβ-グルカン『アクアβ』の食品としての安全性とその多彩な生理機能について紹介する。

1.3 DSβ-グルカン『アクアβ』の安全性について
1.3.1 既存添加物としての黒酵母 *Aureobasidium pullulans* の培養液

DSβ-グルカンを産生する黒酵母 *Aureobasidium pullulans* の培養液は長い食経験があり，それ自身が増粘安定剤として「既存添加物」に登録され，食品に使用されている。2004年6月の厚生労働省による「既存添加物の安全性の見直しに関する調査研究」においても，90日間以上の反復投与試験および変異原性試験の結果において問題ないことが報告され，食品としての安全性が改めて証明されている。

ここでは，DSβ-グルカン『アクアβ』の水溶液品およびパウダー品の各種安全性試験を行った結果をそれぞれ紹介する。表1にそれらの結果をまとめて示す。

1.3.2 急性経口毒性試験

DSβ-グルカンを1.7%含有する水溶液および2%含有する粉末を被験物質とし，試験法としてOECDの化学品検査指針No.423で行った。試験は英国のSafePharm Laboratoriesにて実施した。その結果，マウスに対するLD50値は水溶液品で80ml/kg以上（グルカン換算値として1,360mg/kg以上），粉末品で2,500mg/kg以上であった。尚，試験に使用されたマウスは全て生

第 2 章 食品素材の生産

存し，毒性の兆候もなく順調な体重増加を示した。この結果を人の体重を 60kg として当てはめると，1.7％の水溶液品では 4,800ml 以上，2％含有粉末品で 150g 以上の摂取量となり，DSβ-グルカン単体の一日あたりの有効摂取量が数～数十 mg であることから，安全性が高いことがわかる。ここで OECD とは，Organization for Economic Cooperation and Development（経済協力開発機構）を意味し，OECD 指針は日本も含む加盟先進国 21 カ国の担当官が会議の上決定した化学品の標準的毒性試験方法に対する指針を意味する。

1.3.3　28 日反復経口投与試験（亜急性毒性試験）

被験物質として DSβ-グルカンを 5％含有する粉末を用いて同様に亜急性毒性試験を行った。その結果，ラットに対して 5g/kg/day であり，さらに高い安全性を示した。これらの結果から DSβ-グルカンの食品としての安全性が実証された。

1.3.4　皮膚・眼粘膜に対する刺激試験

ここでは被験物質として DSβ-グルカンを 0.2％，0.5％含有する水溶液を使用して，皮膚刺激試験にはモルモット，眼粘膜刺激試験にはラットを用いて，それらに対する刺激性試験を㈱日本生物化学センターに依頼し実施した。その結果，皮膚感作性試験，皮膚一次刺激性試験，連続皮膚刺激性試験，眼粘膜刺激性試験のいずれにおいても，刺激性は対象物質として試験した生理食塩水と比較して同等で，差がないことがわかった。このように皮膚に対する刺激性がないことから DSβ-グルカンの化粧品用途への展開の可能性が示唆された。

1.3.5　ヒトパッチ試験

最後に，上記の安全性を確認した上でヒトパッチ試験をデーミス・リサーチ・センター㈱にて実施した。ここでは被験物質として DSβ-グルカンを 2％含有する水溶液（1,3-ブチレングリコールを 20％配合）と DSβ-グルカン 0.2％含有水溶液を 60％配合したアクアβローション（製造元　ファイブアップ㈱）を使用した。被験者は本試験の目的を理解し，同意を頂いた健全な日本人男女 20 名（男 2 名，女 18 名）で，貼付位置は背部（傍脊椎部），ICDRG 基準のパッチテストユニットを使用し，貼付方法は 24 時間閉塞貼付とした。尚，貼付けは 1 回である。その結果，両被験物質とも刺激性は認められなかった。

これらの結果から化粧品素材としても DSβ-グルカンは安全であることが示された。今後は，食品素材だけでなく化粧品素材用途への展開も進めていく予定である。

1.4　DSβ-グルカン『アクアβ』の生理機能について

1.4.1　腸管免疫賦活効果について [9, 10]

DSβ-グルカンの腸管免疫に対する賦活および調節効果に関しては，日本大学資源生物科学部の上野川教授らとの共同研究を行った。これまでの免疫学的研究成果から，DSβ-グルカンが経

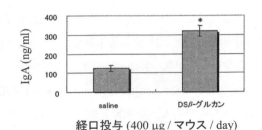

図4　DSβ-グルカン経口投与によるパイエル板でのIgAの産生

口投与において，腸管免疫に作用して腸管の免疫組織であるPeyer's patch（パイエル板）などのリンパ球を活性化するとともに，腸管での種々のサイトカイン類や免疫グロブリンA（IgA）の産生誘導を促進することを確認している（図4）。腸管は，免疫の最重要リンパ器官として昔から知られており，その大きさはヒトではテニスコート一面分と言われている。外界からの感染の第一線の砦として重要で，その免疫機能の活性化は細菌やウイルス感染予防との関係が深いとされている。

1.4.2 抗腫瘍活性と抗癌転移活性について[6]

愛媛大学医学部の阪中雅広教授らとの共同研究により，DSβ-グルカンの抗腫瘍および抗癌転移効果について検討を行った。癌細胞の中でも強力とされるColon26癌細胞をマウス脾臓内に移植し，脾臓での原発腫瘍に対する抗腫瘍効果と，脾臓から肝臓への癌転移抑制に関する効果の検討から，DSβ-グルカンが経口投与により腫瘍細胞抑制作用を持つことが明らかになった。脾臓の抗腫瘍作用に関しては，50mg/kgの経口投与で有意な抑制効果が見られた。また同濃度の投与により，原発腫瘍から肝臓への癌転移も抑制されていることを明らかにした（図5）。小腸の免疫細胞を解析したところ，腸管粘膜組織中のナチュラルキラー（NK）陽性細胞数およびIFN-γ陽性細胞数が有意に増加した。また血中のIL-12についての産生量の上昇が見られた。以上のことから，アクアβが腸管免疫系を活性化し，Th1応答の誘導によるIFN-γの産生増強を介し，抗腫瘍と抗癌転移作用が発揮されたものと示唆された。

1.4.3 抗アレルギー作用について[7]

抗アレルギー作用についても愛媛大学医学部の阪中雅広教授らとの共同研究により検討を行った。マウスにDSβ-グルカン含有（0, 0.25, 0.5および1.0%）飼料を試験期間中（37日間）自由摂取させた。16日目，および30日目に3 mgOVA生理食塩溶液を腹腔内投与し，37日目にOVA15mgを経口投与することで免疫誘導，つまりOVA食品アレルギーを誘導させた。その結果，アレルギー誘導により増加したOVA特異的IgEの産生が，DSβ-グルカンの自由摂取により抑制された。特に1%含有飼料を摂取していたマウスでは，有意な減少が見られた（図6）。ま

第 2 章　食品素材の生産

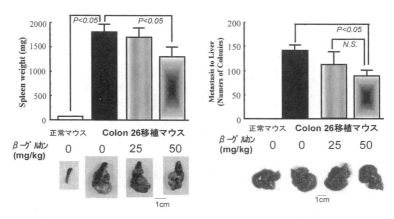

図 5　Colon 26 移植マウスにおける DSβ-グルカンの抗腫瘍・抗癌転移効果

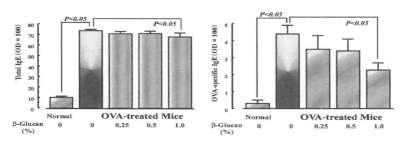

図 6　卵白アルブミン（OVA）感作による OVA 特的血中免疫グロブリン E（IgE）
　　　産生に及ぼす DSβ-グルカンの影響

た脾臓リンパ球では，IFN-γ，IL-12 産生増加の Th1 有意な応答が見られ，さらには小腸粘膜組織において CD8 陽性，IFN-γ 陽性，および IgA 陽性細胞の増加が見られた。これより，DSβ-グルカンは OVA 摂取によるアレルギー反応に対して，その原因となる IgE 産生と Th2 応答を抑制することにより，抗アレルギー効果を示すことが明らかになった。

1.4.4　抗ストレス作用について[8]

　DSβ-グルカンの抗ストレス効果についても愛媛大学医学部の阪中雅広教授らとの共同研究により検討を行った。方法としてマウスを用いた検討では，水または DSβ-グルカン（25, 50 および 100mg/kg）を 7 日間経口投与し，3 日目，5 日目および 7 日目にそれぞれ 12 時間の強制拘束を行った。7 日目の拘束解除と同時に採血を行い，血中コルチコステロン濃度の測定を行った。コルチコステロン濃度は，拘束群で上昇した。これに対し，DSβ-グルカン投与群（50mg/kg 投与群）では有意な低下が見られた（図 7）。コルチコステロンはストレス暴露により上昇するマーカーであることから，DSβ-グルカンは強度なストレス暴露による免疫機能の低下を防止していることが示された。

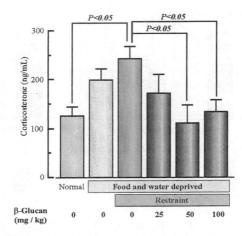

図7　DSβ-グルカンの拘束ストレス負荷マウスにおける血中コルチコステロン値に及ぼす影響

　この結果を受け，我々は社内のボランティアを集いヒトでの効果を検討した。被験者28名に2週間ドリンク（100mgアクアβ含有ドリンク，またはプラセボドリンク）を摂取してもらい，その期間前・中・後に自覚的なストレス症状を示すアンケート（VAS試験）と，唾液中のストレスマーカー測定を行った。試験は14名ずつに群分けし，クロスオーバー試験を実施することで各ドリンクについて28名分のデータを得た。その結果，摂取終了時においてVAS試験からはグルカン摂取により疲労感が減少していることがわかり，また唾液中のコルチゾール濃度の減少が見られた（表2）。コルチゾールは内分泌系に関与し，身体的・精神的ストレスにより増加するホルモンとして知られていることから，DSβ-グルカンの摂取により主に疲労感を中心としたストレスを緩和させる働きが示唆された。

1.4.5　便秘改善効果について

　我々は，社内ボランティアへのDSβ-グルカンの花粉症への抑制効果を検討中に，被験者らに便秘改善効果を見出すことができた。そこで，DSβ-グルカンのモルヒネ誘導による便秘改善を指標にその改善メカニズムの検討を行った。モルヒネは腸においてオピオイド受容体をブロックすることから，腸管の蠕動運動を止めることにより便秘を引き起こすことが知られている。

　まずラットに5日間，DSβ-グルカンを与えた。一方はアルカリで低粘度化して精製したβ-グルカンである「アクアβ」を与える群と，今回は比較として低粘度化処理を行わない高粘度のβ-グルカンを与える群を準備した。5日目の投与終了後，カルミンという色素と便通抑制作用のあるモルヒネを投与し，色素が便中に出てくるまでの時間を測定した。

　モルヒネを投与しない通常の状態のラットでは，色素が出てくるまでに8.6時間を要し，これをコントロールとした。モルヒネ投与群ではさらに約4.5時間の遅延が見られた。これに対して，

第 2 章　食品素材の生産

表 2　アクアβ 100mg 含有ドリンク摂取による抗ストレス作用

VAS（自覚的ストレス）

		摂取 0 週	摂取 1 週	摂取 2 週
全体的疲労感	グルカン群	−1.6±1.9	−0.3±1.9	−0.6±1.3**
	プラセボ群	−0.8±2.1	−0.0±1.8	0.4±1.5
身体的疲労感	グルカン群	−1.4±1.6	0.0±1.2	−0.5±1.1*
	プラセボ群	−1.0±1.9	0.2±1.9	0.3±1.7

唾液中のストレスマーカー（他覚的ストレス）

		摂取 0 週	摂取 1 週	摂取 2 週
コルチゾール（μg/dL）	グルカン群	0.396±0.199	0.256±0.073	0.313±0.146*
	プラセボ群	0.398±0.223	0.255±0.073	0.381±0.187

（＊：$p < 0.05$，＊＊：$p < 0.01$）

低粘度化を行わない非低粘度化 β-グルカンの投与では，ほとんど便通改善が見られなかったのに対して，低粘度化 β-グルカン「アクアβ」投与群では，有意に便の遅延を改善して顕著に便通改善効果が得られることがわかった。この結果，我々が開発した低粘度化 β-グルカンである「アクアβ」は，腸での挙動やその取り込みが促進された結果，高粘度のものに比して顕著な効果を示した（図 8）。

モルヒネは鎮痛剤として使用されることから，既述のようにアクアβが抗腫瘍作用と便通改善効果を併せ持つことは大変興味深く，有用な健康食品素材であることが示される結果であった。

1.4.6　自律神経系への作用について

便秘改善効果のメカニズムを明らかにする目的で，DS β-グルカンの自律神経への作用について検討を行った。自律神経とは，内臓・血管・リンパ腺などに広く分布する神経で，消化・排泄・内分泌などの生命維持に必要な機能を調節している。この自律神経は，体を活発に動かす時に働く活動型の交感神経と，体を休めて体力を回復させる時に働く休息型の副交感神経によりコントロールされている。

まず絶食のラットに麻酔をかけた状態で腹部を開き，自律神経系に関わる臓器である胃に電極をセットし，その電位により自律神経の興奮度を測定した。具体的には，十二指腸に水または DS β-グルカンを直接投与した時の各電極の発電値を計測することで，自律神経の活動を調べた。その結果，図 9 に示すように胃の副交感神経については，水を投与した場合よりも有意に亢進されることが確認された。これらのことから DS β-グルカンを摂取することにより，自律神経系において副交感神経優位な状態を引き起こしていることが判明した[13]。

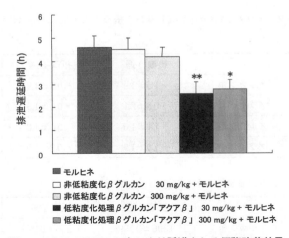

図8 アクアβのモルヒネにより誘導される便秘改善効果

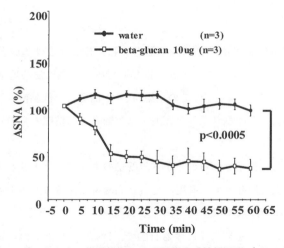

図9 DSβ-グルカン十二指腸投与による副腎交感神経活動（ASNA）の変化

　副交感神経の作用としては，血圧の降下，ホルモン安定分泌，精神活動の休息などが挙げられ，すなわちリラックスに繋がる効果が得られていることが考えられる。この結果は，1.4.4に紹介したストレス緩和効果との関連も深いと考えられ，今後は免疫系，内分泌系，そして自律神経系との関わりを検討することは大変興味深いものと思われる。DSβ-グルカンがその一助になれば大変光栄である。

1.5　おわりに

　既述の結果は，DSβ-グルカンがまず腸管免疫を賦活してマクロファージを活性化するととも

第2章 食品素材の生産

に，最終的には全身免疫を賦活・調節することを示唆している。さらに，DS β-グルカン構造とToll-like レセプター[14] あるいは Dectin 1[15] などのレセプター，そして免疫賦活機能との相互作用において，今後そのメカニズムの科学的証明が待たれるところである。

　機能性食品分野の市場は年々増大し，2006 年の健康食品市場は1兆2,000億円に上り，中でも効果効能を訴求することができる特定保健用食品は，その対象が生活習慣病の予防を目的として600 件以上が認可され，数千億円の市場へと成長している[16]。そのような状況下，我々は独自のタンク培養技術と低粘度化などの精製技術の開発により，高純度の可溶化 β-グルカン素材『アクア β』を開発し市場に提供している。高齢化社会に向けた有効な健康食品素材として，そして予防医学分野への有用性に富む機能性食品素材として今後も精力的に開発を進めていく予定である。

文　献

1) 梶尾正俊ほか，化学工業，**55**，466-475（2004）
2) 白坂憲明，生物工学，**82**，312（2004）
3) 日経バイオビジネス，No.2，p.90（2003）
4) 大野尚仁，日本細菌学雑誌，**55**，527（2000）
5) 大野尚仁，食品機能素材 II，**24**（2001）
6) Y. Kimura et al., Anticancer Research, **26**, 4131（2006）
7) Y. Kimura et al., International Immunopharmacology, **7**, 963（2007）
8) Y. Kimura et al., Pharmacy and Pharmacology, **59**, 1137（2007）
9) T. Suzuki et al., Animal Cell Technology: Basic & Applied Aspects, S. Iijima and K. Nishijima (eds), **14**, 369, Springer（2004）
10) 鈴木隆浩ほか，2005 年度日本農芸化学会要旨集，p.279（2005）
11) 石丸克也ほか，2005 年度日本水産学会要旨集，p.230（2005）
12) T. Suzuki et al., Food Function, **2**, 45（2006）
13) 鈴木隆浩ほか，2006 年度日本応用糖質科学会要旨集，p.28（2006）
14) B. N. Gantner et al., J. Exp. Med., **197**, 1107（2003）
15) G. D. Brown, J. Exp. Med., **197**, 1119（2003）
16) 週刊東洋経済，2005.1.15，p.26（2005）

2 日本酒の醸造におけるα-エチルグルコシドの生成とその機能

広常正人*

2.1 はじめに

　古くから「酒は百薬の長」と言われ，適度の飲酒が健康のために役立つことが知られている。酒に含まれる最大の機能性成分はエチルアルコールであり，血液循環を良くして食欲を増進させる，心の抑制を取り除いてストレスを軽減させる等の効果がある。さらにそれぞれの酒類においても，原料や製法に由来する特有の成分も数多く存在しており，近年では赤ワインに含まれるポリフェノールが話題となったことが記憶に新しい。

　日本酒に関しても古来より，日本酒造りに携わる杜氏の手は白い，日本酒を多く飲む力士は肌が綺麗である，また日本酒を風呂に入れると体に良いと言われる様に，日本酒には美肌効果があるとされてきた。また，日本酒の消費量が多い地域ほど肝硬変による死亡率が低いという疫学研究[1]から，日本酒に肝障害を予防する成分が含まれているのではないかとの説もあるが，詳細な検討は為されていないようである。

2.2 日本酒の機能性に関する研究

　最近の研究により，日本酒に含まれる成分の様々な機能性が明らかにされつつある。日本酒には高血圧を予防するペプチドや，骨粗しょう症，糖尿病，健忘症や花粉アレルギーをそれぞれ抑制する成分が含まれていることが報告されている[2]。また日本酒にはα-グルコシルグリセロールが含まれることが見出され，その機能に関する研究成果も報告されている[3]。さらに，日本酒に含まれる香気成分には，ストレス低減・リラックス作用があるとされている。

2.3 日本酒に含まれるエチルα-D-グルコシド（α-EG）

　日本酒の醸酵方式は，麹菌による糖化と酵母による醗酵がモロミ中で同時に進行する並行複醗酵であるが故に，日本酒に特異的な成分も多く含まれている。中でも，米デンプンから麹菌の作用により生成されるイソマルトオリゴ糖と，酵母の醗酵により生産されたエチルアルコールから，麹菌αグルコシダーゼ（AGL）の転移反応によって生成されるα-EGは，日本酒特異成分の代表とも言える物質である。α-EGは日本酒中に0.2～0.7%含まれており，即効性の甘みと遅効性の苦味という独特の呈味性を示す，日本酒の風味や濃厚味に関与する重要な成分として知られていた[4]。

＊　Masato Hirotsune　大関㈱　総合研究所　所長

第2章　食品素材の生産

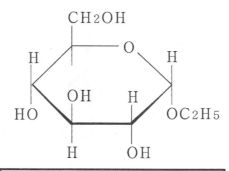

(化学名) エチル α-D-グルコシド　(融点) 114℃
(分子式) $C_8H_{16}O_6$　(比旋光度) +152(D/26℃)(H_2O)
(分子量) 208.21　(50%w/vの比重) 1.29(25℃)

図1　α-エチルグルコシドの構造式

2.3.1　α-EGの生成

α-EGは、図1の構造を持つ配糖体であり、日本酒モロミにおけるマルトオリゴ糖やデキストリン成分からの、エタノールをアクセプターとする酵素的糖転移反応によって生成される。実際に、AGL高生産麹菌を育種し、その麹を用いて日本酒の小仕込みを行うとα-EGを高含有する日本酒が得られる事が確かめられている[5]。

この工程は①反応液中に存在するグルコースを酵母がエタノール醗酵する。②エタノールと反応液中に存在するマルトースがAGLの作用によって、α-EG1分子とグルコース1分子が生成する。③グルコースは、酵母がエタノール醗酵によって消費する。④生成したエタノールは、同様にマルトースと反応して、α-EGとグルコースが生成する。これら①～④の工程が繰り返されることにより、α-EGが反応液中に高純度に蓄積されたと考えられる。

2.3.2　日本酒とα-EGの外用の効果

α-EGを含む日本酒の濃縮物を皮膚に塗布することにより、図2に示すような機構によって、紫外線により誘発される荒れ肌を改善する作用があることが知られていた。さらに、その外用時に表皮中の細胞間脂質含量が増加していることや、α-EGには角質細胞の分化を促進させる機能があることが最近報告されている[6]。これらの研究結果に基づいて、高濃度にα-EGを含む日本酒濃縮物を配合した化粧品が商品化され、大手化粧品メーカーより発売されている。

また日本酒を入浴時に用いることに関しては、浴湯に日本酒濃縮物を添加することによって深部体温が上昇する傾向にあること、そしてその熱吸収効率を高めている要因として、α-EGが関与していると示唆する報告もある[7]。また、その時の顔面部位の角層水分量は日本酒濃縮物添加群の方が良好であったことが報告されており、日本酒の美肌効果については科学的な検証が進

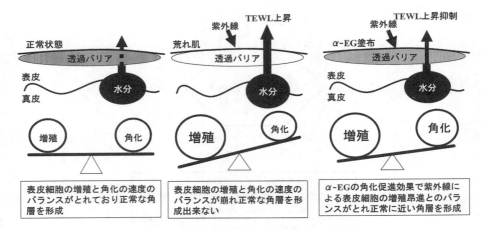

図2　α-EGの外用塗布による荒れ肌改善効果

められていると言えよう。

2.4　日本酒およびα-EG飲用時の機能性

しかしながら，日本酒を飲用した時の機能性については，ほとんど検討が為されていなかった。そこで我々は飲用に供した場合の日本酒の機能性を明らかにすることを目的として検討を進めている。本報告では，日本酒濃縮物また特異成分であるα-EGを摂取した場合の体内での動態と，その効果について述べてみたい。

2.4.1　α-EGの吸収と代謝

α-EGをラットに大量に摂取させ，血中および尿中成分を測定したところ，その大部分が尿中に，そのままの形態で存在していた。解析の結果，α-EGは他の二糖類に比べて分解され難く，また二糖類分解酵素を阻害し，グルコースの吸収も抑制する事も明らかとなった。これらの結果から，摂取したα-EGは小腸から吸収されて，血糖値やインシュリンに影響を与えず尿中に排泄されることが示された[8]。

2.4.2　日本酒の美肌効果

日本酒飲用が肌状態に及ぼす効果を調べる方法として，原武らが日本酒塗布の効果を調べるために用いた方法を参考とした[9]。すなわち，紫外線を照射することで荒れ肌を誘発したマウスに，濃縮物等を内用摂取させた場合の肌状態を調べる方法を用いた。その結果，日本酒濃縮物は経口摂取させることによっても，荒れ肌の形成が抑制されることが明らかとなった。さらに，濃縮物を分画し，各成分についても検討を行った結果，図3に示すように，その有効成分がα-EGと有機酸であることを見出した[10]。次に，高濃度にα-EGを含む日本酒の飲用時に，ヒトの皮膚

第2章　食品素材の生産

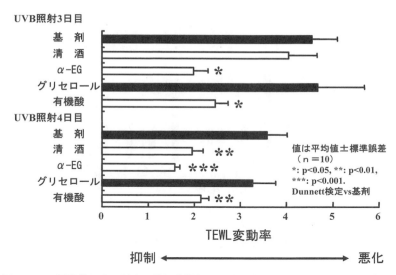

図3　UVB誘発荒れ肌に対する清酒濃縮物と，その成分の経口投与による抑制効果

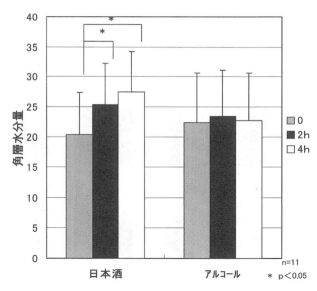

図4　ヒト飲酒による肘の角層水分量（μS）の経時変化

生理パラメーターに及ぼす影響についても検証を行った。その結果，図4に示すように蒸留酒に比較して，日本酒の飲用時には肌の水分量が増加すること，また体温の上昇が長時間継続すること等，日本酒の美肌効果を示唆する結果を得ることができた[11]。

2.4.3　日本酒の肝障害抑制作用

次に日本酒の肝障害抑制効果について㈱酒類総合研究所との共同研究を紹介する。まず，一般

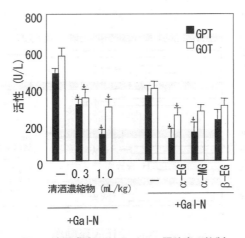

図5 清酒成分によるGal-N肝障害の抑制

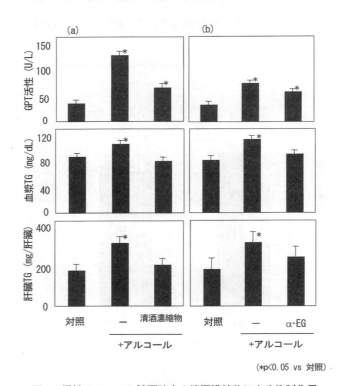

(*p<0.05 vs 対照)

図6 慢性アルコール性肝障害の清酒濃縮物による抑制作用

的に用いられる肝障害試験であるガラクトサミン (Gal-N) 誘発による急性薬剤肝障害モデルマウスを用いて検証を行った。Gal-Nを投与することによって肝障害の指標であるGPT, GOT値は著しく上昇するが, 日本酒濃縮物を摂取したマウス群では両指標の上昇が有意に抑制されるこ

とを確認した[12]。さらに図5に示すように α-EG 単独でも，有意に Gal-N による GPT, GOT の上昇を抑制すること，構造類似体である α-メチルグルコシド，β-エチルグルコシドよりも肝障害抑制効果が高いことを明らかにした。この他，日本酒濃縮物と α-EG はいずれも，Gal-N が誘導する炎症性サイトカイン（IL-6）産生を抑制していた。

次に，マウスに5%のアルコールを含む飼料を4週間投与することによって慢性アルコール性肝障害モデルマウスを作製し，日本酒のアルコール性肝障害に及ぼす影響について検討を行った。その結果，図6（a）に示すように清酒濃縮物を投与したマウス，図6（b）に示すように α-EG を投与したマウスは，いずれにおいてもアルコール摂取による血漿 GPT の上昇や中性脂肪（TG）の増加が抑制されていた。すなわち日本酒濃縮物はアルコール性の肝障害を抑制する効果を有し，その有効成分の一つは α-EG であることが明らかとなった[13]。

2.5 おわりに

古い歴史を有する日本酒には伝統的に様々な有用性が知られているが，今回の一連の研究により，日本酒の機能として知られている美肌効果，また肝硬変の発症が少ないという疫学的結果の一端を科学的に検証できたものと考える。まだまだ日本酒には，未知の成分や機能が含まれているはずであり，今後とも日本酒の新しい機能性成分が発見されることを期待して止まない。

文　　献

1) 滝澤行雄，第7回がん疫学研究会講演要旨集，p19（1984）
2) 北本勝ひこ編著，醸造物の機能性，日本醸造協会（2007）
3) F. Takenaka, H. Uchiyama, *Biosci. Biotechnol. Biochem.*, **64**, 378（2000）
4) 岡ほか，農化，**50**, 463（1976）
5) 長谷川ほか，農芸化学会大会講演要旨集，**72**, 41（1998）
6) M. Nakahara *et al., Biosci. Biotechnol. Biochem.*, **71**, 427（2007）
7) 前田ほか，日温気物医誌，**69**, 179（2006）
8) T. Mishima *et al., Nutrition*, **21**, 525（2005）
9) A. Haratake *et al., J. Invest. Dertmatol.*, **108**, 769（1997）
10) M. Hirotsune *et al., J. Agric. Food Chem.*, **53**, 948（2005）
11) 横田ほか，醸協，**100**, 739（2005）
12) H. Izu *et al., Biosci. Biotechnol. Biochem.*, **71**, 951（2007）
13) 伊豆ほか，醸協，**103**（2008）印刷中

3 アミノ酸—L-グルタミン酸発酵とその生産機構の解明へ—

安枝 寿[*1], 中村 純[*2]

3.1 はじめに

アミノ酸のなかでもL-グルタミン酸は，主にうま味調味料（L-グルタミン酸ナトリウム）の原料として利用されている。L-グルタミン酸を過剰生産する微生物として *Corynebacterium glutamicum* が1950年代に発見[1,2]されて以来，菌株の代謝制御を主眼とした突然変異法などを駆使する育種を経て，工業的なグルタミン酸発酵が成立した。現在ではその発酵法により大量のL-グルタミン酸ナトリウムが生産され，全世界の年間生産量は約180万トンと推定されている。このようにグルタミン酸発酵は産業的に大きく進展してきたが，一方，基礎研究の観点では，グルタミン酸発酵の成立機作，つまりは，その過剰生産に至る分子機構については現在でも完全には解明されていない。本稿では，グルタミン酸発酵研究の概要とともに，その生産機構の解明に向けた研究成果を中心に紹介する。

3.2 グルタミン酸発酵の概要

実用的なL-グルタミン酸の発酵菌としては *C. glutamicum* および同種のコリネ型細菌が唯一のものである。本菌は好気性のグラム陽性細菌で運動性はなく，胞子を形成しない。また，本菌は通常の生育条件ではL-グルタミン酸を過剰生産しないが，生育の必須因子であるビオチンが欠乏した培養条件ではL-グルタミン酸を著量生産するという特徴を示す。更に，ビオチンが十分に存在する条件でもペニシリン添加やTween 40などの脂肪酸エステル系界面活性剤の添加などでL-グルタミン酸の生産を誘導することができる（表1）。そしてこれらの誘導処理は，いずれも細胞の表層構造に影響を与えると推測されたことから，当初は，それらの誘導処理により細

表1 *C. glutamicum* におけるグルタミン酸過剰生産の誘導処理

誘導処理方法	細胞への影響
ビオチン量の制限[a]	脂肪酸合成の抑制
界面活性剤の添加	脂肪酸合成の変化
ペニシリンの添加	細胞壁合成の阻害（リン脂質量の低下）

a) ビオチン制限法では培地へ添加するビオチンが不足する条件で培養するが，それ以外の処理では培地中に十分量のビオチンが存在した条件で培養を実施する。

---

*1 Hisashi Yasueda 味の素㈱ ライフサイエンス研究所
*2 Jun Nakamura 味の素㈱ 甘味料部

第2章 食品素材の生産

膜の透過性が上昇し，L-グルタミン酸が脂質二重層から漏出することで，L-グルタミン酸の著量生産に至ると考えられた[3]（グルタミン酸生成の漏出モデル）。

現在，一般的なグルタミン酸発酵では，C. glutamicum を，高濃度の糖とアンモニアそして数種の無機塩類を含む培地で，好気的に30℃ないし35℃の温度にて生育させ，グルタミン酸生産の誘導処理を行ってからさらに，1, 2日間培養することで100g/L 以上の L-グルタミン酸が菌体外の培地中に生産される。発酵原料としては，トウモロコシやタピオカ等から得られるデンプンに由来するグルコースを使用する場合と，サトウキビの糖蜜に由来するスクロースを用いる場合などがある。

3.3 生産菌研究の最近の進歩

微生物の育種法は組換え DNA 技術により爆発的な進歩を遂げ，様々な遺伝子の導入や遺伝子発現の強化あるいは目的遺伝子の破壊技術などが開発されてきた。グルタミン酸生産菌においても，特に組換え DNA 技術は，糖の取り込みから L-グルタミン酸の生合成に至る代謝系の改善などの基盤研究や分析技術として活発に導入され，優れた生産菌の構築のための有益な情報を提供してきた。更に，2002年頃から C. glutamicum のゲノム解析結果が，いくつかの研究グループから発表[4]され，グルタミン酸発酵菌においても各種のオミクス技術を用いた網羅的な研究が展開できるようになってきている。一方，通常の培養温度よりも高温環境下で L-グルタミン酸を著量生産できるコリネ型細菌 C. efficiens についてもゲノム配列が決定[5]され，本菌の高温適応化機構の解明に向けて比較ゲノム研究[6]が進行している。生育至適温度が高い菌をアミノ酸発酵に用いる産業上のメリットは非常に大きい。即ち，培養温度を高く設定できることで，大型発酵槽で発生する発酵熱を冷却するための余分な設備やコストの削減が可能になるためである。

また，最近では L-グルタミン酸生産での代謝フラックスの解析や菌体内の代謝化合物を網羅的に調べることができるメタボローム解析などの新しい技術により，L-グルタミン酸生成での律速点の解析や育種すべきポイントの抽出に成果[7]が出つつある。更に，グルコースからの L-グルタミン酸生成に至る発酵収率を飛躍的に向上させる基礎研究として，新規な代謝経路をコリネ型細菌の L-グルタミン酸生合成系に組み込み，従来のグルタミン酸発酵での最大理論収率を打破する試み[8]もなされている。

3.4 グルタミン酸の過剰生成機構

従来，C. glutamicum の L-グルタミン酸過剰生成機構は，細胞質膜の透過性上昇による L-グルタミン酸の漏出現象と説明されてきた[3]。しかし，細胞から分泌されるのが L-グルタミン酸に特異的であることやその排出輸送担体の存在が示唆[9]されたことで，単純な漏出仮説は否定された。

微生物によるものづくり

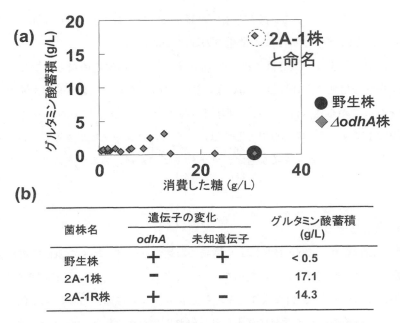

図1 odhA欠損株とその復帰株（2A-1R株）のグルタミン酸生産能

(a) *C. glutamicum* の *odhA* 遺伝子欠損株を数株取得し，L-グルタミン酸生成の誘導処理などをしない条件下で培養（30g/Lの糖濃度にて）したときの各変異株の糖消費（横軸）とL-グルタミン酸蓄積（縦軸）の関係を示す。この培養条件では野生株はL-グルタミン酸を殆ど生成しないが，変異株のいくつかの株はL-グルタミン酸を生成するようになる。その中で特にL-グルタミン酸生成量の多い株を2A-1株と命名した。(b) 遺伝子の野生型を「＋」で，変異型を「－」で表示している。*C. glutamicum* 野生株の遺伝子型は *odhA* 遺伝子は「＋」であり，もう一つの仮定した未知遺伝子においても「＋」となるが，2A-1株では，*odhA* 遺伝子は欠損しているために「－」となり，更に未知遺伝子も同時に変化しており「－」と表している。2A-1株の *odhA* 遺伝子のみ野生型へ変更した復帰株 2A-1R 株でも，L-グルタミン酸が著量生成することが判明した。

また，TCA回路上の酵素でL-グルタミン酸生成への分岐点となる2-オキソグルタル酸脱水素酵素複合体（2-oxoglutarate dehydrogenase complex, ODHC）の酵素活性がグルタミン酸生産の各種誘導時には低下する[10]こと，更に，*odhA* 遺伝子（ODHCのE1oサブユニットをコードする遺伝子）の欠損株では，誘導なしに著量のL-グルタミン酸を生成[11]したことから，ODHCの活性低下がグルタミン酸過剰生産の引き金であると考えられるようになった。

しかしながら，筆者らは *odhA* 欠損変異株でもL-グルタミン酸を過剰生産しない株が高頻度で存在するなどの観察（図1(a)）から，ODHC活性の低下がL-グルタミン酸生産の十分条件であるという考えを転換し，逆に，L-グルタミン酸生産能の高い *odhA* 変異株は，その変異以外の未知変異をもつ二重変異株であると仮定し研究を行った。そこで，多数の取得した *odhA* 欠損株の中からL-グルタミン酸を過剰生産する *odhA* 変異株（図1(a) 参照，この株を2A-1株と命名）を選び，その *odhA* 変異を改めて，野生型に戻したところ（図1(b) 参照，この復帰株を2A-

第 2 章 食品素材の生産

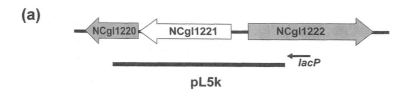

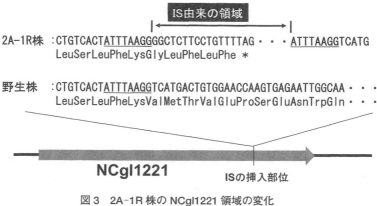

図 2 グルタミン酸生産を抑制する遺伝子の単離
(a) 2A-1R 株の L-グルタミン酸過剰生成を抑制する遺伝子を，野生株のゲノム DNA ライブラリーを用いてスクリーニングしたところ，NCgl1221 遺伝子を含む DNA 断片（そのプラスミド名を pL5k と命名）が取得できた。(b) DNA ベクターを保持する 2A-1R 株は，L-グルタミン酸生産の誘導処理をしない条件での培養で L-グルタミン酸を著量蓄積するのに対して，pL5k を保持する株は，その過剰生産性を失う。

図 3 2A-1R 株の NCgl1221 領域の変化
2A-1R 株の NCgl1221 領域には IS が挿入され，NCgl1221 遺伝子産物の構造が変化していることがわかる（V419::IS1207 変異と命名）。

1R 株と命名），野生株が全くグルタミン酸を生産しない条件でもその 2A-1R 株は著量の L-グルタミン酸を生産したことから（図1），この実験に供した L-グルタミン酸高生産株は，やはり未知の変異を有する株であり，その未知変異こそが L-グルタミン酸の過剰生産を引き起こす要因であるとの考えに至った。そして，この未知変異の同定を進めた結果，メカノセンシティブイオンチャネルのホモログをコードする遺伝子 NCgl1221 に変異（この変異は V419::IS1207 変異と命名）があることが判明[12]した（図2, 3）。そこで，他の L-グルタミン酸高生産性の odhA 変異株についても解析したところ，推測どおりそれらの株の NCgl1221 遺伝子の領域にいくつかの異

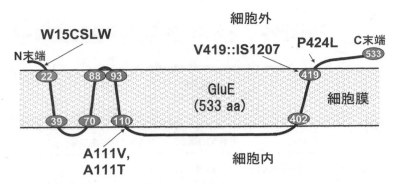

図4 グルタミン酸を高生産している odhA 変異株で見出された NCgl1221（gluE）の様々な変異箇所
NCgl1221 遺伝子産物（GluE）は533アミノ酸残基からなる膜タンパク質と予測される。図に示した GluE 上の6つの変化を起こすそれぞれの gluE 変異をもつ C. glutamicum は，誘導処理なしに L-グルタミン酸を過剰生成できる。

表2 グルタミン酸生成誘導時の NCgl1221 遺伝子（gluE）欠損株の細胞内グルタミン酸濃度[a]

	細胞外濃度（mM）		細胞内濃度（mM）	
	野生株	ΔgluE 株	野生株	ΔgluE 株
グルタミン酸	145	25.1	1.58	16.5
アスパラギン酸	7.6	0.96	0.06	0.65
2-オキソグルタル酸	5.42	13.0	0.08	0.32

a) 両株ともビオチン制限でグルタミン酸過剰生成を誘導した。

なる変異点がそれぞれ見出された（図4）。なお，メカノセンシティブイオンチャネルの役割は，微生物の周りの環境が高浸透圧から低浸透圧の状態へと急激に変化した際に，流入する水分による細胞の破裂を防ぐために，いち早く細胞内の適合溶質を放出する機能をもつもので，その機能のオン／オフは細胞膜の張力により制御されるといわれている[13]。

変異型 NCgl1221 遺伝子の産物の機能を明らかにするために，見出された3種の NCgl1221 変異（図4に示す各変異，A111V 変異，W15CSLW 変異，V419::IS1207 変異）を改めて野生株に導入し，それらの L-グルタミン酸の生産性を調べた。その結果，通常の培養で野生株が L-グルタミン酸を生産しない条件でも，これらの変異株はいずれも著量の L-グルタミン酸を生成した[12]。このことより，これらの NCgl1221 変異が正に L-グルタミン酸の過剰生成を誘導したと考えられた。また，これらの株は，L-グルタミン酸アナログ化合物である 4-フルオログルタミン酸による生育阻害に対して耐性を示す[12] こともわかった。一方，NCgl1221 遺伝子を欠損した C. glutamicum 株は，種々の L-グルタミン酸生成の誘導条件においても L-グルタミン酸を著量生成しなくなったが，このときの細胞内 L-グルタミン酸濃度を測定したところ野生株のものに

第2章　食品素材の生産

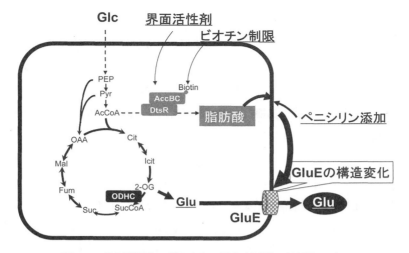

図5　コリネ型細菌のグルタミン酸生産誘導の新仮説モデル
野生株では，ビオチン量の制限や界面活性剤，ペニシリン添加により，細胞膜の張力が変化し，それによって GluE の立体構造が変化する。その結果，L-グルタミン酸の排出輸送が起こり著量生成へと至る。一方，誘導処理不要菌の場合は，ある特別な変異により既に GluE の立体構造が変化しており，常に L-グルタミン酸を排出輸送できると考えている。

比べ約10倍の値を示した（表2）[12]。以上のことから，NCgl1221遺伝子産物はグルタミン酸の排出輸送担体そのものか，排出輸送を正に制御する因子であり，特に，NCgl1221のある種の変異は，細胞内 L-グルタミン酸の菌体外への排出輸送を亢進させる変異であることが示唆された。しかし現時点では，NCgl1221遺伝子産物が，膜タンパク質のメカノセンシティブイオンチャネルのホモログであるということから，後述するように，筆者らは，本 NCgl1221産物が，L-グルタミン酸の直接の排出輸送を担うものではないかと推定しており，以後，この NCgl1221遺伝子を gluE 遺伝子と命名して記載する。

以上の筆者らの実験結果やこれまでの知見から，C. glutamicum における L-グルタミン酸生成機構について新しい仮説[12]（図5）を提唱したい。まず，表1にも記載したように，L-グルタミン酸過剰生産の誘導処理はいずれも細胞表層に影響を及ぼす。一方，メカノセンシティブイオンチャネルは細胞膜の張力によって適合溶質の排出輸送活性が変化するチャネルである。つまりGluE は，L-グルタミン酸生産の各種誘導処理により引き起こされる細胞膜の張力変化により活性化し，L-グルタミン酸の細胞外への排出輸送を触媒するトランスポーターではないかと考えている。一方，ある種の変異型 GluE は，タンパク質の構造が変化しており常に L-グルタミン酸の排出活性がオンとなっているアクティブ変異型であると推定した。かつての漏出仮説では，各種誘導処理により引き起こされる細胞膜の脂肪酸組成の変化等が注目されたが，実は，それらは細胞膜の張力変化という物理的シグナルを介して GluE の構造変化を誘発し L-グルタミン酸という

溶質を菌体外へ輸送し，結果的に過剰生産を誘導していたと筆者らは考えている。一方，**ODHC** 活性の低下は，L-グルタミン酸の過剰生産への誘導というよりも，その生産効率の向上に寄与するものと思われる。なお，最近の**ODHC**活性の研究では，セリン／スレオニンプロテインキナーゼのPknGによりリン酸化されるOdhIという因子があり，この非リン酸化体は強く**ODHC**活性を阻害するという酵素活性の調節機構が報告された[14]。今後，更にL-グルタミン酸の過剰生成機構の全貌が明らかになる日も近いものと期待している。

3.5 おわりに

1908年に池田菊苗博士（旧東京帝国大学）が昆布の呈味（うま味）成分がL-グルタミン酸ナトリウムであることを発見してから，今日では冒頭で述べたようにL-グルタミン酸ナトリウムは，その世界需要に応えるかたちで大量生産される最も重要なアミノ酸の一つとなった。その膨大な生産量を考えると，今後アミノ酸発酵が産業として持続的に成長を続けるためには，環境と上手に調和した形での生産システムの構築が必須であろう。例えば，発酵原料には，食糧と競合しない安価かつ安全な炭素源の利用が望まれるし，生産過程で副生する様々な生産物の有効利用，そして発酵段階やL-グルタミン酸の精製工程で使用する各種エネルギーや酸・アルカリ類の削減などが必須であるといえる。こうして，ゼロエミッション視点からの環境調和型のアミノ酸生産システムの構築[15]を今後は益々積極的に進めていきたいと考えている。

謝辞

本稿に記載した *gluE* 遺伝子に関する研究は，東京工業大学大学院生命理工学研究科の和地正明准教授との共同研究の成果である。また，本研究にご協力いただいた皆様に深く感謝いたします。

文　献

1) S. Kinoshita *et al., J. Gen. Appl. Microbiol.*, **3**, 193（1957）
2) S. Udaka, *J. Bacteriol.*, **79**, 754（1960）
3) 菊池正和ほか，アミノ酸発酵，学会出版センター，p.195（1986）
4) M. Ikeda *et al., Appl. Microbiol. Biotechnol.*, **62**, 99（2003）
5) Y. Nishio *et al., Genome Res.*, **13**, 1572（2003）
6) Y. Nishio *et al., Mol. Bio. Evol.*, **21**, 1683（2004）

第 2 章　食品素材の生産

7) T. Shirai *et al., Metab. Eng.,* **7**, 59（2005）
8) A. Chinen *et al., J. Biosci. Bioeng.,* **103**, 262（2007）
9) C. Hoischen *et al., J. Bacteriol.,* **172**, 3409（1990）
10) Y. Kawahara *et al., Biosci. Biotechnol. Biochem.,* **61**, 1109（1997）
11) Y. Asakura *et al., Appl. Environ. Microbiol.,* **73**, 1308（2007）
12) J. Nakamura *et al., Appl. Environ. Microbiol.,* **73**, 4491（2007）
13) N. Levina *et al., EMBO J.,* **18**, 1730（1999）
14) A. Niebisch *et al., J. Biol. Chem.,* **281**, 12300（2006）
15) 横井大輔，*Ajico News*，**218**, 1（2005）

4 酵素法によるD-アミノ酸の製造

浅野泰久*

4.1 はじめに

地球上の生物の体は主としてL-アミノ酸から成っている。従来，D-アミノ酸は天然には稀なアミノ酸であり，わずかに細菌の細胞壁を構成するD-アラニンやD-グルタミン酸が，細菌の細胞壁を構成するペプチドグリカン，微生物の産生する抗生物質類や粘性ポリマー等に存在するにすぎないと考えられてきた。しかし，近年，D-セリンが哺乳動物の神経伝達におけるモジュレータとして機能することが発見され，大いに注目されている[1]。また，D-アミノ酸は医薬品や農薬原料の合成ブロックとして注目されている。例えば，D-アミノ酸は，抗生物質のアモキシシリン（D-p-ヒドロキシフェニルグリシン）[2,3]，トロンビン阻害剤 GYKI-14766（D-フェニルアラニン）[4]，経口血糖降下薬ナテグリニド（D-フェニルアラニン）[5]，CCK-A受容体拮抗薬ロキシグルミド（D-グルタミン酸）[6]，抗炎症剤 LK 423（D-グルタミン酸）[7]，農薬フルバリネート（D-バリン）[8]，アリテーム（D-アラニン）[9]など医農薬，甘味料の構成成分として使われている（図1）[10]。

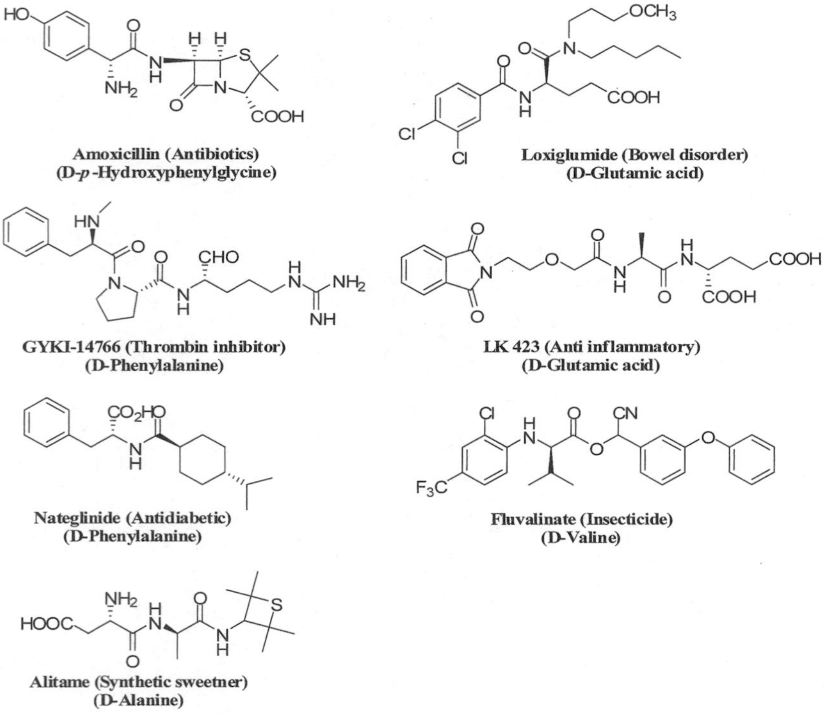

Amoxicillin (Antibiotics)
(D-p-Hydroxyphenylglycine)

Loxiglumide (Bowel disorder)
(D-Glutamic acid)

GYKI-14766 (Thrombin inhibitor)
(D-Phenylalanine)

LK 423 (Anti inflammatory)
(D-Glutamic acid)

Nateglinide (Antidiabetic)
(D-Phenylalanine)

Fluvalinate (Insecticide)
(D-Valine)

Alitame (Synthetic sweetner)
(D-Alanine)

図1　D-アミノ酸を含む医農薬，人工甘味料

＊　Yasuhisa Asano　富山県立大学　生物工学研究センター　所長；工学部　生物工学科　教授

第 2 章　食品素材の生産

そこで，D-アミノ酸の効率的な生産方法が望まれている。L-アミノ酸が，発酵法により生産できるのに対して，D-アミノ酸の製造法としては，主として酵素法が用いられる。D-アラニンの発酵生産は例外的に可能になっている[11]。光学活性体を調製する方法には，大別してキラルプール法，不斉合成法，および光学分割法がある[12]。キラルプール法は，天然等にすでに存在する光学活性な原料から異なった光学活性体に導く手法であり，不斉合成法は，光学活性ではない化合物を変換して光学活性体を得る方法である。光学分割法は，ラセミ体やその誘導体から片方のエナンチオマーを優先的に得る方法である。光学分割法は，さらに物理的，化学的，生化学的，クロマトグラフィー等の種々の方法に分けられるが，酵素等の生化学的触媒を用いてラセミ体あるいはその誘導体を変換する際に，片方のエナンチオマーに対する反応速度が他方と異なれば，その差を利用して光学純度が高いエナンチオマーを得ることができる（速度論的光学分割法）。ダイナミックな光学分割（動的光学分割）は，速度論的光学分割反応の一種であり，速度論的光学分割の際に，基質のみが微アルカリ性で化学的なラセミ化を受け，光学活性体が定量的に得られる。

すでにダイナミックな光学分割による酵素反応が工業的に用いられている。我が国のカネカ㈱のD-p-ヒドロキシフェニルグリシンの工業的製造法では，ヒダントイン誘導体の酵素による加水分解の際にD-ヒダントイン誘導体のみが特異的加水分解作用を受け，D-カルバモイルアミノ酸が生成するが，残存するL-ヒダントイン誘導体は非酵素的あるいは酵素的にラセミ化を受ける[2,3]。ダイナミックな光学分割によるL-アミノ酸の製造例として，東レ㈱では，過去にDL-α-アミノ-ε-カプロラクタム（ACL）を基質としてL-リジンの工業生産を行っていた。*Cryptococcus laurentii* 由来のL-ACL加水分解酵素によりACLのL特異的な加水分解が起こり，残存するD体は，*Achromobacter obae* 由来のα-アミノ-ε-カプロラクタム（ACL）ラセマーゼ（EC 5.1.1.15）によりラセミ体に変換される。この両酵素を持つ菌を組合せて用い，L-リジンへの定量的な変換を行っていた[13]。

具体的なD-アミノ酸の酵素的合成法としては，以下のような方法がある（図2）。①ヒダントイン誘導体にD-ヒダントイナーゼ（EC 3.5.2.2）を作用させる方法（ダイナミックな光学分割法），②N-アシル-D-アミノ酸にD-アミノアシラーゼ（EC 3.5.1.14），さらにN-アシルアミノ酸ラセマーゼを作用させる方法（光学分割法およびダイナミックな光学分割法），③α-ケト酸にD-アミノ酸アミノ基転移酵素（EC 2.6.1.21）およびその他3種類の酵素を作用させる方法（不斉合成法），④進化分子工学により得られたD-アミノ酸脱水素酵素を用いる方法（不斉合成法），および⑤我々の研究で開発したD立体選択的なアミダーゼの利用による方法（光学分割法およびダイナミックな光学分割法）などがある。なお，ラセミ体アミノ酸からのL-アミノ酸酸化酵素や，アミノ酸ラセマーゼとL-アミノ酸脱炭酸酵素の組合せなどによるL体の除去方法があるが，

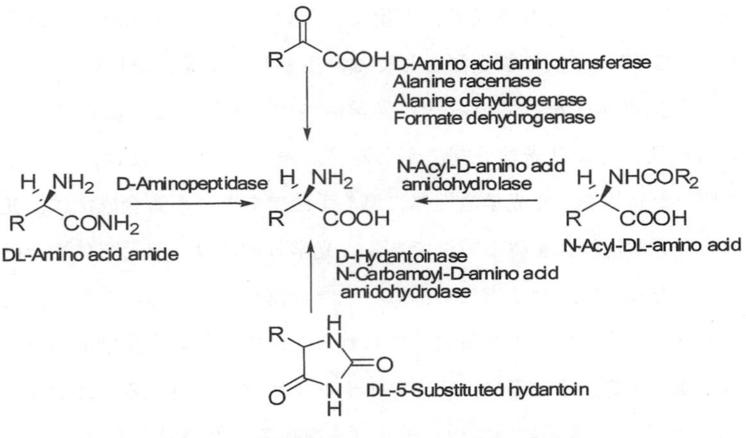

図2　各種の酵素によるD-アミノ酸の合成法

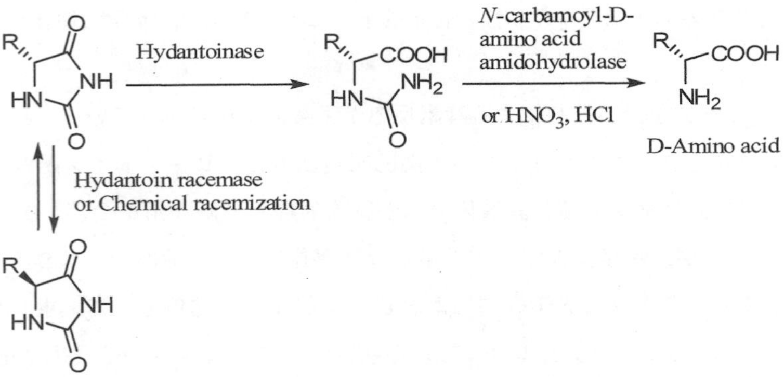

図3　ヒダントイナーゼとN-カルバモイル-D-アミノ酸アミド加水分解酵素を用いる
D-p-ヒドロキシフェニルグリシンの製造法

ここではあまり触れないことにする[14]。

4.2　ヒダントイン誘導体にD-ヒダントイナーゼなどを作用させる方法

ダイナミックな光学分割（動的光学分割）は，反応系内で基質がラセミ化を受け，光学活性体が生成物として定量的に得られる，速度論的光学分割の一種である。本法は，アモキシシリンの製造中間体であるD-p-ヒドロキシフェニルグリシンの工業的製造において顕著である（図3）。すなわち，ヒダントイン誘導体に，D-ヒダントイナーゼ（EC 3.5.2.2）[2,3]，N-カルバモイル-D-アミノ酸アミド加水分解酵素[16,17]を作用させる。ヒダントインのラセミ化は，化学的あるいは酵素的に行われる。*Pseudomonas striata*，*Bacillus* sp.，*Flavobacterium* sp.，*Pasteurella* sp. などが，D-ヒダントイナーゼの生産菌である。さらに，ヒダントインからL-アミノ酸を作る

第 2 章　食品素材の生産

Microbacterium liquefaciens(*Flavobacterium liquefaciens*)からヒダントインラセマーゼ遺伝子がクローニングされている[15]。D立体選択的ヒダントイン加水分解酵素，*N*-カルバモイル-D-アミノ酸アミド加水分解酵素およびヒダントインラセマーゼを大腸菌に共発現させ，菌体を用いてヒダントインからD-フェニルアラニン，D-チロシン，D-トリプトファン，*O*-ベンジル-D-セリン，D-バリン，D-ノルバリン，D-ロイシン，D-ノルロイシンが合成されている[18]。

4.3　*N*-アシル-D-アミノ酸にD-アミノアシラーゼを作用させる方法

　アミノ酸にはそのアミノ基およびカルボキシル基に，それぞれアシル基やBoc基などの保護基を有する化合物，あるいはエステルやアミド化された誘導体が存在する。アシルアミノ酸とアミノ酸アミドにはD，L-異性体があるから，合計4種類の誘導体グループが存在する。*N*-アシルアミノ酸に作用する酵素としてはL-アミノアシラーゼおよびD-アミノアシラーゼ（EC 3.5.1.14）が知られており，前者は我が国において光学分割によるL-アミノ酸の工業的製造に用いられ，世界におけるバイオテクノロジー研究の先駆けとなったことは極めて著名である。D-アミノアシラーゼは，酵素化学的諸性質，一次構造やその応用も明らかにされている。

　D-アミノアシラーゼ（*N*-アシル-D-アミノ酸アミド加水分解酵素）は，*N*-アシル-D-アミノ酸の加水分解によるD-アミノ酸と脂肪酸を生成する反応を触媒し，D-アミノ酸の生産に使用されていると報告されている。*N*-アシル-D-アミノ酸アミド加水分解酵素（D-アミノアシラーゼ）は，*Alcaligenes, Pseudomonas, Streptomyces, Sebekia, Variovorax* などに分布している。基質特異性が異なる酵素として，*N*-アシル-D-グルタミン酸アミド加水分解酵素や*N*-アシル-D-アスパラギン酸アミド加水分解酵素があり，それぞれ，D-グルタミン酸やD-アスパラギン酸の製造に用いられる[19]。*N*-アシルアミノ酸をラセミ化する新規酵素が土壌から分離した放線菌 *Streptomyces atratus* および *Amycolatopsis* sp.，保存菌株などにおいて発見された[20]。*Amycolatopsis* sp.の本酵素は熱に安定であり，*N*-アセチル-D-あるいはL-メチオニン，*N*-アセチル-L-バリン，*N*-アセチル-L-チロシン，*N*-クロロアセチル-L-バリンなどに作用したが，アミノ酸のラセミ化は触媒しない。Co^{2+}，Mn^{2+}，Fe^{2+}などで活性化される。D-あるいはL-アミノアシラーゼと*N*-アシルアミノ酸ラセマーゼを組合わせて用いると，*N*-アセチル-DL-メチオニンからそれぞれ，D-あるいはL-メチオニンを収率良く合成できた（図4）。

　放射線耐性の細菌，*Deinococcus radiodurans* 由来の*N*-アシルアミノ酸ラセマーゼの構造解析が1.3 Åの解像度でなされた[21]。本酵素はエノラーゼと共通構造の特徴を持った，$(\beta/\alpha)_7\beta$バレル構造をしており，ホモ8量体である。Mg^{2+}と結合するサイトや*N*-アシルアミノ酸のα-水素を引き抜く共通構造も確認されている。

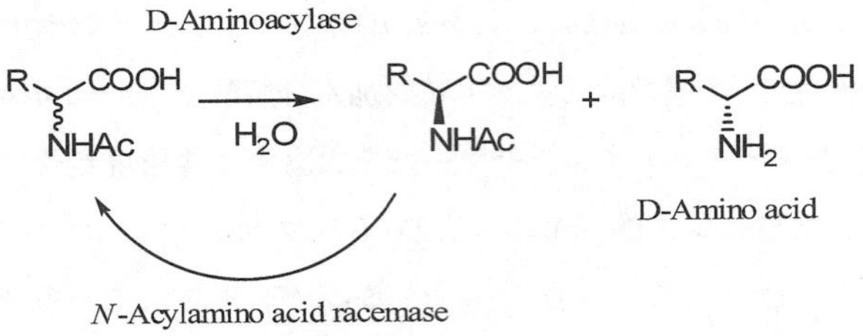

図4 D-アミノアシラーゼとN-アシルアミノ酸ラセマーゼを用いるD-アミノ酸の製造

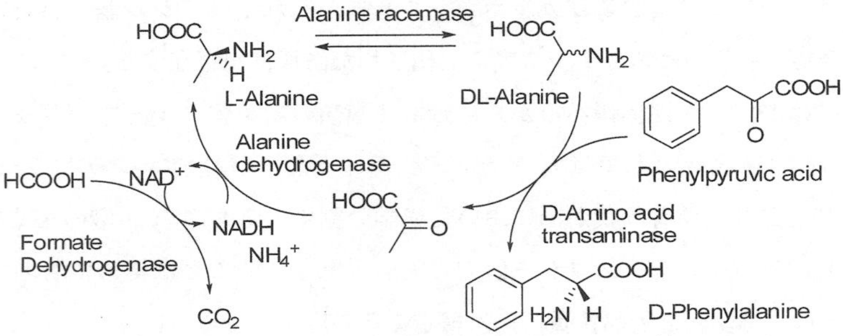

図5 α-ケト酸に4種類の酵素を作用させるD-アミノ酸の合成法

4.4 α-ケト酸にD-アミノ酸アミノ基転移酵素およびその他3種類の酵素を作用させる方法

左右田らは，α-ケト酸を基質として，対応するD-アミノ酸を合成する方法としてD-アミノ酸アミノトランスフェラーゼ（EC 2.6.1.21），アラニンラセマーゼ，アラニン脱水素酵素，および蟻酸脱水素酵素を組合わせて用いる方法を提唱した（図5)[22]。D-グルタミン酸，D-フェニルアラニン，D-チロシンなどが合成されている。大腸菌内に同様の反応を組込み，L-フェニルアラニンからD-フェニルアラニンを合成している[23]。

4.5 α-ケト酸にD-アミノ酸脱水素酵素を作用させる方法

NAD(P)H$^+$関与のD-アミノ酸脱水素酵素が存在すれば，フェニルアラニン脱水素酵素[24]などのL-アミノ酸脱水素酵素と同様に，補酵素NAD(P)Hの再生を伴いながらα-ケト酸とアンモニアから還元的アミノ化反応により光学活性D-アミノ酸が合成できるはずである。最近，meso-ジアミノピメリン酸D-脱水素酵素を出発酵素として，遺伝子に変異と選択を加える進化分子工学により直鎖，分岐鎖，芳香族アミノ酸に作用する酵素を得ることに成功している[25]。3回の変異とスクリーニングによって得られた5点変異酵素は，95から＞99% eeと高い立体選択性で，D-アミノ酸に作用することが認められた。着想が良いが，まだ，反応速度は遅く改善の余地があると思われる。

第 2 章　食品素材の生産

表1　微生物由来の新規な D-アミノ酸含有ペプチド加水分解酵素

酵素	由来	活性中心	用途
D-アミノペプチダーゼ（DAP）	*Ochrobactrum anthropi*	Ser	ダイナミックな光学分割，ペプチド結合の合成
アルカリ D-ペプチダーゼ（ADP）	*Bacillus cereus*	Ser	ダイナミックな光学分割
D-アミノ酸アミダーゼ（DaaA）	*Ochrobactrum anthropi*	Ser	ペプチド結合の合成

4.6　D 立体選択的アミノ酸アミダーゼを用いる方法

我々は，光学活性アミノ酸の合成法で新しい分野を探索することから開始し，化学合成により容易に得られるアミノ酸アミドの光学分割法を検討してきた。ラセミ体アミノ酸アミドは，対応するアミノニトリルの水和反応により合成することができる[26〜28]。そこで，あまり研究に着手されていなかったアミノ酸アミドに作用する酵素群，特に D-アミノ酸アミドに作用する酵素群に着目し，ラセミ体アミノ酸アミドを基質として新しい D 立体選択的アミダーゼやペプチダーゼを作用させ，光学分割法により D-アミノ酸を合成したり，ペプチド結合を D 立体選択的に合成する反応を開発してきた。また，最近，アミノ酸アミドラセマーゼ活性を既知酵素に発見し，これらのアミノ酸アミダーゼ類をさらに有効に利用することが可能になった。

4.6.1　D 立体選択的ペプチダーゼおよびアミダーゼの探索

D 立体選択的ペプチダーゼおよびアミダーゼ生産微生物の探索を行い，3 種類の D 立体選択的ペプチダーゼを発見した（表1）。まず，D-アラニンアミド（D-Ala-NH$_2$）を単一窒素源として分離した *Ochrobactrum anthropi* C1-38 はアラニン等のアミノ酸のアミドやペプチドを D 立体選択的に作用する新規加水分解酵素，D-アミノペプチダーゼ（DAP, EC 3.4.11.19）を生産する[29, 30]。一方，D-バリンアミドを窒素源として分離した *O. anthropi* SV3 はフェニルアラニンやチロシン等のかさ高い側鎖を持つアミノ酸のアミドの D 立体選択的な加水分解酵素を生産した。本酵素は，DAP の様なペプチダーゼ活性は示さず，D-アミノ酸アミダーゼ（DaaA）と呼べる酵素である[31, 32]。さらに，D-フェニルアラニンの合成 4 量体（D-Phe）$_4$ を分解する *B. cereus* DF4-B が培養上清に分泌するアルカリ D-ペプチダーゼ（ADP）はフェニルアラニン等を含むペプチドの N 末端から 2 番目の D 体を認識するエンドペプチダーゼである[33]。

これら 3 種類の D 立体選択的加水分解酵素の一次構造はいずれも細菌細胞壁のペプチドグリカン生合成に関与するカルボキシペプチダーゼ DD や β-ラクタム抗生物質の耐性に関わる β-ラクタマーゼと相同性を示し，ペニシリン認識酵素ファミリーに属する。DAP に関しては，D-アミノ酸を N 末端に持つ基質に対してアミノペプチダーゼ活性を示すという独特な基質特異性を決定付けているドメイン構造が解明されている[34]。

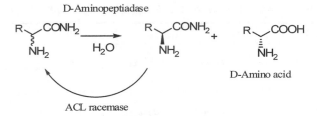

図6 D-アミノ酸アミド加水分解酵素類とアミノ酸アミドラセマーゼを用いる
D-アミノ酸のダイナミックな光学分割

4.6.2 光学分割によるD-アミノ酸類合成への応用

アミダーゼ活性を有するDAPやDaaAを用いるとラセミ体アミノ酸アミドを光学分割してD-アミノ酸を選択的に合成することが可能である。それぞれの酵素を高度に発現させた組換え大腸菌をアラニンアミドに作用させ，5Mの基質から，2.5M（約220g/liter）のD-アラニンを約4.5時間で定量的に合成した。同様にD-2-アミノ酪酸，D-メチオニン，D-ノルバリン，D-ノルロイシンを合成した[35]。進化分子工学の手法を用い，耐熱性を5℃向上させ，比活性を2倍以上に上昇させた変異型DaaAを用いて，大腸菌で発現させフェニルアラニンアミドの光学分割を行い，D-フェニルアラニン（光学純度99.7% ee以上）の合成を可能とした[36]。

4.6.3 アミノ酸アミドラセミ化活性

我々は，このように一群のD-アミノ酸アミド加水分解酵素が存在することを発見し，アミダーゼ活性を示す菌株や遺伝子ライブラリーを多数保持している。特にDAP等のD-アミノ酸アミド加水分解酵素は，極めて優れたD立体選択性を示すが，光学分割反応では理論収率50%を越えることがない。アミノ酸アミドラセミ化酵素（ラセマーゼ）が存在すれば，アミノ酸アミドの系内ラセミ化が可能になる。アミノ酸アミドラセマーゼは，長年求められてきた酵素であり，従来論文として明確に記載されたことは皆無であった。アミノ酸アミド不斉加水分解酵素とアミノ酸アミドラセマーゼを組合せるだけで，いずれの立体のアミノ酸も製造可能な，新しい酵素的合成法が成立する（図6）。

アミノ酸アミドラセミ化活性を*Achromobacter obae*由来のα-アミノ-ε-カプロラクタム（ACL）ラセマーゼに見出した[37]。本酵素は，2-アミノ酪酸アミド，アラニンアミド等のラセミ化を触媒した[38]。本酵素と*Ochrobactrum anthropi*のD-アミノペプチダーゼ等を組合せて用い，アミノ酸アミドのダイナミックな光学分割を行った[39]。左右田らは，すでにACLラセマーゼについて研究し，本酵素の基質は，ACL，α-アミノ-δ-バレロラクタム，およびα-アミノ-3-チオ-ε-カプロラクタムであり，アミノ酸やアミノ酸アミドは基質とならず，特にトリプトファンアミドやロイシンアミドには作用しないとしている[40,41]。α-アミノ-ε-カプロラクタムはヘテ

第2章　食品素材の生産

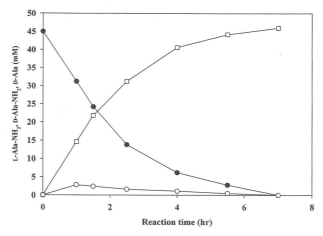

図7　L-アラニンアミドからのD-アラニンの合成
● L-アラニンアミド；○ D-アラニンアミド；□ D-アラニン

ロ環状化合物であり，東レ㈱により酵素的なL-リジンの工業生産の基質として使用されていた。ACLラセマーゼがアミノ酸アミドにラセミ化を触媒する活性を有することは全く報告されていない。我々は，ACLと単純なアミノ酸アミドの構造上の類似性から，ACLラセマーゼは，環状アミノラクタム化合物と同様に，アミノ酸アミドのラセミ化も触媒すると予測した。ACLは，環状アミドであり，αの位置にアミノ基が存在するので，α-H-アミノ酸アミドに分類できる。ACLラセマーゼ遺伝子は，435アミノ酸残基をコードする，1,305bp塩基からなる[42]。合成プライマーを用いるPCR反応によって A. obae のACLラセマーゼ遺伝子を構築し，その遺伝子を有するプラスミドで大腸菌を形質転換した。ACLラセマーゼ活性陽性の大腸菌形質転換株から酵素を精製して用いたところ，ACLは鎖状のアミノ酸アミドのラセミ化をも触媒することを発見した[37]。

4.6.4　アミノ酸アミドのダイナミックな光学分割

大腸菌で発現したA. obae由来のα-アミノ-ε-カプロラクタムラセマーゼとO. anthropi C1-38由来のDAPやDaaAとの組合せにより，アミノ酸アミドのダイナミックな光学分割を行い，定量的に光学活性なD-アラニン等を合成した[37〜39]。図7は，L-アラニンアミドからのD-アラニンの合成の例を示している。L-アラニンアミドがラセミ化を受け，DL-アラニンアミドとなり，その内のD-アラニンアミドのみが，DAPにより加水分解を受け，光学活性なD-アラニンが定量的に合成できている。ACLラセマーゼとL立体選択的加水分解酵素を組合せて用いれば，同様にL-アミノ酸を定量的に合成することが可能であり，安価に調製できるアミノ酸アミドからダイナミックな光学分割によって，アミノ酸の両鏡像体を定量的に合成できる。なお，我々の研

究とは全く独立に，α-H-アミノ酸アミドラセミ化活性が *Agrobacterium rhizonenes*，*Arthrobacter nicotianae* および *Ochrobactrum anthropi* においてスクリーニングにより見出されている[43]。

4.7 おわりに

以上，D-アミノ酸を合成するための種々の酵素系の開発と利用について述べた。これらはいずれも，新しい酵素反応の開発を伴うものであり，基礎的にも興味深いものばかりである。この中には，数十年にわたってD-アミノ酸の製造のために継続して利用されているプロセスもあれば，最近アミノ酸アミドラセマーゼが見出され，アミノ酸アミドのダイナミックな光学分割が新たに実現された研究もある。いずれの反応も今後の研究展開が大いに期待される。このようにすばらしい選択性と触媒活性を示す新しい酵素の探索は，さらに継続されて行くことであろう。また，将来，酵素のデザインを含めてさらに酵素を自由自在にあやつり，D-アミノ酸などの有用物質を合成することができる日の到来が待たれる。

文　　献

1) T. Nishikawa, "D-Amino acids A new frontier in amino acid and protein research-Practical methods and protocols", pp151, Nova Biomedical（2007）
2) H. Yamada *et al.*, *J. Ferment. Technol.*, **56**, 484（1978）
3) S. Takahashi *et al.*, *J. Ferment. Technol.*, **56**, 492（1978）
4) A. Bakonyi *et al.*, *Acta Physiologica Hungarica*, **82**(1), 29-36（1994）
5) M. Chachin *et al.*, *J Pharmacol Exp Ther.*, **304**(3), 1025（2003）
6) M. Dufresne *et al.*, *Physiol. Rev.*, **86**, 805（2006）
7) M. Moriguchi *et al.*, *Arzneimittel-Forschung*, **49**(2), 184（1999）
8) C. A. Henrick *et al.*, *Pesticide Sci.*, **11**(2), 224（1980）
9) R. C. Glowaky *et al.*, "ACS Symp. Ser. Sweeteners", 450, p57, American Chemical Society（1991）
10) P. P. Taylor *et al.*, *Trends Biotechnol.*, **16**(10), 412（1998）
11) 佐藤治代，有機合成化学協会誌，**57**(4)，323（1999）
12) 野平博之，光学活性体，朝倉書店，p22（1989）
13) T. Fukumura, *Agric. Biol. Chem.*, **41**, 1327（1977）
14) M. Yagasaki, A. Ozaki, *J. Mol. Catal. B: Enzymatic*, **4**(1-2), 1（1998）
15) H. Nozaki *et al.*, *J. Mol. Catal. B: Enzymatic*, **32**(5-6), 205（2005）
16) J. Ogawa *et al.*, *J. Biotechnol.*, **38**, 11（1994）
17) H. Nanba *et al.*, *Biosci. Biotechnol. Biochem.*, **62**, 875（1998）

18) H. Nozaki et al., *J. Mol. Catal. B: Enzymatic,* **32**(5-6), 213 (2005)
19) M. Wakayama et al., *J. Mol. Catal. B: Enzymatic,* **23**, 71 (2003)
20) S. Tokuyama, *J. Mol. Catal. B: Enzymatic,* **12**(1-6), 3 (2001)
21) W.-C. Wang et al., *J. Mol. Biol.,* **342**(1), 155 (2004)
22) A. Galkin et al., *Appl. Environ. Microbiol.,* **63**, 4651 (1997)
23) P. P. Taylor et al., ACS Symposium Series, 776, "Applied Biocatalysis in Specialty Chemicals and Pharmaceuticals", pp65-75, American Chemical Society (2001)
24) Y. Asano et al., *J. Org. Chem.,* **55**, 5567 (1990)
25) K. Vedha-Peters et al., *J. Am. Chem. Soc.,* **128**(33), 10923 (2006)
26) Y. Asano, T. L. Lübbehüsen, *J. Biosci. Bioeng.,* **89**, 295 (2000)
27) 浅野泰久, 有機合成化学協会誌, **49**, 314 (1991)
28) 浅野泰久, ファルマシア, **41**, 881 (2005)
29) Y. Asano et al., *J. Biol. Chem.,* **264**, 14233 (1989)
30) Y. Asano et al., *Biohemistry,* **31**, 2316 (1992)
31) Y. Asano et al., *Biochem. Biophys. Res. Commun.,* **162**, 470 (1989)
32) H. Komeda et al., *Eur. J. Biochem.,* **267**, 2028 (2000)
33) Y. Asano et al., *J. Biol. Chem.,* **271**, 30256 (1996)
34) S. Okazaki et al., *J. Mol. Biol.,* **368**(1), 79 (2007)
35) Y. Asano et al., *Recl. Trav. Chim. Pays-Bas.,* **110**, 206 (1991)
36) H. Komeda et al., *J. Mol. Catal. B: Enzymatic.,* **21**, 283 (2003)
37) Y. Asano, S. Yamaguchi, *J. Am. Chem. Soc.,* **127**, 7696 (2005)
38) Y. Asano, S. Yamaguchi, *J. Mol. Catal. B: Enzymatic.,* **36**, 22 (2005)
39) S. Yamaguchi, Y. Asano, *Appl. Environ. Microbiol.,* **73**(16), 5370 (2007)
40) S. A. Ahmed et al., *Agric. Biol. Chem.,* **47**, 1887 (1983)
41) S. A. Ahmed et al., *FEBS Lett.,* **174**, 76 (1984)
42) N. Naoko et al., "Biochemistry of Vitamin B_6", p.449, Birkhäuser Verlag, Basel (1987)
43) J. H. W. Boesten et al., WO 03/106691 (2003)

5 γ-グルタミルエチルアミド（テアニン）の合成

山本幸子[*1]，立木 隆[*2]

5.1 テアニン

　茶の旨味成分であるL-γ-グルタミルエチルアミド（L-テアニン，以下テアニン，図1）は，1949年に，酒戸らが高級緑茶の玉露から単離した[1]，茶に特異的なアミノ酸である。テアニンは，L-グルタミン酸（以下グルタミン酸），エチルアミンおよびATPから，テアニン合成酵素によってチャの根で合成され[2]，先端部（茶葉）へ輸送される。茶葉中で，日光によりポリフェノール類に変換されるので，新芽ほどテアニンの含有量が多い[3,4]。したがって，新芽から作られる玉露のような高級緑茶がテアニンを多く含むことになる[5]。しかし，テアニンは，茶の等級にかかわらず，その全遊離アミノ酸の約半量を占めており，この量は，平均すると，茶葉乾燥重量の1～2%にあたり，緑茶の旨み成分として認知されている[6,7]。

　一方，テアニンには，上記の呈味性以外にも，様々な好ましい生理機能がある。例えば，脳内神経伝達物質（ドーパミン[8]やセロトニン[9]，ノルアドレナリン[10]，γ-アミノ酪酸[11]（GABA）など）の動態に影響を与えることによって，血圧の低下[12]，記憶学習能力の向上[13]，興奮の鎮静[14]，睡眠の質の改善[15]などの効果を引き起こす。また，テアニンの摂取によって，脳のリラックス状態の指標である，α脳波の出現頻度が高まることも報告[16]されている。さらに，抗腫瘍剤Doxorubicinの腫瘍中での濃度を維持するように作用し，これによって，当該薬剤の抗腫瘍性を強めることも知られている[17～20]。このような種々の好ましい性質から，テアニンを，茶の

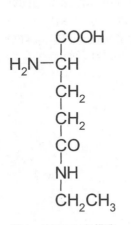

図1　テアニンの構造

＊1　Sachiko Yamamoto　杏林大学　医学部　化学教室　助教
＊2　Takashi Tachiki　立命館大学　生命科学部　生物工学科　教授

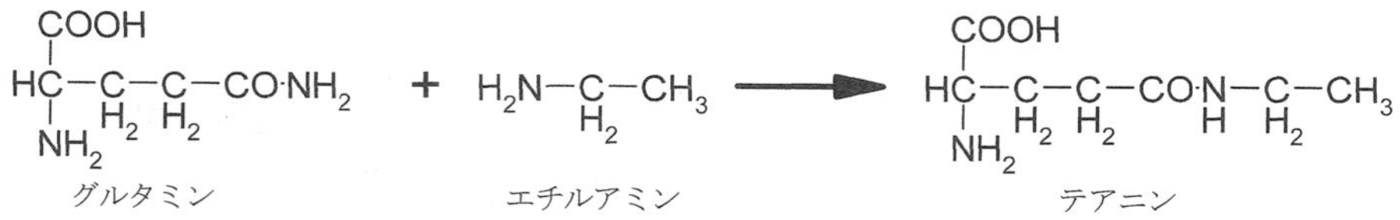

第 2 章 食品素材の生産

(a) グルタミナーゼ

グルタミン + H_2O → グルタミン酸 + NH_3

(b) γ-グルタミルトランスペプチダーゼ

A, B : アミノ酸, ペプチド, アミン

図 2　γ-グルタミル基転移によるテアニン生成反応（上段）とそれを触媒する酵素 (a), (b)

旨味という調味料的な効果だけでなく，健康を改善あるいは維持するための代謝調整素材（サプリメント）として利用する傾向が高まっている。

このようなことから，今まで，テアニンの調製法がいくつか検討されてきた。茶葉からの直接抽出や，有機化学的な方法[21〜23]，チャの苗やカルス，あるいは他の生物材料を用いてテアニンを合成する方法[24〜28]などである。しかし，これらの方法は，材料・原料の供給，操作，収量，テアニンの精製と単離などの点で，実用化できるものではなかった。

これに対して，高濃度のテアニンを比較的簡便に生産できる，微生物由来の酵素を用いた合成法が二つある。一つは，L-グルタミン（以下グルタミン，γ-グルタミルアミド）のγ-グルタミル基をエチルアミンへ転移する酵素反応を利用する方法であり，もう一つは，チャのテアニン合成酵素と同じ反応を，微生物酵素で行うものである。これら酵素法は，入手と調製が容易な基質と酵素を用いる点で，今までに報告された方法よりも有効である。以下，これらの概要を紹介する。

5.2　γ-グルタミル基転移反応を用いた生産法

本法では，グルタミンのγ-グルタミル基をエチルアミンに転移してテアニンを生産する（図2）。この反応を触媒する酵素には，*Pseudomonas nitroreducens* 由来のグルタミナーゼ[29]や，*Escherichia coli*（大腸菌）のγ-グルタミルトランスペプチダーゼ[30]がある。グルタミナーゼは，本来，グルタミンをグルタミン酸に加水分解する酵素（図2 (a)）であるが，条件によっては，上記の転移反応を触媒する[29]。一方，γ-グルタミルトランスペプチダーゼは，アミノ酸やペプチド，あるいはアミンに結合したγ-グルタミル基を，他のアミノ酸やペプチド，あるいはアミンに転移する酵素（図2 (b)）であるが，この酵素も基質のγ-グルタミル誘導体を加水分解する

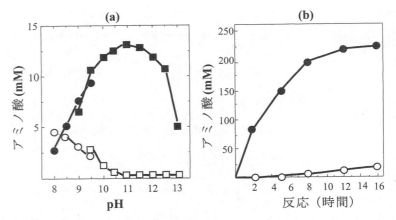

図3 グルタミナーゼによるテアニンの生成反応とグルタミンの加水分解反応に対するpHの影響（a），ならびにpH 11におけるテアニン生成反応（b）
(a) ●，■：テアニン；○，□：グルタミン酸；反応，30℃，1時間；酵素，0.6単位/ml イミダゾール緩衝液（pH 8-9），ホウ酸緩衝液（pH 9-13）
(b) ●：テアニン；○：グルタミン酸；反応，30℃（pH 11）；酵素，0.3単位/ml

ことがある[30]。したがって，どちらの場合でも，グルタミンのγ-グルタミル基を優先的にエチルアミンに転移してテアニンを合成するよう，反応条件を最適化する必要がある。

P. nitroreducens のグルタミナーゼを用いるテアニン合成は，反応液のpHをアルカリ性に調整し，グルタミンの加水分解反応を抑制することで可能になる。すなわち，図3（a）に示すように，グルタミナーゼの加水分解反応が，主として中性pH付近で進行するのに対して，エチルアミンへのγ-グルタミル基の転移反応（テアニン生成反応）は，pH 11付近で最もよく進行し，そこでは，グルタミンの加水分解（グルタミン酸の生成）は殆どない。この性質を利用して，pH 11に調整した反応液中で，0.3 M グルタミンと1.5 M エチルアミンから，反応14～16時間で230 mM（42 g/L）のテアニンを生成させることができる（図3（b））[29]。グルタミン酸の副生は少なく，また酵素量を多くすると反応時間を短縮できる。大腸菌のγ-グルタミルトランスペプチダーゼの場合では，反応液中のグルタミンとエチルアミンのモル比を調節したり，反応液pHをアルカリ側へ調整したりすることによって，若干の副生物（γ-グルタミルグルタミン）はできるが，120 mM（22 g/L）のテアニンが得られる[30]。

なお，グルタミナーゼによるテアニンの生産については，様々な樹脂や担体に固定した *P. nitroreducens* 菌体による連続反応[31, 32]も検討されている。例えば，κ-カラギーナンを用いた固定化菌体を充填したリアクターでは，1時間に40 mmol（約7 g）のテアニンを，数十日間連続して合成できる。固定化菌体のリアクターを利用すれば，菌体からグルタミナーゼを取出す手間を省けるし，また連続して利用できるから，酵素の利用率も向上する。テアニンの精製・単離も

第2章　食品素材の生産

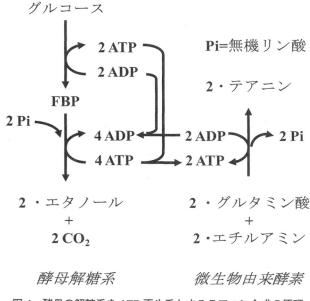

図4　酵母の解糖系を ATP 再生系とするテアニン合成の原理

簡単にできる。

5.3　合成酵素反応を用いた生産法

チャのテアニン合成酵素[2]と同様に，グルタミン酸，エチルアミンおよび ATP からテアニンを合成するものである。古くは，チャのカルス[24,25]や，チャ苗のホモジネート[26]の作用によって，テアニンが生成することが示されている。しかし，テアニンの収量が少ないことや，高価で不安定な ATP の供給方法が考慮されておらず，実用的でなかった。

これに対して，本法では，乾燥酵母菌体が行う解糖反応（グルコース→2・C_2H_5OH + 2・CO_2）を ATP 再生系として利用し，微生物酵素の働きで，グルタミン酸，エチルアミンおよび再生 ATP からテアニンを合成する（図4）。これは，酵母の解糖反応と様々な合成酵素反応を組み合わせて，高濃度の糖リン酸化合物[33,34]やグルタミン[35,36]などを合成する，「エネルギー共役発酵法」の応用である。酵母解糖反応を ATP 再生系として利用するには，テアニンの合成反応を，解糖反応と同じ中性 pH 付近で進行させなければならないという制約はあるが，一方では，酵母の解糖酵素系は強力かつ安定であり，他の ATP 再生系に比べると使いやすい。

エネルギー共役発酵法によるテアニン生産に利用可能な酵素には，通性メチルアミン資化性の *Pseudomonas taetrolens* Y-30 由来のグルタミン合成酵素[37]（GS）と，偏性メタノール資化性 *Methylovorus mays* No.9 由来のγ-グルタミルメチルアミド合成酵素[38]（GMAS）がある。チャの

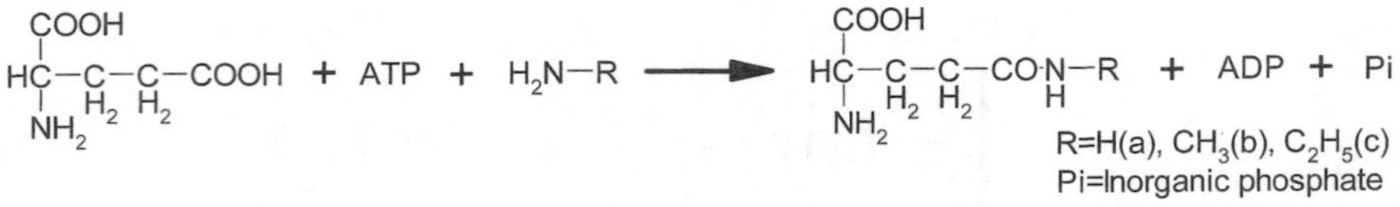

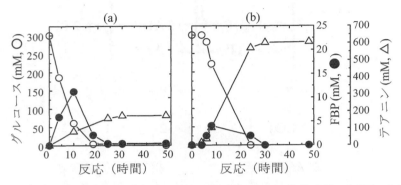

図5 グルタミン（a），γ-グルタミルメチルアミド（b）およびテアニン（c）の合成反応

図6 *P. taetrolens* Y-30のGS（a）と*M. mays* No.9のGMAS（b）を用いたテアニンの合成
反応液中には，GS 100単位/ml（a）あるいはGMAS 30単位/ml（b）が含まれる．

テアニン合成酵素[2]を利用すればよいのであるが，今のところ本酵素の利用が困難であるので，これと類似の反応を行う微生物酵素が使われている（図5）。

　GSは，本来，グルタミン酸，アンモニアおよびATPからグルタミンを生合成する酵素である（図5（a））。しかし，*P. taetrolens* Y-30のGSは，その活性の発現に必要な二価金属イオンとしてMn^{2+}が存在すると，酵母解糖系と同じ中性pH付近で，アンモニアの構造類似物であるエチルアミンに対してある程度の反応をするようになる（図5（c））[37]。この性質を考慮して，エネルギー共役によるテアニン合成反応の条件を最適化したところ，図6（a）のように，300 mMグルコース，200 mMグルタミン酸および1,200 mMエチルアミンから，グルコースの減少，ならびに解糖系の中間体であるフルクトース-1,6ビスリン酸（FBP）の一時的な蓄積と消失とともに，170 mM（31 g/L）のテアニンが生成した[39]。

　M. mays No.9のGMASは，グルタミン酸，メチルアミン，ATPからγ-グルタミルメチルアミド（図5（b））を合成する酵素であるが，メチルアミンだけでなく，エチルアミンにも非常に高い親和性と反応性を持っている[38]。本GMASのエチルアミンに対する親和性は，*P. taetrolens* Y-30のGSの場合よりも1,000倍以上高く，またGMASによるテアニン合成反応は，解糖系と同じ中性pHで最もよく進行する。このGMASを含む反応液中，30時間後に，300 mMグルコース，600 mMグルタミン酸，600 mMエチルアミンから，600 mM（110 g/L）のテアニンが生成する（図

6（b））[40]。この場合，全ての基質（グルタミン酸とエチルアミン，ならびにATP再生のためのエネルギー源であるグルコース）に対する，テアニンの収率は100%となる。

本法の場合，遺伝子を用いた組換え技術による，GSやGMASの簡便な調製法[41, 42]は完成しているが，固定化酵素（系）による反応は検討されていない。

5.4 まとめ

本稿では，微生物酵素を用いるテアニンの合成法を二つ紹介した。これらには，それぞれの特徴と課題がある。

γ-グルタミル基転移反応を用いる方法では，比較的少量の酵素で高濃度のテアニンを合成でき，また固定化菌体（酵素）による連続反応もできる。これらの特徴は，本法の実用化に効果的であった。しかし，本法には，基質（グルタミン）や生成物（テアニン）の加水分解，あるいは別種の転移反応が生じる問題がある。現在，グルタミナーゼやγ-グルタミルトランスペプチダーゼの構造と触媒機構[43]が検討されているので，このような副反応を抑えるための糸口が得られるかもしれない。

合成反応を用いる生産法では，基質としてグルタミン酸が使えるが，酵母解糖系でATPを再生するのにグルコースが必要となる。また，再生ATPを最大限に利用するため，比較的多量の合成酵素を使わなければならない。しかし，不都合な副反応はなく，完全な基質収率で高濃度テアニンを合成できるのであるから，固定化酵素（系）の検討も含めて，今後の発展を期待したい。

文　献

1) 酒戸彌二郎，日本農芸化学会誌，**23**，262（1949）
2) K. Sasaoka *et al., Agric. Biol. Chem.*, **29**, 984（1965）
3) 小西茂毅ほか，日本土壌肥料学雑誌，**40**，479（1969）
4) R. L. Wickremasinghe *et al., Tea Q*, **43**, 175（1972）
5) 後藤哲久ほか，茶研報，**80**，23（1994）
6) 荒井昌彦ほか，日本土壌肥料学雑誌，**60**，157（1989）
7) A. Algazar *et al., J. Agric. Food Chem.*, **55**, 5960（2007）
8) H. Yokogoshi *et al., Neurochem. Res.*, **23**, 667（1998）
9) R. Kimura *et al., Chem. Pharm. Bull.*（Tokyo），**34**, 3053（1986）
10) H. Yokogoshi *et al., Biosci. Biotechnol. Biochem.*, **62**, 846（1998）
11) R. Kimura *et al., Chem. Pharm. Bull.*（Tokyo），**19**, 1257（1971）

12) H. Yokogoshi *et al., Biosci. Biotechnol. Biochem.,* **59**, 615 (1995)
13) 横越英彦, *Food Style 21,* **3**, 41 (1999)
14) T. Kakuda *et al., Biosci. Biotechnol. Biochem.,* **64**, 287 (2000)
15) K. Inagawa *et al., Sleep and Biological Rhythms,* **4**, 75 (2006)
16) L. R. Juneja *et al., Food Sci. Tech.,* **10**, 199 (1999)
17) Y. Sadzuka *et al., Cancer Lett.,* **105**, 203 (1996)
18) Y. Sadzuka *et al., Clin. Cancer Res.,* **4**, 153 (1998)
19) T. Sugiyama *et al., Clin. Cancer Res.,* **5**, 413 (1999)
20) T. Sugiyama *et al., Toxicol. Lett.,* **114**, 155 (2000)
21) N. Lichtenstein *et al., J. Am. Chem. Soc.,* **64**, 1021 (1942)
22) J. Edelson *et al., J. Med. Pharm. Chem.,* **1**, 165 (1959)
23) T. Furuyama *et al., Chem. Lett.,* **37**, 1078 (1964)
24) T. Matsuura *et al., Agric. Biol. Chem.,* **54**, 2283 (1990)
25) T. Matsuura *et al., Biosci. Biotechnol. Biochem.,* **56**, 1179 (1992)
26) K. Sasaoka *et al., Agric. Biol. Chem.,* **27**, 467 (1963)
27) K. Sasaoka *et al., Agric. Biol. Chem.,* **28**, 325 (1964)
28) K. Sasaoka *et al., Agric. Biol. Chem.,* **28**, 318 (1964)
29) T. Tachiki *et al., Biosci. Biotechnol. Biochem.,* **62**, 1279 (1998)
30) H. Suzuki *et al., Enzyme Microb. Technol.,* **31**, 884 (2002)
31) V. H. Abelian *et al., Biosci. Biotechnol. Biochem.,* **57**, 481 (1993)
32) V. H. Abelian *et al., J. Ferment. Bioeng.,* **76**, 195 (1993)
33) T. Tochikura *et al., J. Ferment. Technol.,* **45**, 511 (1967)
34) Y. Kariya *et al., Agric. Biol. Chem.,* **42**, 1689 (1978)
35) T. Tachiki *et al., J. Gen. Appl. Microbiol.,* **29**, 355 (1983)
36) S. Wakisaka *et al., Appl. Environ. Microbiol.,* **64**, 2952 (1983)
37) S. Yamamoto *et al., Biosci. Biotechnol. Biochem.,* **68**, 1888 (2004)
38) S. Yamamoto *et al., Biosci. Biotechnol. Biochem.,* **71**, 545 (2007)
39) S. Yamamoto *et al., Biosci. Biotechnol. Biochem.,* **69**, 784 (2005)
40) S. Yamamoto *et al., Biosci. Biotechnol. Biochem.,* **72**, in press
41) S. Yamamoto *et al., Biosci. Biotechnol. Biochem.,* **70**, 500 (2006)
42) S. Yamamoto *et al., Biosci. Biotechnol. Biochem.,* **72**, 101 (2008)
43) T. Okada *et al., J. Biol. Chem.,* **282**, 2433 (2007)

6 高度不飽和脂肪酸・共役脂肪酸含有油脂の微生物生産

小川　順[*1]，岸野重信[*2]，櫻谷英治[*3]，清水　昌[*4]

6.1 はじめに

　微生物機能を活用する機能性脂質生産のプロセス形態として，グルコースなどを原料とする発酵生産と，前駆体脂質を微生物酵素の機能により変換する微生物変換がある。ここでは発酵生産の例として糸状菌による高度不飽和脂肪酸（PUFA）含有油脂生産を，また，微生物変換の例として乳酸菌などによる共役脂肪酸含有油脂生産を概説する。

　アラキドン酸（AA; 20:4n-6），エイコサペンタエン酸（EPA; 20:5n-3）などの PUFA は，それ自体がユニークな生物活性を有すること，あるいはプロスタグランジン類の前駆体であることからその機能に注目が集まっている。また，共役リノール酸（CLA; *cis*-9, *trans*-11-18:2，*trans*-10,*cis*-12-18:2 など）に代表される共役脂肪酸に関しても，発癌抑制作用，体脂肪低減作用，抗動脈硬化作用，インスリン感受性改善作用，免疫増強作用，骨代謝改善作用などが見いだされてきており，これらの脂肪酸を含む油脂に関して，機能性食品，飼料添加物や医薬品としての用途開発が進められている。筆者らは PUFA 含有油脂の新しい供給源を微生物に求め，糸状菌 *Mortierella alpina* 1S-4 が脂質含量が高くアラキドン酸生産菌として優れた特性を有することを見いだした。現在，*M. alpina* 1S-4 を用い高密度培養することにより，高いアラキドン酸含量の油脂（トリアシルグリセロール）の工業的発酵生産が行われている。また，本菌から誘導した各種脂肪酸不飽和化酵素欠損変異株を用い PUFA 生合成の経路を分断あるいは変更することで，新しい生合成経路を作りだす試みも展開されており，n-9，n-6，n-3 系列の炭素数 20 の PUFA をはじめ，様々な PUFA を選択的に著量生産する技術が確立されている。一方，CLA に関しては，乳酸菌などの嫌気性細菌がリノール酸（18:2n-6）を効率よく CLA へと変換できることを明らかにするとともに，水酸化脂肪酸（リシノール酸）の脱水反応による CLA の生産や，モノエン酸（*trans*-バクセン酸）の不飽和化による CLA 生産が，それぞれ，乳酸菌菌体，糸状菌菌体を触媒的に用いる微生物変換により可能であることを明らかにした。

[*1] Jun Ogawa　京都大学　大学院農学研究科　応用生命科学専攻　助教
[*2] Shigenobu Kishino　京都大学　大学院農学研究科　産業微生物学（寄附講座）　助教
[*3] Eiji Sakuradani　京都大学　大学院農学研究科　応用生命科学専攻　助教
[*4] Sakayu Shimizu　京都大学　大学院農学研究科　応用生命科学専攻　教授

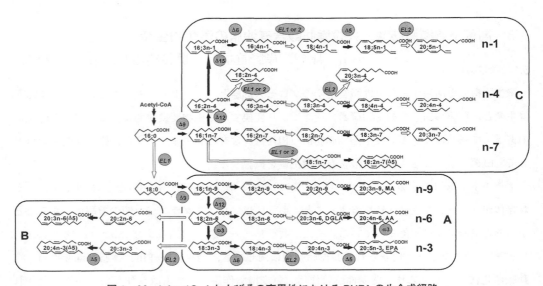

図1 *M. alpina* 1S-4 およびその変異株における PUFA の生合成経路

図中の Δ9, ω3 などは脂肪酸のそれぞれの番号の位置に二重結合を挿入する不飽和化酵素を、EL は鎖長延長酵素を表す。

6.2 PUFA 含有油脂の発酵生産 [1〜9]

6.2.1 n-6系 PUFA 含有油脂

M. alpina 1S-4 はグルコースを含む単純な培地によく生育しアラキドン酸を含むトリアシルグリセロールを菌体内に著量蓄積する。最適条件下でのアラキドン酸生産量は 15〜20g/l に達し、得られた菌体のトリアシルグリセロール含量は 500〜600mg/g 乾燥菌体、油脂の全脂肪酸中のアラキドン酸量は 30〜70% に達する。

アラキドン酸の生合成の前駆体であるジホモ-γ-リノレン酸（DGLA; 20:3n-6）の生産は、本菌の培地にゴマの抽出物を添加することで可能となる（図1A）。これはゴマ種子中に含まれるセサミンが DGLA からアラキドン酸への変換に関与する Δ5 不飽和化酵素を特異的に阻害するためである。後に、*M. alpina* 1S-4 の胞子を変異処理することで得られた Δ5 不飽和化酵素欠損変異株を用いる方法が開発され、総脂肪酸中の DGLA 含量が 20〜50% で、ほとんどアラキドン酸を含まない（1%以下）DGLA 油脂の生産が可能となっている。

6.2.2 n-9系 PUFA 含有油脂

n-9系 PUFA の生合成経路（図1A）の最終生産物であるミード酸（MA; 20:3n-9）は、軟骨組織、胎盤、実験的に作製された必須脂肪酸欠乏動物などに微量存在する脂肪酸である。*M. alpina* 1S-4 から得た Δ12 不飽和化酵素欠損変異株では、オレイン酸（18:1n-9）を n-6 経路の親脂肪酸である 18:2n-6 に変換できない。このような変異株では、n-6 経路は機能せず、本来ほとんど機能

しないはずの n-9 経路が優勢となる。よって，蓄積した 18:1n-9 は徐々にミード酸に変換される。得られた油脂の構成脂肪酸は少量の飽和脂肪酸と 18:1n-9 以降の n-9 脂肪酸であり，ミード酸の含量は 33% に達する。これにより，これまで天然には存在しなかった n-9 系脂肪酸で構成されるユニークな油脂の生産が可能となった。また，Δ12 不飽和酵素欠損変異株より誘導した Δ12，Δ5 不飽和化酵素 2 重欠損変異株を用いるとミード酸生合成の前駆体である *cis*-8,*cis*-11-エイコサジエン酸（20:2n-9）の生産が可能である。

6.2.3　n-3 系 PUFA 含有油脂

M. alpina 1S-4 を 20℃ 以下の低温で生育させると $\omega3$ 不飽和化酵素が誘導生成する。従って，n-6 経路を経て生成蓄積したアラキドン酸は，本酵素反応によってさらに変換を受け EPA となる。この現象を利用すると，アラキドン酸と EPA を含む油脂の生産が可能となる。また，親株に代えて Δ5 不飽和化酵素欠損株を用いると，DGLA から *cis*-8,*cis*-11,*cis*-14,*cis*-17-エイコサテトラエン酸（20:4n-3）への変換も可能である。

M. alpina 1S-4 のユニークな性質として，炭素数 14，16，18 などの脂肪酸の効率よい取り込み能と炭素数 20 の PUFA への変換能がある。例えば，n-3 経路の親脂肪酸である α-リノレン酸（18:3n-3）を培地に加えると，容易に EPA へ変換される。微生物変換の例とも言えるが，α-リノレン酸源として安価で α-リノレン酸含量の高い（全脂肪酸の約 60%）アマニ油を含んだ培地で Δ12 不飽和化酵素欠損変異株を培養すると，生成する油脂中の n-3 系 PUFA の割合は 47%（EPA, 20%；18:3n-3, 20%；その他，7%）となる（この場合，n-3 経路は n-9 経路に優先して機能する）。一方，アマニ油中のリノール酸に由来する n-6 系 PUFA の割合は 10～20% である。同様にアマニ油を含む培地で上記の Δ12，Δ5 不飽和化酵素 2 重欠損変異株を培養すると，EPA の前駆体である 20:4n-3 が著量蓄積する。

6.2.4　メチレン非挿入型 PUFA 含有油脂

Δ6 不飽和化酵素が欠損すると n-6 経路は Δ6 不飽和化反応を省略して進行する（図 1B）。すなわち，親脂肪酸である 18:2n-6 は鎖長延長酵素（EL2）により直接鎖長延長され炭素数 20 の PUFA となり，さらに Δ5 不飽和化酵素により不飽和化され，Δ8 位の二重結合が欠落した炭素数 20 の PUFA が生成する（18:2n-6 → 20:2n-6 → 20:3n-6(Δ5)）。同様のことは 18:3n-3 を親脂肪酸として n-3 経路でも起こる（18:3n-3 → 20:3n-3 → 20:4n-3(Δ5)）。

6.2.5　n-7, n-4, n-1 系 PUFA 含有油脂

炭素数 16 から 18 への鎖長延長反応に関与する酵素（EL1）が部分的に欠失した変異株は 16:0 を著量蓄積する。本変異株の脂肪酸組成は複雑で，親株（1S-4）が生成する脂肪酸以外に少なくとも 12 種の脂肪酸が検出される。これらの脂肪酸を炭素鎖長と二重結合の度合を指標に生合成順に並べたものを図 1C に示した。本変異株で最初に起こる反応は，Δ9 不飽和化酵素によ

る 16:0 から 16:1n-7 への変換である。生成した 16:1n-7 はそのまま n-7 経路の親脂肪酸として使用されるか，Δ12 不飽和化酵素によって 16:2n-4 へと変換され n-4 経路の親脂肪酸として使用される。n-7 および n-4 経路において 16:1n-7, 16:2n-4 は Δ6 不飽和化酵素によってそれぞれ 16:2n-7, 16:3n-4 へと変換される。また，16:2n-7, 16:3n-4 は鎖長延長酵素（EL1 もしくは EL2），Δ5 不飽和化酵素，鎖長延長酵素（EL2）によってさらに変換を受け，それぞれの経路の最終脂肪酸である 20:3n-7, 20:4n-4 へと変換される。従って，16:1n-7 は図 1A の 18:1n-9 に相当する脂肪酸とみなせる。また，n-7，n-4 経路はそれぞれ n-9，n-6 経路に対応させることができる。これらの経路が機能する原因は，各経路の親脂肪酸（16:1n-7, 16:2n-4）が Δ6 不飽和化酵素の基質として同程度の親和性を有するからであろう。同様に図 1C の n-1 経路は，図 1A の n-3 経路に対応するとみなせる。この経路は本変異株では通常の培養条件下では機能しないが，この経路の親脂肪酸となる 16:3n-1 を培地に添加し微生物変換を行うことで 20:5n-1 の生産が可能となる。

6.3 微生物変換による CLA などの共役脂肪酸の生産
6.3.1 リノール酸の異性化による CLA 生産

様々な乳酸菌を対象にリノール酸を CLA へと変換する能力を探索した結果，*Lactobacillus acidophilus* や *L. plantarum* に属する乳酸菌に顕著な活性を見いだした[10]。リノール酸の毒性ゆえに，生育菌体を用いる CLA 発酵生産の効率は低かったものの，あらかじめ前培養しておいた菌体を触媒的に用いる微生物変換法を導入することにより，高基質濃度条件下での効率生産が達成された。各種機器分析により，生成する CLA は *cis*-9,*trans*-11 異性体（CLA1）および *trans*-9,*trans*-11 異性体（CLA2）であることが判明した[11]。このうち CLA1 は発癌抑制作用などが報告されている活性型 CLA 異性体であった。高い CLA 生産能を示した *L. plantarum* AKU1009a の湿菌体を触媒として用い，リノール酸からの CLA 生産の効率化を図った結果，CLA の生産量は約 40mg/ml に達した（モル転換率 33%，CLA1: 15mg/ml，CLA2: 25mg/ml）[10]。異性体生成比は基質濃度や反応時間などの反応条件により変動し，CLA1 は最大 80%，CLA2 は 97% 以上の選択率で生産された[11]。また，生産される CLA のほとんどが遊離型として菌体内に（あるいは菌体に付着して）回収された。*L. plantarum* は漬物などの植物性発酵食品に見いだされる食経験のある微生物であり，本方法により調製された乳酸菌菌体が，実用的な活性型 CLA 供給源となることが期待される。

乳酸菌におけるリノール酸からの CLA 生成反応を詳細に解析した。遊離型，エステル型，トリアシルグリセロール型のリノール酸を基質として用いる CLA 生産を検討した結果，乳酸菌は遊離型リノール酸のみを良好な基質とすることが判明した。また，CLA の生成においては，リ

第 2 章　食品素材の生産

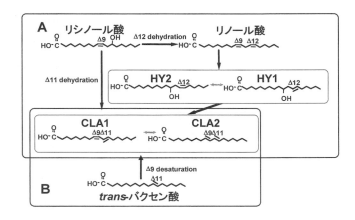

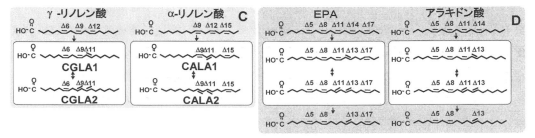

図 2　微生物において見いだされた共役脂肪酸生成反応

ノール酸の水和により生成する水酸化脂肪酸（10-hydroxy-*trans*-12-18:1（HY1）および 10-hydroxy-*cis*-12-18:1（HY2））が中間体として機能しており，これら水酸化脂肪酸の脱水にともなう二重結合の転移により CLA が生成することが明らかとなった（図 2A）[12]。

6.3.2　リシノール酸の脱水による CLA 生産

　水酸化脂肪酸が CLA 合成中間体として想定されたことから，各種水酸化脂肪酸を基質とする乳酸菌湿菌体による微生物変換反応を検討した結果，リシノール酸（12-hydroxy-*cis*-9-18:1）が CLA（CLA1 および CLA2）へと変換されることを見いだした[13]。*L. plantarum* JCM1551 の湿菌体を触媒として反応を行った場合，3.4mg/ml のリシノール酸から 2.4mg/ml の CLA が生成した（モル転換率 70％，CLA1: 0.8mg/ml, CLA2: 1.6mg/ml）[14]。反応経路としては，リシノール酸が Δ11 位において直接脱水反応を受け CLA が生成する経路と，Δ12 位において脱水反応を受けいったんリノール酸となり，これが上述の HY を経由する系にて CLA へと至る二つの経路の存在が予想された（図 2A）。一方，リシノール酸の天然資源であり，リシノール酸を主構成脂肪酸（約 85％）とするトリアシルグリセロールに富むヒマシ油の利用に興味が持たれた。種々検討を加えた結果，反応系にリパーゼを添加してヒマシ油から遊離リシノール酸を供給させなが

ら反応を行うこと，ならびに，界面活性剤によりヒマシ油を反応系に効率的に分散させることにより，乳酸菌によるヒマシ油からのCLA生産が可能となった。至適反応条件下では，30mg/mlのヒマシ油から7.5mg/mlのCLAが生成した（ヒマシ油に含まれるリシノール酸に対するモル転換率28%，CLA1: 3.4mg/ml，CLA2: 4.1mg/ml）[15]。

6.3.3 trans-バクセン酸の不飽和化によるCLA生産

酵母，糸状菌を対象にΔ9不飽和化酵素活性によりtrans-バクセン酸（trans-11-18:1）をCLAへと変換する菌株を探索した結果，Mortierella，Delacroixia，Rhizopus，Penicillium属糸状菌に高い活性を見いだした[16]。生成するCLA異性体はいずれもCLA1およびCLA2であったが，その生成比は菌株により異なっていた（図2B）。活性型CLAであるCLA1を選択的に生成したDelacroixia coronata IFO8586株を選抜し生産条件の至適化を行った。不飽和化反応はエネルギー要求性反応であるため，培地に添加したtrans-バクセン酸を菌体の生育と連動させてCLAに変換する方法が効率的であった。trans-バクセン酸メチルエステルを基質とするCLA1選択的高生産条件では，10.5mg/mlのCLA（モル転換率32%，CLA1: 10.3mg/ml，CLA2: 0.2mg/ml）が生産された。この際のCLA1選択率は98%であった。また，乳酸菌を用いた場合とは異なり，生成したCLAの大部分（約70%）がトリアシルグリセロール型として回収された。

6.3.4 微生物変換による種々の共役脂肪酸の生産

L. plantarum AKU1009aの洗浄菌体を種々の高度不飽和脂肪酸と反応させたところ，リノール酸以外にも，炭素数が18でΔ9位とΔ12位にcis型の二重結合を有するα-リノレン酸，γ-リノレン酸，ステアドリン酸を基質とした際に新たな脂肪酸の蓄積が観察された[17〜19]。α-リノレン酸からはcis-9,trans-11,cis-15-18:3（CALA1）およびtrans-9,trans-11,cis-15-18:3（CALA2）が[18]，γ-リノレン酸からはcis-6,cis-9,trans-11-18:3（CGLA1）とcis-6,trans-9,trans-11-18:3（CGLA2）が誘導可能であった（図2C）。

一方，Clostridium bifermentansがアラキドン酸およびEPAといった炭素数20の高度不飽和脂肪酸を新規脂肪酸へと変換することを見いだした[19]。アラキドン酸からの生成物はcis-5,cis-8,trans-13-20:3，EPAからの生成物はcis-5,cis-8,trans-13,cis-17-20:4であると同定された。いずれも飽和化をうけ二重結合の数が一つ減少したユニークな脂肪酸であった。続いて，本菌の無細胞抽出液による不飽和脂肪酸変換反応について検討した。EPAを基質として嫌気的に反応を行った結果，飽和化産物とともに二つの未知脂肪酸の生成を確認した。これらを単離・精製し構造解析を行った結果，cis-5,cis-8,cis-11,trans-13,cis-17-20:5 ならびに cis-5,cis-8,trans-11,trans-13,cis-17-20:5 と同定した。また，反応における基質濃度の影響および経時変化の検討により，これらの共役脂肪酸はEPAを飽和化する際の反応中間体であると推測された。アラキドン酸も同様の異性化・飽和化反応を受けると考えられた（図2D）。

6.4 おわりに

　以上の研究により，種々のPUFAや共役脂肪酸を含有する極めてユニークな油脂の供給が可能となった。すでに，アラキドン酸含有油脂は乳児用ミルクの添加物として，あるいは，高齢者の脳機能を改善する機能性食品として市場に登場してきている。一方，食経験豊富な乳酸菌を用い，天然油脂であるリノール酸からCLAを効率的に生産できることが示された。最近，プロバイオティクスの主役として脚光を浴びている乳酸菌に新たな機能が見いだされた好例である。今後，機能性食品，医薬品素材などへの機能性脂質の利用が拡大するにつれ，微生物機能を用いた機能性脂質の発酵生産ならびに微生物変換が益々重要になってくると思われる。

文　献

1) 清水昌，農芸化学会誌，**69**，707（1995）
2) M. Certik *et al., Trends Biotechnol.,* **16**, 500（1998）
3) 藤川茂昭ほか，バイオサイエンスとインダストリー，**57**，818（1999）
4) S. Shimizu *et al.,* Encyclopedia of Bioprocess Technology: Fermentation, Biocatalysis, and Bioseparation, John Wiley & Sons, p.1839（1999）
5) 清水昌ほか，バイオサイエンスとインダストリー，**59**，451（2001）
6) J. Ogawa *et al.,* Lipid Biotechnology, Marcel Dekker, p.563（2002）
7) 清水昌ほか，オレオサイエンス，**3**，129（2003）
8) 小川順ほか，機能性脂質のフロンティア，シーエムシー出版，p.77（2004）
9) 小川順ほか，生物工学会誌，**83**，339（2005）
10) S. Kishino *et al., J. Am. Oil Chem. Soc.,* **79**, 159（2003）
11) S. Kishino *et al., Biosci. Biotechnol. Biochem.,* **67**, 179（2003）
12) J. Ogawa *et al., Appl. Environ. Microbiol.,* **67**, 1246（2001）
13) S. Kishino *et al., Biosci. Biotechnol. Biochem.,* **66**, 2283（2002）
14) A. Ando *et al., J. Am. Oil Chem. Soc.,* **80**, 889（2003）
15) A. Ando *et al., Enzyme Microb. Technol.,* **35**, 40（2004）
16) 小川順ほか，科学と工業，**76**，163（2002）
17) 小川順ほか，バイオサイエンスとインダストリー，**60**，753（2002）
18) S. Kishino *et al., Eur. J. Lipid Sci. Technol.,* **105**, 572（2003）
19) J. Ogawa *et al., J. Biosci. Bioeng.,* **100**, 355（2005）

7 リン脂質修飾酵素の動向

荻野千秋*

7.1 はじめに

リン脂質は生体膜を構成する主成分として認識されており，生体内ではこのリン脂質から生成される様々な情報伝達物質が生理学的な重要な役割を果たしている。一方では，リン脂質由来の様々な化学物質が合成され，食品・医療分野での応用が報告されてきている[1]。特にリン脂質の一種であるホスファチジルセリン（PS）の摂取が記憶向上や痴呆症治療などに効果がある物質として報告され[2]，リン脂質の医薬品，食品分野への応用が注目を浴びつつある。リン脂質は脂肪酸から構成される疎水性部と極性基から構成される親水性部から構成される両親媒性の化学物質である。そして，極性基部分を色々と変換することで，リン脂質の有する特性（化学的および生理学的性質）を変換させることが可能である。

リン脂質に作用する酵素群はホスホリパーゼと総称され，その触媒部位に応じて分類される（図1）。脂肪酸の加水分解とエステル交換反応に関連する酵素はホスホリパーゼ A_1，A_2，Bと呼称され，グリセリン骨格3位のリン酸ジエステル結合部位に作用する酵素は，ホスホリパーゼCとホスホリパーゼD（PLD）と呼称されている。このホスホリパーゼ類の中で特に，PLDはリン酸基と極性基間のリン酸ジエステル結合に作用することから，様々なリン脂質を合成する際に有用な反応を行うことが期待され，その注目は高まっている。本節では，リン脂質修飾酵素の一つであるPLD酵素に関する大量生産系の構築に関して紹介したい。

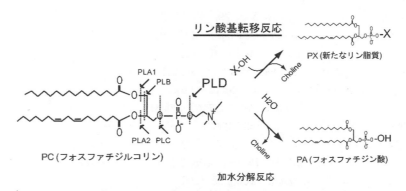

図1 リン脂質代謝酵素の反応特異性とPLDによる反応スキーム

---

* Chiaki Ogino　神戸大学　大学院工学研究科　応用化学専攻　准教授

7.2 ホスホリパーゼDについて

PLDの酵素活性は最初，ニンジンやキャベツなどの植物から確認され，以来，細菌，粘菌，藻類，そして哺乳類動物からもPLD酵素活性が確認された．PLDの触媒する反応は2種類あり，一つはリン脂質の極性基の加水分解反応であり，もう一つは他のアルコールなどの極性基が共存するとリン脂質との間で極性基の交換を行うリン酸基転移反応である（図1）．PLD活性を指標として，最初に放線菌からPLDの遺伝子が同定され[3]，次いで，植物よりPLD遺伝子が同定された．そして，酵母 S. cereviciae および動物細胞（Hela細胞）cDNAからもPLD遺伝子が同定された．これらのPLD遺伝子のアミノ酸配列の相同比較を行うことで，幾つかの保存領域が存在することが明らかになり[4]，4つの共通した保存領域（Ⅰ，Ⅱ，Ⅲ，Ⅳ）が存在していることが明らかとなった．特に，その領域ⅠとⅣには共通した繰り返しモチーフ（$HxKxxxxD$ 配列；HKDモチーフ）の存在が確認され，それらは全てのPLD酵素に存在していることから，リン脂質の触媒に関連する触媒モチーフではないかと推定されている．

7.3 放線菌での発現系構築

我々はPLD酵素を分泌発現する微生物をスクリーニングし，培養上清中に高いリン酸基転移反応活性を有する放線菌 Streptoverticillium cinnamoneum を同定した[5]．更にその培養上清よりPLD酵素を精製・単離し，その遺伝子配列を決定した[6]．まず大腸菌発現系での組み換えタンパク発現を試みたが，PLDはリン脂質を代謝する酵素であることから，遺伝子組み換えにて過剰発現したPLDにより宿主細胞膜自体を代謝（分解）し，宿主大腸菌が溶菌してしまう現象が観察された．そこで我々は，本来PLDを分泌生産する放線菌を宿主として使用すれば，この問題を回避できるのではないかと思案し，放線菌宿主系で遺伝子組み換えが確立されている Streptomyces lividans でのPLD酵素生産を試みた[7]．PLDの遺伝子配列を決定した際に，PLD遺伝子の上流と下流の遺伝情報を解析することで，タンパク質の翻訳に必要なプロモーターとターミネーター領域，そしてPLD酵素の分泌生産に寄与するシグナル領域を明らかにすることができた（図2（A））．このPLD遺伝子を含む遺伝子配列を放線菌・大腸菌間で使用可能なシャトルベクターに組み込み，プロモーター領域の有無の違いによる2種類の発現プラスミドを構築した（図2）．まず，プロモーター領域を有しないプラスミドを用いて放線菌の形質転換体を取得した（図2（B））．その培養の結果，野生株である Stv. cinnamoneum と比較して約4倍の分泌生産を行う形質転換体を得ることに成功した（図3（A））．更に，Stv. cinnamoneum のPLD遺伝子上流部分に存在する，発現プロモーターに相当する遺伝子領域を組み込んだベクターも構築し，この形質転換体の発現量も検討した（図2（C））．驚くことに，この場合の分泌生産量は野生株と比較して約15倍となった．そこで，それぞれの培養上清を採取し，タンパク質の発現量をSDS-PAGE

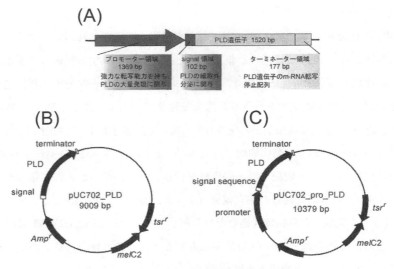

図2 構築した放線菌用発現プラスミド
(A) PLD 遺伝子の ORF，(B) プロモーター領域を含まない発現プラスミド，
(C) プロモーター領域を含む発現プラスミド

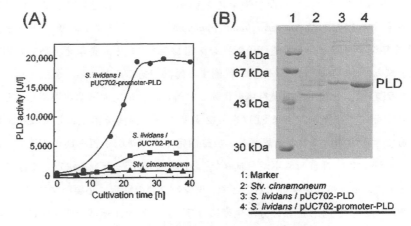

図3 形質転換体での PLD タンパク質発現量
(A) PLD 活性の経時変化，(B) SDS-PAGE 解析

分析したところ，我々が構築した2種類の形質転換体では，野生株と比較して，PLD 酵素に相当する箇所に顕著なバンドが確認され，そのバンドの濃淡は PLD 酵素活性に相関していることも確認した（図3（B））。このことから，我々の構築した放線菌 S. lividans を宿主とした PLD 酵素の分泌生産系は非常に良く成功したと言える。

第 2 章　食品素材の生産

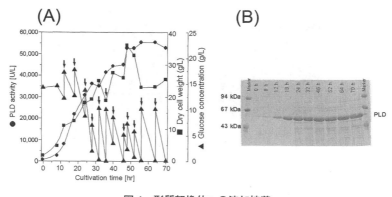

図4　形質転換体への流加培養
(A) 経時変化, (B) SDS-PAGE 解析

7.4　遺伝子組み換え放線菌による培養特性解析

　上記の結果から，プロモーター領域を有するプラスミド（図2（C））を有する形質転換体を用いて，ジャーファメンターを用いて培養特性を検討した。具体的には初期培地組成や，添加培地組成，通気条件などの検討を行った。現在，放線菌の培養には典型的培地として TSB（Toryptic Soy Broth）培地が用いられている。この培地は，グルコースと乾燥酵母エキスを含んだ培地であり，多くの放線菌の培養に使用されている。TSB培地での培養特性結果（図3（A））では，約20,000U/L 程度の分泌生産でタンパク生産が停止していることが明らかとなったので，まず初期グルコース濃度を一般的な TSB 培地組成よりも高く設定し，グルコースの枯渇をモニタリングしながら炭素源（グルコース）の逐次添加（流加）培養を検討した。その結果，PLD酵素の生産向上は確認され，30,000U/L までの分泌生産向上が明らかとなった。しかしながら，その培養特性を検証してみるとグルコースの枯渇，菌体増殖の停止，タンパク質生産の停止が連動しており，更なる栄養源の流加培養を行うことで，より高いタンパク質生産が望まれることが推測できた。そこで，培養途中で窒素源と炭素源の枯渇に応じて両方の栄養源を逐次添加することで，PLD酵素の分泌生産を高めることに成功し，結果的に野生型株と比較して約50倍の分泌生産量（55,000U/L）を得ることに成功した（図4（A））。これは，炭素源と窒素源の同時流加培養によって，菌体増殖とタンパク質生産を持続的に上昇させることが可能になったからであると推察している。また，培養上清に分泌生産された PLD 酵素量を SDS-PAGE にて解析したところ，おおよそ110mg/l のタンパク質量を培養上清に確認した（図4（B））。更に，その PLD 酵素の比活性は野生株由来 PLD 酵素とほぼ同等の値を示していることも明らかとなった。本結果は PLD 分泌生産としては最も高い実験結果であり，この発現系と培養条件を用いることで効率的な培養が可能になる。

図5 ポリウレタンフォームへの形質転換体の固定化
(A) 固定化前，(B) 固定化後

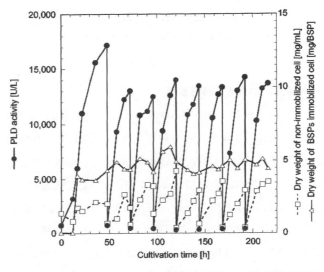

図6 ポリウレタンフォーム固定化菌体を用いた繰り返し培養

7.5 固定化放線菌によるPLD酵素の繰り返し培養[8]

　微生物の高密度培養法の一つに，固定化担体を用いた固定化培養法が挙げられる。固定化担体としては様々な多孔性物質が利用されており，我々は放線菌の固定化培養に6mm四方のポリウレタン性発泡体（ポリウレタンフォーム）を使用した（図5（A））。遺伝子組み換え放線菌をポリウレタンフォームと同時に培養することで，放線菌の自発的な吸着が起こり，図5（B）に示すようにポリウレタンフォームの表面付近に放線菌が密集して存在し，バイオフィルムが形成されていることが観察された。

　ポリウレタンフォームに固定化された遺伝子組み換え放線菌は，比重が培地と比べて大きいために，培養後に振とうを停止することで速やかに沈殿する。この特性を利用して，培養後に無菌的に培養液を取り除き，新しい滅菌培地を加えることで，繰り返しPLD酵素生産が期待できる（Draw & Refill）。そこで，次にこの固定化放線菌を用いて繰り返し培養による，連続的なPLD

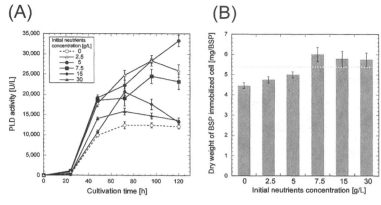

図7 ポリウレタンフォーム固定化菌体への初期栄養源の影響
（A）経時変化，（B）固定化菌体重量

酵素の生産を8サイクル試みた（図6）。最初の1サイクル目では，放線菌自身がポリウレタンフォームに固定化するのに時間が必要であり，以後の7サイクルと比べて約2倍の培養時間を要している。48時間後に分泌生産されたPLD酵素量は，図3（A）に示す懸濁培養系より若干数値は劣るものの，比較的高い分泌生産量を示し，17,000U/Lにまで達した。また以後のサイクルでは，安定して15,000U/L程度の分泌生産を維持することに成功した。また，分泌生産に要する時間も24時間程度であり，図3に示す懸濁培養系と比較してその培養時間の短縮化を図ることに成功した。繰り返し培養の全般にわたって，ポリウレタンフォームに固定化された放線菌の質量は5mg/個ポリウレタンフォームで維持されており，各ステップでのPLD酵素の生産量と併せて考察するに，ポリウレタンフォームに固定化されている放線菌あたりの酵素生産量は一定しており，長期間の培養にも適した培養手法であると考えられる。

7.6 固定化培養における培地成分の効果

上記でも述べたように，懸濁培養における放線菌でのPLD酵素生産では，培地成分中の炭素源と窒素源が大きく寄与している。そこで，固定化培養においてもその効果が認められるか，炭素源としてグルコース，窒素源としてトリプトンを使用して，これらの初期濃度を変化させることによるPLD酵素生産に与える影響について検討を行った（図7）。TSB基本培地に0～30g/Lの範囲で両成分を追加添加した培地をそれぞれ作成し，ポリウレタンフォームへの放線菌の固定化とPLD酵素生産実験を行った。基本培地であるTSBのみでは，約12,000U/L程度の酵素生産量であり，図6に示した繰り返し培養とほぼ同様の結果であった（図7（A））。しかし栄養源を追加添加するに従い，酵素生産性は上昇し5g/Lにて最も高い生産性を示した。またこの時の，

固定化放線菌の質量は添加栄養源に依存して若干ではあるが増加傾向であった（図7（B））。しかしながら，7.5g/L以上の追加添加を行っても，固定化菌体重量は増加するが，酵素生産性には効果が見られず，放線菌のポリウレタンフォームへの固定化と酵素生産にはある程度の栄養源の追加添加が効果的であることが示唆された。

図5にも示したが，ポリウレタンフォームへの放線菌の固定化では，スポンジ表面への吸着が多く観察されていることから，酸素のスポンジ内部への拡散律速が原因で内部での固定化が観察されていないと考えられる。今回は検討を行わなかったが，培養液体中の溶存酸素濃度を制御すれば，スポンジ内部においても高い放線菌の固定化が実行可能になると考えられ，それに伴って，酵素生産の効率もより向上が期待できると考えられる。

7.7 おわりに

本節ではリン脂質代謝酵素の一つであるPLDについて，放線菌を用いた大量生産プロセスについて著者たちの研究成果を解説した。現在，著者たちは図2に示した発現システムをより多くのタンパク質の発現に適用できるように改変し，多様なタンパク質発現の検討を行っている。その中で，放線菌由来のリパーゼやコレステロール修飾酵素などの発現も可能となっている。従って，本発現システムを他のリン脂質修飾酵素に適用すれば，様々なリン脂質代謝酵素の工業的生産に向けた取り組みも可能となると考えられる。

文　　献

1) S. Servi, Phospholipases as synthetic catalysts, Topics in Current Chemistry, **200**, 127-158（1999）
2) T. H. Crook *et al.*, Effects of phosphatidylserine in age-associated memory impairment, *Neurology*, **41**, 644-649（1991）
3) K. Yokoyama *et al.*, DNA encoding phospholipase D and its application, Japanese patent no. H3-187382（1991）
4) A. J. Morris *et al.*, Structure and regulation of phospholipase D, *Trends Pharmacol. Sci.*, **17**, 182-185（1996）
5) J. Nakajima *et al.*, A facile transphosphatidylation reaction using a culture supernatant of actinomycetes directly as a phospholipase D catalyst with a chelating agent, *Biotech. Bioeng.*, **44**, 1193-1198（1994）
6) C. Ogino *et al.*, Purification, characterization, and sequence determination of phospholipase D secreted by *Streptoverticillium cinnamoneum*, *J. Biochem.*, **125**, 263-269（1999）

7) C. Ogino *et al.*, Over-expression system of phospholipase D from actinomycete by *Streptomyces lividans, Appl. Microbiol. Biotech.,* **64**, 823-828 (2004)
8) C. Ogino *et al.*, Continuous production of phospholipase D using immobilized recombinant *Streptomyces lividans, Enzyme Microb. Technol.,* **41**, 156-161 (2007)

8 ホスホリパーゼDによるリン脂質の変換

岩崎雄吾[*1], 昌山 敦[*2], 中野秀雄[*3]

8.1 はじめに

ホスホリパーゼD (PLD) は，リン脂質の極性部に作用してホスファチジン酸 (PA) とアルコールに加水分解する酵素である (図1 (A))。本酵素は反応系に水酸基を持つ化合物が存在すると，ホスファチジル基をその水酸化化合物に転移する反応 (ホスファチジル基転移反応) を触媒する (図1 (B))[1]。この反応を利用すると，大豆レシチンなどの安価なリン脂質から，様々なリン脂質を簡便に合成することが可能となる。

本稿では，PLDによるリン脂質の変換反応について国内外の研究を紹介する。

8.2 PLDによる酵素反応工学

8.2.1 天然型リン脂質の合成

PLDによる転移反応は1967年にYangらによってキャベツ由来PLDを用いて初めて報告された[1]。この反応の「ものづくり」への応用を目指した研究が盛んに行われるようになったのは，転移活性の高い微生物由来PLDが入手可能になった1970～80年代以降である。

筆者らが所属する研究室においても，レシチンあるいはホスファチジルコリン (PC) から種々の天然型リン脂質の高純度合成が検討された[2~6]。基質であるレシチンは水に不溶であり，酵素およびホスファチジル基受容体 (グリセロール，エタノールアミン，セリン等) は水に可溶である。このため，反応は有機溶媒に溶解したレシチンと，PLDおよび受容体を含む緩衝液を混合

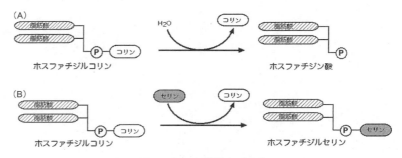

図1 PLDが触媒する反応
(A)：加水分解，(B)：ホスファチジル基転移反応 (例としてホスファチジルセリンの合成を示している)。

---

*1 Yugo Iwasaki　名古屋大学　大学院生命農学研究科　准教授
*2 Atsushi Masayama　名古屋大学　大学院生命農学研究科　研究員
*3 Hideo Nakano　名古屋大学　大学院生命農学研究科　教授

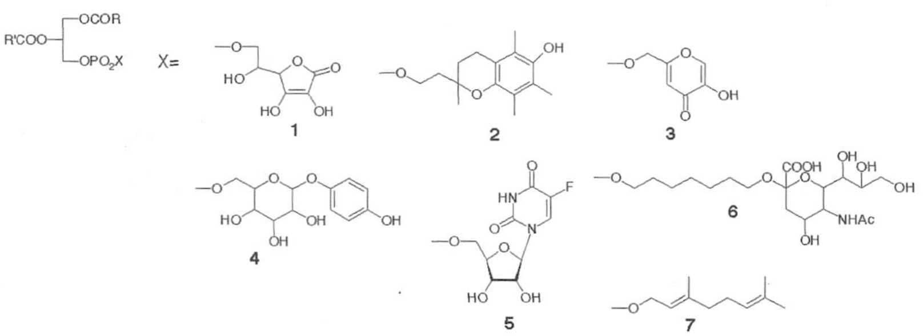

第2章 食品素材の生産

図2 人工リン脂質の例

させる有機溶媒-水二相系で行われた。

転移反応では基質の加水分解によるPAの副生を抑制することが重要であるが,これは受容体を高濃度に設定すればかなり抑えることができる。実際,グリセロール,エタノールアミン,セリンを受容体としたホスファチジルグリセロール(PG)[2,3],ホスファチジルエタノールアミン[4],ホスファチジルセリン(PS)[5,6]の合成においては,適切な条件下で反応を行えば,投入した基質をほぼ完全に目的リン脂質に変換することができた。

PiazzaとMarmerは,PGを合成時にカルジオリピンが副生することを報告した[7]。また,室伏は生理活性リン脂質である環状ホスファチジン酸をリゾPCを基質とした分子内転移反応により合成した[8]。さらにOblozinskyらはケシ由来のPLDがホスファチジルイノシトール(PI)合成活性を持つことを報告している[9]。

以上のように,現在ではほとんどの天然型リン脂質はPCと受容体から合成可能であることが示されている。

8.2.2 非天然型リン脂質の合成

転移反応を利用すると天然には存在しない新規リン脂質を作り出すことも可能である。水溶性の生理活性物質をリン脂質化して,油溶性,両親媒性および自己組織化能といったリン脂質の物性を付与することを目的として様々な人工リン脂質の合成が試みられてきた。こうした非天然型リン脂質合成に関しては多数の報告がある。いくつかの例を挙げると(図2),アスコルビン酸(1)[10],クロマノール(2)[11],アルブチン(3)[12],コウジ酸(4)[12],ヌクレオシドアナログ(5)[13],シアル酸誘導体(6)[14],テルペン類(7)[15]などがある。

8.2.3 反応系の改良

PLDによる各種リン脂質の合成研究は有機溶媒-水二相系で行われたものが多い。この場合,副生物のPAを抑えるために受容体を過剰に用いる必要があり,受容体が高価である場合には問題となる。

RichとKhmelnitskyは乾燥クロロホルム中，PCと各種アルコールおよび粉末化PLDを用いて反応を行った[16]。反応に伴い遊離するコリンを除去するためにカチオン交換樹脂を共存させ，高収率で目的リン脂質の合成を達成した。この方法は反応速度が比較的遅い（2日以上）ことや酵素の粉末化の手間が掛かることなどのデメリットはあるものの，化学量論比のPCと受容体（モル比1：1）から高収率で合成可能な点で優れている。

　目的リン脂質を食品として利用することを考えた場合，その製造に毒性の有機溶媒を用いることは好ましくない。このため，有毒な有機溶媒を用いない反応方法も報告されている。Comfuriusらは水系でのPS合成を検討し，界面活性剤であるオクチルグリコシドの添加により高効率での合成を達成した[17]。一方，筆者らはレシチンをシリカゲル等の微粉末に吸着させた後，緩衝液中に懸濁させて用いると，反応性が向上することを見いだした[18]。様々な微粉末をテストした結果，硫酸カルシウム微粉末が基質の変換率において最も優れており，基質反応率100％，PS含量80％以上を達成することができた。

　このような毒性有機溶媒を使用しない反応法が学術論文に発表されている例は少ないが，特許資料として公開されている例を挙げると，リン脂質，受容体，PLDおよび水を均質化して形成される液晶内で反応させる方法[19]，油中水滴型エマルジョン中で反応させる方法[20]，食品用乳化剤を共存させる方法[21]などがある。また，食品製造に使用可能なヘキサン，ヘプタンやアセトンを用いた反応方法も報告されている[22,23]。

　受容体化合物が液体の場合はそれを反応溶媒とすることも可能である。YamamotoらはPC，ゲラニオール（液体）およびPLD水溶液からなる反応系でホスファチジルゲラニオールを高効率で合成した[15]。

8.3　PLDの酵素化学
8.3.1　転移反応に利用されるPLDの起源

　PLDはHanahanとChaikoffによってニンジンとキャベツの組織中に初めて見いだされた[24]。現在では，あらゆる真核生物に普遍的に存在することがわかっている。

　微生物でも放線菌を中心にPLDを生産するものが多数単離されている。こうしたPLD生産微生物の探索研究の多くが，日本人研究者の手によるものであることは特筆すべきであろう。このうち，転移反応を利用した「ものづくり」に使用されるPLDは主にキャベツ由来PLDと放線菌由来PLDである。放線菌酵素はキャベツ酵素よりも転移活性が高いことや，受容体に対する特異性が広く，様々な受容体化合物をリン脂質化できる点でキャベツ酵素よりも優れている。また，PCに対する反応速度を比較してみると一般的に微生物由来酵素の方が植物由来酵素よりも比活性が高いようである。

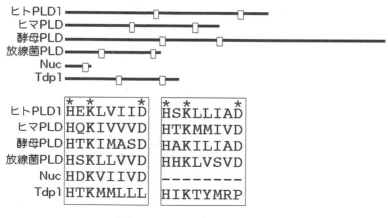

図3 PLDスーパーファミリー
上段：一次構造の模式図。白い四角はHKDモチーフを示す。
下段：HKDモチーフのアミノ酸アラインメント。

8.3.2 PLDの構造

現在までに多くの動植物・微生物由来PLDの一次構造が明らかにされている。これらのPLDに共通したコンセンサス配列としてHxKxxxxDなるモチーフ（HKDモチーフ[25]）が存在する（図3）。HKDモチーフは一次配列中2コピー存在し，活性部位を形成している。PLD以外にもStaphylococcus由来ヌクレアーゼ（Nuc）[26]やtyrosyl-DNA phosphodiesterase（Tdp1）[27]等，リン酸ジエステルの加水分解や転移反応を触媒する酵素群に同モチーフが存在する。このHKDモチーフに特徴づけられた酵素群はPLDスーパーファミリーと呼ばれている[25]。

放線菌PLDの立体構造解析もなされており，現在Streptomyces sp. PMF由来PLD[28]（PDB ID: 1f0i）とStreptomyces antibioticus由来PLDの立体構造（PDB ID: 2ze4）の座標データが公開されている。

8.3.3 PLD遺伝子の発現系

筆者らは，放線菌Streptomyces antibioticus由来のPLD遺伝子をpelBシグナル配列下流に連結して分泌発現を試みたところ，発現したPLDは一時的に細胞内に蓄積し，その後培地中に放出された[29]。この発現系をもとに培養条件の検討や，発現プラスミドに安定化遺伝子を導入するなどして改良を加え，大腸菌でのPLD発現系を構築することができた[30]。

一方，OginoらはStreptoverticillium cinammoneum由来PLDをStreptomyces lividansのホスト-ベクター系を用いて分泌発現させ，野性株の50倍以上の発現量（118mg/L）を達成している[31]。

8.3.4 PLDの蛋白質工学

PLDを対象とした蛋白質工学的な機能改変は，主として，酵素の安定性の増強，転移活性の

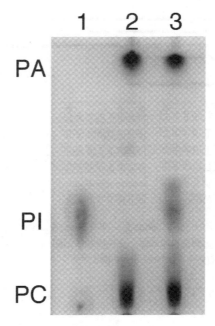

図4 改変 PLD による PI 合成
PC とイノシトールを野性型（レーン 2）または改変型 PLD（レーン 3）の存在下で反応後，TLC で分析した。レーン 1 は精製 PI 標品。

増強，および基質特異性の改変の観点から試みられている。

Hatanaka らは2種の温度感受性の異なる放線菌 PLD，すなわち耐熱性 TH-2PLD と低耐熱性 K1-PLD から種々のキメラ酵素を作成し，温度感受性の変化を調べている。その結果，K1-PLD の Glu346 を TH-2PLD での対応残基である Asp 残基に置換しただけで，TH-2PLD に匹敵する耐熱性を示すと報告されている[32, 33]。一方，Ogino らは *Streptoverticillium cinnamoneum* 由来 PLD の基質結合部位付近の GG/GS モチーフに着目し，その部位を他のアミノ酸に置換することにより転移活性が20倍以上強化された変異酵素を取得した[34]。

最近，筆者らは *S. antibioticus* 由来 PLD の基質特異性の改変を試みた[35]。本酵素は様々な水酸化化合物を受容体とした転移活性を示すが，*myo*-イノシトールを受容体とした PI 合成反応は起こらない。これは嵩高い *myo*-イノシトールが本酵素の基質結合部位に取り込まれないためではないかと考えた。そこで酵素の立体構造から基質の結合を妨げると考えられる活性部位周辺のアミノ酸残基を3カ所選択し，これらを同時に他の19種のアミノ酸に置換したライブラリーを構築した。他方，PI を固相上で迅速に検出するスクリーニング法を考案し，このライブラリーに対して PI 合成活性を指標にスクリーニングを行ったところ，PI 合成活性を獲得した変異酵素を獲得することができた（図4）。

8.4 おわりに

PLDによるリン脂質の変換について，主に応用的な側面から紹介した。このような酵素による変換技術が，リン脂質の機能解明や新たな用途開発への一助となることを期待したい。

謝辞

本稿で紹介した研究の一部は，生研センター基礎研究推進事業，および地域新生コンソーシアム研究開発事業の助成を受けた。

文　　献

1) S. F. Yang et al., *J. Biol. Chem.*, **242**, 477 (1967)
2) L. R. Juneja et al., *Enzyme Microb. Technol.*, **9**, 350 (1987)
3) L. R. Juneja et al., *Appl. Microbiol. Biotechnol.*, **27**, 146 (1987)
4) L. R. Juneja et al., *Biochim. Biophys. Acta*, **960**, 334 (1988)
5) L. R. Juneja et al., *Biochim. Biophys. Acta*, **1003**, 277 (1989)
6) L. R. Juneja et al., *J. Ferment. Bioeng.*, **73**, 357 (1992)
7) G. J. Piazza and W.N. Marmer, *J. Am. Oil Chem. Soc.*, **84**, 645 (2007)
8) 室伏きみ子，特開 2001-178489
9) M. Oblozinsky et al., *Biotechnol. Lett.*, **27**, 181 (2005)
10) A. Nagao and J. Terao, *Biochem. Biophys. Res. Commun.*, **172**, 385 (1990)
11) T. Koga et al., *Lipids*, **29**, 83 (1994)
12) M. Takami et al., *Biosci. Biotech. Biochem.*, **58**, 1716 (1994)
13) S. Shuto et al., *Tetrahedron Lett.*, **28**, 199 (1987)
14) M. Koketsu et al., *J. Med. Chem.*, **40**, 3332 (1997)
15) Y. Yamamoto et al., *J. Am. Oil Chem. Soc.*, **85**, 313 (2008)
16) J.O. Rich and Y. L. Khmelnitsky, *Biotechnol, Bioeng.*, **72**, 374 (2001)
17) P. Comfurius et al., *J Lipid Res.*, **31**, 1719 (1990)
18) Y. Iwasaki et al., *J. Am. Oil Chem. Soc.*, **80**, 653 (2003)
19) 酒井正士ほか，特開 2002-51794
20) 南部宏暢ほか，特開 2004-215528
21) 仁科淳良ほか，特開 2002-218991
22) 金田輝之，特開 2001-186898
23) 椎原美沙ほか，特開 2007-14270
24) D. J. Hanahan and I. L. Chaikoff, *J. Biol. Chem.*, **168**, 233 (1947)
25) C. P. Ponting and I. D. Kerr, *Protein Sci.*, **5**, 914 (1996)

26) E. B. Gottlin *et al.*, *Proc. Natl. Acad. Sci. USA*, **95**, 9202 (1998)
27) H. Interthal *et al.*, *Proc. Natl. Acad. Sci. USA*, **98**, 12009 (2001)
28) I. Leios *et al.*, *Structure*, **8**, 655 (2000)
29) Y. Iwasaki *et al.*, *J. Ferment. Bioeng.*, **79**, 417 (1995)
30) N. Mishima *et al.*, *Biotechnol. Prog.*, **13**, 864 (1997)
31) C. Ogino *et al.*, *Appl. Microbiol. Biotechnol.*, **64**, 823 (2004)
32) T. Hatanaka *et al.*, *Biochim. Biophys. Acta*, **1598**, 156 (2002)
33) T. Hatanaka *et al.*, *Biochim. Biophys. Acta*, **1696**, 75 (2004)
34) C. Ogino *et al.*, *Biochim. Biophys. Acta*, **1774**, 671 (2007)
35) A. Masayama *et al.*, *ChemBioChem*, **9**, 974 (2008)

9 大腸菌を宿主としたパスウェイエンジニアリングによる食品成分イソプレノイド（カロテノイド，セスキテルペン）の生産

三沢典彦[*1]，原田尚志[*2]，内海龍太郎[*3]

9.1 はじめに

　大腸菌は，分子生物学の知見が集積しており，遺伝子組換えの技術や材料，情報が最も充実した微生物である。また，微生物菌体を用いたバイオコンバージョン時にしばしば問題となる有機溶媒耐性に関しても，大腸菌は比較的高い耐性能を持っている。したがって，産業上有用な有機低分子化合物を，大腸菌によるバイオコンバージョンで生産した実用化例は近年増えつつある。たとえば，㈱カネカ等のいくつかの会社により，カルボニル還元酵素（carbonyl reductase）遺伝子を発現した大腸菌の菌体を用いて，カルボニル化合物から立体特異的な2級アルコールが製造されている。イソプレノイドは2万種を超える，自然界で最も多様な化合物の集団で，3,000種以上のセスキテルペンや750種以上のカロテノイドが含まれる。イソプレノイドの中には，医薬品や農薬およびその原料，機能性食品として用いられているものなど有望なものが多く含まれている。我々は，産業上有用なカロテノイドやセスキテルペンを安価な基質から効率的に生産するためのパスウェイエンジニアリング研究を行っている。培地に添加する単純な構造を持つ基質から目的とするイソプレノイドを生合成するのに必要な一連のイソプレノイド経路遺伝子群を大腸菌に導入し発現させ，その組換え大腸菌の細胞を基質と混合培養することにより，食品成分イソプレノイドであるカロテノイドやセスキテルペンを効率的に合成することを可能にしている。このような多くの生合成（代謝）酵素遺伝子群を操作する技術は，従来の単一の反応ステップを扱うバイオコンバージョンとは趣きが異なるものに見えるかもしれないが，多重遺伝子発現用プラスミドを設計し作製するところに工夫と時間が若干必要であるが，一度プラスミドができてしまうと，そのプラスミドが導入された組換え大腸菌の作製以後の実験は通常のバイオコンバージョン実験と同様に比較的単純な手法を用いて行うことができる。本項目では，このようなパスウェイエンジニアリング研究について紹介する。

9.2 従来の組換え大腸菌によるイソプレノイド（カロテノイド）生産の研究例

　大腸菌はメバロン酸経路を持っていなく，非メバロン酸経路（2-C-メチル-D-エリストール4-リン酸（MEP）を経由するのでMEP経路とも呼ばれる）により最初のイソプレノイド基質で

---

*1 Norihiko Misawa　キリンホールディングス㈱　フロンティア技術研究所　主任研究員
*2 Hisashi Harada　キリンホールディングス㈱　フロンティア技術研究所　特別研究員
*3 Ryutaro Utsumi　近畿大学　農学部　バイオサイエンス学科　教授

あるイソペンテニル二リン酸（IPP）が作られる。IPP は IPP イソメラーゼ（Idi）によりジメチルアリル二リン酸（DMAPP）に変換され，DMAPP はファルネシル二リン酸（FPP）合成酵素（シンターゼ）により IPP と順次縮合することにより，炭素数 10 のゲラニル二リン酸（GPP），炭素数 15 の FPP に変換される。セスキテルペンはこの FPP から分岐して作られる。FPP はゲラニルゲラニル二リン酸（GGPP）合成酵素により IPP とさらに縮合して炭素数 20 の GGPP が合成される。この GGPP から分岐して，カロテノイドが作られる。大腸菌野生株は，ユビキノンやドリコールを生合成するが，セスキテルペンやカロテノイドは生合成しないので，これらのイソプレノイドを大腸菌に合成させるためには，FPP からそのイソプレノイドまでの合成を担う一連の生合成酵素遺伝子群を大腸菌に導入し，発現させる必要がある。ただし，FPP からセスキテルペンの合成のために導入し発現される生合成酵素遺伝子は 1 つのみで良い場合がある。現在までに FPP から種々のイソプレノイドの生合成酵素遺伝子群が大腸菌に導入・発現され，これらのイソプレノイドが大腸菌で合成された[1,2]。しかしながら，大腸菌は元々イソプレノイドを少量しか合成しないので FPP の存在量が少なく，FPP から始まる生合成酵素遺伝子群を導入してもイソプレノイドの生産量は実用レベルから程遠いのが現状であった。この場合のイソプレノイド生産量は通常，大腸菌の菌体 1 g（乾重量）あたり 1 mg を超えることは無かった[1,2]。そのため，FPP までの生合成経路を太くして FPP 生産量を増やすための代謝工学的研究がなされた。IPP イソメラーゼ遺伝子（*idi*）には構造が違う 1 型（真核生物型）と 2 型（原核生物型）があるが，従来から知られていたものは真核生物が有している 1 型である。酵母または緑藻由来の 1 型 *idi* 遺伝子を大腸菌に導入し発現させると，FPP の生産量が数倍上昇すると評価された[3,4]。FPP は不安定な酸であり，分析系も確立されていないため，FPP 量をそのまま定量することは困難である。そこで，FPP から始まるカロテノイド生合成酵素遺伝子群を導入し，生成したカロテノイド量を定量し，FPP 量として評価された。たとえば，土壌細菌 *Pantoea ananatis*（旧名：*Erwinia uredovora* 20D3）由来の FPP から GGPP を合成する GGPP 合成酵素遺伝子（*crtE* 遺伝子），GGPP からフィトエンを合成するフィトエン合成酵素遺伝子（*crtB*），フィトエンからリコペンを合成するフィトエンデサチュラーゼ遺伝子（*crtI*）を大腸菌に導入し発現させると大腸菌は菌体内の FPP を代謝してリコペンを合成するようになる[1,3,4]。さらにこの組換え大腸菌に，リコペンから *β*-カロテンを合成するリコペン環化酵素（サイクラーゼ）遺伝子（*crtY*）を導入し発現させると *β*-カロテンを合成するようになり，さらに *β*-カロテンからゼアキサンチンを合成する *β*-カロテンヒドロキシラーゼ遺伝子（*crtZ*）を導入し発現させるとゼアキサンチンを合成するようになり，さらにゼアキサンチンからアスタキサンチンを合成する *β*-カロテン（カロテノイド）ケトラーゼ遺伝子（*crtW*）を導入し発現させるとその組換え大腸菌はアスタキサンチンを合成するようになる[1]。前述の 1 型の *idi* 遺伝子を発現した組換え大腸菌では，最高レベルのカロ

第 2 章　食品素材の生産

テノイド（β-カロテン）の生産量は菌体 1 g（乾重量）あたり 1.3 mg であった[3, 4]。また同様に，非メバロン酸経路内の 1-デオキシ-D-キシルロース 5-リン酸（DXP）合成酵素（Dxs）または DXP レダクトイソメラーゼ（Dxr）をコードする遺伝子（それぞれ，*dxs*, *dsr* 遺伝子）を大腸菌に導入し高発現させると，FPP の合成能が上昇することが示された[5]。しかしながら，*idi*（1 型），*dxs*, *dsr* 遺伝子を単独または組み合わせて大腸菌に導入し発現させても，FPP（カロテノイド）の合成量の上昇は 1.5 ～ 3.5 倍であり，最高レベルのカロテノイド（ゼアキサンチン）の生産量は菌体 1 g（乾重量）あたり 1.6 mg に留まった[5]。大腸菌はメバロン酸経路を有さないが，メバロン酸経路の遺伝子群を大腸菌に導入し発現させる研究も行われた。柿沼らは，*Streptomyces* 属 CL190 株由来のメバロン酸経路酵素遺伝子群[6] を，*P. ananatis* 由来のカロテノイド生合成遺伝子群（*crtE*, *crtB*, *crtI*, *crtY*, *crtZ*）と共に大腸菌に導入し，発現させた[7]。本組換え大腸菌は，D-メバロン酸ラクトン（以後，メバロノラクトンまたは MVL と記載）を培地に基質として加えて培養することにより，ゼアキサンチンを合成することができた[7]。前述したように，1 型 *idi*, *dxs*, *dsr* 等の非メバロン酸経路の鍵遺伝子を，FPP からイソプレノイドを合成する酵素遺伝子（群）と共に導入し発現させた組換え大腸菌では，培地成分から比較的効率的にイソプレノイドを合成するが，鍵遺伝子を含まない場合と比べて高々数倍の上昇に過ぎない。その意味で，FPP からイソプレノイドを合成する酵素遺伝子（群）をメバロン酸経路遺伝子（群）と共に大腸菌に導入し発現させた組換え大腸菌を用いて，メバロノラクトンのような基質を培地に加えて，イソプレノイドを作らせる方が，大腸菌内の代謝をコントロールしやすいので，生産効率の向上の検討が容易であると思われる。しかしながら，メバロノラクトンは分子内に不斉炭素を含むため高価である。したがって，我々は，より安価な基質を用いて効率的にイソプレノイドを作る系の構築に従事した。本研究では，より安価で単純な構造の基質としてアセト酢酸塩を用いた。

9.3　メバロン酸経路遺伝子群発現用プラスミドの作製

　tac プロモーター（Ptac）と *rrnB* ターミネーター（TrrnB）の間に *Streptomyces* 属 CL190 株の由来の 6.5 kb メバロン酸経路酵素遺伝子群（mevalonate pathway gene cluster）[6]（Accession no AB037666）を挿入した DNA 断片を，大腸菌ベクター pACYC184（クロラムフェニコール（Cm）耐性）の *Eag*I-*Cla*I 間に挿入してプラスミド pAC-Mev（図 1）を作製した。*Streptomyces* 属 CL190 株の由来の 6.5 kb のメバロン酸経路酵素遺伝子群には，アセトアセチル-CoA から IPP までの合成を行う 5 つのメバロン酸経路遺伝子群，すなわち，HMG-CoA 合成酵素（HMG-CoA synthase），HMG-CoA レダクターゼ（HMG-CoA reductase），メバロン酸キナーゼ（mevalonate kinase; MVA kinase），ホスホメバロン酸キナーゼ（phosphomevalonate kinase; PMVA kinase），ジホスホメバロン酸デカルボキシラーゼ（diphosphomevalonate

pAC-Mev

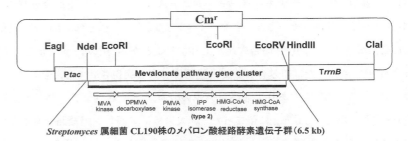

図1 プラスミド pAC-Mev の構造

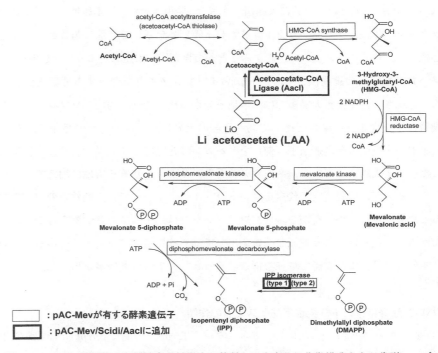

図2 メバロン酸経路の各種酵素が触媒する基質と反応産物の化学構造を含む代謝マップ
プラスミド pAC-Mev および pAC-Mev/Scidi/AacI に含まれる酵素遺伝子も示されている。

decarboxylase; DPMVA decarboxylase) に加えて，2型の IPP イソメラーゼ（IPP isomerase）遺伝子（*idi*）が含まれている（図1）。各酵素が触媒する反応を図2に示した。なお，2型の *idi* 遺伝子の機能は平成13年になって初めて明らかになったものである[8]。次にプラスミド pAC-Mev の下流に Shine-Dalgarno（SD）配列とパン酵母（*Saccharomyces cerevisiae*）由来の1型の *idi* 遺伝子を連結したプラスミド（pAC-Mev/Scidi：図3）を構築した。次に，さらに pAC-

第 2 章　食品素材の生産

pAC-Mev/Scidi

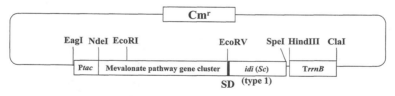

図 3　プラスミド pAC-Mev/Scidi の構造

pAC-Mev/Scidi/Aacl

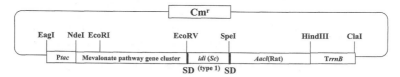

図 4　プラスミド pAC-Mev/Scidi/Aacl の構造

Mev/Scidi の下流に SD 配列とラット（*Rattus norvegicus*）由来のアセト酢酸-CoA リガーゼ遺伝子（acetoacetate-CoA ligase; <u>Aacl</u>; acetoacetyl-CoA synthetase）を連結したプラスミド（pAC-Mev/Scidi/Aacl：図 4）を構築した。

9.4　FPP からリコペンまたはアスタキサンチン合成用プラスミドの作製

　リコペンはトマトに含まれる赤色色素であり前立腺がんの予防に効果があると考えられており，アスタキサンチンは魚介類に含まれる赤色色素であり，抗過酸化作用を示す健康食品素材として近年，注目を集めている。FPP からリコペンを合成するカロテノイド生合成遺伝子群（*P. ananatis* 由来の *crtE*, *crtB*, *crtI*）を *lac* プロモーターの転写を受けるように大腸菌ベクター pUC19（アンピシリン（Ap）耐性）に挿入したプラスミドが pCRT-EIB である。作製法は文献[9]に示されている（ただし，本文献では pCRT-EIB は pCAR-ADE と記載されている）。アスタキサンチン合成用プラスミド pUC-Asta は，FPP からゼアキサンチン合成に必要な土壌細菌 *P. ananatis* 由来の *crtE*, *crtB*, *crtI*, *crtY*, *crtZ* 遺伝子を，海洋細菌 *Brevundimonas* 属細菌 SD212 株由来の *crtW* 遺伝子[10]と共に，大腸菌ベクター pUC18（Ap 耐性）に *lac* プロモーターの転写を受けるように挿入されたプラスミドである。まず，本 *crtW* 遺伝子を大腸菌ベクター pUC18 に *lac* プロモーターの転写と翻訳のリードスルーを受けるように挿入しプラスミド pUCBre-W を作製し[10]，次に，前述の *crtE*, *crtB*, *crtI*, *crtY*, *crtZ* 遺伝子を含む 6.9 kb の断片を，プラスミド pCAR1[9]より制限酵

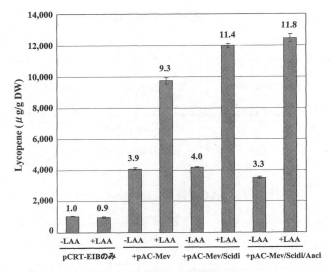

図5 各種プラスミドを保持する大腸菌によるリコペン生産
プラスミド pCRT-EIB は FPP からリコペン (lycopene) を合成するのに必要な3つのカロテノイド生合成遺伝子 *crtE*, *crtB*, *crtI* を含む DNA 断片を pUC ベクターに挿入したものである。

素 *Xba*I-*Hind*III にて切り出し, これを pUCBre-W の相当部位に連結して pUC-Asta プラスミドを作製した。

9.5 プラスミド pAC-Mev を持つ大腸菌によるカロテノイド生産

9.3で作製したプラスミド pAC-Mev を, リコペン産生用プラスミド pCRT-EIB と共に導入した組換え大腸菌を, 単純な構造を持つ化合物であるアセト酢酸リチウム塩 (Li acetoacetate；LAA；終濃度1 mg/mL) を基質として共に20℃で2日間培養することにより, 菌体に産生されたカロテノイドを抽出して定量を行った。その結果, 図5に示すように, pCRT-EIB と pAC-Mev を有する大腸菌は, 菌体1 g (乾重量) あたり9.8 mg のリコペンを合成しており, その生産レベルは, pCRT-EIB のみを導入した組換え大腸菌の場合と比べて9.3倍であった。また同様に, pAC-Mev をアスタキサンチン産生用プラスミド pUC-Asta と共に導入した組換え大腸菌を LAA と共に培養したところ, 本組換え大腸菌は菌体1 g (乾重量) あたり2.8 mg の総カロテノイドを合成しており, その生産レベルは, pUC-Asta のみを導入した組換え大腸菌の場合と比べて3.5倍であった (図6)。なお, pAC-Mev と pUC-Asta を有する大腸菌の場合, 最終産物のアスタキサンチンだけでなく, その生合成中間体の種々のカロテノイドを合成しているが, これは, CrtE と CrtB により FPP から合成された最初のカロテノイドであるフィトエン以降のカロテノイド生合成酵素が十分に働いてないことを示している。また, 大腸菌は, アセト酢酸とア

第2章 食品素材の生産

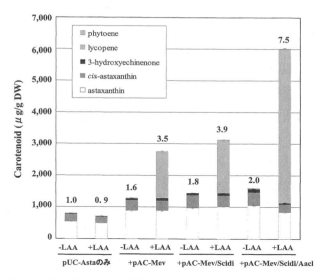

図6 各種プラスミドを保持する大腸菌によるカロテノイド生産
プラスミド pUC-Asta は FPP からアスタキサンチン（astaxanthin）を合成するのに必要な6つのカロテノイド生合成遺伝子 crtE, crtB, crtI, crtY, crtZ, crtW を含む DNA 断片を pUC ベクターに挿入したものである。

セチル-CoA を基質として，ブチル酸-アセト酢酸 CoA 転移酵素（EC 2.8.3.9）[11]を有しており，本酵素により，培地に添加した LAA からアセト酢酸を合成したものと考えられる。なお，この酵素は，アセト酢酸-CoA リガーゼとはまったく別の酵素である。なお，組換え大腸菌の培養法，培養した大腸菌の菌体からのカロテノイドの抽出，定量法の詳細は以下のとおりである：プラスミド pAC-Mev と pCRT-EIB または pUC-Asta を，大腸菌に導入し，Ap（終濃度 100 μg/ml）および Cm（終濃度 30 μg/ml）を含む 3 ml の LB 培地に植菌して，30℃で 16 時間前培養した後，0.5 ml（1％）を 50 ml の LB 培地に植菌して本培養を行った。本培養液の濁度（600 nm の吸光度）が 0.5 に達した時点で，isopropyl β-D-thiogalactopyranoside（IPTG；終濃度 1 mM）とアセト酢酸リチウム塩（LAA；終濃度 1.0 g/l）を添加し，20℃で 48 時間培養を続けた。48 時間培養後の菌体 10 ml を遠心分離にて回収して －70℃で凍結後，沈殿菌体に 1～3 ml のクロロフォルム：メタノール（1：1）溶液を添加して，色素成分を抽出した。色素成分抽出液は，Waters 社製 HPLC-PDA（フォトダイオードアレイ）により分析を行った。分離用カラムとしては TSK ODS-80Ts カラム（4.6×150mm，東ソー社製）を用い，流速 1.0 ml/min，30℃条件下，solvent A（methanol：water 95：5）と solvent B（methanol：tetrahydrofuran 7：3）からなる 2 溶媒系のグラジエント形成により色素成分を分離した。グラジエント条件としては，solvent A を 100％として 5 分保持した後，5 分かけて solvent A から solvent B のリニアグラジエントを形成させ，そのまま solvent B 100％を 8 分間保持した。カロテノイド標準試料を用いて作製

したエリア値をもとに，大腸菌乾重量あたりのカロテノイド量として生産量を換算した。

9.6 プラスミド pAC-Mev/Scidi を持つ大腸菌によるカロテノイド生産

9.3で作製したプラスミド pAC-Mev/Scidi を pCRT-EIB と共に導入した組換え大腸菌を，9.5と同様に，LAA と共に培養し，菌体に産生されたカロテノイドを抽出して定量を行った。その結果，図5に示すように，pCRT-EIB と pAC-Mev/Scidi を有する大腸菌は，菌体1g（乾重量）あたり 12.0 mg のリコペンを合成し，その生産レベルは pCRT-EIB のみを導入した組換え大腸菌の場合と比べて 11.4 倍であった。また同様に，pAC-Mev/Scidi を，アスタキサンチン産生用プラスミド pUC-Asta と共に導入した組換え大腸菌を LAA と共に培養したところ，本組換え大腸菌は菌体1g（乾重量）あたり 3.1 mg の総カロテノイドを合成しており，その生産レベルは pUC-Asta のみを導入し発現させた組換え大腸菌の場合と比べて，3.9 倍であった（図6）。

9.7 プラスミド pAC-Mev/Scidi/Aacl を持つ大腸菌によるカロテノイド生産

アセトアセチル-CoA から IPP までの合成を行うメバロン酸経路遺伝子群，すなわち，HMG-CoA 合成酵素，HMG-CoA レダクターゼ，メバロン酸キナーゼ，ホスホメバロン酸キナーゼ，ジホスホメバロン酸デカルボキシラーゼをコードする5遺伝子，および，2型の IPP イソメラーゼ (*idi*) 遺伝子の計6個の遺伝子群を含む，*Streptomyces* 属 CL190 株の由来の 6.5 kb の DNA 断片，並びにパン酵母由来の1型の *idi* を含む DNA 断片を大腸菌ベクター PACYC184 に挿入したプラスミドが pAC-Mev/Scidi である。この pAC-Mev/Scidi にさらにラット（*R. norvegicus*）由来のアセト酢酸-CoA リガーゼ遺伝子（*Aacl*）を連結したプラスミドが pAC-Mev/Scidi/Aacl である（図2，4）。この pAC-Mev/Scidi/Aacl をリコペン産生用プラスミド pCRT-EIB と共に導入した組換え大腸菌を，9.5 と同様に，LAA と共に培養し，菌体に産生されたカロテノイドを抽出して定量を行った。その結果，図5に示すように，pCRT-EIB と pAC-Mev/Scidi/Aacl を有する大腸菌は，菌体1g（乾重量）あたり 12.5 mg のリコペンを合成しており，その生産レベルは pCRT-EIB のみを導入した組換え大腸菌の場合と比べて，11.8 倍であった。また同様に，pAC-Mev/Scidi/Aacl をアスタキサンチン産生用プラスミド pUC-Asta と共に導入した組換え大腸菌を LAA と共に培養したところ，本組換え大腸菌は菌体1g（乾重量）あたり 6.0 mg の総カロテノイドを合成しており，その生産レベルは，pUC-Asta のみを導入した組換え大腸菌の場合と比べて 7.5 倍であった（図6）。

以上の結果は，基質としてより安価な LAA を利用し，プラスミド pAC-Mev の存在下で比較的効率的な FPP 生産を行うことができ，プラスミド pAC-Mev/Scidi の存在下でさらに効率的な FPP 生産を行うことができ，プラスミド pAC-Mev/Scidi/Aacl の存在下で，最も効率的な

第 2 章　食品素材の生産

FPP 生産を行うことができることを示している。

9.8　α-フムレン生産用プラスミドの作製と本プラスミドを持つ大腸菌による α-フムレン生産

　ハナショウガ（*Zingiber zerumbet Smith*）は，日本ではほとんど栽培されていないが，ホップ油成分の α-フムレン（α-humulene）を始めとして，β-オイデスモール（β-eudesmol）やゼルンボン（zerumbone）等の有用なセスキテルペンを作る有用作物である。我々は，このハナショウガより α-フムレン合成遺伝子（*ZSS1*）[12] および β-オイデスモール（β-eudesmol）合成酵素遺伝子（*ZSS2*）[13] の最初の取得に最近成功した。さらに我々は，*ZSS1* 遺伝子を大腸菌で発現させるためのプラスミド pETZSS1（pET ベクターを使用し，T7 プロモーターの転写を受けるように挿入されたプラスミド）および pUCZSS1（pUC18 ベクターを使用し，*lac* プロモーターの転写と翻訳のリードスルーを受けるように挿入されたプラスミド）の作製を行った。次に，プラスミド pETZSS1 を用い，セスキテルペン類の大腸菌培養条件，および発現プラスミドの最適化を行った。培養条件や宿主大腸菌株について検討を行った。その結果，培養条件は，本培養液を富栄養培地である Terrific broth（J. Sambrook, D. W. Russell, Molecular Cloning Third Edition, 2001），宿主として大腸菌を BL21（DE3）株，IPTG 添加誘導後の培養温度を 20～25℃，および培養時間を 48 時間で行うのが良いことがわかった。なお，組換え大腸菌の培養法，培養した大腸菌の菌体からのカロテノイドの抽出，定量法の詳細は以下のとおりである：pAC-Mev プラスミドまたは pAC-Mev/Scidi/Aacl プラスミドを，pETZSS1 プラスミドまたは pUCZSS1 プラスミドと共に，大腸菌に導入し，Ap（終濃度 100 μg/ml）および Cm（終濃度 30 μg/ml）を含む 3 ml の LB 培地に植菌して，30℃で 16 時間前培養した後，0.5 ml（1%）を 50 ml の Terrific broth に植菌して本培養を行った。本培養液の濁度（600 nm の吸光度）が 0.5 に達した時点で，IPTG（終濃度 1 mM），アセト酢酸リチウム塩（LAA；終濃度 1.0 g/l），ドデカン（終濃度 20%（v/v））を添加し，20℃で 48 時間培養を続けた。48 時間培養後の培養液全量を遠心分離し，ドデカン層を回収してこれをサンプルとした。サンプルは，DB-WAX キャピラリーカラム（0.25 mm × 0.25 μm × 30 m，J&W Scientific 社製）を装備した島津 GCMS-QP5050A システム（島津社製）を用いて定性・定量分析を行った。α-フムレン標準試料（和光純薬工業社製）を用いて作製した検量線をもとに，培養液あたりの α-フムレン量として生産量を換算した。結果として，pETZSS1 のみを有する組換え大腸菌では産物を検出することができなかった。これに対し，pAC-Mev の導入および MVL を添加した条件では，培養液 1 mL あたり約 0.4 mg の産物の生産が確認された。発現プラスミドの検討により，α-フムレン生合成遺伝子発現プラスミドを pETZSS1 から，pUC18 プラスミドの LacZ の N 末端 7 アミノ酸残基との融合タンパク質として発現させるように改変したプラスミド（pUCZSS1）に変え，さらに宿主大腸菌株を JM109 に変

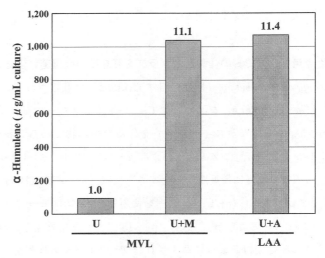

U: pUCZSS1 M: pAC-Mev A: pAC-Mev/Scidi/Aacl

図7　各種プラスミドを保持する大腸菌によるα-フムレン（α-humulene）生産
プラスミド pUCZSS1 は FPP を基質として α-フムレンを合成する α-フムレン合成酵素遺伝子が pUC ベクターに挿入されたものである。

えることで，pET 発現系の場合よりも最大で 2.9 倍の増産効果が見られた。さらに図7に示したように，pAC-Mev/Scidi/Aacl プラスミドを pUCZSS1 と共に導入した組換え大腸菌を LAA と共に培養したところ，pUCZSS1 のみを有するコントロールの約 11.4 倍（培養液 1 mL あたり約 1.1 mg 相当）に生産量が増加した。これは LAA の代わりに MVL を基質とした系と同等の生産量であった（図7）。以上の結果より，LAA を基質として用いた組換え大腸菌によるバイオコンバージョンにより，セスキテルペン類の効率的な生産が可能であることが示された。

9.9　おわりに

本研究の成果は，産業上有用なイソプレノイドを比較的安価で効率的に大腸菌に作らせる道筋を示すものであると理解できる。本研究で用いた方法により複雑な化学合成反応を行わせているが，これらの反応はすべて生体触媒反応であるため，常温，常圧下などの穏やかな条件で反応が進行し，また，危険な合成触媒や廃液処理を要することが無いため，環境にやさしい方法であるといえる。我々は，LAA よりさらに安価な基質から有用イソプレノイドを効率生産させるべく研究開発を続けている。

謝辞

Streptomyces 属 CL190 株の由来の 6.5 kb メバロン酸経路酵素遺伝子群を供与していただいた東

第 2 章　食品素材の生産

京大学 生物生産工学研究センターの葛山智久博士に感謝します。なお，本研究は主として，生研センター異分野融合研究支援事業のサポートにより行われた。

文　　献

1) N. Misawa, Y. Satomi, K. Kondo, A. Yokoyama, S. Kajiwara, T. Saito, T. Ohtani, W. Miki, *J. Bacteriol.*, **177**, 6575-6584（1995）
2) V. J. J. Martin, Y. Yoshikuni, J. D. Keasling, *Biotechnol. Bioeng.*, **75**, 497-503（2001）
3) 特開平 8-242861 号公報
4) S. Kajiwara, P. D. Fraser, K. Kondo, N. Misawa, *Biochem. J.*, **324**, 421-426（1997）
5) M. Albrecht, N. Misawa, G. Sandmann, *Biotechnol. Lett.*, **21**, 791-795（1999）
6) M. Takagi, T. Kuzuyama, S. Takahashi, H. Seto, *J. Bacteriol.*, **182**, 4153-4157（2000）
7) K. Kakinuma, Y. Dekishima, Y. Matsushima, T. Eguchi, N. Misawa, M. Takagi, T. Kuzuyama, H. Seto, *J. Am. Chem. Soc.*, **123**, 1238-1239（2001）
8) K. Kaneda, T. Kuzuyama, M. Takagi, Y. Hayakawa, H. Seto, *Proc, Natl. Acad. Sci. USA*, **98**, 932-937（2001）
9) N. Misawa, M. Nakagawa, K. Kobayashi, S. Yamano, Y. Izawa, K. Nakamura, K. Harashima, *J. Bacteriol*, **172**, 6704-6712（1990）
10) Y. Nishida, K. Adachi, H. Kasai, Y. Shizuri, K. Shindo, A. Sawabe, S. Komemushi, W. Miki, N. Misawa, *Appl. Environ. Microbiol.*, **71**, 4286-4296（2005）
11) S. J. Sramek, F. E. Frerman, *Arch. Biochem. Biophys.*, **171**, 14-26（1975）
12) F. Yu, S. Okamoto, K. Nakasone, K. Adachi, S. Matsuda, H. Harada, N. Misawa, R. Utsumi, *Planta*, **227**, 1291-1299（2008）
13) F. Yu, H. Harada, K. Yamazaki, S. Okamoto, S. Hirase, Y. Tanaka, N. Misawa, R. Utsumi, *FEBS Lett.*, **582**, 565-572（2008）

10　イソフラボンアグリコン

芝崎誠司[*1]，荻野千秋[*2]，近藤昭彦[*3]

10.1　はじめに

　我が国の食生活における特徴的な食品素材である大豆が持つ生理作用について，内外から多くの関心が集まっている。東アジアにおける大豆の歴史は古く，日本では古事記にも登場するなど，古くから我々のタンパク源として食生活に深く関わっており，豆腐，納豆，醤油など様々な食品の素材として重要な役割を果たしている。良質なタンパク質を含むことから，大豆は，第一次世界大戦以降に世界中で栽培されるようになったが，近年再び注目を集めているのは，その生理活性成分であるイソフラボンである。

　イソフラボンは，心疾患，骨粗鬆症やがんの予防に有効な成分として期待が寄せられている。大豆中においてイソフラボンは，ほとんどが配糖体として存在している。ダイゼイン（Daidzein），ゲニステイン（Genistein），グリシテイン（Glycitein）の3種のアグリコンに，グルコースが結合したダイズイン（Daidzin），ゲニスチン（Genistin），グリシチン（Glycitin），ならびにこれらの配糖体のグルコースがマロニル化もしくはアセチル化された，マロニル化配糖体とアセチル化配糖体の合計12種類のイソフラボンが知られている。体内では，腸内細菌により配糖体から糖が切り離されてアグリコンとなり，腸管より吸収される[1]。また，ヒトにおいて，アグリコンと配糖体の吸収について血中濃度を比較すると，アグリコンの吸収が配糖体の10～20倍と顕著な結果が得られている[2]。このように，大豆イソフラボンの生理活性を期待する場合，配糖体よりもイソフラボンアグリコンが重要であることは明らかであり，腸内細菌叢の個体差に左右されることなくイソフラボンの機能を発揮させるためには，効率的なアグリコンの生産方法が望まれる。

　本稿ではまず，新規 β-グルコシダーゼのクローニングについて述べ，この酵素の酵母細胞への分子ディスプレイによるアグリコンの生産，ならびにディスプレイした酵素が持つ特徴について紹介する。

10.2　β-グルコシダーゼのクローニングと酵母ディスプレイ系の構築

　大豆食品の発酵過程においては，微生物が生産する β-グルコシダーゼが配糖体の加水分解に関与していると考えられる。味噌等の製造過程で利用される *Aspergillus oryzae* にも，2種の β-

---

[*1]　Seiji Shibasaki　兵庫医療大学　薬学部　医療薬学科　准教授
[*2]　Chiaki Ogino　神戸大学　大学院工学研究科　応用化学専攻　准教授
[*3]　Akihiko Kondo　神戸大学　大学院工学研究科　応用化学専攻　教授

第2章　食品素材の生産

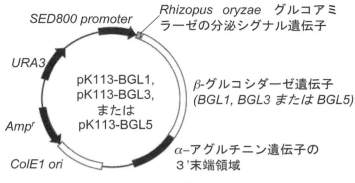

図1　β-グルコシダーゼの表層ディスプレイ用プラスミド

グルコシダーゼが知られており[3, 4]，これらの食品に含まれるアグリコン生成に寄与していることが推測できる。以下，A. oryzae より β-グルコシダーゼ遺伝子をクローニングし，酵母分子ディスプレイ系を用いたイソフラボンアグリコン生産の試み[5] について述べる。

まず，β-グルコシダーゼ遺伝子のクローニングについては，麹菌 RIB40 ゲノムデータベース（http://www.bio.nite.go.jp/dogan/Top）より，38種類の β-グルコシダーゼと予測される ORF が抽出され，BLASTP 解析により，21種類の β-グルコシダーゼ予測遺伝子が得られた。ここで，3つの遺伝子（AO090003001511, AO090001000544, AO090009000356）が glycoside hydrolase family 3 に，1つの遺伝子（AO090003000497）が family 1 に属することが明らかとなった。AO090009000356 については，セロビアーゼ遺伝子として Langston らにより同定されており[4]，アグリコン生産能の解析には，残る3つの遺伝子が選択され，それぞれは，BGL1（AO090003001511），BGL5（AO090001000544），ならびに BGL3（AO090003000497）と命名された。

次に，これらの遺伝子がコードするタンパク質の酵素活性を評価した。一般的にはタンパク質を分泌させ，ハロアッセイ等により評価するが，この場合は細胞表層へ酵素タンパク質を固定化させる分子ディスプレイ法[6, 7] がより有用であると考えられる。なぜなら，酵素タンパク質の分離は遠心操作のみで完結し，通常の煩雑な分離精製過程が省略できるからである。また，自己増殖可能な菌体触媒として利用できることも，大きな利点となる。

β-グルコシダーゼを酵母表層にディスプレイするために，先の遺伝子情報をもとに，イントロンが削除されるように設計したプライマーセットを用意し，Tsuchiya らの方法[8] で調製した A. oryzae ゲノム DNA を鋳型にした PCR により，タンパク質コード配列（CDS）がクローニングされた。各 CDS, BGL1（2424 bp），BGL3（1452 bp）ならびに BGL5（2601 bp）は pK113 ベクターの Sal I–Hpa I サイトにサブクローニングされた（図1）。それぞれの β-グルコシダーゼ遺伝子は，α-アグルチニンとの融合タンパク質を発現するよう設計されており，さらに β-

グルコシダーゼのN末端側にRhizopus oryzaeグルコアミラーゼの分泌シグナル配列が配置されているので，翻訳されたタンパク質はエキソサイトーシスにより細胞表層へ送達され，酵母細胞最外殻層にアンカリングされることになる。これらのタンパク質分子のディスプレイの特徴の1つは，SED800プロモーターの制御下で行われる点である。このプロモーターは，全長1063塩基であったSED1プロモーターを800塩基までデリーションすることにより，転写活性が大幅に増大したプロモーターであり，このプロモーターの下流につないだ目的タンパク質やその代謝物を，大量に取得することが可能となっている。これらの遺伝子配列を持つpK113-BGL1，pK113-BGL3ならびにpK113-BGL5をSaccharomyces cerevisae GRI-117-UK株に導入し，β-グルコシダーゼ表層提示酵母株Sc-BGL1，Sc-BGL3ならびにSc-BGL5が作成された。ここで用いられている宿主GRI-117-UK株は，実験室酵母株ではなく二倍体の清酒酵母である点も，本研究のもう1つの特徴である。

10.3 β-グルコシダーゼ提示酵母によるアグリコン生産

まず，3つのβ-グルコシダーゼ候補タンパク質提示株の，pNPGを用いた活性評価を行った。YPD培地で30℃，50時間培養後，これらの酵母株とpNPGを50℃で15分反応させ，$OD_{600}=1$あたりの細胞が生産するp-ニトロフェノール1μmolを1Uとして酵素活性が調べられた。コントロールとして宿主細胞GRI-117-UKを用いた場合は$2.33×10^{-2}$ Uであったのに対し，$5.36×10^2$ U（Sc-BGL1），$3.75×10^{-1}$ U（Sc-BGL3），$1.06×10$ U（Sc-BGL5）という酵素活性が得られている。なかでもSc-BGL1はコントロールに対して23,000倍を超える高い活性値を示していることに加え，Sc-BGL3は16倍，Sc-BGL5は454倍と各細胞間に差がみられるが，いずれも選択したコード配列が適切であって，β-グルコシダーゼが活性を有した形でディスプレイされたと理解できる。

次に，これらの細胞株を使ったイソフラボンアグリコンの生産について述べる。大豆抽出物であるFujiflavone P40（Daidzein conjugate：26.5％，Genistein conjugate：5.80％，他のisoflavone成分：12.57％）を基質とし，各β-グルコシダーゼ提示細胞と30℃で反応させた結果，図2のような結果が得られている。120時間まで反応を続けたところ，各β-グルコシダーゼにより生成する沈殿，すなわちアグリコンの量が明らかに異なっていることが観察される。アグリコンの種類ごとの生成量を経時的に示したものが図3である。Sc-BGL1は，幅広い基質特異性を持つとともに，いずれのアグリコン生成においても，加水分解反応は48時間以内にほとんど終了し，検討された酵素のうちアグリコン生産において最も期待される。さらに，120時間反応終了後の，各酵素によるアグリコン生成量とイソフラボン配糖体の残存量がLC-MSにより解析された（表1）。従来の酵素剤によるアグリコン生産に比べて，非常に変換効率がよいが，これ

第2章　食品素材の生産

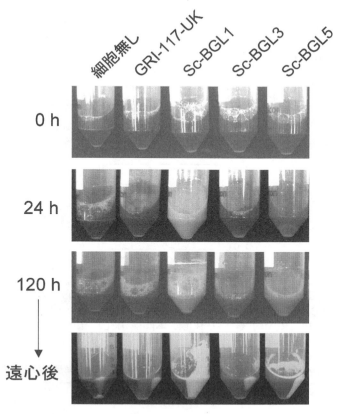

図2　β-グルコシダーゼ提示酵母株によるアグリコン生成
左に示す各時間における反応混合物の様子を示してある。
最下段の白い沈殿物にはイソフラボンアグリコンが含まれる。

は，反応副産物かつ反応阻害物質になるグルコースが，酵母により資化されたことによる。ここで，イソフラボン配糖体とイソフラボンアグリコンの総和について，β-グルコシド活性の強さに従って減少していることが分かる。Sc-BGL1 を加水分解反応に用いた場合が最も減少しており，反応が終了した 48 時間付近から 120 時間までの間に酵母細胞によりイソフラボンアグリコンが資化されていると考えられる。これは，反応系に投入する酵母細胞の量や反応時間の調節により，容易に解決できる問題である。

10.4　BGL1 酵素の特徴

上述のように，β-グルコシダーゼ BGL1 はアグリコン生産に有用であることが示唆された。酵母表層にディスプレイされた本酵素の生化学的特徴は，さらに詳細に解析され，興味深い性質を持つ酵素であることが明らかになった[9]。以下，加水分解反応諸条件を Sc-BGL1 株にディス

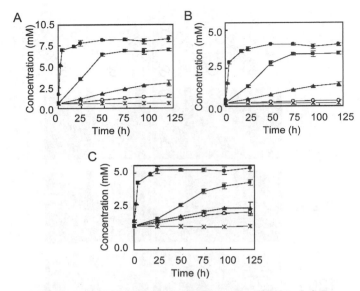

図3 β-グルコシダーゼ提示酵母株によるアグリコン生成量
A は Daidzein, B は Genistein, C は Glycitein の生成量の経時変化を表す.
×は細胞なし, ○は GRI-117-UK, ●は Sc-BGL1, ▲は Sc-BGL3, ■は Sc-BGL5 による反応を示す.

表1 β-グルコシダーゼ提示酵母によるイソフラボンの加水分解反応後の組成（mM）

酵母株	基本構造	イソフラボンアグリコン	イソフラボン配糖体
細胞なし	Daidzein	0.61	12.7
	Genistein	0.24	5.80
	Glycitein	1.54	6.69
	Subtotal	2.39	25.19
GRI-117-UK	Daidzein	1.49	10.68
	Genistein	0.37	4.92
	Glycitein	2.47	4.76
	Subtotal	4.33	20.36
Sc-BGL1	Daidzein	8.35	0.80
	Genistein	4.09	0.41
	Glycitein	5.34	0.40
	Subtotal	17.78	1.61
Sc-BGL3	Daidzein	3.04	9.43
	Genistein	1.46	3.76
	Glycitein	2.74	4.32
	Subtotal	7.24	17.51
Sc-BGL5	Daidzein	7.03	3.66
	Genistein	3.51	1.10
	Glycitein	4.40	2.40
	Subtotal	14.94	7.16

120時間後の反応混合物について，LC-MS により定量が行われた．イソフラボン配糖体の濃度は，グルコース配糖体と 6"-O-アセチル配糖体を合算して示してある．

第 2 章　食品素材の生産

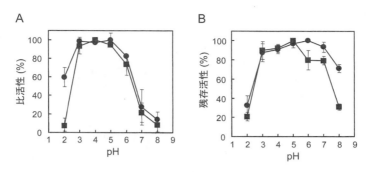

図 4　BGL1 による加水分解反応の pH による影響
A は各 pH，30℃における活性を示す。B は pH 安定性を表し，各 pH において 30℃，12 時間静置後の残存活性が測定された。■は分泌型，●は提示型 BGL1 による活性を示す。

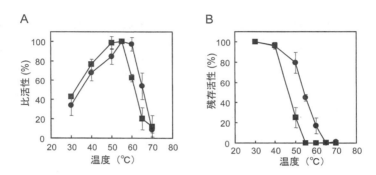

図 5　BGL1 による加水分解反応の温度による影響
A は各温度，pH 5.0 における活性を示す。B は熱安定性を表し，各温度において pH 5.0，4 時間もしくは 12 時間静置後の活性が測定された。■は分泌型，●は提示型 BGL1 による活性を示す。

プレイされた BGL1 と，分泌型 BGL1 を用いて比較した例を紹介する。

提示酵素と分泌酵素の比較に先立ち，Sc-BGL1 の調製について最適培養時間が検討された。YPD 培地を用い，30℃において 80 時間まで培養し，細胞増殖（OD_{600}）と，β-グルコシダーゼ活性が調べられた。その結果，定常期に入ったところの培養 72 時間において，最も高い活性（405.9 U/g dry cell mass）を示し，以後の解析にはこの時間で回収した細胞が用いられた。

まず，BGL1 による加水分解反応における pH の影響が検討された（図 4）。pNPG を基質とし，30℃において pH 2.0 から 8.0 の間で加水分解反応が行われた。分泌型 BGL1 の至適 pH は 5.0 で，pH 3.0 から 6.0 の間で安定であった。一方，提示型 BGL1 の至適 pH は 4.0 で，分泌型に比べアルカリ側にシフトしたが，安定性は分泌型と同じ pH 域で観察された。

次に，温度による活性への影響が pH 5.0 において解析された（図 5）。分泌型，提示型いずれにおいても至適温度は 55℃であったが，熱安定性は分泌型が 30〜40℃，提示型が 30〜50℃

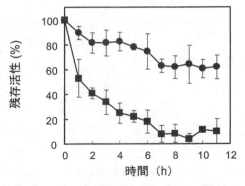

図6 50℃におけるBGL1残存活性の経時変化
各時間，pH 5.0，50℃における活性が測定された。■は分泌型，●は提示型BGL1による活性を示す。

表2 分泌型ならびに提示型BGL1による各種基質の加水分解活性

基質	分泌型BGL1	提示型BGL1
p-Nitrophenyl-β-D-glucopyranoside	100	100
p-Nitrophenyl-α-D-glucopyranoside	n.d.	n.d.
p-Nitrophenyl-β-D-galactopyranoside	n.d.	n.d.
p-Nitrophenyl-β-D-cellobioside	0.079	0.072
Cellobiose (Glucose × 2, β-1,4)	0.30	0.46
Sophorose (Glucose × 2, β-1,2)	n.d.	1.7
Laminaribiose (Glucose × 2, β-1,3)	1.47	2.9
Gentiobiose (Glucose × 2, β-1,6)	n.d.	n.d.
Daidzin	21.7	23.2
Genistin	12.8	15.0

分泌型，提示型いずれについても5.48U/mlの酵素が用いられ，各基質を用いた反応は50mM酢酸ナトリウム緩衝液（pH 5.0）中で行われた。すべての活性値は，p-Nitrophenyl-β-D-glucopyranosideに対する活性を100として示してある。n.d.は検出されなかったことを示す。

であり，提示型のほうが熱安定性に優れていた。そこで，50℃における残存活性をさらに詳細に解析し，β-グルコシダーゼ活性の熱安定性の経時的変化が調べられた（図6）。酵素の担体への固定は，至適条件を変化させたり，pHならびに温度安定性を向上することが報告されており[10～12]，同様にBGL1の細胞表層へのディスプレイは，担体への固定化と同じ機能を果たしているとみることができる。さらに，BGL1の基質特異性についても検討された（表2）。オリゴ糖のβ-1,2，β-1,3，β-1,4ならびにβ-1,6結合は加水分解されなかったが，DaidzinやGenistin

は比較的加水分解が進んだ。また，分泌型と提示型について比較すると，ディスプレイにより基質特異性が変化しないことが理解できる。

　以上のように，BGL1提示酵母細胞は，分子ディスプレイにより分泌型酵素よりも熱安定性を向上させ，50℃という高温域において効率よくイソフラボンをアグリコンへ変換できることが示唆された。

10.5　おわりに

　現在，イソフラボン，ならびにイソフラボンアグリコンを含む機能性食品が数多く製品化されている。イソフラボンへの関心が高まる一方で，内閣府食品安全委員会，農林水産省はウェブサイト上で「大豆イソフラボンの安全な一日摂取目安量，上乗せ摂取量の上限値」や「妊婦，胎児，乳幼児への上乗せ摂取の制限」について情報を公開するなど，過剰摂取への注意を呼びかけている。健康志向が加速する中，今後，イソフラボンアグリコンの需要は高まるものと予測されるが，β-グルコシダーゼ提示酵母は，提示酵素量などの調節により，適正なイソフラボンアグリコン含有量の食品素材を生産できるため，アグリコン生産法の1つとして関連産業に寄与することが期待される。

謝辞
　本稿で紹介した研究を実施された神戸大学　伊藤純二氏，月桂冠㈱総合研究所　嘉屋正彦氏，佐原弘師氏，秦洋二所長からは，執筆にあたり貴重なアドバイスを賜りましたことを深く感謝いたします。

文　　　献

1)　A. J. Day *et al.*, *FEBS Lett.*, **436**, 71-75（1998）
2)　T. Izumi *et al.*, *J Nutr.*, **130**, 1695-1699（2000）
3)　C. Riou *et al.*, *Appl Environ Microbiol.*, **64**, 3607-3614（1998）
4)　J. Langston *et al.*, *Biochim Biophys Acta*, **1764**, 972-978（2006）
5)　K. Tsuchiya *et al.*, *Biosci Biotechnol Biochem.*, **56**, 1849（1992）
6)　M. Ueda *et al.*, *J. Biosci. Bioeng.*, **90**, 125（2000）
7)　A. Kondo *et al.*, *Appl. Microbiol Biotechnol.*, **64**, 28（2004）
8)　M. Kaya *et al.*, *Appl Microbiol Biotechnol.*（2008）印刷中

9) J. Ito *et al., J. Mol. Catal.B: Enzym.* (2008) 印刷中
10) A. Kilinc *et al., Prep. Biochem. Biotechnol.,* **36**, 153 (2006)
11) T. Wang *et al., Biosci. Biotechnol. Biochem.,* **70**, 2883 (2006)
12) M. Matsumoto *et al., J. Biosci. Bioeng.,* **92**, 197 (2001)

11 酒蔵からサプリメント

秦　洋二*

11.1 はじめに

「機能性食品」とは，1984年に世界に先駆けて我が国が「食品の機能の系統的解析と展望（文部省特定研究）」において提唱した概念である。食品には，人間の生命活動を維持するために必要な栄養源としての機能（一次機能）と食べることにより美味しく・楽しく感じる味覚源としての機能（二次機能）に加えて体調を調節し健康の維持管理に役立つ機能（三次機能）が含まれることを提示した。機能性食品とは，生理系統（免疫，分泌，神経，循環，消化）の調節によって病気の予防に寄与するための食品とするもので，古くから認識されている「医食同源」と同じ考えである[1]。特に食品に求められる機能は，様々な疾病に対する予防効果であり，病院で治療を受ける「患者」となる前に，日常の食生活で疾病リスクの軽減を図ることが期待されている。さらに近年の我が国の生活習慣病の患者のその予備軍の増大は，我が国の保健医療制度を大きく揺るがすもので，生活習慣病にかかりにくくすることは，もはや個人レベルの問題ではなく，社会問題として解決すべき時期にまで至っている。本年（2008年）から実施される新規健康診断制度「特定健診・保健指導」（いわゆるメタボ健診）も，生活習慣病予備軍をメタボリックシンドローム症候群と位置づけ，生活指導による予防対策を積極的に実施しようとするものである。

このように食品による疾病予防効果（食品の機能性）に大きな期待が膨らむ中，食品への機能性表示の制度化も進んでいる。1993年からはじまった厚生労働省による特定保健食品（いわゆるトクホ）の認可制度により，科学的根拠を用いて有効性や安全性が実証された食品については，一定の保健の効果を表示することが許可されている。その後，疾病リスク低減表示・規格基準型トクホが追加されたり，科学的根拠の実証がやや緩和された条件付トクホが導入されるなど，機能性食品の信頼性強化に大きく貢献している[2]。しかしながら，まだまだ市場には様々な機能性を唱えた「健康食品」があふれており，「玉石混淆」状態が続いているのが現状である。

このような機能性食品の中で，清酒を含めた「発酵食品」が，今大きな注目を集めている[3]。それは，これらの発酵食品の持つ経験的に明らかとなっている安全性と有効性が，高く評価されているからである。海外から輸入される機能性食品素材や新たに開発された食品成分の中には，日本人の食経験が乏しいものも含まれている。現地では常用食とされている食品素材であっても，人種や食生活の異なる日本においては，現地と同様の安全性が担保されるとは限らない。また安全性の確認とは数年間で判断できるものではなく，日本人に対する安全性を完全に実証するには長い年月が必要にならざるを得ない。一方，清酒・味噌・醤油のような我が国の伝統的な発酵食

---

*　Yoji Hata　月桂冠㈱　総合研究所　所長

品において，その食経験は言うまでもなく非常に長い。日本人は清酒や醤油を 1000 年以上もこよなく摂取し続けていても，いまだに重篤な毒性が報告された例はないことが，その安全性の高さを如実に表している。

一方，機能性の有効性についても「経験的」に実証されている。例えば，古来より「酒は百薬の長」として，お酒とは「酔って気持ちが良くなること」以外に，様々な薬理・薬効があると信じられてきた。このような食品にまつわる伝承的な機能性は，極めて重要である。我々の身の回りには数限りない食品が存在するが，その機能性をいちいち評価・証明することは事実上不可能である。多くの先人達によって経験的実証された機能性ほど，信頼性の高いものはないと考えられる。事実として近年の医学的調査から，「適量のお酒を飲んでいる人の死亡率が，全く飲まない人，また大量に飲む人に比べて最も低い」という具体的な実証データが相次いで発表されている。これには人種や性別，地域条件に関係なく普遍的な現象であり，伝承的機能性である「酒は百薬の長」が，科学的実証される時代となっている。「機能性食品」という言葉が提唱されてまだ日は浅いが，そもそも我々人類は経験的に食品の機能性を認識し，それを積極的に利用してきたことが，この機能性の伝承に良く表れている。

ここでは，清酒のような発酵食品の機能性を探索し，新たな機能性食品素材として開発した事例を紹介する。

11.2　清酒とは

米から造るお酒「日本酒」の歴史は，少なくとも 2000 年以上遡ることができると言われている。もともと米などの穀物を原料とした酒造りの技術は，縄文時代の初期に稲作技術と同時に大陸から日本に伝えられたと考えられている。しかしその後の酒造りは，日本独自の技術発展を成し遂げ，現在では中国など大陸のお酒とは全く異なる「日本酒・清酒」というお酒を創り上げるに至っている[4]。

清酒の特徴は，20%を越えるアルコール度数まで発酵を続けられることである。清酒と同じ醸造酒に分類されるビールやワインでは，到底このような高いアルコール度数の発酵はできない。ウィスキーや焼酎のように 20%を越えるアルコール度数を持つものは，いずれもアルコール発酵の後，蒸留操作によりアルコール分を抽出した酒類である。酵母の発酵だけで 20%を超えるお酒を造ることは，世界中でもその例を見ない。

ただ最初からこのような高いアルコール発酵が可能であったわけではない。お酒造りの主役である酵母菌と麹菌の 2 種類の微生物について，長年より良いものを求めて選抜し続け，さらに酒造りの手順や工程についても，様々な試行錯誤による技術革新を経た結果，現在の清酒醸造方法が確立するに至っている。まさしく酒造りとは，我々先人達の長年の技術が結晶した貴重な技術

第 2 章 食品素材の生産

図1 伝統的醸造技術で造られる清酒

醸造酒
　単発酵酒（ワイン）
　単行複発酵酒（ビール）
　並行複発酵酒（日本酒）
蒸留酒
　（焼酎，ウィスキー，ブランデー，ウォッカ，ジンなど）
混成酒
　（梅酒，リキュール，ベルモット，ペパーミント）

図2 酒類の分類

資産であると考えられる[2]。

11.3 お酒の分類

　我が国の酒税法では，お酒とは「アルコール分1度以上の飲料」と定められている。酒屋さんやスーパーマーケットに出向くと，様々なお酒が店頭をにぎわしている。ただもともと地球上にはアルコール（エタノール）という分子は，ほとんど存在せず，これら酒類のアルコールは，全て酵母の発酵によって，人間が生み出したものである。このアルコールを，何から，どのように作るかによって様々な酒類の分類ができる。
　まず，酵母によって発酵したお酒をそのまま飲むものが醸造酒である。日本酒をはじめ，ワイン，ビールがこれに相当する。次に酵母による発酵のあと，それを蒸留によってアルコールなど揮発成分を抽出したお酒を蒸留酒と呼ぶ。醸造酒に含まれる糖分やアミノ酸などのエキス分が除かれ，アルコール濃度が高くなるのが特徴である。ウィスキー，ブランデー，焼酎がこれに分類される。両者の関係は，例えばお米を原料にした醸造酒が清酒，蒸留酒が焼酎となる。同様にブドウの場合は，醸造酒がワイン，蒸留酒がブランデーとなる。最後にこれら醸造酒や蒸留酒に，果汁や香料などを加えたものは，混成酒と呼ぶ。各種リキュールや酎ハイなどが相当する。基本的に現在市販されている「お酒」は，上記の3種の酒類のどれかに分類される（図2）。
　図3には，代表的な醸造酒の製造方法の概略を記載する。酵母は糖分をアルコールに変換することによってエネルギーを獲得するため，糖分を含む原料を酵母に与えるとお酒ができる。例えばワインなどの果実酒では，原料中に糖分が含まれているため，果汁に酵母を混ぜるだけでアル

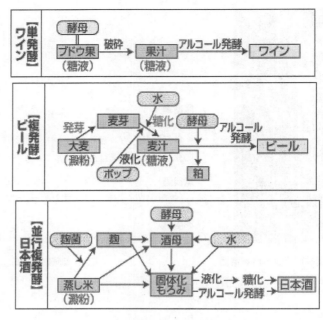

図3　醸造酒の製造方法

コール発酵ができる。ビールの原料である大麦中のデンプンはそのままではアルコール発酵できないので，あらかじめ麦芽の酵素によってデンプンを糖分に分解させてから酵母によってアルコール発酵を行う。一方清酒では，原料の米デンプンを麹菌というカビの酵素を用いて糖分に分解して，アルコール発酵を行う。清酒醸造の複雑な点は，このデンプンから糖分へ分解する工程と酵母によるアルコール発酵の工程を同時に並行して行うことである。どちらかの工程が進みすぎでも，正常な発酵ができず，麹菌と酵母の働きを上手くバランスをとることが重要である。このように清酒醸造は，他の醸造酒に比べて，製造法が複雑であることが分かる。ワインでは美味しさの秘訣は，「良いブドウ（原料）」であるのに対し，清酒では「良い杜氏（製造者）」が美味しいお酒を造るとされていることにもそのポイントが表されている。

11.4　酒粕ペプチド

このような伝統的な発酵食品である「清酒」であるが，その副産物を利用して実際に機能性食品素材が開発されている。まず血圧上昇を抑制する機能性食品として，酒粕を分解したペプチドを利用した例を紹介する。

アンギオテンシン変換酵素（ACE）は，血圧上昇を制御するキーエンザイムであり，血圧制御を車の運転に例えるならば，アクセルとしての機能を持つ。したがって，このACEの活性を

第 2 章　食品素材の生産

表 1　酒粕分解物中の ACE 阻害ペプチド

ペプチド配列	由来	IC50 値（μM）
Phe-Trp-Asn	酒粕分解物	18.3
Ile-Tyr-Pro-Arg-Tyr	酒粕分解物	4.1
Arg-Phe	酒粕分解物	93.0

表 2　酒粕分解物を単回投与した高血圧自然発症ラットの血圧変化

	投与直前	投与 4 時間後	投与 6 時間後
水のみ	218 ± 15	215 ± 16	203 ± 14
酒粕分解物	224 ± 11	209 ± 17 *	192 ± 21 **

（各群 n = 10，投与量は 1000mg/kg，＊$P < 0.05$，＊＊$P < 0.01$）
(mmHg)

阻害することにより，血圧の過剰な上昇を防止することができる。ACE 阻害活性は，イワシやカツオなどの魚類蛋白や牛乳に含まれるカゼインなどを分解したペプチドに効果が認められ，既に特定保健用食品として利用されているものもある。斉藤らは，酒粕およびその分解物に ACE 阻害活性があることを見出し，9 種類の関与成分を単離し，中でも強力な阻害活性を持つペプチド 3 種類の配列を同定した（表 1）。さらに，高血圧自然発症ラット（SHR）に対して，これらのペプチドを投与したところ 4 〜 6 時間後に，有意な血圧降下が認められ，血圧上昇を抑制する効果が実証された（表 2）[5, 6]。

次にこれらのペプチドの配列を DDBJ のデータベースにて検索したところ，グルテリンやプロラミンなど米蛋白に一致する配列を見出した。すなわち，清酒の原料米のタンパク質が，麹菌や酵母の代謝活動によって，機能性ペプチドとして分解生成されたものと考えられた。

そこでこの酒粕由来のペプチドの食品素材における応用性を検討するため，酒粕をプロテアーゼ分解し，溶液を乾燥させたペプチド粉末を調製した。このペプチド粉末を用いてヒトにおける有効性の確認を行った[7]。摂取開始 4 週間で収縮期血圧，拡張期血圧ともに有意に低下し，拡張期血圧は，摂取終了 1 週間後にも血圧低下の効果が持続した（図 4）。この結果，被験者の収縮期，拡張期血圧の平均値は，いずれも正常値とされる 90 〜 139 mmHg あるいは < 90 mmHg の範囲内にまで下がることが明らかになった。酒粕分解ペプチドは植物性食品で臭いが少なく，またアミノ酸など発酵成分が豊富であるため呈味性が良く，ペプチド特有の苦味をマスクできる特徴を示す。酒粕ペプチドは，血圧上昇抑制という三次機能だけでなく，より美味しく摂取できる二次機能も併せ持つ機能性素材と考えられる。

このように酒粕分解ペプチドを機能性食品素材として利用することに成功したが，ここにはゲ

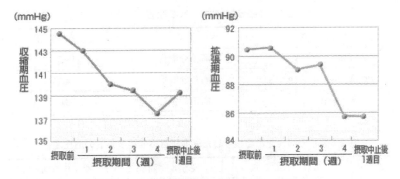

図4　酒粕ペプチドのヒトモニター試験

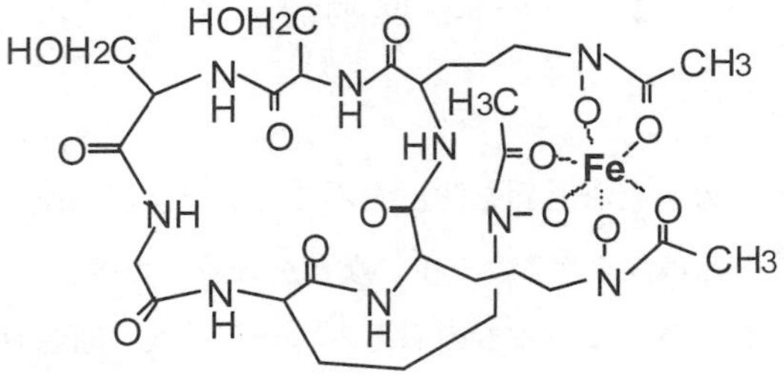

図5　フェリクリシンの構造

ノム情報が非常に重要な鍵を握っている。ゲノム情報探索により，ACE阻害ペプチドがいずれも米蛋白の分解物であることが推定されたことにより，その安全性が大きく担保されたと考える。これらのペプチド由来が分からなければ，ヒトモニター試験などでのペプチド摂取については，安全性の課題が残されていたかもしれない。

11.5　フェリクリシン

　フェリクリシンを代表とするフェリクローム類は，清酒中の着色原因物質として1967年蓼沼らによって同定されている[8]。フェリクリシンは，3分子のアセチル化されたヒドロキシオルニチン，2分子のセリン，1分子のグリシンが環状に結合したヘキサペプチドである。3価の鉄イオンに対して，非常に特異的かつ強力に結合する（図5）。

　本来清酒醸造にとっては，好ましくない物質であるフェリクリシンであるが，鉄イオンを強力にキレートする特性を清酒以外の食品への利用を検討した。まず，このフェリクリシンの生合成に関わる遺伝子を網羅的に単離し，フェリクリシンを大量に生産させる変異株を取得した。この変異株により得られた高純度のフェリクリシンを用いて，フェリクリシンの水溶性を検討した。

第2章 食品素材の生産

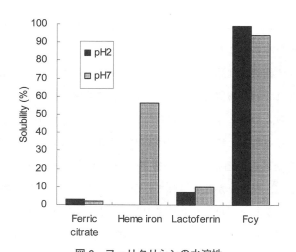

図6 フェリクリシンの水溶性
1gの鉄複合体を10mlの水に分散させ，37度，90分振とう後の溶解成分を測定。

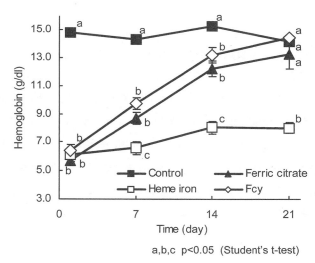

a,b,c p<0.05 (Student's t-test)

図7 フェリクリシンを投与した貧血マウスのヘモグロビン値の変化
貧血誘導マウスに，鉄複合体を摂取させた際の血液中のヘモグロビン濃度を測定。

図6に示すように，フェリクリシン（FCY）はpH2およびpH7でも高い水溶性を示し，食品加工においても酸性から中性まで幅広く利用できることが実証された。次に，フェリクリシンの貧血改善効果の実証実験を行った。鉄欠乏飼料で4週間飼育したラットに対して，無機鉄・ヘム鉄・フェリクリシンの3種類を投与し，各種貧血改善指標を測定した。フェリクリシンは，ヘム鉄に比べてヘモグロビン値が有意に回復し（図7），血清鉄，肝臓の貯蔵鉄の回復に対しても最

も効果的であった。このように，フェリクリシンは鉄イオンを安定にキレートする有機錯体として，高い貧血改善効果を有することが明らかとなった[9]。

このフェリクリシンの機能性食品開発においても，ゲノム情報は非常に重要である。フェリクリシンは古くから知られている物質であるが，その生合成経路はほとんど明らかとなっていなかった。麹菌のゲノムからこのフェリクリシンの生合成に必要な遺伝子群が単離され，その生合成の制御機構が明らかになったことにより，初めて大量生産変異株の取得に成功している。

世界を見渡せば現在発展途上国を中心に，約20億人が鉄欠乏症にあるとされている。我が国では，若年女性の貧血が，なかなか改善されていない。但し鉄イオンは，容易に水酸化物として不溶化するため，キレータなどで可溶化して摂取しないと吸収されにくい。フェリクリシンのような長年清酒とともに摂取していた安全なキレータで，鉄イオンを可溶化して供給できれば，これらの鉄欠乏症の改善に大きく役立つと思われる。さらにフェリクリシンでキレートした鉄イオン錯体は，「鉄の苦味」が少ないことも大きな特徴である。

11.6 おわりに

人類は，様々な手段を用いて自然の食材を「食品」として加工する技術を手に入れてきたが，中でも微生物を使って食品を加工する「醸造技術」は，非常に巧妙な加工方法である。微生物の持つ様々な機能を利用して，加熱や物理的加工では得られない新しい食品機能を生み出すことができている。すなわち醸造技術とは，人間の英知と微生物の潜在能力を結びつけることによって生まれた素晴らしい「ものつくり技術」である。先人達の努力によって生み出された微生物によるものつくり技術である清酒醸造から，今後も様々な機能性食品素材が開発されると予想される。まさしく「酒蔵からサプリメント」。伝統的な醸造技術から生み出される機能性が，日本人の健康維持に大きく貢献することを期待してやまない。

文　　献

1) 食品素材と機能，シーエムシー出版（1997）
2) ㈶日本栄養・食品協会，http://www.jhnfa.org/
3) 北本勝ひこ編集，醸造物の機能性，日本醸造協会（2007）
4) 秋山裕一，日本酒，岩波書店（1994）
5) 斎藤義幸ほか，農芸化学，**66**, 1081-1087（1992）
6) Y. Saito *et al.*, *Biosci. Biotech. Biochem.*, **58**, 1767-1771（1994）

第 2 章　食品素材の生産

7)　大浦新ほか，食品と開発，**41**，59-61（2006）
8)　M. Tadenuma *et al., Agr. Biol. Chem.,* **31**, 1482-1489（1967）
9)　S. Suzuki *et al., Int. J. Vita. Nutr. Res.,* **77**, 13-21（2007）

第3章　医薬品素材の生産

1　シュードノカルディアによるカルシトリオールの生産

城道　修[*1]，武田耕治[*2]

1.1　はじめに

ビタミン D_3（VD_3）は，ヒトをはじめとする高等動物において必須の脂溶性ビタミンとして知られ，食物からの摂取あるいは体内でコレステロールから生合成されている。摂取あるいは合成された VD_3 は不活性型で，肝臓と腎臓で 25 位および 1 位がそれぞれ水酸化されて活性型 VD_3（カルシトリオール：$1\alpha,25\text{-}(OH)_2\text{-}VD_3$）となりはじめて機能する。その化学構造を図1に示す。カルシトリオールの生理作用は，カルシウムの吸収促進や代謝促進，細胞分化誘導，免疫調節作用など多岐にわたっている。カルシトリオールおよびその類縁体は骨粗鬆症治療薬，ビタミンD代謝異常による諸症状の治療薬，副甲状腺機能亢進症治療薬，乾癬治療薬などとして使用されている[1,2]。骨粗鬆症の患者数は国内で約 1,000 万人，予備軍を含めると 2,000 万人いると言われ，また乾癬の患者数は世界で 1 億 2,500 万人と推定されており，うち 25% が中等度から重度の患者と考えられている。このことからも安価で効率の良いカルシトリオールおよびその類縁体の製造技術は重要である。

最初に開発された化学合成によるカルシトリオールの製造方法[3]は，コレステロールなどを原料として少なくとも 17 以上もの製造工程を要し，しかもその収率は 1% 程度と推測されており，

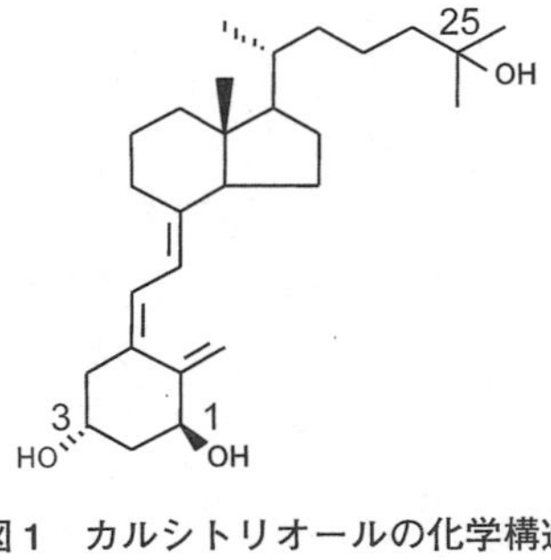

図1　カルシトリオールの化学構造

---

*1　Osamu Johdo　メルシャン㈱　生物資源研究所長
*2　Koji Takeda　メルシャン㈱　医薬化学品事業部　バイオ技術開発センター長

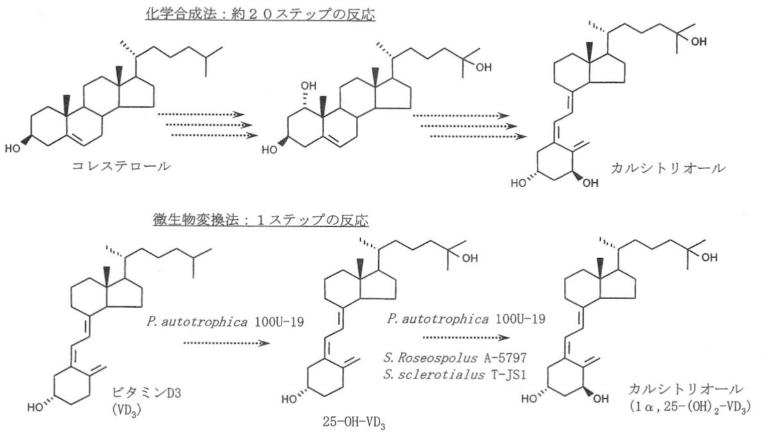

第3章 医薬品素材の生産

図2 カルシトリオールの製造法の比較

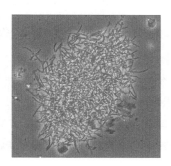

図3 *Pseudonocardia autotrophica* の顕微鏡写真

安価な製造方法が望まれていた。我々は，VD$_3$を原料とした微生物変換による方法（図2）で，より安価にカルシトリオールを製造する手法を開発し工業化することに成功したので，その開発の経緯について紹介する。

1.2 微生物を用いた水酸化反応

VD$_3$からカルシトリオールに変換するためには，1位の立体選択的な水酸化と25位の水酸化の両方を特異的に行うことが必要である。佐々木らは，これらの問題を克服するために，微生物による製法を研究し，自然界からVD$_3$の1α位および25位の水酸化反応を触媒する放線菌 *Pseudonocardia autotrophica* 100U-19（発見時は *Amycolate autotrophica* と呼ばれていた；図3）を発見した[4]。この *P. autotrophica* は，VD$_3$から25-OH-VD$_3$を経由し1α，25-(OH)$_2$-VD$_3$を1段階の微生物反応で生成する能力を有していた。すなわち，この放線菌の培養液中にVD$_3$を添

表1 VD$_3$の水酸化反応に及ぼす界面活性剤およびCD類の添加効果

添加物	25-OH-VD$_3$	1α, 25-(OH)$_2$-VD$_3$ （カルシトリオール）	1β, 25-(OH)$_2$-VD$_3$
なし	3	N.D.	N.D.
Tween80	15	0.15	N.D.
α-CD	6.1	0.21	N.D.
β-CD	42	7.8	9
γ-CD	31	6.5	0.32
2,3,6-Tri-Me-α-CD	7.5	0.32	N.D.
2,6-Di-Me-β-CD	72	1.1	N.D.
2,3,6-Tri-Me-β-CD	47	1.1	N.D.
PMCD	130	1.5	N.D.

48時間培養後に，VD$_3$ 200mg/LとTween80またはCD類0.2%（w/v）を添加し，さらに72時間培養した。
表中の数値は，生成した水酸化体の量（mg/L）を示す。N.D.：検出されず。

加することで，カルシトリオールの生成が確認された。この反応はシトクロムP450酵素によるものと予想された。シトクロムP450は水酸化酵素ファミリーの総称で，微生物から動植物まで広く存在する。動物では，肝臓において解毒を行う酵素として知られているが，ステロイドホルモンの生合成，脂肪酸の代謝や植物の二次代謝など，生物の正常活動に必要な反応にも関与している。

この変換反応によるカルシトリオールの製造が期待されたが，最初に報告された反応方法では，その蓄積濃度が1mg/L以下であり，商業生産には収率が十分ではなかった。そこで，我々は共同で反応収率向上のための研究を開始し，シクロデキストリン（CD）を用いることに工業化の糸口を見出した[5]。

1.3 シクロデキストリンによる水酸化反応の促進と制御

表1に，VD$_3$の水酸化反応に及ぼす界面活性剤およびシクロデキストリンの添加効果を調べた結果を示す。佐々木らによって設定されたTween80を添加剤として用いた反応方法では，25-OH-VD$_3$および1α, 25-(OH)$_2$-VD$_3$（カルシトリオール）の蓄積濃度が向上するが，反応性は低く，その添加濃度を上昇させてもむしろ阻害が確認された。そこで，微生物に対して毒性が低く，各種化合物で溶解促進効果などが知られているCD類の添加効果を試した。CD類の添加区では，α-CDおよびそのメチル化誘導体ではTween80ほどの促進効果が確認できなかったが，それ以外のCD類ではTween80より高い水酸化反応促進効果が見られた。特にβ-CDのグルコ

第3章　医薬品素材の生産

表2　CD類の併用効果

添加CD	PMCDの初期培地中濃度					
	0.1%			0.2%		
	25-OH-VD$_3$	1α,25-(OH)$_2$-VD$_3$	1β,25-(OH)$_2$-VD$_3$	25-OH-VD$_3$	1α,25-(OH)$_2$-VD$_3$	1β,25-(OH)$_2$-VD$_3$
β-CD	62.0	19.2	18.7	130	18.0	17.1
γ-CD	64.4	24.3	N.D.	135	21.5	N.D.
PMCD	75.0	1.51	N.D.	65.0	0.980	N.D.
なし	90.5	0.611	N.D.	121	1.41	N.D.

PMCDを0.1%または0.2%添加した培地で48時間培養後，VD$_3$ 200mg/LとCD類1.0%（w/v）を添加し，さらに72時間培養した。
表中の数値は，生成した水酸化体の量（mg/L）を示す。N.D.：検出されず。

ース部分の水酸基をランダムにメチル化したPMCD（部分メチル化β-CD；）は25位の水酸化を著しく促進すると同時に，カルシトリオールの蓄積濃度も約10倍向上した。β-CDとγ-CDでは，PMCDと比較して1α位の水酸化反応をより大きく促進した。β-CDをメチル化するとCDの環内の親水性が向上し，ゲスト分子との包摂力が向上し，難水溶性化合物の溶解性を向上させることが知られている[6]。詳細は不明であるが，VD$_3$に対する包摂力の差が25位水酸化促進度および反応部位選択性の違いに影響しているかも知れないと思われた。

　β-CDとγ-CDの比較では，1位水酸化の立体選択性に対して相違があり，β-CDを用いた場合は1β-位の水酸化もほぼ等しく促進したのに対し，γ-CDを用いた場合はα位の水酸化反応を選択的に促進することができた。化学反応における立体・光学選択性に対し，CDが影響を及ぼすことは良く知られているが，微生物反応においても同様の現象が生じていることは大変興味深いものであった。医薬品原体として高純度のカルシトリオールを製造する場合，分離の難しい1β体の生成は好ましくないと考えられた。

　次に，β-CD，γ-CDおよびPMCDを選択し，反応促進におけるCD濃度依存性を確認したところ，水酸化促進の濃度依存性にはそれぞれ特徴が認められた。また，1β/1α水酸化の比率についての濃度依存性は認められなかった。

　以上のように，PMCDとβ-CDおよびγ-CDとでは，反応促進部位が異なることから異なる作用があると判断し，PMCDとβ-CDまたはγ-CDの併用により，カルシトリオールの選択的な生成のための相乗効果を確認した（表2）。併用した場合には，単独での添加に比べ，カルシトリオールの蓄積濃度向上に対する相乗効果が認められ，PMCD濃度0.1%，γ-CD濃度1%のとき，γ-CD 1%単独使用の2倍以上の蓄積濃度を実現できた。γ-CDとPMCDでは作用機構またはVD$_3$に対する作用部位が異なるためと思われた。興味深いのは，1β水酸化体が検出さ

表3 VD類の溶解性

	VD_3	$25-OH-VD_3$	$1\alpha, 25-(OH)_2-VD_3$
なし	0	0	0.04
Tween 80	47.5	93.5	212
α-CD	0	0	0.04
β-CD	0.28	6.79	128
γ-CD	0	4.54	520
PMCD	191	364	864

VD類を0.5%のTween80またはCD類を含有した50mmol/L Tris緩衝液（pH8）に懸濁し、溶解性を調べた。

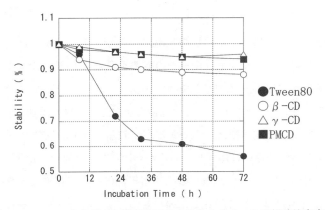

図4 Tween80またはCD類存在下のカルシトリオールの経時的安定性

れなくなった点である。PMCDを高濃度化すると1位水酸化を阻害する傾向がわかっていたが、β位の水酸化にも影響するのかもしれない。

1.4 水酸化反応におけるシクロデキストリンの作用機序

　水酸化反応におけるCDの添加効果解明のために、緩衝液中でのCD類によるVD類の可溶化作用を確認したところ、水に対して難溶性のVD$_3$類がTween80やPMCDによって著しく可溶化されることが判明した（表3）。また、β-CDやγ-CDはVD$_3$および25-OH-VD$_3$の可溶化能は低いが、$1\alpha, 25-(OH)_2-VD_3$に対しては高い可溶化能を示した。α-CDには可溶化能がないことも示された。この結果、CDの種類による包摂部位の差が生じていることが推察された。

　そこで、このように可溶化されたVD$_3$類の安定性を確認した（図4）。本来、VD$_3$類は不安定な化合物で、開列したB環部分が容易に異性化・分解を受けやすい。Tween80は界面活性剤と

して可溶化には寄与するが，安定化には寄与せず濃度減少を導いた。しかし，CDで可溶化されたカルシトリオールは比較的安定に存在することから，包摂により安定化する能力を有することが示された。この作用により，培養液中で生じたカルシトリオールはCD類により安定化され，高濃度に存在するものと推察された。また，PMCDは25-OH-VD$_3$やVD$_3$も包摂・安定化することから，25-OH-VD$_3$を包摂することで，1位水酸化を阻害するということが考えられた。さらに，PMCDの濃度を高くすると，基質VD$_3$をより包摂することで25位の水酸化反応まで阻害されると考えられた。

つまり，CD類の促進作用の原理として，基質の溶解性向上による菌体内取り込み促進もあるかもしれないが，生成物の安定化による分解・代謝抑制にあると思われた。具体的には，PMCDとγ-CDを併用した場合，PMCDの25-OH-VD$_3$の包摂安定化作用により，25位水酸化体が蓄積されるが，PMCDの添加量が0.1%では，生じた25-OH-VD$_3$をすべて安定に保持するには濃度的に不十分なので，1位の水酸化も受けると考えられた。生じたカルシトリオールに対してはγ-CDが特異的に包摂する能力を持つため，カルシトリオールを安定的に保持でき，結果としてカルシトリオールの蓄積濃度が向上すると判断した。

次に，VD$_3$類とCD類の *P. autotrophica* の増殖に対する影響を調べた。γ-CD単独では細胞毒性をほとんど示さず，カルシトリオールは増殖に対して阻害作用を示した。また，γ-CDとカルシトリオールを共存させた状態で培養を実施すると，明らかに生育速度の向上が認められた。このことから，γ-CDを添加することで，カルシトリオールによる生産物阻害が解除され，水酸化反応速度が向上するものと推察された。

β-CDとγ-CDを添加した際に確認された，1位水酸化の立体選択性変化の理由は不明であるが，β-CDとγ-CDの環直径の差によるVD$_3$のA環部の包摂の度合いが異なるためではないかと想像している。

1.5 酵素の改良による今後の展開

シトクロムP450は，その遺伝子数が生物種によって多様である。例えば，同じ放線菌の *Streptomyces avermitilis* MA-4680では，33種類ものP450が見つかっている[7]。また，通常，補酵素としてフェレドキシンおよびフェレドキシン還元酵素と呼ばれる電子伝達タンパク質と電子供与体を必要としている。このため，*P. autotrophica* に存在するP450から，VD$_3$の水酸化酵素の本体を特定するのは困難であったが，最近，産総研の田村らはこの酵素の分離精製に成功した。このことで，酵素の機能を改変する研究が可能となり，活性の増強と副反応の低下のための研究が行われるようになった。その成果は，カルシトリオールの生産性を飛躍的に高めることのみならず，ほかのビタミンD類への適用も可能と考えられ，新規医薬品や医薬中間体の生産におい

て今後の展開が期待される。

1.6 おわりに

　P. autotrophica を用いた VD_3 水酸化反応において，促進剤として CD を用いることで元の反応性を約 160 倍改善できた。その促進作用は，CD による生産物の物理的な安定性の増大と，生産物の微生物に対する毒性の低減にあると思われた。また，本手法によって，生産物カルシトリオールが培養濾液中に安定に存在することが可能となり，回収精製工程における分解も低減できるようになった。これらの効果により，カルシトリオールの生産を化学反応から微生物反応に置き換えることができ，商業生産を実現することができた。微生物を利用した"もの"つくりの可能性は多様であると考えられるが，カルシトリオールの工業化検討の中で見出されたシクロデキストリンの巧みな利用を振り返ると，特異な微生物反応を工業化に生かすためには，各々のケースに適った創意工夫も必要かと感じるものである。

文　　献

1) H. F. DeLuca *et al., Annu. Rev. Biochem,* **52**, 411（1983）
2) 尾形悦郎ほか，ビタミン D のすべて，講談社（1993）
3) G. D. Zhu *et al., Chem Rev,* **95**, 1877（1995）
4) J. Sasaki *et al., Appl. Microbiol. Biotechnol.,* **38**, 152（1992）
5) K. Takeda *et al., J. Fermentation and Bioengineering,* **78**(5), 380（1994）
6) K. Yamamoto *et al., Japan Kokai,* 63-041501（1988）
7) H. Ikeda *et al., Nat. Biotechnol.,* **21**, 526（2003）

2 バイオ法による光学活性クロロアルコールの工業的生産法の開発

鈴木利雄[*1], 中川 篤[*2]

2.1 はじめに

　光学活性化合物の創製において，光学的に高純度かつ化学的に純粋な合成ブロックを出発原料とすることは普遍的な方法であり，効果的な方法である。自然界にある糖質やアミノ酸からの合成方法は良く知られているが，一方の鏡像体しかない場合や炭素数に制限があるなど，いくつかの問題が知られていた[1]。我々はこれらのニーズに応えるべく，既に 2,3-ジクロロ-1-プロパノール（DCP）や 3-クロロ-1,2-プロパンジオール（CPD）の微生物による立体選択的資化分割法により，C3 キラル化合物として代表される光学活性エピクロロヒドリン，グリシドール，そして，それらを用いたグリシジル誘導体などの汎用性の高い光学活性 C3 合成ユニットの開発・生産について研究を進めてきた[2]。図1は，初めて立体選択的資化分割法に成功した光学活性 DCP と，それから得られる光学活性エピクロロヒドリン（EP）の生産法について示したものである。

　立体選択的資化分割法とは，ラセミ体からなる化合物を炭素源とし，必要のない鏡像体は微生物により炭素源として利用・分解され，微生物の生育を伴うことを特徴としている。その結果，培養終了後の培養液中には，必要な鏡像体と微生物菌体しか残存しないため，回収工程は容易に行うことができる。これらの光学活性 C3 合成ユニットは最も簡単なキラル化合物であり，最も単純な糖質でもある炭素数3のグリセロール骨格を有し，反応性の高いエポキシ基や塩素原子あるいは，利用し易い脱離基やその他の官能基を有しているため広範囲な応用が可能である。

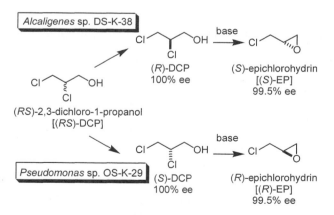

図1　微生物を用いた立体選択的資化法による光学活性 DCP の生産

[*1] Toshio Suzuki　ダイソー㈱　研究開発本部　研究所　次長
[*2] Atsushi Nakagawa　ダイソー㈱　研究開発本部　研究所　主任研究員

さらに我々は，光学活性 C4 合成ユニットとして有用な 4-クロロ-3-ヒドロキシブチロニトリル（BN），4-クロロ-3-ヒドロキシブタン酸エステル（CHB）や 3-ヒドロキシ-γ-ブチロラクトン（HL）の微生物休止菌体法による光学分割法の開発を進めてきた[2]。これらの光学活性 C4 合成ユニットは，β-ヒドロキシ酸類や L-カルニチンの合成の出発化合物として重要である。特に (S)-BN や (S)-CHB は，最近では抗高脂血症剤として効果のある HMG-CoA リダクターゼ阻害剤の薬剤の医薬中間体原料に利用されている。

そこで，我々はこれらの C3 ならびに C4 ハロゲン化アルコールの光学分割に関与する酵素のうち，CPD と CHB の立体選択的脱ハロゲン化酵素に関する検討を詳細に行った。本総説では，我々が研究を進めてきたクロロプロパンジオールならびにクロロヒドロキシブタン酸エステルの立体選択的な脱ハロゲン化酵素に関して，酵素化学的な諸性質を明らかにするとともに，遺伝子レベルでの解析について紹介する。さらに，それらを用いた光学活性 1,2-ジオールおよび C4 合成ユニット開発についても述べる。

2.2 クロロプロパンジオール脱ハロゲン化酵素について

2.2.1 ハロアルコール脱ハロゲン化酵素について

ハロゲン化低級脂肪族炭化水素の微生物分解は古くから知られている[5]。一方，クロロプロパノールやクロロプロパンジオールに代表されるハロアルコールの脱ハロゲン化酵素については，古くは Castro ら[7,8] や Janssen ら[9,10] による報告が知られていたが，最近になって数多くの研究が報告されるようになった[6]。そのほとんどは Halohydrin halide hydrogen lyase に属し，ハロアルコールを脱クロル化しながらエポキシドへと変換する酵素（エポキシダーゼ）であった[11]。

我々は，ハロアルコールの立体選択的資化分割に用いた細菌由来の立体選択的ハロアルコール脱ハロゲン化酵素について，その基質特異性や酵素化学的な諸性質の検討を行った。特に，(R)-CPD 資化性細菌である *Alcaligenes* sp. DS-S-7G 株由来の酵素は，アルコールデヒドロゲナーゼ様の活性を伴いながら脱クロル化反応を触媒するという興味深い活性を示した。本項では，(R)-CPD 資化性細菌である *Alcaligenes* sp. DS-S-7G 株の脱ハロゲン化酵素の反応メカニズムについて述べ，さらに本ハロアルコール脱ハロゲン化酵素による光学活性 1,2-ジオール合成ユニット生産への応用について紹介する。

2.2.2 3-クロロ-1,2-プロパンジオール（CPD）の立体選択的光学分割について

我々は，光学活性 DCP や EP に次ぐ効果的な光学活性合成ユニットの開発を目指して研究に着手した結果，汎用性の高い光学活性 C3 合成ユニットの 1 つである，光学活性 CPD の立体選択的資化分割法を開発した。土壌より単離された微生物は *Pseudomonas* 属と *Alcaligenes* 属に属する細菌で，本微生物による CPD の光学分割の原理は，ラセミ体 CPD のうち一方の鏡像体の

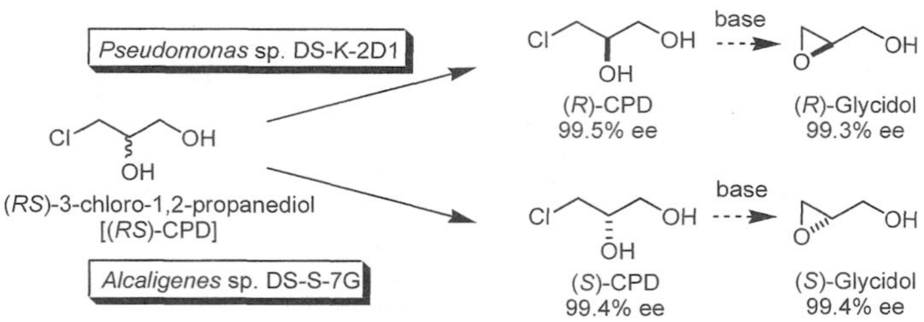

第3章 医薬品素材の生産

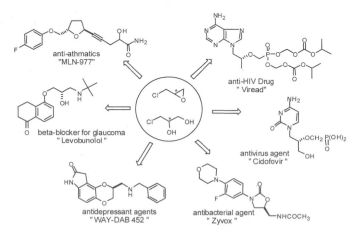

図2 微生物を用いた立体選択的資化法による光学活性 CPD の生産

図3 光学活性 C3 ユニットの生産と医薬品への応用

みを立体選択的に分解資化することに基づいている（立体選択的資化分割法）[3, 4]（図 2）。

我々は，1994 年に松山工場において本技術に基づく光学活性 DCP と CPD の工業的生産を開始した。現在，光学活性 C3 合成ユニットは，ダイソー㈱松山工場において 36kL の培養設備にて生産されており，光学純度＞98% ee，化学純度＞98％の製品スペックにて数百 kg〜トン単位で供給されている。このようにして得られた光学活性 C3 合成ユニットであるキラル EP，キラル CPD やそのグリシジル誘導体は，種々の医薬品合成への応用を可能にした（図 3）。

2.2.3 新規な (R)-CPD 脱ハロゲン化酵素の分離，精製とその性質

ラセミ体 CPD を単一炭素源とする合成培地で，(R)-CPD 資化性細菌 Alcaligenes sp. DS-S-7G 株を培養し，菌体を超音波破砕後，種々のクロマトグラフィーにより (R)-CPD 脱ハロゲン化酵素の分離，精製を行い，そのメカニズムを検討した[12]。その結果，(R)-CPD 脱ハロゲン化反応に関与する酵素は 2 種類のタンパクが関与していることが明らかとなり，それぞれ Enzyme 1（分子量 70 kDa，ヘテロ 2 量体（16 kDa and 58 kDa，1 分子の FAD を非共有的に結合）），Enzyme 2（分子量 86 kDa，33 kDa and 53 kDa，ヘテロ 2 量体）と命名した。本脱ハロゲン化

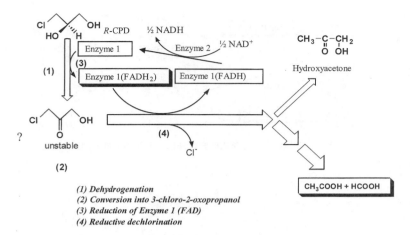

図4 予測される (R)-CPD 脱ハロゲン化メカニズム

　酵素による反応メカニズムは，NAD^+ を補酵素とする酸化的脱ハロゲン化反応であることが判明した。また好気的条件下において Enzyme 1 単独でも脱ハロゲン化活性を触媒し，ハイドロキシアセトンを生成した。Enzyme 2 との共役作用によりその活性は4〜5倍に上昇するという興味ある知見を得た。一方，Enzyme 2 のみでは CPD 脱ハロゲン化活性を示さなかった（図4）。これより Enzyme 2 の脱ハロゲン化反応における役割は，Enzyme 1 中の FAD から NAD^+ への電子伝達あるいはその調節に関与していると考察した。また，Enzyme 1 に対し DCIP（2,6-dichlorophenolindophenol）と PMS（phanazine methosulfate）は，NAD^+ にかわる最適な電子受容体になることが判明し，その活性は1,000倍に上昇した。このような立体選択的かつ酸化的な脱ハロゲン化酵素の報告は知られておらず，そこでこの活性を有する Enzyme 1 をハロアルコール酸化的脱ハロゲン化酵素（halohydrin dehydro-dehaloganase; HDDase）と命名した。

2.2.4 (R)-CPD 脱ハロゲン化酵素遺伝子のクローニング

　本菌株から HDDase（Enzyme 1）および Enzyme 2 をコードする遺伝子（HDD, E2）を上述した精製酵素の部分アミノ酸配列情報をもとに，コロニーハイブリダイゼーション等の常法を用いてクローニングした[13, 14]。得られた DNA 断片の塩基配列を決定した結果，図5に示すように HDD，E2 遺伝子の ORF は並んでおり，順に Enzyme 2 の大サブユニット，HDDase の大サブユニット，同小サブユニットをコードする1437, 1629, 471bp の各 ORF が確認でき，各々 E2L, HDD-L, HDD-S 遺伝子と命名した。また，Enzyme 2 の小サブユニットをコードする ORF は確認できなかった。精製した Alcaligenes sp. DS-S-7G 株の Enzyme 2 の大サブユニットと小サブユニットの N 末端アミノ配列が同一であったことから，Enzyme 2 の小サブユニットは E2L 遺伝子発現後のプロセッシングにより形成されることが考えられる。また，HDD-L と HDD-S

第3章 医薬品素材の生産

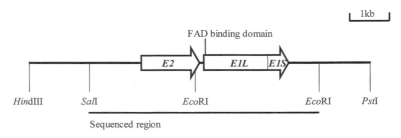

図5 (R)-CPD脱ハロゲン化酵素遺伝子群を含むクローニング断片

遺伝子はオペロンを形成していることが判明した。塩基配列から推定されるアミノ酸配列より，HDDaseは種々微生物のグルコン酸脱水素酵素，ソルビトール脱水素酵素等と相同性を示し，既に報告されているハロアルコールの脱クロル化酵素とは異なることが示唆された。また，大サブユニットのN末端側には，FAD結合部位の存在が確認され，酸化的な触媒作用を有することも証明された。一方，Enzyme 2は微生物各種のアルデヒド脱水素酵素と高い相同性を示した。このように，推定アミノ酸配列からも本酵素がCPD資化の一連の酸化反応を触媒することが示唆された。現在，発現タンパクを用いてHDDaseとEnzyme 2の共役作用の詳細解析を行っている。

2.2.5 HDDase酵素遺伝子（HDD）の発現

HDDaseが立体選択的脱ハロゲン化活性を触媒する主酵素であることから，HDD遺伝子をプラスミドベクターpUC18のLacプロモーター支配下に挿入し，大腸菌JM109株に導入した。得られた組換え大腸菌をLB培地で，16時間，30℃で好気的に培養し，対数増殖期にIPTGによる誘導を行うことにより，HDD遺伝子を高発現させた。この細胞抽出液についてNative-PAGE後に活性染色[14]を行った結果，ゲル上の同じ位置に，Alcaligenes sp. DS-S-7G株由来のHDDaseと細胞抽出液の活性染色バンドが検出されたことから，HDD遺伝子を導入した組換え大腸菌は，Alcaligenes sp. DS-S-7G株と同様にHDDase活性を保持していることが確認された。さらに，光学活性DCP，CPD，1,2,4-ブタントリオール（BT）や1,2-プロパンジオール（PG）の各基質に，本組換え大腸菌の細胞抽出液を反応させた結果，後述のように各基質に対してHDDaseと同一の立体選択性を示した（表1）。現在，残るE2遺伝子の発現，E2遺伝子とHDD遺伝子との共発現，さらに，NAD^+や電子受容体等の補酵素再生系を用いた両遺伝子の発現タンパクレベルでの解析・検討を行っている。

2.3 光学活性1,2-ジオール合成ユニットの生産
2.3.1 光学活性1,2-ジオール合成ユニットについて

光学活性1,2-ジオール合成ユニットは，医薬・農薬や新素材分野における光学活性ユニットと

表1　HDD 遺伝子を導入した組換え大腸菌由来酵素の活性

Substrate	Specific activity (mU/mg)	
	組換え大腸菌	DS-S-75株
(R)-DCP	2.20	0
(S)-DCP	14.6	8.84
(R)-CPD	20.7	10.9
(S)-CPD	0	0
(R)-PG	0	0
(S)-PG	7.50	5.44
(R)-BT	0.07	0
(S)-BT	10.4	9.52

して利用が期待される有用な化合物である．中でも光学活性 PG は，光学活性 C3 合成ユニットの1つとして重要な化合物で，(R)-PG は抗エイズ薬（Viread）や抗菌剤（Levofloxacine）の合成に用いられている[15,16]．光学活性 PG の実用的な生産法としては，野依らが開発した BINAP 触媒を用いるヒドロキシアセトンの不斉還元法[17]が，高砂香料において，また Jacobsen らが開発した光学活性 salen-Co(III) 錯体を用いたプロピレンオキシドの速度論的光学分割法[18]が，Rhodia において工業化された．そこで我々は，より経済的かつ技術的に競争力のある製法を求めてその生産法の開発に注力した．

2.3.2　HDDase を利用した光学活性 1,2-ジオール合成ユニットの調製

我々の方法の特徴は，(R)-CPD 資化性細菌である *Alcaligenes* sp. DS-S-7G 株の立体選択的脱ハロゲン化メカニズムを解明中に，発見単離した HDDase を用いている点である．本酵素は，(R)-CPD や (S)-DCP などのハロアルコールに高い脱クロル化活性を示すだけでなく，PG を始め C3〜C6 の種々の 1,2-ジオール化合物についても高い立体選択性を示し，相当するアルデヒドを経由してギ酸にまで酸化的に分解する．その結果，ハロゲン化あるいは非ハロゲン化光学活性 1,2-ジオールを高光学純度，高収率で簡便に調製することができた[19,20]（図6）．すなわち，我々の HDDase を用いる方法は新規な光学活性 1,2-ジオール合成ユニットの調製法とも考えられ，今後，さらに補酵素である NAD^+ や電子受容体の効果的なリサイクルが可能になれば，実際的な方法の1つであると考えられる．既述の遺伝子組換え法を用いた技術により，本酵素の大量生産が可能になれば安価で実際的な光学活性 1,2-ジオール合成ユニットの生産法になると考えられる．

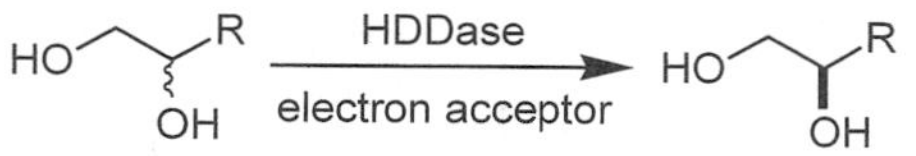

第3章 医薬品素材の生産

substrate	% ee	remaining yield (%)
1,2-propanediol	98.5 (R)	37.1
1,2-butanediol	97.5 (R)	48.2
1,2-pentanediol	98.2 (R)	50.2
1,2-hexanediol	98.2 (R)	50.0
1,2,4-butanetriol	99.1 (R)	49.1
1,2-dihydroxy-3-butene	98.0 (R)	49.1
1,2-dihydroxy-5-hexene	98.5 (R)	40.1
1-phenyl-1,2-ethanediol	95.1 (R)	39.5
3-chloro-1,2-propanediol	98.5 (S)	50.2
2,3-dichloro-2-propanol	99.0 (R)	46.2

図6 HDDaseによる光学活性1,2-ジオール合成ユニットの創製

2.4 光学活性C4合成ユニットの開発

2.4.1 光学活性C4合成ユニットの有用性

光学活性C4合成ユニットは，光学活性C3合成ユニットと同様に，医薬・農薬・天然化合物や新素材へと展開できる点で重要な化合物である。光学活性 β-ヒドロキシブタン酸や1,3-ブタンジオールなどの光学活性C4化合物は，カルバペネム系抗生物質などに代表される抗菌剤合成に利用されている[21]。図7に示すようにCHBは，L-カルニチン，L-GABOB，β-ヒドロキシ酸，HL，4-ヒドロキシ-2-ピロリドンなどの有用な化合物への展開が可能な光学活性C4合成ユニットである。最近では抗高脂血症剤として有用なHMG-CoAリダクターゼ阻害剤などの医薬中間体[22]としても重要な化合物でもある。

光学活性CHBは構造上，有機合成化学的には光学活性EPよりシアン化カリウムを付加させて，アルコリシスなどにより誘導することは可能であるが，コスト面からさらに川下で分割する方法を検討した。既にHalohydrin halide hydrogen lyaseを利用する (R)-BNの生産法[23]やカルボニルレダクターゼ[21, 24]やBINAP触媒[17]による不斉還元法を用いた光学活性CHBの生産が報告されている。しかしながら，一方の光学活性体しか得られなかったり，光学純度が低かったり（BINAP触媒を用いた場合94% ee），高価な触媒や補酵素（NADPHやNADH）を必要とするなど，工業的生産の観点から種々の課題が残されていた。

2.4.2 光学活性C4合成ユニットの微生物光学分割

我々は，土壌より単離した微生物を用いて，種々のハロアルコール化合物より光学活性C4合成ユニットの創製について検討した（表2）[25]。ハロアルコール化合物を立体選択的脱ハロゲン

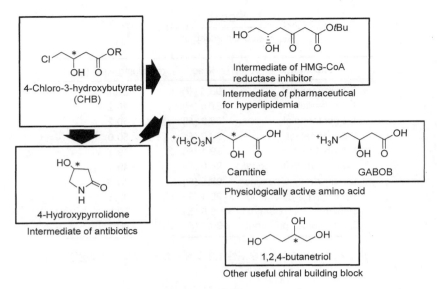

図7 光学活性C4合成ユニットの応用

表2 光学活性C4合成ユニット生産微生物のスクリーニング

	Substrate (CHBM)		Product
	Yield (%)	Optical purity (% ee)	
Enterobacter sp. DS-S-75	48	99.5 (R)	
Pseudomonas sp. DS-S-51	31	99.0 (S)	
Citrobacter freundii DS-S-13	59	72.5 (R)	
Pseudomonas sp. DS-K-NR818	40	98.5 (R)	
Bacillus sp. DS-ID-819	43	91.9 (S)	
Pseudomonas sp. OS-K-29	56	56.0 (S)	

化反応により,ジオールへと加水分解する反応を触媒するPseudomonas属細菌由来の脱ハロゲン化酵素をラセミ体BNに作用させたところ,(R)-BNを脱クロル化しながら相当する(R)-ジオールに変換し,反応液中に(S)-BNを94.5% ee,収率35〜40%で得ることができた。また,(S)-BN生産と同様に(S)-CHB生産にも応用できることが判明した。さらに光学活性C4合成ユニ

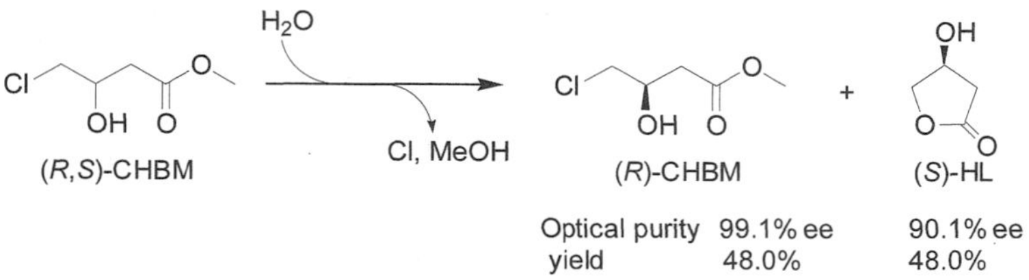

第3章　医薬品素材の生産

図8 *Enterobacter* sp. DS-S-75 株によるラセミ体 CHB の光学分割

ットの分割生産微生物のスクリーニングを実施した結果，新たに *Pseudomonas* 属，*Enterobacter* 属，*Citrobacter* 属，*Bacillus* 属，*Rhizobium* 属細菌を単離した。これらの微生物は，CHB を立体選択的脱ハロゲン化し，一方の鏡像体 CHB を相当する HL に変換した。

次いで，立体選択性の高かった *Enterobacter* sp. DS-S-75 株の休止菌体を用いた，ラセミ体 CHB の光学分割反応について，さらに検討を進めた結果，本休止菌体は CHB に対して図8に示すような反応を触媒することを明らかにした[26]。すなわち，本反応では非常に高い立体選択的脱クロル化反応が進み，(S)-CHB は (S)-HL へと変換された。最終的には反応液中に (R)-CHB と (S)-HL が残存し，それぞれ収率48%で，>99% ee の (R)-CHB と 90% ee の (S)-HL を one pot で生産することができた。DS-S-75 株の休止菌体は，全く (R)-CHB に対して脱クロル化活性を示さず，本光学分割反応は完全な立体選択性の下で反応が進んでいることが示唆された。次いでその立体選択性を CHB のメチル，エチル，プロピル，イソプロピル，ブチルの各エステルに対して比べたところ，そのメチル CHB（CHBM）に対して一番高い活性を示した。

(S)-HL は L-リンゴ酸や D-あるいは L-ヘキソースからの合成法[27, 28]が報告されていたが，我々は新規な立体選択的脱ハロゲン化活性を有する *Enterobacter* 属細菌を用いることにより，(S)-HL を生産できるようになった。しかしながら，いずれの CHB の場合も得られる (S)-HL の光学純度が未だ低いなど，さらなる光学分割法の改良が求められた。

2.4.3　光学活性 C4 合成ユニットの生産とその脱ハロゲン化酵素について

先に述べたように，*Enterobacter* sp. DS-S-75 株を用いる休止菌体反応により，ラセミ体 CHBM の光学分割反応法を確立し，同時にその生成物である (S)-HL の生産も可能にした。しかし工業的生産を行うために，さらなる活性改良や立体選択性および基質特異性の改良が必要となった。そこで，我々は本分割反応に関与する脱ハロゲン化酵素の単離精製とその諸性質を明らかにした[29]。

DS-S-75 株の菌体破砕液を脱クロル活性を指標[30]に，各種カラムクロマトグラフィーに供した結果，SDS-PAGE[31]で単一バンドになり，221倍まで精製した。ゲルろ過カラムによる分子量は 75 kDa であり，SDS-PAGE の結果も合わせると，37.5 kDa のサブユニットからなるホモ

微生物によるものづくり

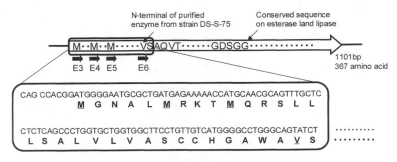

図9　CHB脱ハロゲン化酵素遺伝子と推定アミノ酸配列

2量体であることがわかった。本酵素の諸性質を解析した結果，(S)-CHBMに対するKm値は8.04 mM，Vmaxは19.2U/mg，pH 5.0〜8.5で安定であり，最適pHは6.6〜6.8，金属の要求性はなかった。精製酵素の基質特異性を調べた結果，CHB等のβ-ヒドロキシ酸，およびα-ヒドロキシ酸などの各種カルボン酸エステルに加水分解活性を示した。しかしながら，BNやCPD等のハロアルコールやジエステルに対しては分解活性を示さなかった。これらの基質特異性から，本酵素はカルボン酸エステル加水分解活性を有していることが示唆された。

2.4.4　CHB脱ハロゲン化酵素遺伝子の単離と高発現

そこで(R)-CHBの生産性をさらに向上させるべく，組換え体を用いた光学分割反応を行うことを目的として，精製酵素から決定したアミノ酸配列情報から，先述の(R)-CPD脱ハロゲン化酵素遺伝子のクローニングと同様にコロニーハイブリダイゼーション法等の常法により，DS-S-75株から本酵素遺伝子を含むDNA断片を単離した。この塩基配列を決定したところ，1101bp，367アミノ酸をコードするORFが存在し，想定されるアミノ酸配列中にDS-S-75株から精製した酵素と同一のアミノ酸配列が存在した。精製酵素のN末端アミノ酸配列はバリンであり，開始メチオニンから二十数残基内部にあった（図9）。配列中にリパーゼ，エステラーゼなどの加水分解酵素に保存されているGXSXGからなるアミノ酸配列が存在し，微生物各種のカルボキシエステラーゼ，リパーゼと相同性が見られたが，最大で45％と低かった。これらの結果からも(S)-CHB脱ハロゲン化酵素は，カルボン酸エステル分解酵素であることが明らかとなった。

配列中に翻訳開始のメチオニンをコードするコドンと考えられるATG配列が3箇所存在した。各配列から翻訳を開始させるよう，EcoRI部位を付加したPCRプライマーを設計し，PCR産物をpKK223-3のEcoRI-PstI部位に導入した。また，精製酵素のN末端のバリンすなわち成熟酵素のN末であるバリンもメチオニンに変換して同様に導入した。構築したプラスミドを大腸菌JM109およびDH5株に導入し，IPTGによる誘導なしに，LB培地にて16時間振とう培養した培養液を用いて，p-ニトロフェニルブタン酸エステルを基質として，形質転換体の加水分解活

第3章　医薬品素材の生産

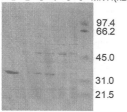

	Cell number (O.D.)	Activity (U/ml)	Specific activity (U/ml/O.D.)
DS-S-75	17.32	3.16	0.18
JM109(pKK223-3)	2.93	0	0
JM109(pKK-E3)	2.27	12.6	5.55
JM109(pKK-E4)	1.57	13.8	8.79
JM109(pKK-E5)	2.41	2.76	1.15
JM109(pKK-E6)	2.81	2.37	0.84
DH5α(pKK223-3)	3.52	0	0
DH5α(pKK-E3)	3.32	34.0	10.2
DH5α(pKK-E4)	＊	―	―

1. purified enzyme from DS-S-75
2. JM109(pKK223-3)
3. JM109(pKK-E3)
4. JM109(pKK-E4)
5. JM109(pKK-E5)
6. JM109(pKK-E6)

図10　精製酵素および組換え大腸菌抽出液のSDS-PAGEと活性

性を測定した。図10に菌株，培養液のOD，培養液あたりの活性，培養液あたりの比活性を示す。1分間に1μmol分解させる酵素量を1Uと定義した。JM109（pKK-E4）が活性，比活性とも高く，また，すぐ上流にSD配列と想定されるGAに富んだ配列が存在することから，本来の開始メチオニンであると示唆される。一方，E5，E6の活性は低く，N末端の25残基からなるアミノ酸配列は酵素の安定化に関与していることが示唆された。また，SDS-PAGEではDS-S-75株由来の精製酵素と同じ37.5 kDaの位置にバンドが確認され，組換え酵素のN末端アミノ酸配列を10残基解析したところ，DS-S-75株由来の精製酵素のN末端配列と一致した。また，ゲルろ過カラムクロマトグラフィーによる分子量も75 kDaと一致した。これらの結果より，組換え酵素も大腸菌内でN末端配列がプロセッシングされ，2量体を形成していることがわかった（図10）。

JM109（pKK-E4）は菌体量が他よりも少なく，高発現による生育阻害が考えられ，IPTGによる誘導を行うと全く生育しなかった。また，構成的に発現させるためにDH5α[32]を宿主に用いた場合は形質転換体を得ることができなかった。JM109（pKK-E3）は生育阻害が少なく，DH5αを宿主に用いた場合，pKK-E3は構成的に発現し，培養液あたりの活性は，親株DS-S-75株の約10倍になった。形質転換体の工業的利用を考慮した場合，誘導剤なしに構成的にかつ安定に高発現することは好都合であり，以後このDH5α（pKK-E3）について検討を行った。

2.4.5　遺伝子組換え大腸菌を利用した光学分割

作製したDH5α（pKK-E3）を用いてCHBMの光学分割反応を行った。2%ペプトン，1%酵母エキス，0.5%グリセリン，0.01%アンピシリンからなる栄養培地にて30℃で培養後，培養液にラセミ体CHBMを添加し，30℃で中和剤にアンモニア水を用いて反応させた。その結果，8

表3 *Enterobacter* sp. DS-S-75株および組換え大腸菌を用いたCHBMの光学分割

Strain	(R,S)-CHBM	(R)-CHBM		(S)-HL		Reaction time (hr)
	Concentration (w/v%)	Residual ratio (%)	Optical purity (% ee)	Conversion ratio (mol%)	Optical purity (% ee)	
DS-S-75	8	47.8	>99.9	48.0	95.9	20
DH5α (pKK-E3)	8	49.8	>99.9	46.1	>99.9	1
	15	47.8	>99.9	47.8	>99.9	4

%濃度のCHBMを完全に分割するまで，DS-S-75株は20時間を要していたが，形質転換体では，高活性であるため1時間で分割することができた。さらに15%濃度のCHBMも分割することができ，反応1バッチあたりの生産量が増加した。また，生成するS体HLの光学純度も99% ee以上であった（表3）。形質転換体を用いることで目的酵素のみを大量発現することができたため，立体選択性が向上したと考えられる。光学活性HLもまた医薬中間体として有用な化合物であり，これまでに多くの製法が開発されている。本光学分割反応は，培養液をそのまま生体触媒として利用可能で，高価な補酵素を必要とせず，非常に立体選択性の高いカルボン酸加水分解酵素1種により温和な条件下で触媒されるため，工業的利用に非常に有効である。

さらに，本酵素の基質特異性から，各種カルボン酸エステルの光学分割が可能になった[33]。これらの基質は立体選択的にカルボン酸に加水分解され，特にα-およびβ-ヒドロキシブタン酸エステルに対して高い立体選択性を示し，エステルおよびカルボン酸ともに98% ee以上の高光学純度で得られた。組換え大腸菌を用いることにより，反応速度，基質濃度が向上し，その他，テトラヒドロフラン-2-カルボン酸エステルや乳酸エステル等の反応性の低い基質に対しても，向上することができた（表4）。

また，CHBのS体を残存させ，R体をHLへ変換させる*Rhizobium*属細菌からもその酵素遺伝子を単離しており，これを導入した組換え大腸菌JM109（pKK-R1）を作製した（表5）。先述のDH5α（pKK-E3）と選択して用いればCHBの両光学活性体を得ることが可能になった[34]。

現在，さらに詳細な研究とその遺伝子に関する研究が進められており，組換え大腸菌を用いた工業的な生産法が検討されている。

2.5 おわりに

我々は，立体選択的にラセミ体C3ハロアルコールを資化分割し，さらにはラセミ体C4ハロアルコールを立体選択的な生体触媒により変換することにより，有用な光学活性C3，C4合成ユニットであるクロロプロパンジオールや1,2-ジオール類，さらにはクロロヒドロキシブタン酸エ

第3章 医薬品素材の生産

表4 *Enterobacter* sp. DS-S-75株および組換え大腸菌を用いた各種カルボン酸エステルの光学分割

Strain	(R,S)-Ester		Ester		Carboxylic acid		Reaction time (hr)	E value
		Concentration (w/v%)	Residual ratio (%)	Optical purity (% ee)	Conversion ratio (mol%)	Optical purity (% ee)		
DS-S-75	3HBE	8	49.7	99.5 (S)	50.1	98.0 (R)	6	1190
DH5α (pKK-E3)		15	49.7	99.0 (S)	50.5	98.1 (R)	0.5	1175
DS-S-75	2HBM	8	50.0	98.0 (R)	50.6	98.0 (S)	36	458
DH5α (pKK-E3)		8	49.8	98.5 (R)	50.3	98.1 (S)	1.5	553
DS-S-75	EL	2	39.5	98.5 (R)	60.0	65.8 (S)	40	22.3
DH5α (pKK-E3)		8	39.3	98.5 (R)	60.5	65.2 (S)	4	21.8
DS-S-75	THFM	2	32.5	98.5 (R)	64.7	53.2 (S)	20	14.5
DH5α (pKK-E3)		8	32.6	98.5 (R)	64.5	53.3 (S)	2	14.5

3HBE: Ethyl 3-Hydroxybutyrate, 2HBM: Methyl 2-Hydroxybutyrate, EL: Ethyl lactate, THFM: Methyl tetrahydrofuran-2-hydroxycarboxylate

表5 *Rhizobium* sp. DS-S-51株および組換え大腸菌を用いたCHBMの光学分割

Strain	(R,S)-CHBM		(S)-CHBM		(R)-HL		Reaction time (hr)	E value
	Concentration (w/v%)	Residual ratio (%)	Optical purity (% ee)	Conversion ratio (mol%)	Optical purity (% ee)			
DS-S-51	1	30.9	99.2	65.0	53.0	40	16.1	
JM109 (pKK-R1)	1	30.5	99.0	65.2	53.2	1	15.6	
	2	30.5	99.1	64.8	53.2	2	15.9	

ステルおよび3-ヒドロキシ-γ-ブチロラクトンの生産に成功した。そして現在では70種類以上もそれらの誘導体を供給することができる。我々の方法はラセミ体のうち一方の鏡像体しか与えることはできないが，実際的な生産においては分割されるいずれのラセミ体も石油化学工業において大量安価に供給されているため，経済的に有利な方法の1つであると考えられる。そして，我々が開発した光学活性C3, C4合成ユニットは，医薬などのファインケミカル分野を中心に利用されており，そのニーズはさらに大きくなるものと考えている。将来に向けて，微生物，酵素

を利用した生化学的技術と有機化学的技術が融合し補いながら，このようなハイブリッドキラルプロセス化学を発展させていくことが重要である。

文　　献

1) J. Crosby, G. N. Collins and G. N. Sheldrake, In Chirality in Industry（J. Crosby ed.）, pp. 5-20, John Wiley & Sons（1992）
2) N. Kasai, T. Suzuki, *Adv. Synth. Catal.*, **345**, 437-455（2003）
3) T. Suzuki, N. Kasai, R. Yamamoto and N. Minamiura, *J. Ferment. Bioeng.*, **73**, 443-448（1992）
4) T. Suzuki, N. Kasai and N. Minamiura, *Appl. Microbiol. Biotechnol.*, **40**, 273-278（1993）
5) H. Slater, A. T. Bull, D. J. Hardman, *Biodegradation*, **6**, 181-189（1995）
6) N. Kasai, T. Suzuki, Y. Furukawa, *J. Mol. Cat. B: Enzymatic*, **4**, 237-252（1998）
7) C. E. Castro and E. W. Bartnicki, *Biochemistry*, **7**, 3213-3218（1968）
8) E. W. Bartnicki and C. E. Castro, *Biochemistry*, **8**, 4677-4680（1969）
9) A. J. Wijngaard van den, D. B. Janssen and B. Witholt, *J. Gen. Microbiol.*, **135**, 2199-2208（1989）
10) A. J. Wijngaard van den, P. T. W. Reuvekamp and D. B. Janssen, *J. Bacteriol.*, **173**, 124-129（1991）
11) S. Nakamura, T. Nagasawa, F. Yu, I. Watanabe and H. Yamada, *J. Bacteriol.*, **174**, 7613-7619（1992）
12) T. Suzuki, N. Kasai, R. Yamamoto and N. Minamiura, *Appl. Microbiol. Biotechnol.*, **42**, 270-279（1994）
13) 中川篤，鈴木利雄，加藤晃，新名惇彦，WO2003/018796
14) 鈴木利雄，中川篤，西川孝治，ファインケミカル，**36**, 52-63（2007）
15) L. M. Schultze, H. H. Chapman, N. J. P. Dubree, R. J. Jones, K. M. Kent, T. T. Lee, M. S. Louie, M. J. Postich, E. J. Prisbe, J. C. Rohloff, R. H. Yu, *Tetrahedron Lett.*, **39**, 1853-1856（1998）
16) T. Ebata, In Process Technology for Intermediate of Chiral Pharmaceuticals（I. Shinkai ed.）, pp. 150-155, Gijutsujohokyokai, Tokyo
17) M. Kitamura, M. Tokunaga, T. Ohkuma, R. Noyori, *Tetrahedron Lett.*, **32**, 4163-4166（1991）
18) M. Tokunaga, J. F. Larrow, F. Kakiuchi, E. N. Jacobsen, *Science*, **277**, 936-938（1998）
19) T. Suzuki, N. Kasai, N. Minamiura, *Tetrahedron: Asymmetry*, **5**, 239-246（1994）
20) T. Suzuki, N. Kasai, N. Minamiura, *J. Ferment. Bioeng.*, **78**, 194-196（1994）
21) A. Matsuyama, H. Yamamoto, Y. Kobayashi, *Org. Proc. Res. & Develop.*, **6**, 558-561（2002）
22) M. Wolberg, W. Hummel, C. Wandrey, M. Muller, *Angew. Chem. Int. Ed.*, **39**, 4306-4308（2000）

23) T. Nakamura, T. Nagasawa, F. Yu, I. Watanabe, H. Yamada, *Biochem. Biophysic. Res. Commun.,* **180**, 124-130 (1991)
24) B. Zhou, A. S. Gopalan, F. VanMiddlesworth, W.-R. Shieh, C. J. Sih, *J. Am. Chem. Soc.,* **105**, 5925-5926 (1983)
25) T. Suzuki, N. Kasai, *Trends Glycosci. Glycotechnol.,* **15**, 329-349 (2003)
26) T. Suzuki, H. Idogaki, N. Kasai., *Enzyme. Microb. Technol.,* **24**, 13-20 (1999)
27) K. Inoue, *J. Syn. Org. Chem. Jpn.,* **59**, 430-431 (2001)
28) R. I. Hollingsworth, *J. Org. Chem.,* **64**, 7633-7634 (1999)
29) A. Nakagawa, H. Idogaki, K. Kato, A. Shinmyo, T. Suzuki, *J. Biosci. Bioeng,* **101**, 97-103 (2006)
30) I. Iwasaki, S. Utsumi, T. Ozawa, *Bull. Chem. Soc. Jpn,* **25**, 226 (1952)
31) U. K. Leammli, *Nature,* **227**, 680-685 (1970)
32) S. G. N. Grant, J. Jessee, F. R. Bloom, D. Hanahan, *Proc. Natl. Acad. Sci. USA,* **87**, 4645-4649 (1990)
33) A. Nakagawa, K. Kato, A. Shinmyo, T. Suzuki, *Tetrahedron: Asymmetry.,* **18**, 2394-2398 (2007)
34) A. Nakagawa, T. Suzuki, K. Kato, A. Shinmyo, T. Suzuki, *J. Biosci. Bioeng,* **105**, 313-318 (2008)

3 微生物の不斉分解を利用したD,L-ホモセリンからのD-ホモセリンの製造

宮崎健太郎*

3.1 はじめに

D-ホモセリンは,生体を構成する蛋白質には含まれない非天然アミノ酸である(図1)。非天然D-アミノ酸であることの特徴を生かし,これまでノカルデシン(抗生物質)[1],シリンゴスタチン(抗真菌物質)[2],サイトメガロウイルスのプロテアーゼに対する特異的阻害剤[3]などの構成要素として,その利用が検討されてきた。これらの物質を半合成あるいは全合成する際には,D-ホモセリンあるいはその誘導体を利用することが有効であるが,安価な原料から簡便にD-ホモセリンを製造する方法は確立されていなかった(研究開始当初,D-ホモセリンは試薬価格として1gあたり約60,000円)。そこで筆者らは,D-ホモセリンの安価な製造法の確立と大量合成による新たな用途開発の可能性を求め,微生物を利用したD-ホモセリンの製造技術の開発に着手した。

3.2 微生物を用いたD-ホモセリンの製造

D-ホモセリンの製造法としては,Boc-D-メチオニンからの不斉合成法[4]やラセミ体カルボベンゾキシホモセリンの光学分割[5]などが報告されているが,いずれの場合も原料や分割剤が高価で実用的生産には適していない。安価な原料を用いる製法としては,D,L-ホモセリンラクトンからの優先晶出が報告されているが[6],得られるD-ホモセリンの鏡像体過剰率については明らかにされていない。微生物によるアミノ酸の製造法としては,第一に発酵法が考えられる。事実,L-ホモセリンの発酵生産は実用化されていないものの報告されている[7]。しかし,"D-"ホモセリンは,代謝ルートにのることは期待できず,発酵法は適していないと考えられる。そこで筆者

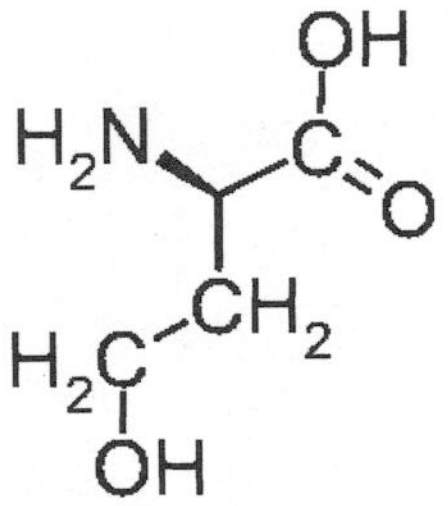

図1 D-ホモセリンの構造式

---

* Kentaro Miyazaki ㈱産業技術総合研究所 生物機能工学研究部門 酵素開発研究グループ グループ長

らは，D-ホモセリンが微生物に対し干渉しないことに着目し，ラセミ体のD,L-ホモセリン混合物のうち，L-体のみを選択的に微生物分解する方法を検討することとした。

D,L-ホモセリンの原料としては，そのラクトン体を用いた。D,L-ホモセリンラクトンは，化学的により合成され[8]，比較的安価に入手できる（研究用試薬として1gあたり約600円）。本化合物は，加水分解により容易に開環しD,L-ホモセリンとなるので，このうちL-体のみを選択的に分解できれば，D-ホモセリンが手つかずのまま培地中に残ることが期待される。このような微生物の不斉分解能を利用した光学分割は最も古い方法であり，その起源は遠くパスツールによる酒石酸の光学分割にまで遡る[9]。分解すべき鏡像体の一方が微生物の作用し得る天然型で，目的とする鏡像体が非天然型の場合にはとくに有効である。現在でも，D-アラニン[10]，D-メチオニン[11]，D-リジン[12]などのD-型アミノ酸から，β-フェニルアラニンなどの非天然型アミノ酸[13,14]，さらには，抗痙攣剤であるバクロフェン[15]などさまざまな物質の光学分割に利用されている。

3.3 L-ホモセリン分解菌の探索

本方法の成否は，「高濃度」のD,L-ホモセリンの存在下で，L-ホモセリンを選択的かつ効率的に分解できる微生物をいかに獲得するかにかかっている。その一方，L-ホモセリンは，多くの細菌においてアミノ酸代謝の重要な制御因子であり[16]，細菌の増殖に対して阻害的に作用することも報告されている[17]。また，L-ホモセリンは，数多くの細菌のオートインデューサーであるN-アシルホモセリンラクトン[18]の構成要素でもある。これらの理由から，高濃度のL-ホモセリンの存在下でそれを分解し，かつ，それを糧に増殖する細菌を探索することに対し，果たして存在するだろうかと若干悲観的でもあった。こうした疑問を抱きつつも，土壌より微生物を探索することとした。当面の目標としては，D,L-ホモセリンの濃度を5%（W/V）と定めた。

D,L-ホモセリンはD,L-ホモセリンラクトン臭化水素酸塩〈（±）-2-アミノ-4-ブチロラクトン臭化水素酸塩〉を培地調製の過程でアルカリ加水分解することにより得た※。以下，D,L-ホモセリンラクトン臭化水素酸塩のパーセント濃度を便宜的にD,L-ホモセリンの濃度として用いる。正確を期すため，適宜モル濃度を併記する。1%のD,L-ホモセリンを唯一の炭素源かつ窒素源とする液体培地に土壌懸濁液を接種し，集積培養を行った。菌が増殖し白濁が認められた検体から，ホモセリン資化性菌を平板分離法により純粋分離した。得られた分離株を再度同じ培地で培

※ D,L-ホモセリンラクトン臭化水素酸塩を蒸留水に溶解後，水酸化ナトリウムによりpH 10に調整し，室温に2時間放置した。終濃度0.3%のリン酸二水素カリウムを加えpHを7に再調整後，121℃で10分間，オートクレーブにかけ，ラクトンを開環させた。この溶液に塩類を補い，再度pHを7に調整，オートクレーブ滅菌し（121℃，15分間），培地とした。

微生物によるものづくり

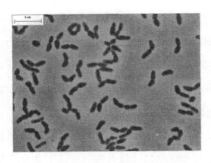

写真1　*Arthrobacter nicotinovorans* 2-3株の光学顕微鏡写真
スケールバーは，5μm。

養し，培養液中に残存しているホモセリンのD-体とL-体をそれぞれ光学分割HPLCにより定量し，L-体を立体選択的に分解する35株を得た。次いで，D,L-ホモセリンの濃度を5%（275mM）に高めた培地（分割培地）で分離株を培養し，培養液中に残存しているホモセリンのD-体，L-体を定量した。その結果，L-体を立体選択的かつ完全に分解する分離株として，仮称2-2，2-3，2-7，2-15株の4株を得た。これらの分離株はいずれも茨城県つくば市の土壌より分離されたもので，Deutsche Sammlung von Mikroorganismen und Zellkulturen（DSMZ）により2-2株と2-7株は *Arthrobacter* sp. と，2-3株と2-15株は *Arthrobacter nicotinovorans* と同定された。この4株の中から最も高い立体選択性と分解活性を示した2-3株を以後の実験に供した。本菌は，長さ1.5～2.5μm，幅0.6～0.8μmのグラム陽性，非運動性の桿菌で（写真1），多形性を示し，ゼラチン，エスクリンおよび澱粉の分解およびカタラーゼ反応に陽性で，リボース，マンニトール，グルコース，シュークロースおよびラクトースからの酸生成，オキシターゼ反応，ウレアーゼ反応，V-P反応，MR反応，硝酸還元反応に陰性であった。本菌の脂肪酸プロフィールは，*Arthrobacter* 属に特徴的な脂肪酸を含んでいた。また，本菌の16S rDNAの部分配列は，*Arthrobacter nicotinovorans* のものと100%一致した。実験開始当初は，L-ホモセリンの生理活性から，目的菌株が得られないことも危惧されたが，結果的には，生理的な濃度をはるかに上回る高濃度のD,L-ホモセリン存在下でも生育良好なL-ホモセリン分解菌を分離することができた。

3.4　*A. nicotinovorans* 2-3株による光学分割

分割培地に *A. nicotinovorans* 2-3株を接種し，30℃で振盪培養した。培養液中に残存しているホモセリンのD-体，L-体の経時変化を図2に示す。培養開始48時間には，L-ホモセリンは培養液から消失した。一方，D-ホモセリンの減少は検出限界以下であった。遠心により菌体を除き上清を回収したが，粘稠であったためDNase処理を行った。次いでイオン交換カラムによりD-ホモセリンの精製を行った。AmberLite IR120B担体にホモセリンを吸着させ，蒸留水で洗浄後，

第3章　医薬品素材の生産

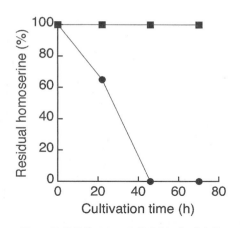

図2　培養菌体による光学分割の経時変化
Arthrobacter nicotinovorans 2-3株を分割培地で培養した。培養液中のD-ホモセリン（■），L-ホモセリン（●）の残存量を培養時間に対してプロットした。

0.2Mのアンモニア水で目的物を溶出させた。ホモセリンを含む画分を集め，塩酸でpH 7に中和し，活性炭で脱色した後，ロータリーエバポレーターで体積が1/10程度になるまで濃縮した。濃縮液に対して10容量のエタノールを加え，室温に一晩放置し，結晶化した白色，雲母状のD-ホモセリンを濾過により集め，真空中で乾燥した。精製操作のモル収率は49％であり，D,L-ホモセリンラクトン原料からのモル収率は25％であった。本標品を光学分割HPLCで分析した結果を図3に示す。図3（B）は，図3（A）の10倍量をインジェクトした時のクロマトグラムである。原料の夾雑物に由来する微小ピークが見られるが，L-ホモセリンは検出限界以下であり，鏡像体過剰率は99.9％ e.e.以上と算出された。また，本標品の元素分析結果（C, 40.59％；H, 7.57％；N, 11.47％）は，ホモセリンの分子式 $C_4H_9NO_3$ に対する計算値，C, 40.33％；H, 7.62％；N, 11.76％とよく一致した。

　さらにD,L-ホモセリン濃度を7.5％に上げた培地で光学分割を試みたところ，菌は増殖し，L-ホモセリンも資化された。しかし，L-ホモセリンが完全消失する前に菌体の増殖が止まったため，D-ホモセリンの鏡像体過剰率も86％ e.e.に留まり，完全な光学分割には至らなかった。L-ホモセリンを消費し尽くす前に増殖が止まった要因として，培養液のpH上昇が考えられる。これは，L-ホモセリンが炭素源として利用されるのに伴い，アンモニアが排出されるからである。培養液のpH上昇を防ぎ，窒素を含むL-ホモセリンの消費を促進するため，2％グルコースを炭素源として加えたところ，培養液中に残存するD-ホモセリンの鏡像体過剰率は，96％ e.e.まで改善された。しかし，この鏡像体過剰率を達成するのに240時間を費やし，効率的とは言い難かった。

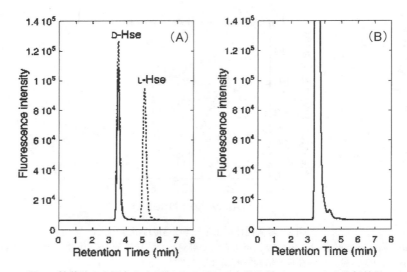

図3 培養液から回収したD-ホモセリンの光学分割HPLCによる分析結果
(A) 点線はD,L-ホモセリンの標準品。D-Hse, D-ホモセリン；L-Hse, L-ホモセリン。実線は培養液から回収したD-ホモセリンのクロマトグラム。(B) (A) の10倍量をインジェクト。

3.5 *A. nicotinovorans* 2-3株の洗浄菌体による光学分割

D,L-ホモセリンを含む培地で*A. nicotinovorans* 2-3株を培養する方法では，完全な光学分割が達成されるD,L-ホモセリンの仕込み濃度の上限は5%であった。そこで今度は，洗浄菌体を使用することで仕込み濃度の向上を試みた。洗浄菌体を用いた反応では，基質が増殖に及ぼす悪影響を回避できる。また，反応初期から菌体濃度を高く設定できる点も有利な点である。しかし，目的とする反応が増殖に伴うものであれば使えない。また，増殖系では見られなかった副生物が生じる可能性もある。これらの長所，短所を踏まえ，実際に検討を行った。

まず，*A. nicotinovorans* 2-3株を肉汁培地で30℃において24時間培養し，遠心により集めた菌体を滅菌水で二回洗浄し，洗浄菌体とした。次に洗浄菌体を275mMのD,L-ホモセリンと0.2％の酵母エキスを含む50mMリン酸緩衝液（pH 7）に乾燥重量で0.013gmL^{-1}となるように懸濁した。この反応液5mLを滅菌試験管に取り，30℃において振幅4cmの試験管振盪機で150 strokes min^{-1}で振盪した。以上を標準反応条件として，反応液のpH，温度，振盪速度，菌体濃度をさまざまに変え，L-ホモセリン分解活性に及ぼす影響を調べた。

L-ホモセリン分解の至適pHは7から8であり（図4 (A)），至適温度は40℃から50℃であった（図4 (B)）。50℃以上の温度での分解活性の急速な低下は，菌体の死滅によるものと推測された。振盪速度に関しては，110 strokes min^{-1}以下ではL-ホモセリンはほとんど分解されず，それ以上の振盪速度では急激に分解活性が亢進し，140 strokes min^{-1}でプラトーに達した（図4

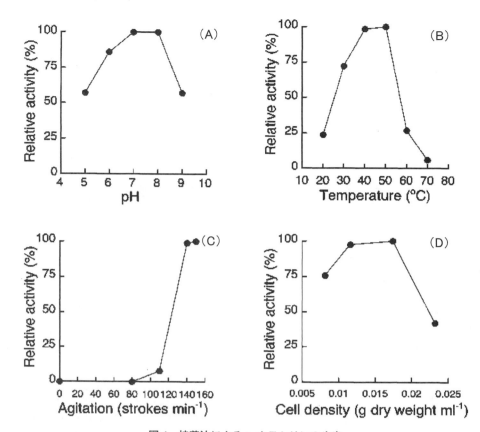

図4 培養法によるD-ホモセリンの生産
分解活性に対する各種パラメータの影響:(A) 反応pH 対 分解活性,(B) 反応温度 対 分解活性,(C) 振盪速度 対 分解活性,(D) 菌体濃度 対 分解活性。

(C))。110 strokes min^{-1}以下の振盪速度での低い分解活性の原因としては,通気や物質移動が不十分であるためと考えられた。菌体濃度については,その上昇とともに分解活性は上昇したが,0.012gmL^{-1}でプラトーに達した(図4 (D))。0.017gmL^{-1}以上の菌体濃度では,反対に菌体濃度の増加は分解活性の低下を招いた。高い菌体濃度での分解活性の低下の原因としては,通気量の不足が考えられるが,菌体濃度そのものが分解活性に影響を及ぼしている可能性も否定できない。

次にD,L-ホモセリンの濃度を300〜644mMの範囲で検討した。D,L-ホモセリン濃度以外の条件は標準反応条件と同じである。図5 (A)〜(D) に示す通り,仕込み濃度にかかわらず3時間のラグタイムの後にL-ホモセリンの分解が始まっており,分解が誘導的であることが分かる。D,L-ホモセリン濃度が510mM以下ではL-ホモセリンは全て分解され,完全な光学分割が達成された。一方,濃度が644mMになると分解は75時間付近で停滞し,完全な光学分割には

微生物によるものづくり

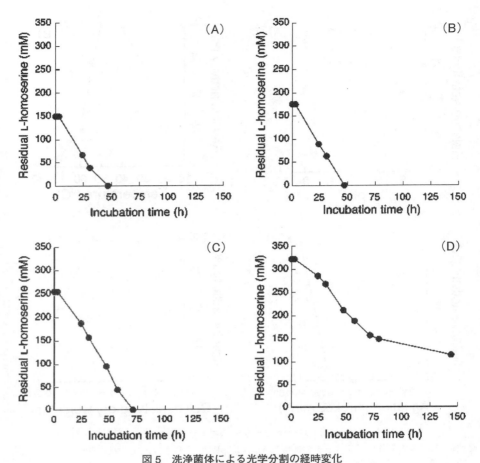

図5　洗浄菌体による光学分割の経時変化
Arthrobacter nicotinovorans 2-3 株の洗浄菌体を，(A) 300mM，(B) 50mM，(C) 510mM，(D) 644mM の D,L-ホモセリンに作用させた。反応液中の L-ホモセリンの濃度を反応時間に対してプロットした。

至らなかった。さらに各グラフを詳細に見ると，L-ホモセリンの減少速度が基質濃度によらず一定で，分解が基質濃度に非依存的であることが分かる。即ち，洗浄菌体による L-ホモセリンの分解は substrate saturation kinetics に従い，本条件下での反応速度は 0.28 mmol (g cell dry weight)$^{-1}$ hr^{-1} と算出された。

　L-ホモセリン濃度が 510mM の場合は，反応開始 72 時間まで L-ホモセリンの分解が反応時間に対して直線的に進み，全ての L-ホモセリンが分解された（図5(C)）。これに対して，L-ホモセリンの濃度が 644mM の場合，72 時間までは L-ホモセリン濃度 510mM の場合と同様に分解反応が進んだが，それ以降急激に分解速度は鈍化した（図5(D)）。この二点より，ここで用いた反応条件下で本菌の洗浄菌体が機能し得る時間は 72 時間であり，その間に分解される L-ホモセリンの量は，菌体乾燥重量 1g あたり 20mmol (2.4g) と見積もられた。このように，洗浄菌

体を用いることで，培養に連動した方法と比較し，2倍程度の仕込み濃度の向上が達成された。また，反応効率を分割に要する時間で評価すると，培養による方法では275mMに48時間を要するのに対して，洗浄菌体を用いた場合は，同じ時間で350mMを分割でき，時間あたりの反応効率の向上も達成された。

3.6 おわりに

上述の通り，我々が分離した A. nicotinovorans 2-3 株により，簡便かつ安価に D-ホモセリンを生産できることが示された。本菌を用いた製造プロセスを構築するためには，培養工学および化学工学的な検討を加え，仕込み濃度や反応効率のさらなる向上や大規模化が必要である。その一方，本菌は至極ありふれた土壌菌で，培養に特殊な装置を必要とせず，従来の発酵タンク等の設備をそのまま転用できると考えられる。反応後のD-ホモセリンの回収も，アミノ酸の発酵生産で用いられるイオン交換クロマトグラフィー等の設備が転用可能である。いくつか検討課題もあるが，技術的障壁は比較的低いと予想される。簡便かつ安価にD-ホモセリンが生産されることにより，新たな用途開発も期待される。本研究は当研究室の望月一哉氏が中心となり行った。

文　献

1) M. Hashimoto et al., *J. Antibiot.*, **29**, 890 (1976)
2) K. N. Sorensen et al., *Antimicrob. Agents. Chemother.*, **40**, 2710 (1996)
3) S. C. AnneDi et al., *Bioorg. Med. Chem.*, **14**, 214 (2006)
4) R. D. G.Cooper et al., *Tetrahedron Lett.*, **26**, 2243 (1978)
5) W. V. Curran, *Prep. Biochem.*, **11**, 269 (1981)
6) T. Shiraiwa et al., *Chem. Pharm. Bull.*, **44**, 2322 (1996)
7) 鮫島広年ほか，農化，**34**, 750 (1960)
8) M. Frankel et al., *J. Amer. Chem. Soc.*, **80**, 3147 (1958)
9) L. Pasteur, *Compt. Rend. Acad. Sci. Paris*, **46**, 615 (1858)
10) I. Umemura et al., *Appl. MicrobioL. Biotechnol.*, **36**, 722 (1992)
11) E. Takahashi et al., *Appl. MicrobioL. Biotechnol.*, **47**, 173 (1997)
12) E. Takahashi et al., *Appl. MicrobioL. Biotechnol.*, **47**, 347 (1997)
13) J. Mano et al., *Biosci. Biotechnol. Biochem.*, **70**, 1941 (2006)
14) K. Mochizuki et al., *Agric. Biol. Chem.*, **54**, 543 (1990)
15) W. Levadoux et al., *J. Biosci. Bioeng.*, **93**, 557 (2002)
16) A. M. Kotre et al., *J. Bacteriol.*, **116**, 663 (1973)

17) T. P. O'barr *et al., Infec. Immun.,* **3**, 328（1971）
18) M. B. Miller *et al., Annu. Rev. Microbiol.,* **55**, 165（2001）

4 ジペプチド合成酵素の探索とジペプチド生産技術の開発

木野邦器*

4.1 はじめに

アミノ酸はタンパク質の構成成分であることからその重要性が以前から認識されていたが，アミノ酸の代謝制御発酵による工業的製造法の確立により多くのアミノ酸が安価に供給されるようになると，アミノ酸の機能の解明や用途の開発が飛躍的に進展した。その結果，食品や健康食品，輸液などの医療栄養や医薬合成原料などの医療の分野，飼料添加剤など畜水産分野や化成品などさまざまな分野で利用されるようになってきた。一方，アミノ酸が酸アミド結合でつながりペプチドになると，それを構成するアミノ酸にはみられない物性や生理活性を発現する場合が多い。アミノ酸が2分子連結したジペプチドでさえ，もとのアミノ酸の有用な生理機能を保持しながらも溶解性や安定性などの物性を改善することができ，またもとのアミノ酸よりもはるかに多様な生理機能を示すことがある。生体内においても短鎖ペプチドが重要な生理的役割を果たしていることが最近の分析技術の向上により明らかにされている。しかしながら，これまで短鎖ペプチドの効率的な製法がなかったこともあり，その用途開発は進んでいなかった。

筆者らは，協和発酵工業の田畑らによる新規酵素 L-アミノ酸 α-リガーゼの発見とそれを利用したジペプチドの工業的製造法の開発を踏まえて，基質特異性の異なる新たな L-アミノ酸 α-リガーゼの探索研究を行っている。本稿では，これまでに報告されているジペプチド合成活性を有するアミノ酸 α-リガーゼとジペプチドの効率的な工業的製造法を中心に概説する。

4.2 ジペプチドの合成法

ジペプチドの製造法としては，化学合成法，酵素法（抽出法を含む），発酵法の3種類が知られている（図1）。この中で化学合成法が一般的でもっとも広く用いられている。しかし，アミノ酸には反応しやすい官能基を複数有するため，目的のジペプチドにあわせて原料となるアミノ酸への保護基の導入，縮合反応，生成物からの脱保護という多段階の工程が必要となり[1]，しかも反応の過程でラセミ化や目的以外の長鎖ペプチドが副生するなど煩雑で，経済的，効率的な面から課題が多く，用途開発研究の妨げにもなっている。

酵素法はペプチダーゼやプロテアーゼによる天然タンパク質の加水分解物から任意のペプチドを回収（抽出）する方法が古くから利用されており，牛乳カゼインのほか大豆や魚肉から生理活性を有するペプチド（混合物）が生産されている。この方法で抽出したペプチドを健康食品やサプリメント，特定保健用食品などとして市販されているが，効率的な製法とは言えない。一方，

---

* Kuniki Kino 早稲田大学 理工学術院 先進理工学部 応用化学科 教授

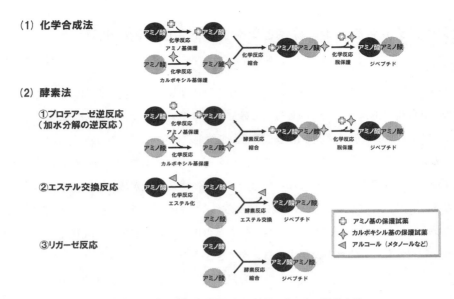

図1 化学合成法と酵素法によるジペプチドの製造方法

この加水分解酵素を縮合反応に用いる研究も古くからなされているが[2]，反応効率向上や結合させるアミノ酸の順番を規定するために，化学合成法と同様，アミノ酸の保護工程が必要となり，この方法も効率的とは言えない。しかも，ペプチダーゼやエステラーゼの加水分解活性を制御する必要が出てくる。ところが，味の素の横関らが最近発見した新規エステラーゼは，アミノ酸のメチルエステル化の工程は依然として残っているが，加水分解酵素の有する従来の課題を解消する（ペプチド合成に偏り，分解性がない，高い比活性でエネルギー源は不要）優れた性質を有しており，ジペプチドに限らず広くペプチドの工業的製造法として利用できる可能性を示した[3]。

発酵法によるジペプチドの生産は，後述する新規酵素を用いた例以外はほとんどなく，ペプチド抗生物質生産や酵母によるグルタチオン前駆体のγ-グルタミル-システインだけである。

自然界にはペプチド結合を形成する活性は広く存在し，すべての細胞に備わっているリボゾームシステムによるタンパク質合成系，カビや放線菌のペプチド性抗生物質合成を担う非リボゾーム型ペプチド合成酵素（NRPS），納豆菌のポリグルタミン酸合成酵素，ポリリジン合成酵素，シアノフィシン合成酵素などが知られている。このような，自然に存在するペプチド生産システムを利用したジペプチド合成もいくつか検討されているが，いずれも汎用性が低く，現実的な製法にはなりにくい課題を抱えている。

第3章　医薬品素材の生産

4.3　新規酵素の探索とジペプチド合成への利用
4.3.1　D-アミノ酸ジペプチド合成酵素

　ペプチドは抗生物質やシグナル分子として自然界に多く見出され，その多様な機能から医薬品のリード化合物や機能性食品として用途開発が進められている。これら天然のペプチドの多くはL-アミノ酸で構成されているが，近年明らかになってきたD-アミノ酸の生理的意義を踏まえると，D-アミノ酸から構成されるあるいはD-アミノ酸を一部含有するペプチドでは，その機能多様性が増大し，新たな用途開発の可能性を提供するものと期待される。

　D-アミノ酸ペプチドも専ら有機合成法によって生産されているが，煩雑な反応プロセスとそれに伴う基質のラセミ化が問題となっており，反応に関与しない活性官能基に必ずしも保護基を導入する必要がない等，化学合成法よりも優れた点を有する酵素法が注目されている。しかしながら，ペプチダーゼやエステラーゼを用いる方法では[4,5]，基質となるアミノ酸の誘導体化が必要であったり，重合度の異なる生成物等が混在したり，生成物の分解を抑制するための複雑な反応条件の設定が必須であるなど，一般的なD-アミノ酸ペプチド合成法として利用するにはまだ課題が多い。

　最近，筆者らは細菌のペプチドグリカン合成に関わる酵素 D-Alanine-D-Alanine ligase（EC 6.3.2.4 D-Alanylalanine synthetase）が従来知られていなかった多くの遊離のD-アミノ酸を基質とすること，ならびに当該酵素を利用することで多種類のジペプチド合成が可能であることを見出した。D-Alanine-D-Alanine ligase（Ddl）は，遊離のD-Ala2分子を連結する反応を触媒し，微生物のペプチドグリカン合成に関わる重要な酵素として細菌に広く存在している。ところが，バンコマイシンに対して耐性を獲得した腸球菌（VRE）のDdlでは，基質として D-lactate や D-Ser を認識して D-alanyl-D-lactate や D-Ala-D-Ser 合成活性を触媒することが報告されている[6]。筆者らはこの事実に注目し，微生物の多様性を踏まえてD-Ala以外のアミノ酸を基質として認識するDdlの探索を検討した。Ddlの進化系統樹の結果を踏まえて，ゲノムが公開されている微生物から *Escherichia coli* K12, *Oceanobacillus iheyensis* JCM 11309, *Synechocystis* sp. PCC 6803, *Thermotoga maritima* ATCC 43589 の4種類の微生物を選択し，その *ddl* をクローニングして評価を行った。Ddlの酵素活性は，簡易的解析法として，ジペプチド合成反応の副生成物であるリン酸の遊離量を定量してそれを活性値とした。

　図2には，4種類のDdlについてグリシンを含む20種類のD-アミノ酸をそれぞれ基質とした場合のリン酸遊離量を示した。OiDdlではD-Alaを基質とした場合のみリン酸が遊離するのに対して，EcDdlB，SsDdl，TmDdlにおいては，D-Alaに加え，D-Ser，D-Thr，D-Cys，Glyを基質とした場合にも活性に差はあるもののリン酸の遊離が認められた。実際に，これらの反応生成物の構造をHPLC，NMR，MSにより決定し，それぞれ対応するD-アミノ酸からD-

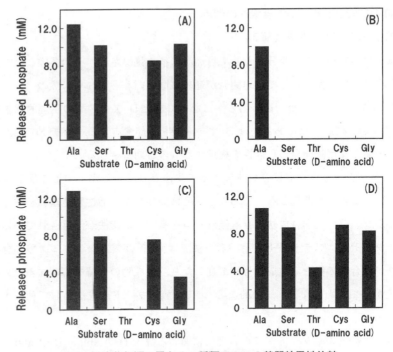

図2 微生物起源の異なる4種類のDdlの基質特異性比較
(A)：*E. coli*, (B)：*Ocearobacillus iheyensis*, (C)：*Synechocystis* sp., (D)：*Thermotoga maritima*

アミノ酸ホモジペプチドが生成していることを確認した。微生物のDdlがC末端側だけではなくN末端側にもD-Thr，D-Cys，Glyが挿入される基質特異性のあることを明らかにしたのは本研究が初めてとなる[7]。また，好熱性細菌 *Thermotoga maritima* ATCC 43589由来のTmDdlは60℃の反応では活性化エネルギーの増大による反応速度の上昇に起因してより多くのD-アミノ酸を認識することが明らかになった[8]。

4.3.2 L-アミノ酸α-リガーゼの発見

協和発酵工業の田畑らによって発見されたジペプチド合成酵素YwfEは，*Bacillus subtilis*の機能未知遺伝子から生産される抗生物質バチリシン（L-Alanine-anticapsin）合成酵素であり，L-アミノ酸をα-結合する世界で初めて報告された酵素：L-アミノ酸α-リガーゼ（Lal）：EC 6.3.2.28である[9]。田畑らは，遊離のアミノ酸同士をα位で結合してジペプチド生成反応を触媒する唯一の酵素Ddl（EC 6.3.2.4）に着目した。さらに，この酵素のATPを利用するジペプチド合成反応様式から目的の新規酵素の構造もこれに似ていると予想し，①ATPを利用するためATP-結合モチーフを持ち，②D-アラニル-D-アラニンリガーゼに構造が少し似ていて，③機能未知タンパク質と分類されている酵素，この3つの条件を手がかりに，*in silico*スクリーニング

第 3 章　医薬品素材の生産

図3　データベースからの in silico 解析による候補タンパク質の探索と検証

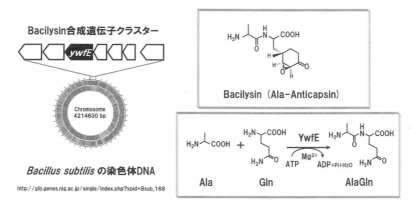

図4　枯草菌由来バチリシン合成酵素によるジペプチド合成

を行っている（図3）。その結果，ATP-結合モチーフを持つ酵素として選択した 300 以上のタンパク質から枯草菌 B. subtilis 由来の機能未知タンパク質 YwfE が選択された。その遺伝子 ywfE はバチリシン合成酵素遺伝子クラスターに含まれバチリシンの生合成に関与することは示唆されていたが，タンパク質 YwfE そのものの機能は未知であり[10]，バチリシンはアラニル-アンチカプシンというアミノ酸と非天然アミノ酸からなるジペプチド抗生物質であることからも，YwfE が目的のジペプチド合成酵素であることが期待された。この B. subtilis 由来の遺伝子 ywfE を組換え大腸菌で発現させて当該タンパク質の性質を調べた結果，YwfE は ATP 依存的にアラニンとグルタミンからアラニル-グルタミンを優先的に合成することが明らかとなり，1 段階の酵素反応で無保護の L-アミノ酸を特定の順序で結合してジペプチドを合成した初めての例となった（図4）。しかも，YwfE はトリ以上の鎖長のペプチド合成反応は触媒しないものの，比較的広範囲のアミノ酸を基質とし，さまざまなジペプチドの生産に利用できる工業的に有用な酵素であること

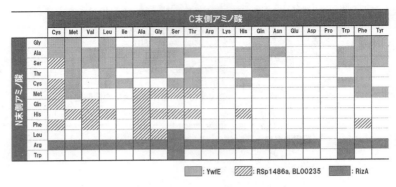

図5　新規アミノ酸リガーゼの基質特異性

が明らかとなった（図5）。

4.3.3　L-アミノ酸α-リガーゼの多様性

筆者らは田畑らの成果を踏まえ，基質特異性の拡張を目的として新規L-アミノ酸α-リガーゼ（Lal）の探索を検討した。ゲノム情報を利用してYwfEのホモログ酵素を探索，目的活性を有する酵素を *Ralstonia solanacearum* GMI1000 と *Bacillus licheniformis* NBRC12200 から見出すことに成功した。具体的には，既知のLalである *B. subtilis* 由来YwfEのアミノ酸配列をクエリとしてBLAST検索を行った。いずれのタンパク質（RSp1486とBL00235）も機能未知タンパク質であり，YwfEとのアミノ酸配列上の相同性はそれぞれ29.0％と23.6％と低かった。ただし，*R. solanacearum* GMI1000 の入手が困難であったため，同属種の *R. solanacearum* JCM 10489 についてRSp1486相同タンパク質の存在を調べた。PCR検出によりRSp1486相同タンパク質の存在が強く示唆されたため，該当する *R. solanacearum* JCM 10489 由来のDNA配列をクローニングして配列を決定した。取得した配列は，*R. solanacearum* GMI1000 由来のRSp1486とアミノ酸レベルで94.2％の相同性があり，この *R. solanacearum* JCM 10489 由来の相同タンパク質をRSp1486aと命名した。基質特異性はリガーゼ反応に伴う遊離のリン酸量を測定する間接的な活性測定法で実施したところ，ほぼ半分の組み合わせにおいてリガーゼ活性を検出し，RSp1486aは *B. subtilis* 168 由来ジペプチド合成酵素YwfEと同様に基質特異性の広いことが示された（図5）。とくにL-Ala, L-Ser, L-Cys, L-Met, L-His, L-Phe に対して高い活性を示した。さらに，これらの反応生成物をMS, NMRを用いた詳細な解析を行ったところ，生成物がジペプチドであることと，生成物は1種類のヘテロジペプチドに偏っていること，また生成するヘテロジペプチドはC末端側よりもN末端側にL-PheやL-Hisなど嵩の高いL-アミノ酸が優先的に入ることが明らかになり，既知のYwfEでは困難であったジペプチドの合成も可能になった（図5）[11]。したがって，アラニンとグルタミンを基質にした場合，YwfEはアラニル-グルタミンを，またRSp1486a

第 3 章　医薬品素材の生産

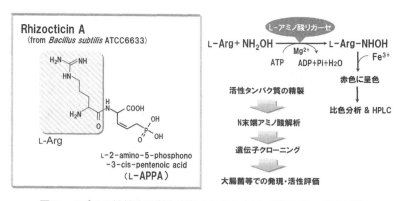

図 6　ペプチド性抗生物質生産菌からの L-アミノ酸リガーゼの取得

ではグルタミニル-アラニンを選択的かつ優先的に合成することができる。

　B. licheniformis NBRC12200 由来タンパク質 BL00235 においてもヘテロジペプチド合成に優れていたが，低基質特異性を示した RSp1486a に比較し，BL00235 は L-Met, L-Leu に対して高い基質特異性を有していることも明らかになった[12]。

　以上のように，酵素の多様性に基づく基質特異性の拡張が可能であることを実証することができた。一方で，YwfE は抗生物質バチリシン合成反応を触媒する酵素であったが，RSp1486a や BL00235 の生体内での役割は明らかでない。本手法は，機能未知タンパク質の発掘だけでなく，潜在的にゲノム上にコードされているが場合によってはほとんど発現していないような産業上有用な遺伝子の発掘にも貢献することが示された。

4.3.4　ペプチド性抗生物質生産菌からのジペプチド合成酵素の発見

　YwfE は結果的に抗生物質バチリシン合成反応を触媒する酵素であったが，この事実から，私たちは自然界に広く存在するペプチド性抗生物質の中には，リボゾームによる翻訳や NRPS ではなく L-アミノ酸リガーゼによって合成されているものが YwfE 以外にも存在すると考えた。しかも，これまでに公開されているゲノム情報を手がかりに見出してきた酵素とは明らかに特性の異なる新規 Lal が発見できるであろうと予想し，*B. subtilis* ATCC6633 が生産するリゾクチシンに着目した。リゾクチシンには結合するアミノ酸の違いによっていくつかの誘導体があるが，もっとも生産量の多いリゾクチシン A は *B. subtilis* ATCC6633 が生産する L-アルギニンと非天然アミノ酸の L-2-amino-5-phosphono-3-cis-pentenoic acid（L-APPA）からなるペプチド性抗生物質である[13]。*B. subtilis* ATCC6633 はゲノムが解読されていないため，当該タンパク質の精製から情報を得て関連遺伝子を取得することとした（図 6）。

　Lal 活性が存在すれば，アルギニンとヒドロキシルアミンからヒドロキサム酸であるアルギニンヒドロキサメートを生成するので，塩化第二鉄を加えて赤色を呈する。この活性を指標に *B.*

subtilis ATCC6633 の培養菌体から活性タンパク質の精製を行い，そのN末端アミノ酸配列を決定した．25アミノ酸残基をもとにプライマーを設計し，カセットPCR法により周辺領域の遺伝子 rizA を取得してその塩基配列を決定した．RizA 遺伝子は 1,242 bp（413アミノ酸残基，46.3 kDa）で ATP-結合モチーフを有していたが，これまでに取得されている YwfE, RSp1486a, BL00235 との相同性はアミノ酸レベルで，それぞれ 21.3%，19.8%，19.6% と低いことがわかった．

そこで，大腸菌発現系を用いてN末端-ヒスチジンタグ融合タンパク質として RizA を取得し，L-アルギニンを基質とする Lal 活性の評価を行った．その結果，リン酸の遊離により Lal 活性の存在が強く示唆され，さらに MS と NMR 解析の結果，L-プロリン以外の19種類のアミノ酸とペプチドを形成し，しかも RizA は L-アルギニンを N 末端側に配したヘテロジペプチド合成反応を触媒することが明らかとなった．YwfE, RSp1486a, BL00235 では合成できなかった新たなジペプチドの生産を可能とするもので（図5），ゲノム情報には依存しない研究戦略によって，これまでの Lal とは基質特異性の異なる新たな酵素の取得に成功した[14]．

4.4 ジペプチドの製造法

前述した Ddl や Lal を用いたジペプチド合成では，化学合成法で課題となっている光学異性体や長鎖ペプチドの混入もなく反応がシンプルで逆反応も起こらないため，それぞれの基質特異性に対応した目的のジペプチド合成には最適のプロセスが構築できる．ただし，リガーゼ反応では ATP が必須であり，また L-アミノ酸ジペプチドでは反応条件によっては夾雑する他酵素による原料アミノ酸や生成物の分解を回避する手段を講じる必要がある．以下に，これら課題を踏まえ確立されたそれぞれのジペプチド製造法に関し，紹介する．

4.4.1 菌体反応法

EcDdlB を用いた D-アミノ酸からの D-アミノ酸ジペプチド生産において，酵素反応系では7時間の反応で D-alanyl-D-alanine, D-seryl-D-serine, D-cysteinyl-D-cystein, Glycyl-glycine をそれぞれ収率 71%，71%，60%，77% で合成した．また，*Pseudomonas putida* IFO12996 由来低基質特異性アミノ酸ラセマーゼ（BAR）との共役反応系を構築し，安価な L-アミノ酸あるいは DL-混合体から上記 D-アミノ酸ホモジペプチドを純度良く効率的に生産させることにも成功している[15]．

ただし，本プロセスでは高価な ATP を使用する点が実用上の課題となる．筆者らは，生成物である D-アミノ酸ジペプチドが L-アミノ酸ジペプチドに比べ生分解を受けにくいことに着目し，Ddl と BAR を共発現させた大腸菌の休止菌体を用い，グルコースをエネルギー源とする ATP 再生系をカップリングさせたプロセスを構築している．さらに，TmDdl が高温反応において広い基質特異性を示す有用な酵素であることを踏まえ，高温反応においても ATP 再生が可能な

第3章 医薬品素材の生産

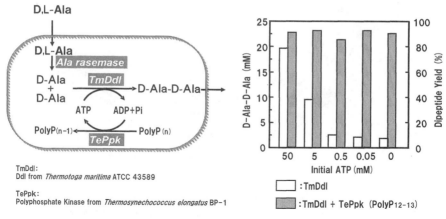

図7 好熱性菌由来のDdlとポリリン酸キナーゼを共役させたジペプチドの製造方法

好熱菌 *Thermosynechococcus elongatus* BP-1 由来のポリリン酸キナーゼ（TePpk）を利用したプロセスを確立している。大腸菌で発現させたTePpkはポリリン酸をリン酸供与体としたADPからのATP生成活性を有し，70℃まで安定で，TmDdlの有用性を充分に引き出せるプロセスとなっている。大腸菌を宿主とする60℃における菌体反応系では，夾雑する大腸菌由来の酵素活性のほとんどが失活するため，副反応もなく高い収率でD-アミノ酸ジペプチドの合成が可能になった（図7）[16]。

一方，L-アミノ酸ジペプチド生産の場合も，*Rhodobacter sphaeroides* 由来のポリリン酸キナーゼとLal（YwfE）を共発現させた組換え大腸菌を造成して，その菌体反応によるATP供給の効率化を図ったジペプチド製造法が確立されている（図8）[17, 18]。

4.4.2 直接発酵法

協和発酵工業では自社の高度なアミノ酸発酵技術を背景に，ジペプチドの直接発酵による革新的な製造プロセスの確立に成功している[19]。

Lalを導入しただけでは目的のジペプチド生産の起こらないことは容易に予想がつくが，直接発酵を可能にするために以下の4点の改善を行っている。すなわち，①2種類のアミノ酸発酵活性増強による原料供給系の強化，②糖代謝によるATPの安定供給，③Lalの生産強化による適度な合成活性の維持，④ジペプチドの取り込みと分解の遮断である。最初の具体的な例として，Lal（YwfE）を導入した発酵生産菌を育種しており，アラニル-グルタミンの工業生産プロセスの確立に成功している（図9）[20]。

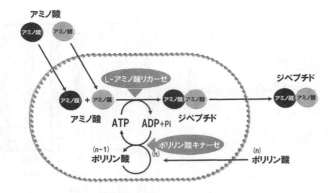

図8　菌体反応法によるジペプチド生産
(文献17：矢ヶ崎ほか, BIO INDUSTRY, **23**(9), 26 (2006) の図6を改変)

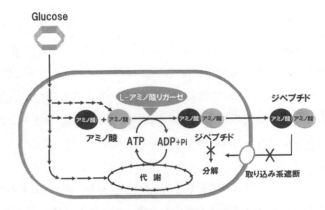

図9　直接発酵法によるジペプチド生産
(文献17：矢ヶ崎ほか, BIO INDUSTRY, **23**(9), 26 (2006) の図7を改変)

4.5　おわりに

　遊離のアミノ酸を直接連結するL-アミノ酸α-リガーゼ (Lal) が発見され，ジペプチドの効率的な製造法が確立された。合成されるジペプチドは酵素の基質特異性に依存しているため，任意のジペプチドを得るには多彩な基質特異性を有する酵素が必要となる。改変技術を適用して機能を拡張することも考えられるが，筆者らは微生物機能の多様性に期待して多くのLal活性を有する新規酵素を見出すことができた。当該酵素の生体内における役割はそのほとんどが明らかでないが，筆者らの研究から，意外に多くの微生物にLal活性を有するタンパク質の存在が示された。RSp1486a，BL00235，RizAのほかにも酵素特性の異なるLalを多く見出しており，ほとんどのジペプチド合成をカバーできるようになってきたが，いずれのLalもアミノ酸レベルでは相同性が20%程度と低い。さらに，ジペプチドだけでなくトリペプチド以上の短鎖ペプチド合成

第3章 医薬品素材の生産

を可能とする新規酵素も見出しており,これら酵素の生体内における役割とその起源に興味がもたれる。今後,詳細な酵素学的解析や立体構造が解明されることで,学術的にもまた工業的にも重要な知見が多く得られるものと考える。次世代アミノ酸としての短鎖ペプチド研究に新たな展開を期待したい。

謝辞

本研究の一部は,協和発酵工業㈱との共同研究で得られたものであり,とくに矢ヶ崎誠博士からは貴重なアドバイスを受けました。またジペプチドのNMRおよびMALDI-TOF MS分析に関しては,同社バイオフロンティア研究所にお世話になりました。ここに深謝します。

文　献

1) B. L. Nilsson, *Annu.Rev. Biophys Biomol. Struct.*, **34**, 91 (2005)
2) M. Bergmann et al., *J. Biol. Chem.*, **119**, 707 (1937)
3) K. Yokozeki et al., *J. Biotechnol.*, **115**, 211 (2005)
4) Y. Kato et al., *Biocatalysis*, **3**, 207 (1990)
5) A. Sugihara et al., *J. Biochem.*, **130**, 119 (2001)
6) VL. Healy et al., *Chem. Biol.*, **7**, 109 (2000)
7) M. Sato et al., *J. Biosci. Bioeng.*, **99**, 623 (2005)
8) M. Sato et al., *Biosci. Biotech. Biochem.*, **70**, 2790 (2006)
9) K. Tabata et al., *J. Bacteriol.*, **187**, 5195 (2005)
10) T. Inaoka et al., *J. Biol. Chem.*, **278**, 2169 (2003)
11) K. Kino et al., *Biochem.Biophys.Res.Commun*, **371**(3), 536 (2008)
12) K. Kino et al., WO2007/074858 (2007)
13) M. Kugler et al., *Arch. Microbiol.*, **153**, 276 (1990)
14) K. Kino et al., WO2008/038613 (2008)
15) 木野邦器,*BIO INDUSTRY*, **23**(9), 59 (2006)
16) M. Sato et al., *J. Biosci. Bioeng.*, **103**, 179 (2007)
17) 矢ヶ崎誠ほか,*BIO INDUSTRY*, **23**(9), 26 (2006)
18) H. Ikeda et al., WO2006/001382 (2006)
19) 橋本信一,バイオサイエンスとインダストリー,**65**(2), 61 (2007)
20) K. Tabata et al., *Appl. Environ. Microbiol.*, **73**, 6378 (2007)

5 新規酵素を用いる工業的オリゴペプチド新製法の開発

横関健三*

5.1 はじめに

アミノ酸は，タンパク質の構成成分としての役割だけではなく，遊離した状態で細胞内や血漿に存在し，種々の重要な生理的役割を担っている。代表例としては，筋肉の維持・増強作用を有する分岐鎖アミノ酸（バリン，ロイシン，イソロイシン），種々のホルモンの分泌刺激作用やNOの供与体としての内皮由来血管拡張作用を有するアルギニン，腸管のエネルギー源としての重要な役割や免疫能の維持改善作用を有するグルタミン等が挙げられる。アミノ酸は，カルボキシル基とアミノ基の両官能基を持つため，アミノ酸が脱水縮合することで重合する性質を有している。この脱水縮合で生じる重合物はペプチドと呼ばれ，その構成アミノ酸には見られない生体に有用な生理機能，あるいは新たな物性を呈する。代表例としては，筋肉や眼球の水晶体あるいは感覚器官（脳の海馬，嗅球などの中枢神経系）で重要な役割を持つカルノシン（β-Ala-His），生体内での酸化・還元レベルのバランスの維持を司るグルタチオン（γ-Glu-Cys-Gly），血圧上昇抑制機能を有するラクトトリペプチド（Val-Pro-Pro，Ile-Pro-Pro），砂糖の約200倍の甘味を呈し高甘味度甘味料として広く使われているアスパルテーム（Asp-PheOMe），水溶液中で不安定というグルタミンの欠点を克服できるアラニルグルタミン（Ala-Gln）等が挙げられる。

ペプチド合成の歴史は化学合成法を中心に大きく発展し，その基盤技術は盤石なものとして確立された。しかしながら，現在広く用いられている化学合成法は，基本的にアミノ酸への保護基の導入と脱離の工程が必須であるため，工業的生産の観点からはコスト高になる潜在的宿命を有しており，更なるブレークスルーが強く望まれていた。このような背景の下，現行合成法の長所を維持し，かつ短所を克服できる新製法の構築を目標に，新規酵素を用いる新たなオリゴペプチド工業製法の開発に成功した。

5.2 生体におけるペプチド合成戦略

ペプチド合成における最重要課題は，①アミノ酸の結合順序を正確に決定すること，②効率的にアミノ酸を縮合するためのエネルギーをどのような形で用いるかの2点である。

生体においては，目的ペプチドの結合順序を正確に決定するために，極めて複雑なシステムと多大なエネルギー（ATP）を必要とする戦略をとっており，生体にとってアミノ酸順序の正

---

* Kenzo Yokozeki　味の素㈱　アミノサイエンス研究所　理事；京都大学　大学院農学研究科　産業微生物学講座（寄附講座）　客員教授

第3章 医薬品素材の生産

確な決定が如何に重要なことであるかが窺い知れる。リボゾームにおけるタンパク合成系では，mRNA を鋳型とすることでアミノ酸特異的なアミノアシル tRNA が所定の位置に入るような仕組みを，またペプチド系抗生物質合成における非リボソーム合成系は，目的の結合順序が得られるように多数の酵素を順序良く配置する仕組みをとっている（ジペプチド合成でも6種の酵素の順序だった配置が必要）。これに対し，アミノ酸の順序を決める必要の無い系においては，ATP をエネルギーとするものの，単一酵素でペプチド合成できることが知られている。例えば，細胞壁合成に関与する D-Ala-D-Ala ligase で，目的ペプチドが D-Ala の homodimer であり，D-Ala が N 末あるいは C 末のどちらに入っても同一のものが得られるからであり，アミノ酸結合順位を決定しなくて良い場合には，生体は単純なシステムを利用していることが窺い知れる。すなわち，生体においては，基質としては無保護アミノ酸，エネルギーとしては ATP を用い，アミノ酸の結合順位の決定には極めて複雑な系を必要としている。

5.3 既存製法におけるペプチド合成戦略

ペプチド製法の歴史は，1901年，Emil Fischer が，世界に先駆けてグリシンからグリシルグリシン（Gly-Gly）を化学合成したことに端を発する[1]。これを契機としたペプチド化学の急速な発展により，工業化を可能にする多くのブレークスルーが見出されたが，最重要課題は，前述した①アミノ酸の結合順序を正確に決定すること，②効率的にアミノ酸を縮合するためのエネルギーをどのような形で用いるかの2点であった。前者においては，目的のペプチド以外の副生ペプチドを生じさせない手段として，目的のペプチド結合に関与する官能基以外のものを保護する方法が採用され，Bergmann[2] らによる，Benzyloxycarbonyl 基（Z 基）の発見が，アミノ酸のラセミ化の極少化を目指した保護基導入縮合条件の確立，アミノ酸の結合順位の正確な決定ならびにペプチド鎖長延長技術の確立（1932年）に大きく貢献した。後者においては，活性エステル，混合酸無水物，カルボジイミド法等によるペプチド鎖生成に効率的なカルボキシ成分の活性化方法の確立（1950年代）がなされた。更なる改良法として，Merrifield らによる，ペプチド固相合成法の確立（1963年）[3] 等のブレークスルーを経て，ペプチド化学合成法の基盤技術が確立された。一方，1937年，Bergmann らにより，プロテアーゼを用いるペプチド合成が発見[4] されて以来，化学合成法で課題となるアミノ酸のラセミ化を回避する方法として酵素法の開発も急速に発展した。プロテアーゼを用いる方法は，加水分解反応の逆反応を利用する方法と，C 末端を活性化したアミノ酸をアシル供与体として転移反応を利用する方法に大別され，数多くの検討がなされてきた[5,6]。しかしながら，本法に用いられる酵素は分解酵素であるため，生成したペプチドが分解されるという本質的な課題を有しており，反応平衡を合成側にシフトするための，水―有機溶媒混合系，あるいは凍結水溶液系[7] を使用する試みも数多く報告[5,6] されている。しかしながら，

179

化学合成法とは理由が異なるものの，酵素法においても保護基の導入が基本的に必須であるため，工業的な観点からは化学合成法を凌駕するまでには至っていない。このように，化学合成法とプロテアーゼを用いる合成法においては，ペプチドにおけるアミノ酸の結合順序を如何に確実に決定するかという最重要課題（アミノ酸の縮合効率の上昇，ペプチド結合順位の異なる不要ペプチドの副生による合成収率の低下抑制と反応液からの精製収率の上昇）を満たすために，ペプチド結合に使われるアミノ基，カルボキシル基以外の官能基を保護する方法をとっている。その他，前述したように，無保護アミノ酸を基質にする酵素法として，ペプチド系抗生物質の生合成に関与する前述の非リボゾーム合成系（nonribosomal peptide synthetase 系）を利用する方法[7]も報告されているが，アミノ酸の結合順序を決定するために多くの酵素群の共役が必須，高価なATPが必須，酵素の基質特異性が低い，ペプチド生成量が低い等の観点から多くの課題を有している。上記と同様にATPをエネルギー源とする酵素で酵素群の共役を必要としないジペプチド生産の試みも最近報告されている[8]が，後述するように，ATPが必須，基質特異性に応じて不必要なジペプチドが副生する課題を有する。

5.4 新製法の戦略

　長い歴史を経て現行工業製法として確立された化学合成法は，工業的観点から多くの長所を持っているが，一方，コスト高になるという短所をも併せ持っている。長所としては，生産性（素反応の収率・蓄積）が極めて高い，保護基を導入する戦略でアミノ酸の結合順序が確実に決定でき，不要なペプチド副生を抑制できる，汎用性が高いことが挙げられ，コスト高の要因となる短所としては，保護基の導入・脱離工程が必須，アミノ酸のラセミ化の完全抑制が困難，反応溶媒として有機溶媒が必須なこと等が挙げられる。このような背景の下，上記の長所を維持し，短所を克服できる工業的新製法の構築を目指した。生産性・汎用性が高く，かつ保護・脱保護工程を省略できる新製法の構築のためには，酵素としては比活性が高く，基質特異性の広いもの，原料としては無保護のアミノ酸を使用することが必須であり，更に，無保護のアミノ酸を用いるという制約の中で，如何にアミノ酸の結合順序を正確に決定するかという戦略が極めて重要な点となった。これを達成するためには，アミノ酸同士を縮合するエネルギーとして，何をどのような形で用いるかが課題となった。酵素反応での縮合エネルギーの使い方は，ATPのような遊離の生体エネルギーを利用する考え（図1 (b)）と，アミノ酸（アシル供与体）を活性化して，その結合エネルギーを利用する考え（図1 (a)）に大別できる。

　前者は，前述したhomodimer合成のD-Ala-D-Ala ligase系と同様に位置づけられる考えであり，同じアミノ酸のhomodimer合成ではなく，異なるアミノ酸のheterodimerを合成する場合には，目的のA-Bというジペプチドの他に，酵素の基質特異性の広さに応じて，A-A，B-B，

第3章　医薬品素材の生産

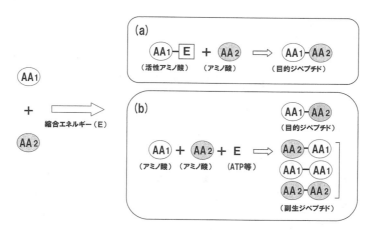

図1　アミノ酸結合順序決定の戦略

B-A等の不必要なペプチドが副生するという潜在的な課題を有する。一方，後者は，アシル供与体側のアミノ酸AのC末端を活性化しているので，求核剤としてのアミノ酸Bはこの活性エステルの位置のみしか攻撃できないため，目的のペプチドA-Bが選択的に合成できる特長を有する。このことより，新製法構築の方法論として後者の考えを採用した。

縮合エネルギーとしては，工業的観点から最安価なメタノールに着目した。すなわち，図1 (a) の考え方において，アミノ酸のC末端をメチルエステルとして活性化したアミノ酸メチルエステルをアシル供与体として用いる方法であり，使用基質はL-アミノ酸メチルエステルとL-アミノ酸となる。

図2に，代表的現行化学合成法と狙いの新規酵素法の比較を示した。保護基の導入・脱離工程を省略することは，保護基の原材料費および保護基導入・脱離工程のエネルギー費を削減できるばかりでなく，反応工程が少なくなることによりペプチド合成の総合収率が大幅に上昇することが大きなメリットとなる。基質としてL-アミノ酸メチルエステルとL-アミノ酸を用いる報告は極めて少なく，疎水性アミノ酸を含む一部のペプチド合成において，わずかカルボキシペプチダーゼY (CPase Y)[9]，パパイン等のプロテアーゼを用いる方法が特許報告されているのみであるが，多量の酵素量添加，反応速度の低さ，汎用性の低さ等，多くの課題を残している。また，Ala-Gln等の親水性ペプチドの生産については全く報告例はない。

5.5　新規酵素のスクリーニングと新製法の開発[10～14]

酵素のスクリーニングにあたり，課題を克服するために望まれる酵素の性質は，反応収率が高く（反応平衡がペプチド合成側に圧倒的に片寄っていること），かつ基質特異性が広いこと，生

微生物によるものづくり

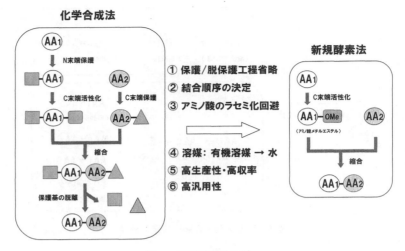

図2 新規酵素法の狙い

成ペプチドの分解能が無いことであり，更に重要なことは，アミノ酸メチルエステルの自発的分解速度（反応が起こると思われる弱アルカリ水溶液中ではアミノ酸メチルエステルは不安定でアミノ酸とメタノールに自発的に分解する）を圧倒的に凌駕するレベルのペプチド合成速度を有することである。このためには，従来のプロテアーゼによる転移作用の概念を大きく超える強力な転移型酵素の採取が必要となった。スクリーニングにおけるターゲットペプチドとしては，潜在需要が大きいと見込まれる Ala-Gln を選定した。狙いの酵素は全く未知の酵素であるので，既知酵素のホモロジーで採取する手法は利用できないため，アラニンメチルエステル（Ala-OMe）と Gln からの生成 Ala-Gln を測定する酵素活性を指標にしたスクリーニング系を採用した。当初設定したスクリーニング系では，Ala-Gln を分解する菌体内酵素が探索した全ての微生物に存在するため，目的酵素を有する微生物の採取は不可能であった。そこで，Ala-Gln を分解するプロテアーゼ活性を低下させるための培養条件，反応条件を検討し，スクリーニング系を再構築した。このスクリーニング系を用いて，微生物を広く検索した。Ala-Gln を微量生成する微生物は比較的多数見出されたが，高収率で Ala-Gln を生産する微生物の採取は困難を極めた。スクリーニング条件の再変更等により，最終的には *Empedobacter brevis* 等の数株の優良株を採取することができた。ペプチド合成の潜在能力を見極めるため，これら優良株群から単離した精製酵素を用いてペプチド合成能を検討した結果，Ala-Gln の合成収率が50％を超える酵素群と，数十％以下の酵素群に大別できた。精製酵素のゲル濾過での分子量，およびこれらの微生物からの目的酵素をコードする遺伝子の塩基配列決定により，高い合成収率を与える *Empedobacter brevis* 由来の酵素は約 70kDa のモノマーからなる2量体のセリン酵素であった。アミノ酸配列に高い相同性を

第3章 医薬品素材の生産

示すものが無いことより新規な酵素と考えられた。一方，低い合成収率しか得られない *Bacillus* 属細菌由来等の酵素はプロリンイミノペプチダーゼに高い相同性を示すことより，本酵素群によるペプチド合成は既存プロテアーゼの転移反応により触媒され，そのため合成収率が低いものと考えられた。

最優良酵素として選出した *Empedobacter brevis* 由来の精製酵素を用いて，Ala-OMe（100 mM）と Gln（200 mM）からの Ala-Gln 合成反応を検討した結果，極めて短時間の反応で 80%以上の高い合成収率が得られることが判明した（83 mM Ala-Gln 蓄積，pH 9.0, 2hr）。反応液には，16.5 mM の Ala 副生が観察され，Ala-Ala, Gln-Ala, Gln-Gln 等のジペプチド副生はほとんど観察されず，Ala-Ala-Gln の微量副生が観察された。Ala の副生は Ala-OMe の自発的加水分解により生じたものであり，添加酵素量の増加等により Ala 副生は減少し，これに比例して Ala-Gln 合成収率が更に上昇することが判明した。100 mM Ala-OMe は pH 9.0 において2時間で完全に自発的に加水分解されることより，上記結果は，本酵素が目的どおり Ala-OMe の自発的分解を圧倒的に凌駕するペプチド合成速度を有していることを示唆している。更に，生成 Ala-Gln は一定のレベルを維持しており，分解は観察されない。Ala-Gln を基質にした場合の Gln の添加効果を検証した結果，Gln 非存在下では Ala-Gln の弱い分解が見られるのに対し，Gln 存在下では Ala-Gln の分解が全く見られないことより，Gln 非存在下では水が求核剤となりえるが，Gln 存在下では水に優先して Gln のみが求核剤として Ala-OMe を攻撃するものと推察された[10]。また，ラセミ化も全く観察されなかった。本酵素の能力を検証するため，Ala-Gln の合成速度を，アミノ酸メチルエステルとアミノ酸から疎水性アミノ酸を含む一部のペプチド合成が知られている既知プロテアーゼ[9]と比較した。本酵素の Ala-Gln 合成活性は極めて高い値を示し，カルボキシペプチダーゼ Y，パパイン，フィシン，キモパパイン，ブロメラインの比活性のそれぞれ 5200, 47600, 58200, 74800, 10500 倍という圧倒的なペプチド合成能力を示した。前述したように，新製法構築のためには，従来のプロテアーゼの概念を超える新しい転移型酵素が必須であったが，本酵素の Ala-Gln 生産性および極めて高い比活性は当初の目的どおりの性質であった。

本酵素の利点は，高収率，高生産性に加え，Ala-Gln 以外の種々のジペプチド合成に汎用的に応用できる点にある。アシル供与体（C 成分）として Ala-OMe，求核剤（N 成分）として 20 種類のタンパク構成アミノ酸を用いた反応系で N 成分特異性を検討した結果，Pro と Asp を除き，他のアミノ酸はペプチド合成の N 成分として良く認識された。次にアシル供与体として 20 種類のタンパク構成アミノ酸に対応するメチルエステル，求核剤として Gln を用いた反応系で C 成分特異性を検討した結果，Asp-α-OMe を除き C 成分として認識されることが判明した。この中で C 成分として特に良い基質になるのは，Gly-OMe, Ala-OMe, Thr-OMe 等であった（図3）。本酵素は C 成分，N 成分の双方に広い基質特異性を有しており，種々の天然型のアミノ酸

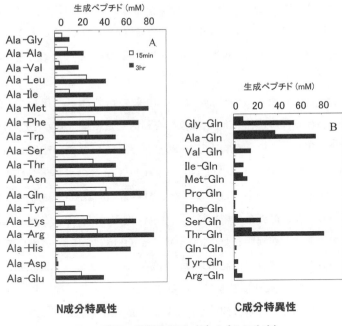

図3 酵素の基質特異性（ジペプチド生産）

表1 酵素の基質特異性（オリゴペプチド生産）

アシル供与体	求核剤	生成オリゴペプチド	15min	mM 180min
Ala-OMe	Ala	Ala-Ala	21.0	28.7
	Ala-Ala	Ala-Ala-Ala	34.1	57.5
	Ala-Ala-Ala	Ala-Ala-Ala-Ala	22.3	44.5
	Ala-Ala-Ala-Ala	Ala-Ala-Ala-Ala-Ala	18.2	34.8
	Ala-Gln	Ala-Ala-Gln	7.3	15.2
	Gly-Ala	Ala-Gly-Ala	18.0	25.9
	Gly-Gly	Ala-Gly-Gly	21.1	41.7
	His-Ala	Ala-His-Ala	39.2	55.9
	Leu-Ala	Ala-Leu-Ala	28.3	48.3
	Phe-Ala	Ala-Phe-Ala	16.5	49.7
	Phe-Gly	Ala-Phe-Gly	31.1	43.7
Gly-OMe	Ala-Tyr	Gly-Ala-Tyr	tr	1.7
	Gly-Gln	Gly-Gly-Gln	tr	7.2
	Gly-Tyr-Ala	Gly-Gly-Tyr-Ala	15.9	44.2
Thr-OMe	Gly-Gly	Thr-Gly-Gly	21.8	83.0

第 3 章　医薬品素材の生産

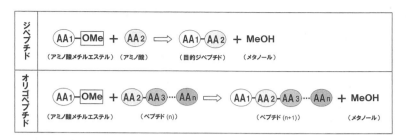

図 4　ジペプチド，オリゴペプチドの生産様式

からなるジペプチド生産に利用可能である。

　本法の更なる利点は，上記ジペプチド生産に加え，鎖長 3 以上のオリゴペプチドの生産も可能な点にある（表 1）。また，本酵素は種々の非天然型アミノ酸-OMe，非天然型アミノ酸も基質として認識できるので，非天然型アミノ酸を含むジペプチド合成にも応用可能であり，汎用性に優れた安価なオリゴペプチド新製法として期待される（図 4）。

　本新製法は，1901 年に発見された Emil Fischer の先駆的発見を契機として長い歴史を経て確立された現行化学合成法の考え方をベースに，現行法の長所を維持し，かつ，短所を克服できる方法の構築を目指したものである。本新製法によるペプチド生産の第一段として，Ala-Gln の工業生産に成功している。

文　　献

1) E. Fischer *et al.*, *Ber. Dtsch. Chem. Ges*, **34**, 2868-2877（1901）
2) M. Bergmann *et al.*, *Ber. Dtsch. Chem. Ges*, **65**, 1192-1201（1932）
3) R. B. Merrifield, *J. Am. Chem. Soc.*, **85**, 2149-2154（1961）
4) M. Bergmann *et al.*, *J. Biol. Chem.*, **119**, 707-720（1937）
5) H.-D. Jakubke *et al.* (eds.), Enzyme catalysis in organic synthesis, VCH, Weinheim, 431-458（1955）
6) H. Morihara, *Trends in Biotechnology*, **5**, 164-170（1987）
7) D. Thomas *et al.*, *Eur. J. Biochem.*, **270**, 4555-4563（2003）
8) K. Tabata *et al.*, *J. Bacteriology*, **187**, 5195-5202（2005）
9) P. Thorbek *et al.*, EP. 0278787 B1（1993）
10) K. Yokozeki *et al.*, *J. Biotechnol.*, **115**, 211-220（2005）
11) K. Yokozeki, *Speciality Chemicals Magazine*, **March**, 42（2005）

12) 横関健三, バイオサイエンスとインダストリー, **63**, 557（2005）
13) 横関健三, バイオサイエンスとインダストリー, **64**, 75（2005）
14) K. Yokozeki, *Speciality Chemicals Magazine,* **May**, 44（2007）

6 微生物を宿主としたコンビナトリアル生合成法による非天然型植物ポリケタイドの生産

勝山陽平[*1]，鮒 信学[*2]，堀之内末治[*3]

6.1 はじめに

エストロゲン様作用で知られるイソフラボン，寿命を延ばす活性を持つことが近年明らかとなったレスベラトロール，肝機能を活性化するクルクミン。これらは全て植物より単離されたポリケタイドの一種であり，その高い生理活性から近年大きな注目を集めている。本稿ではこれら植物ポリケタイドの微生物生産について概説する。また，この生産系を応用したコンビナトリアル生合成法による非天然型植物ポリケタイドの生産について述べる。

6.2 ポリケタイドとポリケタイド合成酵素（PKS）

ポリケタイドは酢酸（CH_2COOH）を構造の基本単位とする化合物の総称であり，植物から微生物まで幅広い生物が生合成している。その多くは有用な生理活性を有し，高脂血症治療薬であるロバスタチンや免疫抑制剤である FK506 のように医薬品として実用化されている例が数多く存在する。イソフラボン（isoflavone）やレスベラトロール（resveratrol）もポリケタイドの一種でありその高い生理活性から医薬品，機能性食品等として大きな注目を集めている。

ポリケタイドはポリケタイド合成酵素（polyketide synthase, PKS）と呼ばれる酵素により生合成される[1]。PKS はその構造から I 型〜III 型に分類されるが，本稿では植物ポリケタイドの生合成において重要な III 型 PKS について解説する。III 型 PKS は 42 KDa のケトシンターゼのホモダイマーから構成される。長大で多くのドメインからなる I 型 PKS や複数のサブユニットの複合体である II 型 PKS に比べるとコンパクトで扱いやすい酵素であるということができる[2]。III 型 PKS はスターター基質と呼ばれる CoA エステル（p-クマロイル CoA（p-coumaroyl-CoA）やアセチル CoA（acetyl-CoA）など）に伸長鎖基質（マロニル CoA（malonyl-CoA）やメチルマロニル CoA（methylmalonyl-CoA）など）を複数分子縮合することでポリケトメチレン鎖という中間体を合成する。さらに得られたポリケトメチレン鎖をアルドール縮合やクライゼン縮合により環化し，芳香化することでポリケタイドを合成する。最も代表的な III 型 PKS であるカルコン合成酵素（chalcone synthase, CHS）は p-クマロイル CoA（スターター基質）に 3 分子のマロニル CoA（伸長鎖基質）を縮合することでテトラケタイド中間体を生成する。その後，クラ

[*1] Yohei Katsuyama　東京大学　大学院農学生命科学研究科　博士課程
[*2] Nobutaka Funa　東京大学　大学院農学生命科学研究科　助教
[*3] Sueharu Horinouchi　東京大学　大学院農学生命科学研究科　教授

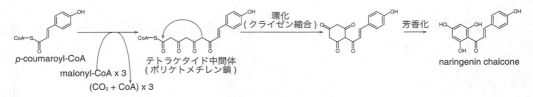

図1 ポリケタイド合成酵素
カルコン合成酵素（CHS）の触媒する反応。

表1 様々なIII型PKSの反応

酵素名	生物種	スターター基質	伸長鎖基質（縮合回数）	環化様式	生成物	文献
STS	higher plant	p-coumaroyl-CoA	m-CoA（3回）	脱炭酸を伴うアルドール縮合	stilbene (resorcinol)	2)
BAS	higher plant	p-coumaroyl-CoA	m-CoA（1回）	脱炭酸（環化を行わない）	benzalacetone	3)
ArsB	A. vinelandii	長鎖脂肪酸CoAエステル	m-CoA（3回）	脱炭酸を伴うアルドール縮合	alkyl-resorcinol	4)
ArsC	A. vinelandii	長鎖脂肪酸CoAエステル	m-CoA（2,3回）	ラクトン化	alkyl-pyrone	4)
RppA	S. griseus	malonyl-CoA	m-CoA（4回）	アルドールまたはクライゼン縮合	THN	5)
SrsA	S. griseus	長鎖脂肪酸CoAエステル	m-CoA（2回） mm-CoA（1回）	脱炭酸を伴うアルドール縮合	alkyl-resorcinol	6)
BcsA	B. subtilis	長鎖脂肪酸CoAエステル	m-CoA（2回）	ラクトン化	alkyl-pyrone	-

m-CoA, malonyl-CoA; mm-CoA, methylmalonyl-CoA; THN, tetrahydroxynaphthalene; -, 未発表データ

イゼン縮合による環化，芳香化を触媒することでナリンゲニンカルコン（naringenin chalcone）を合成する（図1）。これまで，スターター基質特性，伸長鎖基質の縮合回数，環化芳香化の様式が異なる様々な分子種が存在する。例えば，CHSとスターター基質および伸長鎖基質の縮合回数が同じであるが環化芳香化の様式が異なるスチルベン合成酵素（stilbene synthase, STS)[2]，CHSとは伸長鎖基質の縮合回数が異なるベンザルアセトン合成酵素（benzalacetone synthase, BAS)[3]，スターター基質や環化様式が異なるArsB, C（アルキルレゾルシノール合成酵素)[4]，伸長鎖基質特異性が異なるSrsAが挙げられる（表1)[6]。ArsB, CはAzotobacter vinelandiiのシスト膜の必須成分であるアルキルレゾルシノール（alkyl-resorcinol）やアルキルパイロン（alkyl-pyrone）の合成を触媒する。また，Streptomyces griseus由来のSrsAも放線菌の膜成分の合成に関与していると考えられている。これらの事例のように，III型PKSは微生物の膜形成においても重要な役割を担っていることが近年明らかになりつつある。これら以外にも様々なIII型PKS

が存在しその多様性がポリケタイド化合物の構造多様性を築いている。PKSによって合成されたポリケタイドはその後さらに，酸化，還元，メチル化，グリコシル化など様々な修飾を受けることで様々な構造を持つポリケタイドへと変換される。

6.3 コンビナトリアル生合成

コンビナトリアル生合成とは「遺伝学的手法を用いて人工的に生合成経路を構築することで天然には存在しない非天然型の新規化合物を生産する手法」である。酵素の改変によるキメラ酵素の作成や，様々な生物から抽出した遺伝子を大腸菌などの遺伝子工学的に扱いやすい生物に導入することで人工的に生合成遺伝子クラスターを構築するなどの手法が用いられている。

コンビナトリアル生合成の実現には，多様な生合成酵素とそれら酵素の詳細な機能の情報が必要不可欠である。近年，ゲノムプロジェクトの進展やX線結晶構造解析技術の進歩により，酵素の生化学的な知見が急速に蓄積しつつある。これらの発展に伴い，コンビナトリアル生合成による物質生産も数多くの研究がされてきた。酵素はほどよい基質および反応選択性を有するため複雑な骨格を形成することが可能である。また，反応の場は多くの場合，培地などの水系であるため環境負荷は小さい。以上の観点から，コンビナトリアル生合成は有用な物質生産系であると考えることができる。

コンビナトリアル生合成はこれまでPKSやリボソーム非依存型ペプチド合成酵素，特にI型PKSを用いて発展してきた。しかし，III型PKSを用いた成功例はほとんど存在しない。その理由として，III型PKSが他の2つの型に比べ遺伝子工学上扱いやすいが，その触媒活性が活性ポケットの微妙なアミノ酸の差異により制御されているためアミノ酸配列から活性を予測することが困難である点が挙げられる。一方I，II型PKSはアミノ酸配列より比較的容易にその活性が予測できるため，活性部位の置換や変位導入などを活用することによって非天然型の化合物の生産に成功した例が複数存在する。筆者らは後に述べる方法を用いることでIII型PKSを利用したコンビナトリアル生合成法により，非天然型植物ポリケタイドの生産に成功したので以下に解説する。まず，その前段階として天然型植物ポリケタイドの生産を試みた。

6.4 フラボノイド（植物ポリケタイド）の生合成

フラボノイド（flavonoid）は様々な高等植物から単離された化合物群で，最も代表的な植物ポリケタイドである。生体内ではシグナル伝達，フィトアレキシン，色素など，実に幅広い役割を担っている。また，近年の研究から人体に対しても抗酸化活性，抗腫瘍活性，エストロゲン様活性などの有用な活性を持つことが明らかになっており，医薬品や機能性食品として大きな注目を集めている。

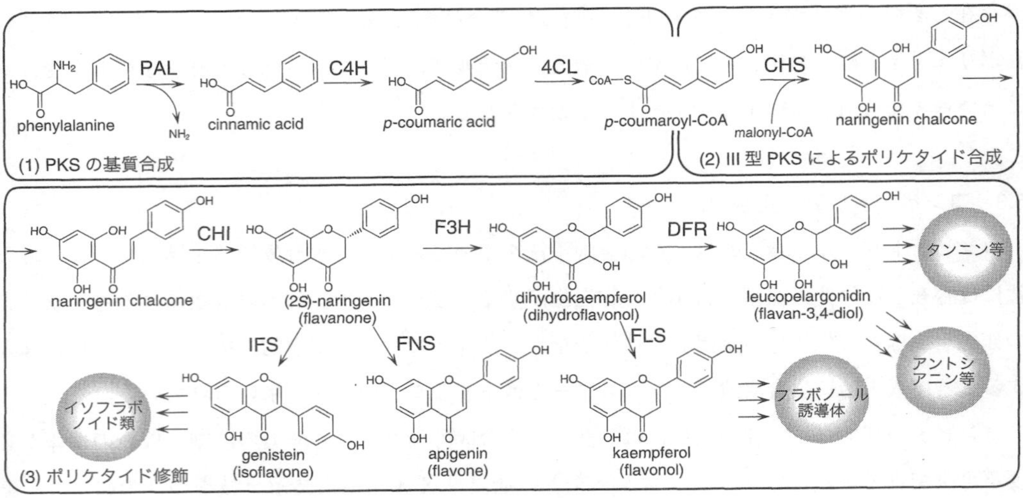

図2 フラボノイドの生合成経路

PAL, phenylalanine ammonia lyase; C4H, cinnamate-4-hydroxylase; 4CL, 4-coumarate:CoA ligase; CHS, chalcone synthase; CHI, chalcone isomerase; IFS, isoflavone synthase; F3H, flavanone-3-hydroxylase; FNS, flavone synthase; DFR, dihydroflavonol-4-reductase; FLS, flavonol synthase

　フラボノイドは以下に述べる経路で生合成される（図2）[7]。フェニルアラニン（phenylalanine）がフェニルアラニンアンモニアリアーゼ（phenylalanine ammonia-lyase, PAL）により脱アミノ化されることでシナモン酸（cinnamic acid）へと変換される。続いて，シナメイト-4-ヒドロキシラーゼ（cinnamate-4-hydroxylase, C4H）によりシナモン酸が p-クマル酸（p-coumaric acid）へと酸化される。p-クマル酸は4-クマロイルCoAリガーゼ（4-coumarate:CoA ligase, 4CL）により p-クマロイルCoA（p-coumaroyl-CoA）へと活性化される。この p-クマロイルCoAがIII型PKSであるCHSのスターター基質となり，ナリンゲニンカルコン（naringenin chalcone）へと変換される。ナリンゲニンカルコンはカルコンイソメラーゼ（chalcone isomerase, CHI）により立体特異的に異性化され，フラバノン（flavanone）の一種である（2S）-ナリンゲニン（（2S）-naringenin）へと変換される。この，フラバノンが酸化，グリコシル化などの様々な修飾を受けることで多様なフラボノイドが生合成される。このフラボノイドの生合成経路は3つの段階に分けることができる。1つ目はIII型PKSの基質である p-クマロイルCoAを合成するまでの段階(1)。2つ目はIII型PKSによるポリケタイド骨格の合成段階(2)。そして，3つ目は合成されたポリケタイドに様々な修飾を加える段階である(3)。このフラボノイド生合成経路に代表されるように多くの植物ポリケタイドの生合成経路は3つの段階に分けることができる。

第3章　医薬品素材の生産

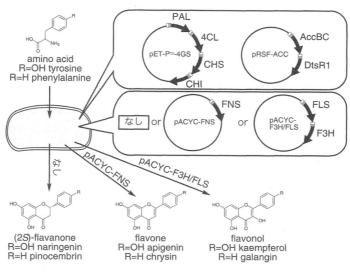

図3　大腸菌を宿主としたフラボノイドの生産

6.5　微生物を宿主としたフラボノイドの生産

Ⅲ型ポリケタイド合成酵素の中で最も代表的なCHSを用いてフラボノイドの生産を画策した。まず，多くのフラボノイドの前駆体であり代表的なフラボノイドである (2S)-フラバノンの生産を試みた。C4Hは真核生物型のシトクロムP450酵素であるため，大腸菌内で活性型として発現させることは困難であった。そこで，PALがフェニルアラニン（phenylalanine）だけでなくチロシン（tyrosine）も基質とする性質を利用し，フェニルアラニンではなくチロシンから直接 p-クマル酸（p-coumaric acid）を生成することでフラバノンの生産を行った。フラバノンを生産する大腸菌を構築するためにPAL, 4CL, CHS, CHIを1つのプラスミドベクター上にクローニングし「人工生合成遺伝子クラスター」を構築した。赤色酵母由来PAL，放線菌由来の4CLであるScCCL，甘草由来CHS，クズ由来CHIの上流にそれぞれT_7プロモーターおよびリボソーム結合配列をそれぞれ配置し，pET16bにクローニングすることでpET-P_{T7}-4GSを構築した。pET-P_{T7}-4GSを保持した大腸菌BLR（DE3）株を2 mMチロシン（tyrosine）またはフェニルアラニンを添加した最少培地で培養したところフラバノンであるナリンゲニンおよびピノセンブリン（pinocembrin）の生成を確認した（図3）。しかし，この時点では収量が十分とは言えなかった。そこで，CHSの伸長鎖基質であるマロニルCoAの濃度が律速になっていると考え以下の実験を行った。

Corynebacterium glutamicum 由来のマロニルCoA合成酵素であるアセチルCoAカルボキシラーゼ（acetyl-CoA carboxylase, ACC）を大腸菌内で過剰発現させ，細胞内マロニルCoA濃度

を上昇させることでフラバノンの収量増加を目指した。ACC のサブユニットをコードする遺伝子である *dtsR1* および *accBC* を pRSF 上の T_7 プロモーターおよびリボソーム結合配列の下流にクローニングすることで pRSF-ACC を構築した。このプラスミドは pET-P_{T7}-4GS とは複製起点および薬剤耐性が異なるため同一大腸菌の細胞内に共存することができる。pET-P_{T7}-4GS および pRSF-ACC を保持した大腸菌 BLR（DE3）株を 2 mM チロシンまたはフェニルアラニンを添加した最少培地で培養したところナリンゲニンおよびピノセンブリンの収量が約 3 から 4 倍に増加した。さらに培養条件の検討を行い以下の条件でフラバノンの生産を行った。IPTG 誘導後，5 時間培養した菌体を集菌，濃縮し 50 g wet cells/l となるように抗生物質，IPTG，4%のグルコース，$CaCO_3$，3 mM チロシンもしくはフェニルアラニンを含む最少培地に植菌し，さらに 60 時間培養した。その結果，57 mg/l のナリンゲニンおよび 58 mg/l ピノセンブリンの生産に成功した（図3）[8]。また，この時菌体は増殖していなかった。また，生産はほとんどバッファーとも呼べる M9 培地で行われており，かつ非増殖菌体を用いていることから代謝物の量も少ないため生成物の単離生成は容易である。

次にこの生産系にポリケタイド修飾酵素を加えることでフラボノイドの誘導体であるフラボン（flavone），フラボノール（flavonol）の生産を試みた。パセリ由来のフラボン合成酵素（flavone synthase, FNS），温州みかん由来のフラバノン-3-ヒドロキシラーゼ（flavanone-3-hydroxylase, F3H）およびフラボノール合成酵素（flavonol synthase, FLS）を pACYC 上の T_7 プロモーターおよびリボソーム結合配列の下流にクローニングすることで pACYC-FNS および pACYC-F3H/FLS をそれぞれ構築した。FNS はフラバノンに 2 重結合を導入することでフラボンの生成を触媒し，F3H，FLS はそれぞれフラバノンに水酸基と 2 重結合を導入することでフラボノールを生成する反応を触媒する（図2）。pET-P_{T7}-4GS，pRSF-ACC および pACYC-FNS を保持した大腸菌を前述と同様の方法で培養したところフラボンである 13 mg/l のアピゲニン（apigenin），9.4 mg/l のクリシン（chrysin）が生成した（図3）[9]。この時，培地中にフラバノンは残存しておらず，全てフラボンへと変換されていた。

次に pET-P_{T7}-4GS，pRSF-ACC および pACYC-F3H/FLS を保持した大腸菌を用いて同様の実験を行ったところ，15.1 mg/l のケンフェロール（kaempherol）および 1.1 mg/l のガランギン（galangin）が生成した（図3）[9]。チロシンを添加した場合は培地中にナリンゲニン（フラバノン）が残存しておらず全てケンフェロール（フラボノール）へと変換されていたが，フェニルアラニンを添加した場合は培地中にピノセンブリン（フラバノン）が残存していた。この結果は F3H がピノセンブリンを基質として余り好まないためと考えられる。

第3章　医薬品素材の生産

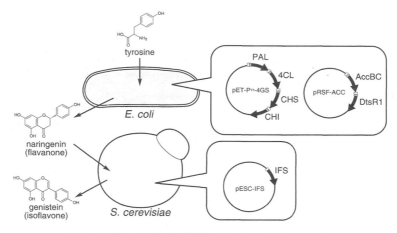

図4　大腸菌と酵母の共培養によるイソフラボンの生産

6.6　大腸菌と酵母の共培養によるイソフラボンの生産

　次にイソフラボンの微生物生産を計画した。前述したように大腸菌を宿主とすることで様々なフラボノイドの生産に成功してきた。しかし，以下の理由から大腸菌を宿主としたイソフラボン生産系の確立は困難であることが予想された。イソフラボン合成酵素（isoflavone synthase, IFS）はミクロソーム型P450酵素であり，大腸菌で機能的に発現させることが困難な酵素である。また，ミクロソーム型シトクロムP450酵素は真核生物に特有の酵素であり，補酵素として原核微生物には存在しない電子伝達系を必要とする。そこで，大腸菌に代わる宿主として代表的な真核微生物である出芽酵母（Saccharomyces cerevisiae）に着目した。出芽酵母はタンパク質過剰発現系や形質転換系が確立されており，シトクロムP450の発現における宿主として頻繁に用いられている。さらに，出芽酵母はシトクロムP450還元酵素を有しているため，電子伝達系を内在性のもので代用できる。よって，出芽酵母はイソフラボンの生産に適した宿主であると言える。また，予備的な実験から，イソフラボンの前駆体であるナリンゲニン（フラバノン）は大腸菌，出芽酵母の細胞膜を透過することが明らかとなっていた。以上から，フラバノン生産大腸菌とIFSを保持した出芽酵母を同一フラスコ内で培養することでイソフラボンの微生物生産が可能になると考えられた。IFSの上流にガラクトース誘導型プロモーターを配置し，ベクターpESC-Trp-IFSを構築した。湿菌体量25 g/lの（2S)-フラバノン生産大腸菌，湿菌体量25 g/lのIFSを保持した出芽酵母を4％のガラクトース，0.1％のカザミノ酸および3 mMのチロシンを含む培地で60時間培養した。その結果，約6 mg/lのゲニステイン（genistein）の生産に成功した（図4）[10]。

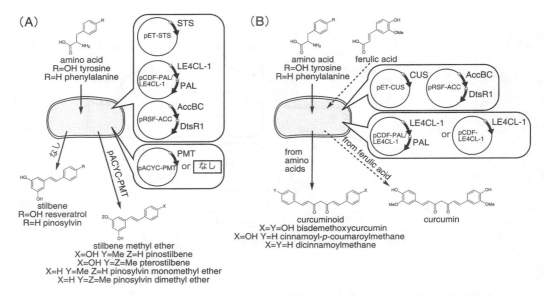

図5 大腸菌を宿主としたスチルベン（A）およびクルクミノイド（B）の生産

6.7 スチルベン（stilbene）の生産

　これまで述べてきたフラボノイド生産系を応用することで容易に他の植物ポリケタイドを生産することができる。スチルベンはレスベラトロールに代表される植物ポリケタイドであり，長寿効果や抗ガン活性など様々な生理活性を持つ。また，スチルベン合成酵素（STS）はCHSと並び，最も代表的なIII型ポリケタイド合成酵素である。そこで，ピーナツ由来のSTSを用いてスチルベンの微生物生産を試みた。STSを，pETDuet-1上のT_7プロモーターおよびリボソーム結合配列の下流にクローニングすることでpET-STSを構築した。また，ムラサキ由来の4CL，LE4CL-1および赤色酵母由来のPALをpCDF上のT_7プロモーターおよびリボソーム結合配列の下流にクローニングすることでpCDF-PAL/LE4CL-1を構築した。pET-STS, pCDF-PAL/LE4CL-1, pRSF-ACCを保持した大腸菌をフラボノイド生産時と同様に培養しスチルベンの生産を行った。その結果チロシンを添加した場合，37 mg/lのレスベラトロールが，フェニルアラニンを添加した場合20 mg/lのピノシルビン（pinosylvin）が生成した（図5（A））[11]。次にスチルベン修飾酵素を反応系に加えることでスチルベンメチルエーテル（stilbene methyl ether）の生産を試みた。

　スチルベンメチル化酵素であるピノシルビンメチルトランスフェラーゼ（pinosylvin methyltransferase, PMT）ホモログを稲のcDNAライブラリーより取得しpACYC上のT_7プロモーターおよびリボソーム結合配列の下流にクローニングすることでpACYC-PMTを構築

第3章　医薬品素材の生産

した。pET-STS, pCDF-PAL/LE4CL-1, pRSF-ACC, pACYC-PMT を保持した大腸菌を同様に培養しスチルベンメチルエーテルの生産を行った。その結果，チロシンを添加した場合は 18 mg/l のピノスチルベン（pinostilbene）および 6 mg/l のプテロスチルベン（pterostilbene）が，フェニルアラニンを添加した場合 27 mg/l のピノシルビンモノメチルエーテル（pinosylvin monomethyl ether）および 27 mg/l のピノシルビンジメチルエーテル（pinosylvin dimethyl ether）が生成した（図5（A））[11]。いずれの場合もスチルベン（レスベラトロールおよびピノシルビン）が反応しきらず，培地中に残存していた。また，この結果から PMT はレスベラトロールよりもピノシルビンを基質として好むことが明らかとなった。このように，前述したフラボノイド生産系は容易に他の植物ポリケタイド生産およびその誘導体の生産に応用することが可能である。

6.8　クルクミノイド（curcuminoid）の生産

クルクミノイドはクルクミン（curcumin）に代表されるように，肝機能の活性化や抗ガン活性など様々な生理活性を持つ化合物群である。フラボノイドやスチルベンとは異なりクルクミノイドはこれまでその生合成を担うIII型ポリケタイド合成酵素は単離されていなかった。しかし，著者らは近年クルクミノイド合成酵素（curcuminoid synthase, CUS）を稲より発見することに成功した[12]。稲は本来クルクミノイドを生産しないと言われており，この発見は実に驚くべきことである。CUS は他のIII型ポリケタイド合成酵素と異なり2分子のスターター基質と1分子の伸長鎖基質を縮合することでクルクミノイド骨格を形成する反応を触媒する実にユニークな酵素である。著者らはこのクルクミノイド合成酵素を用いてクルクミノイドの微生物生産を試みた。

CUS を pET16b 上の T_7 プロモーターおよびリボソーム結合配列の下流にクローニングすることで pET-CUS を構築した。pET-CUS, pCDF-PAL/LE4CL-1, pRSF-ACC を保持した大腸菌を用いてフラボノイド生産時と同様に培養を行った。その結果，チロシンを添加した場合，53 mg/l のビスデメトキシクルクミン（bisdemethoxycurcumin），18 mg/l のシナモイル-p-クマロイルメタン（cinnamoyl-p-coumaroylmethane）および 3 mg/l のジシナモイルメタン（dicinnamoylmethane）が，フェニルアラニンを添加した場合 8 mg/l のシナモイル-p-クマロイルメタンおよび 107 mg/l のジシナモイルメタンが，またチロシン，フェニルアラニンの両方を添加した場合は 4 mg/l のビスデメトキシクルクミン，19 mg/l のシナモイル-p-クマロイルメタンおよび 35 mg/l のジシナモイルメタンがそれぞれ生成した（図5（B））[13]。CUS は2分子のスターター基質を取り込むため，p-クマロイル CoA を2分子取り込んだ場合はビスデメトキシクルクミンを，p-クマロイル CoA とシナモイル CoA を1分子ずつ取り込んだ場合はシナモイル-p-クマロイルメタンを，さらにシナモイル CoA を2分子取り込んだ場合はジシナモイルメタンを

生成することが in vitro の実験により明らかになっている。チロシン（もしくはフェニルアラニン）のみを添加した場合にそれぞれに対応した化合物以外の化合物が生成した理由は細胞内にもともと存在するチロシンやフェニルアラニンが PAL によって p-クマル酸やシナモン酸に変換されたためだと考えられる。

　クルクミノイドで最も有名な化合物はウコンに含まれるクルクミンである。しかし，クルクミンの前駆体であるフェルラ酸 (ferulic acid) に対応するアミノ酸（p-クマル酸に対するチロシン，シナモン酸に対するフェニルアラニンに当たる化合物）は存在しない。そこでフェルラ酸よりクルクミンの生産を試みた。pCDF-PAL/LE4CL-1 から PAL を除いた pCDF-LE4CL-1 を構築した。pET-CUS, pCDF-LE4CL-1, pRSF-ACC を保持する大腸菌を前述と同様の方法で培養し，その際アミノ酸の代わりに 1 mM フェルラ酸を添加した。その結果，113 mg/l のクルクミンの生産に成功した（図5 (B)）。

　食用米油の廃棄物である米糠ピッチはクルクミンの前駆体であるフェルラ酸を大量に含んでいることが知られている[14]。そこで，この米糠ピッチをフェルラ酸の代わりに用いてクルクミン生産を行った。米糠ピッチ内でフェルラ酸はエステル体で存在している。そこで，米糠ピッチをアルカリ分解し，pH を調節した後に必要な栄養源（4%グルコースや無機塩類）を加えることで米糠ピッチ培地を作成した。この，米糠ピッチ培地を用いて前述と同様の方法で大腸菌の培養を行ったところ約 60 mg/l のクルクミンの生産に成功した[13]。この生産系は産業廃棄物の利用という観点から実に望ましい生産系であると言える。

6.9　非天然型植物ポリケタイドの生産

　これまで述べてきたように大腸菌を宿主として様々な植物ポリケタイドの生産に成功してきた。次に非天然型植物ポリケタイドの生産を行った。Precursor-directed biosynthesis 法とマルチプラスミド法を組み合わせることで網羅的に非天然型植物ポリケタイドの生産を試みた。Precursor-directed biosynthesis 法とは基質特異性が寛容な酵素群に本来の基質とは異なる非天然型基質を与えることで，非天然型基質の構造を反映した本来の生成物のアナログを生産する手法である。マルチプラスミド法とは複数のタンパク質を同時発現する時に用いる方法である。異なる薬剤耐性遺伝子と複製起点を持つプラスミドは同じ菌体に共存することができるという性質を利用した方法で，現在のところ4種のプラスミド（pCDF 系，pRSF 系，pET 系，pACYC 系）を用いることで8種のタンパク質を同時発現することができる。

　まず，植物ポリケタイド生合成を①ポリケタイドの基質となる CoA 体の合成，② PKS によるポリケタイド合成，③ポリケタイド修飾3つの段階に分けそれぞれを異なる複製起点を持つプラスミドにクローニングした（①は pCDF 系もしくは pRSF 系，②は pET 系，③は pACYC 系，図6）。

第3章 医薬品素材の生産

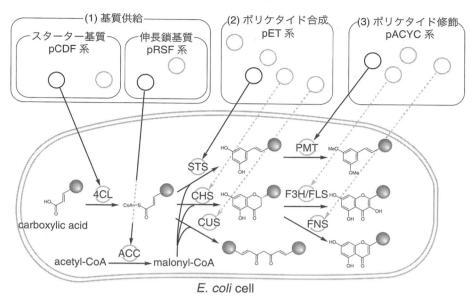

図6 非天然型植物ポリケタイドの生産
マルチプラスミド法により大腸菌内に様々な人工生合成遺伝子クラスターを構築し，その大腸菌に様々な基質を投与することで多様な植物ポリケタイドの生産が可能となる。

これにより，異なる生合成段階の遺伝子を保持したプラスミドを大腸菌に同時形質転換することで簡便に多様な人工生合成遺伝子クラスターを構築することができる。さらに様々な生合成遺伝子クラスターを持つ大腸菌に様々な構造のカルボン酸を投与することで多様な構造を持つ植物ポリケタイドを網羅的に生産することが可能になる。例えばX種の基質，Y種のPKS，Z種のポリケタイド修飾酵素を用いることで理論上$X×Y×Z$種類の化合物の生産が可能になる。現在まで22種の基質，PKSとしてCHS，STS，CUSを，ポリケタイド修飾酵素としてCHI，FNS，FLS，F3H，PMTを用いることで合計166種類のフラボノイド，スチルベン，クルクミノイドの生産に成功した（図6）[11, 15]。これらのうち126種類は自然界に存在しない非天然型植物ポリケタイドである。このように，非天然型植物ポリケタイドの網羅的生産に成功した。植物ポリケタイドは高い生理活性を持っており，これら非天然型植物ポリケタイドの中からより高い活性を持つ化合物が得られる可能性がある。

6.10 総括

これまで述べてきたとおり，我々は「非天然型」を含む様々な植物ポリケタイドの微生物生産を可能にした。本研究はIII型PKSを用いてコンビナトリアル生合成を行った初めての例であり，今後さらに発展するであろうコンビナトリアル生合成の可能性を示したものである。これま

での研究では用いていないが本生産系に組み込むことができる酵素は数多く存在する。例えば，伸長鎖基質合成酵素としてメチルマロニル CoA を合成するプロピオニル CoA カルボキシラーゼ（propionyl-CoA carboxylase），PKS としてクマロイルトリアセティックアシッド合成酵素（coumaroyl triacetic acid synthase）やベンザルアセトン合成酵素，ポリケタイド修飾酵素としてプレニルトランスフェラーゼや種々の酸化酵素が挙げられる。これらの酵素群を本生産系に組み込むことで，微生物を用いてより多様な構造を持つ化合物群を生産することが可能になり，新規医薬品資源の開発や，化学遺伝学による基礎研究など様々な分野に大きく貢献することができるだろう。

文献

1) B. Shen, *Curr. Opin. Chem. Biol.*, **7**, 285（2003）
2) M. B. Austion, J. P. Noel, *Nat. Prod. Rep.*, **20**, 79（2003）
3) I. Abe *et al.*, *Eur. J. Biochem.*, **268**, 3354（2001）
4) N. Funa *et al.*, *Proc. Natl. Acad. Sci. U. S. A.*, **103**, 6356（2006）
5) N. Funa *et al.*, *Nature*, **400**, 897（1999）
6) M. Funabashi *et al.*, *J. Biol. Chem.*
7) B. Winkel-Shirley *et al.*, *Plant Physiol.*, **126**, 485（2001）
8) I. Miyahisa *et al.*, *Appl. Microbiol. Biotechnol.*, **68**, 498（2005）
9) I. Miyahisa *et al.*, *Appl. Microbiol. Biotechnol.*, **71**, 53（2006）
10) Y. Katsuyama *et al.*, *Appl. Microbiol. Biotechnol.*, **73**, 1143（2007）
11) Y. Katsuyama *et al.*, *Biotechnol. J.*, **2**, 1286（2007）
12) Y. Katsuyama *et al.*, *J. Biol. Chem.*, **282**, 37702（2007）
13) Y. Katsuyama *et al.*, *Microbiol.*, in press
14) H. Taniguchi *et al.*, *Anticancer Res.*, **19**, 3757（1999）
15) Y. Katsuyama *et al.*, *Chem. Biol.*, **14**, 613（2007）

7 乳酸菌を活用した粘膜ワクチンの特性と臨床応用を目指した開発

瀬脇智満[*1]，夫　夏玲[*2]，川名　敬[*3]，金　哲仲[*4]，成　文喜[*5]

7.1 はじめに

21世紀は「生命科学の世紀」とも言われており，ライフサイエンス分野は，世界各国においても重点研究領域としてその研究開発が取り組まれている。我が国においても，少子高齢化社会をむかえ，創薬開発の領域では人々のQuality Of Life（QOL）向上に繋がる新薬開発の実現に向けたイノベーションの創出が求められている。

日本の医薬品産業を取り巻く環境としては，平成14年に公表された医薬品産業ビジョンが全面的に見直され，平成20年に新産業ビジョンが策定，公表された。そのアクションプランは「革新的医薬品・医療機器創出のための5か年戦略」として取りまとめられている[1]。

一方，ワクチン産業においても，平成19年にワクチン産業ビジョンが公表され，新興・再興感染症へ対応するワクチン開発なども含め，ワクチン産業の重要性が増していることは明らかである[2]。また，その市場規模については，世界的に見ても高齢者，成人領域でのワクチンニーズの増加が見込まれることから，現状の3倍にも拡大するとの見通しがある[1]。従って，今後新たなワクチン技術の開発や同産業の活性化が重要な開発領域であり，その実現が医療の充実に直結するものと考えている。

このような社会的な背景も踏まえ，本稿では，当社が大学発ベンチャーとして韓国から技術導入し，取り組んでいる乳酸菌を抗原運搬体として用いた「粘膜ワクチン」の開発事例を紹介するとともに，その将来性（臨床応用への道筋）について述べたい。

7.2 抗原運搬体としての乳酸菌の役割

乳酸菌は，ヒトをはじめ各種動植物など幅広く存在する微生物として知られている。また，乳酸菌は歴史的に見ても産業上で重要な微生物として認識され，各種発酵食品のスターターとして

---

* 1　Tomomitsu Sewaki　㈱ジェノラックBL　基礎研究部　部長
* 2　Haryoung Poo　Korea Research Institute of Bioscience and Biotechnology, Bionanotechnology Research Center, Principal Investigator
* 3　Kei Kawana　東京大学　医学部附属病院　産科婦人科学教室　助教
* 4　Chul-Joong Kim　Chungnam National University, College of Veterinary Medicine, Laboratory of Infectious Disease, Professer
* 5　Moon-Hee Sung　㈱バイオリーダース　代表取締役社長；国民大学　自然科学大学　生命ナノ化学　教授

も幅広く利用されているほか，医薬品（整腸剤）の用途においても長期間に亘り経口摂取されてきた経験があり，極めて安全性が高い微生物と言える。

近年の乳酸菌研究の成果から，ヒトや動物に対する健康増進機能に関する多くの有効性が解明されつつある[3〜5]。これらの機能については，その作用機序により「プロバイオティクス」や「バイオジェニクス」などの言葉でも表現されている[6,7]。このように高い安全性が確保されている微生物は乳酸菌以外には殆ど無い。乳酸菌の応用研究は，優良菌株を選定，育種することを基本戦略の下に，各種発酵食品のスターターとして利用されている上に，近年では特定保健用食品や機能性食品へも展開されてきている。

一方，乳酸菌の研究においては，1980年代より分子遺伝学的手法が取り入れられ，*Lactococcus*属や*Lactobacillus*属などの菌株を主とした遺伝子組換え技術の応用例が多数報告されている[8〜10]。また，2000年以降は乳酸菌のゲノム解析も進んできており，今後さらなる研究の進展が期待される[5,11]。

これらの応用研究として，乳酸菌の各種遺伝子情報と遺伝子組換え技術を有効活用することにより，乳酸菌自体に有用機能を積極的に付加すること（例えば設計図に基づき乳酸菌菌株を改良するなど）も可能となってきている。その一例として，乳酸菌を抗原運搬体として利用するワクチンへの応用という医薬品開発への発想が生まれてきたことは必然的な流れと言える。

乳酸菌を抗原運搬体として利用する当社のワクチンの詳解に入る前に，「粘膜ワクチン」の概要についても触れておきたい。

現在，臨床応用されている各種感染症予防用ワクチンの多くは，抗原分子を単離精製したものを注射投与する注射型ワクチンが主流である。これらのワクチンは主として予防を目的としているため，基本的には健常者への投与となる。また，その製造工程を見てみると，安全性への配慮から，不純物による非特異的な免疫反応を防ぐために抗原を高度に精製する生産工程を必要としているものが多く，一部ではこの工程が生産コストを押し上げる要因とも言われている。

また，「注射型ワクチン」の作用は，全身系の免疫（血液中の抗体：IgG）を効率よく誘導できるが，粘膜系の免疫（粘膜上での感染防御に有効な抗体：IgA）を誘導することはできない。

最近のワクチン研究から，粘膜面に存在する粘膜免疫のシステムが生体の感染防御に重要な働きを担っていることが明らかになってきている[12]。その利点としては，①経口・経鼻などの投与経路であるため，生体にかかるストレスも低く，注射器のような医療器具を必要としないこと，②粘膜面へ投与する抗原においては，「注射型ワクチン」のように高度な抗原精製を必ずしも必要とせず，製造時のコスト削減へと繋がると考えられていることなどがあげられる。

「粘膜ワクチン」の注目すべき点は，「注射型ワクチン」と同様に全身系の免疫を誘導するとともに粘膜系の免疫を誘導できることにある。つまり，生体に備わる二重の防御機能を働かせる

第3章　医薬品素材の生産

ことができるため，今後新たなワクチン開発へと貢献する技術として大きな期待が寄せられている[12, 13]。

これらの特徴を有している「粘膜ワクチン」において，乳酸菌を母体とした研究開発の現状を調査してみると，その研究の多くは非臨床段階にあると言える[14〜16]。現在までに臨床応用された報告は *Lactococcus lactis* の細胞内に IL-10 を発現させた，クローン病への応用例であり[17]，今後は乳酸菌をはじめ各種「粘膜ワクチン」の臨床応用が期待される。

7.3　当社の乳酸菌ワクチンについて

創薬開発のステップについては，対象疾患によって若干の差異は見られるものの，一般的には以下のような検討課題を順次クリアーし，進めることになる。まずは医薬品候補物質のスクリーニングからスタートする。通常選定に係る時間はまちまちであるが，完了した後にはその医薬品候補物質を実験室などの小規模レベルで作製し，効力を細胞系や小動物を使用した試験で確認する。次に候補物質を医薬品グレードで製造し（GMP化），製剤化，GLP適合の安全性試験（毒性の有無を確認）にて評価し，臨床試験へと進むことになる。

当社の乳酸菌ワクチンについては，候補物質のスクリーニングに当たる部分が抗原の遺伝子情報の選定となる。対象疾患で有効と考えられる抗原遺伝子情報をもとに遺伝子を入手（合成）し，遺伝子組換え用のベクターを構築する。このベクターを用いて乳酸菌の細胞内へ導入（形質転換）した後，得られた形質転換体をワクチン候補とするステップを取っている。

これまでの乳酸菌研究で使用されている遺伝子組換えシステム（宿主ベクター系）は試験研究用に利用可能なシステムを活用していることが多いが，当社においては独自の発現ベクターシステムを利用している[18, 19]。また，その発現システムの構成としては，食経験のある微生物由来のタンパク質を利用している点でもこれまでの報告と異なる[20, 21]。本システムは宿主乳酸菌と対象疾患に関連する抗原遺伝子の組み合わせを変更することが容易であるため，通常の創薬開発における「スクリーニング」に要する時間を短縮できるという特長も有している（図1）。

また，通常のワクチン開発においては，ウイルス自体を利用する，もしくはその抗原分子を単離精製することになるが，この場合は，病原体を直接使用しなければならない。これに対し，前述のように当社の乳酸菌ワクチンの開発ステップにおいては，疾患に対する病原体の抗原タンパク質に関する遺伝子情報を入手することで開発を進められるため，比較的短期間で候補となる乳酸菌形質転換体を取得できるため，本技術の応用範囲は今後も広がるものと考えている。

次に，医薬品候補物質のGMP製造およびその製剤化の可否は大きなハードルと言える。いくら有効性が高い物質があったとしても，GMP化ができなければその先の開発ステージに進むことは難しい。その実施を可能にするためには，標準作業手順（SOP）や規格試験方法，規格値の

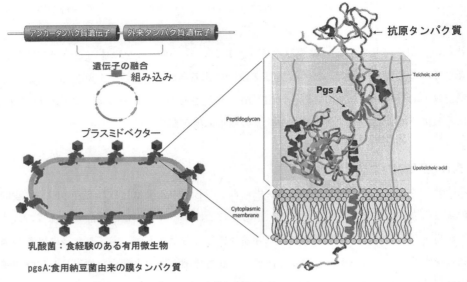

図1　乳酸菌発現システム

設定等に取り組む必要がある。当社においては乳酸菌自体を原薬とすることを基本戦略としているため，遺伝子組換え体の安全性面を考慮した当社独自の規格設定を含め，現在各種試験方法の開発とその規格化を実施し，日本国内での臨床応用に向けた準備を進めている。

また，当社の乳酸菌ワクチンは遺伝子組換え体であることもあり，その GMP 化が課題であったが，著者らの韓国共同研究者グループの協力も得て，韓国の GMP 製造所にて治験薬グレードの GMP 製造が完了している。

また，当社の乳酸菌ワクチンは経口を第一の投与ルートと考えているため，消化管という環境下においても乳酸菌に発現した抗原を保護する必要があるが，原薬を直接投与した小動物の試験等では，消化管へ抗原維持されたまま送達されていることも確認している。

これまで，乳酸菌自体はその安全性が認識されている微生物ではあるが，組換え微生物としての乳酸菌の安全性については今後の課題であると言える。本稿においては，参考データとしての紹介にとどめるが，当社の乳酸菌ワクチンにおける各種安全性試験（GLP 非適合）では，原薬に起因する異常はいずれの試験においても認められていない。

しかし，使用する抗原ならびに組換え体自体の安全性においては十分な検討が必要であり，この点は今後の課題として GLP 試験を実施するなど医薬品開発における安全性データの取得を目指したい。

7.4 当社の開発パイプラインの紹介

現在，当社のパイプラインとして注力をしているのは「ヒトパピローマウイルス（HPV）に対する治療用ワクチン」の開発である。

HPVは100種類以上のタイプに分類されるが，ハイリスク型の15種類は子宮頸癌の原因ウイルスとして認識されている。子宮頸癌は，女性において乳癌に次いで世界で二番目に多い癌であり，子宮頸癌の95％以上からHPV遺伝子が検出される。その中で，HPV感染者の約10％は子宮頸部上皮内腫瘍（CIN）の異形成へと病状が進行し，CINのステージはCIN1（軽度異形成），CIN2（中等度異形成）およびCIN3（高度異形成）に分けられる。また，ステージの進行にともない，癌化に関係するタンパク質であるE6あるいはE7の発現率および発現量が次第に増加することで，子宮頸癌へと進展するとされている。現在，海外大手製薬企業から予防的ワクチンが海外市場に上市され始めてはいるが，HPV持続感染のステージにあるCIN患者に対する治療薬は存在していない。このためCIN患者は常に子宮頸癌へ進行するのではないかという不安を抱えたまま過ごしているという状況である。この状況は我が国に限られた話ではなく，欧米を含む医療先進国も同様である。本疾患に対する治療用薬剤の開発については，海外を中心にその研究開発が進行中であるが，未だ上市には至っておらず，世界的にもHPV感染に対する治療的ワクチンの開発が望まれている。

筆者らは，乳酸菌ワクチンを本疾患の治療用ワクチンとして開発することで，CINステージにいる患者のQOL向上に繋がると考え，当社の乳酸菌ワクチンの臨床応用を目指している。

当社が目指すHPVの治療用ワクチンを開発するためには細胞性免疫（Th1型）を誘導することが重要である。乳酸菌を抗原運搬体として利用する利点としては，経口投与が可能である点とともにその免疫誘導の機能に着目している。乳酸菌自体には菌株によりその免疫誘導能が異なると言われているが，*Lactobacillus casei* の菌株では，Th1型の免疫反応としてINFγを誘導することも明らかになっている[22]。一方，*Lactobacillus reuteri* のようにTh2型の免疫反応を誘導する菌株も存在する[23]。このように目的とする免疫反応を誘導するための菌株選択は重要であり，当社の乳酸菌ワクチンにおいては細胞性免疫をより誘導しやすいとされている *Lactobacillus casei* を選択している。さらには著者らの共同研究者により，乳酸菌の免疫機能をより強化するための製造方法も確立している。本法で製造した遺伝子組換え乳酸菌は，発現させたワクチン抗原の損傷を最小限に抑え，死菌化されており，形質転換体（生菌）に比べてもIL-12を強く産生し，細胞性免疫を誘導することが明らかとなっている[24]。

現在，これらの技術を組み合わせることにより，HPVに感染し，CINのステージへと進行した患者に対する治療用ワクチンの開発を進めている。ターゲットとする抗原タンパク質としては，HPV16型のE7タンパク質を乳酸菌に発現させている（図2）。

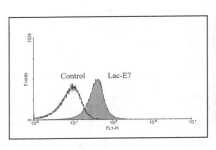 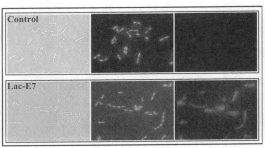

a) FACS analysis of E7 expression on *Lactobacillus*　　b) Immunofluorescence of E7 expression on *Lactobacillus*

図2　HPV16型E7タンパク質を発現した乳酸菌

　また前述の製造方法にて死菌化した乳酸菌ワクチンを小動物に経口投与して行った薬効評価試験においては，全身系の免疫誘導としてHPV16型E7抗原タンパク質に対する特異的な血清IgGを確認した．また同様に分泌型IgAの産生も見られているほか，細胞性免疫の誘導についても脾臓でのCTL活性を確認している[25]．さらに，粘膜面での細胞性免疫の誘導についての検討も加え，新たな知見も獲得している．

7.5　まとめ

　本稿では，抗原運搬体としての乳酸菌の活用例として，当社の乳酸菌ワクチンの開発過程について紹介した．今後は，国内外の共同研究者らの協力も得て臨床応用に向けた取り組みを進めるとともに，世界に先駆けて乳酸菌を抗原運搬体とした「粘膜投与型の乳酸菌ワクチン」の上市を目指した臨床開発へと繋げて行きたい．

文　　献

1) 厚生労働省医政局経済課, 創薬の未来「新医薬品産業ビジョンと創薬のための5か年計画」, じほう (2008)
2) 厚生労働省, ワクチン産業ビジョン (2007)
3) 乳酸菌研究集談会編, 乳酸菌の科学と技術, 学会出版センター (1996)
4) T. R. Klaenhammer and M. J. Kullen, *Int. J. Food Microbiol.*, **50**, 45 (1999)
5) 伊藤喜久治ほか編, プロバイオティクスとバイオジェニクス—科学的根拠と今後の開発展望, エヌ・ティー・エス (2005)

6) R. Fuller, *J. Appl. Bacteriol.*, **66**, 365 (1989)
7) 光岡知足, 腸内フローラとプロバイオティクス, 学会出版センター (1998)
8) W. M. de Vos and G. F. M. Simons, Genetics and Biotechnology of Lactic Acid Bacteria, Blackie Academic & Professional (1994)
9) P. G. de Ruyter *et al.*, *Appl. Environ. Microbiol.*, **62**, 3662 (1996)
10) Y. Sasaki *et al.*, *Appl. Environ. Microbiol.*, **70**, 1858 (2004)
11) 鈴木徹, バイオインダストリー, **22**, 27 (2005)
12) 清野宏ほか編, 粘膜免疫―腸は免疫の司令塔, 中山書店 (2001)
13) 國澤純ほか, YAKUGAKU ZASSHI, **127**, 319 (2007)
14) J. M. Wells *et al.*, *Antonie van Leeuwenhoek*, **70**, 317 (1996)
15) H. I. Cheun *et al.*, *J. Appl. Microbiol.*, **96**, 1347 (2004)
16) A. Kajiwara *et al.*, *Vaccine*, **25**, 3599 (2007)
17) H. Braat *et al.*, *Clin. Gastroenterol Hepatol.*, **4**, 754 (2006)
18) pgsBCA, ポリ-γ-グルタミン酸シンテターゼをコードする遺伝子を有する表面発現用のベクター, 及びこれを用いた標的タンパク質の微生物表面発現方法 (特表 2005-500054)
19) J. S. Lee *et al.*, *J. Virology*, **80**(8), 4079 (2006)
20) 成文喜ほか, コンビナトリアル・バイオエンジニアリングの最前線, p68, シーエムシー出版 (2004)
21) 黒田俊一ほか, 感染防御の Bird's-eye view, p75, 南山堂 (2006)
22) C. Hessle *et al.*, *Clin. Exp. Immunol.*, **116**, 276 (1999)
23) C. B. Maassen *et al.*, *Vaccine*, **18**, 2613 (2000)
24) 免疫機能が強化された死菌化乳酸菌製剤およびその製造方法 (特願 2006-012977)
25) H. Poo *et al.*, *Int. J. Cancer*, **119**, 1702 (2006)

第4章　化粧品素材の生産

1　乳酸菌を利用した化粧品素材づくり

千葉勝由*

1.1　はじめに

　乳酸菌は，糖を発酵し多量の乳酸を生産する細菌の総称であり，経口摂取による整腸作用や免疫調節作用などの生理的作用とともに，様々な乳製品，漬物，飲料を製造し，また食品の風味や保存性を増す機能を有していることが知られている[1]。

　これらの機能は，乳酸菌が糖発酵性やタンパク分解能による物質変換，そして乳酸菌自身の代謝物である乳酸や低分子揮発成分の産生，更には様々な多糖類やペプチド，タンパクを菌体外に排出させる機能が乳酸菌に備わっていることを物語っている。このように多様な機能性を持つ乳酸菌は，当然化粧品素材開発にも利用され，従来の工業化学的生産や単なる天然物素材からの抽出利用とは異なる，乳酸菌の生体触媒を用いた新しい素材が次々と開発されている[2〜4]。

　そこで，乳酸菌を利用した化粧品素材の現況を概説するとともに，典型的な開発素材例として，乳酸菌培養液，乳酸菌を用いてアロエベラを発酵させた素材およびビフィズス菌を用いて大豆を発酵させた化粧品素材開発について紹介する。

1.2　乳酸菌を利用した化粧品素材開発の現況

　日本化粧品工業連合会に表示名称として登録されている化粧品素材原料リスト（http://www.jcia.org/）の中では，発酵技術を利用して開発された品目数は年々増加傾向にある（図1）。2008年1月時点で登録されている全登録原料9185品目の約2％に相当する183品目が，乳酸菌，酵母，麹菌，真菌，枯草菌等の発酵技術を利用した化粧品素材であった。このうち，乳酸菌を利用した発酵素材は全体の約28％に相当する52品目が登録されていた（表1）。

　これら乳酸菌を利用した素材を大きく分類すると，①発酵液を利用したもの（ホエイ，乳酸菌培養液，等），②培地中の基質成分を発酵させたもの（乳酸桿菌／アロエベラ発酵液，大豆ビフィズス菌発酵液，等），③乳酸菌の菌体成分を利用したもの（乳酸菌培養物，ビフィズス菌エキス，等），④乳酸菌が産生するもの（ビフィズス菌産生多糖体等）に分けられる。

　利用されている乳酸菌種は，*Streptococcus thermophilus*, *Lactobacillus* 属，*Lactococcus* 属，

＊　Katsuyoshi Chiba　㈱ヤクルト本社　中央研究所　応用研究二部化粧品研究室　主席研究員

第 4 章　化粧品素材の生産

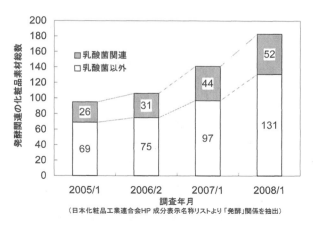

図 1　成分表示登録された発酵関連の化粧品素材総数の推移

表 1　乳酸菌を利用した化粧品素材の一覧

Code.No.	表示名称	Code.No.	表示名称
523201	ホエイ（ホエイ(1)）	559660	乳酸桿菌／（乳／Ca／リン／Mg／亜鉛)発酵物
523202	ホエイ（ホエイ(2)）	559992	乳酸桿菌／（乳固形物／ダイズ油)発酵物
532124	ホエイ（ホエイ(3)）	559094	（乳酸桿菌／乳酸球菌／サッカロミセス）／豆乳発酵物
523203	ホエイ（ホエイ末）	559745	乳酸桿菌／ハイビスカス花発酵液
555924	乳酸菌培養物	559519	乳酸桿菌／ハス種子発酵液
555026	乳酸菌培養液	559822	乳酸桿菌／（ビーン種子エキス／グルタミン酸Na)発酵液
556996	乳酸球菌培養液	559776	乳酸桿菌／ブドウ果汁発酵液
556234	乳酸桿菌発酵液	558802	乳酸桿菌／レモン果皮発酵エキス
556235	乳酸球菌培養エキス	559937	乳酸桿菌／ローヤルゼリー発酵液
556634	乳酸球菌エキス	558834	アシドフィルス／ブドウ発酵物
532101	豆乳発酵液	556793	（乳酸菌ケフィリ／カンジタケフィル）／乳発酵液
555772	アセロラチェリー発酵液	555283	ウメ発酵物
558764	乳酸桿菌／アルゲエキス発酵液	555404	ビフィズス菌培養液
558933	乳酸桿菌／アロエベラ発酵液	509088	ビフィズス菌エキス
558118	乳酸桿菌／エリオジクチオンカリホルニクム発酵エキス	556211	大豆ビフィズス菌発酵液
558119	乳酸桿菌／オリーブ葉発酵エキス	559451	ビフィズス菌発酵液
558120	乳酸桿菌／コメ発酵物	560103	乳酸桿菌／オタネニンジン根発酵液
556633	乳酸桿菌／スケルトネマ発酵物	560291	乳酸桿菌／カボチャ果実発酵液
558121	乳酸桿菌／ダイズ発酵エキス	560107	乳酸桿菌／乳発酵液
556233	乳酸桿菌／チノリモ発酵物	560199	乳酸桿菌／ホテイアオイ発酵物
559104	乳酸桿菌／トマト発酵エキス	560390	ビフィズス菌産生多糖体
558122	乳酸桿菌／ナツメヤシ果実発酵エキス	560401	（ビフィズス菌／エンテロコッカスファエシウム／乳酸桿菌／ストレプトコッカスサーモフィルス）／（豆乳／脱脂乳)発酵エキス
558123	乳酸桿菌／ペポカボチャ果実発酵エキス		
558803	乳酸桿菌／（レイシエキス／シイタケエキス)発酵液		
558124	乳酸桿菌／ワサビ根発酵エキス	560402	（ビフィズス菌／エンテロコッカスファエシウム／乳酸桿菌／ストレプトコッカスサーモフィルス）／（豆乳／脱脂乳)発酵物
559279	乳酸桿菌／カカオ果実発酵液		
559765	乳酸桿菌／キノア発酵エキス液		
559777	乳酸桿菌／セイヨウナシ果汁発酵液	560094	レウコノストック／ダイコン根発酵液

出典：日本化粧品工業連合会　成分表示名称リストより

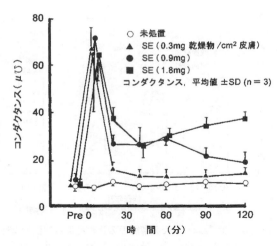

図2 乳酸菌培養液（SE）塗布による角層水分含量の変化[7]

Leuconostoc 属，Bifidobacterium 属等で，いずれも食品で利用されている安全性の高い乳酸菌である。また，乳酸菌と酵母や真菌との混合培養で調製された素材もいくつか開発されている。

一方，発酵される基質としては，乳，脱脂粉乳，果物，野菜，藻類，キノコ，花，ハーブ葉といった様々な素材が用いられている。これらは，基質そのものに皮膚生理活性のある素材が多く，発酵することで素材の作用を増強，あるいは新たな作用を付与する目的で乳酸発酵させている事例が多い。

1.3 開発事例

1.3.1 乳酸菌培養液

乳酸菌培養液は，培地として牛乳や脱脂粉乳あるいは合成培地を用い，Lactobacillus 属，Lactococcus 属や Bifidobacterium 属を利用した事例が多い。ここでは，国内で製品化されてから長い使用実績のある素材である Streptococcus thermophilus を用いた乳酸菌培養液（以下，SE と略）の皮膚生理活性について紹介する[5]。

SE の調製方法は，脱脂乳を100℃で1時間滅菌し，Streptococcus thermophilus を接種して，37℃で72時間培養する。培養終了後，限外濾過し，菌体，高分子物質，揮発性成分を除去した濾液を乳酸菌培養液とした[5]。

SE 中には種々のペプチド，各種アミノ酸，乳酸，クエン酸等の有機酸，乳糖等の糖類，各種ビタミン類，および塩類を含んでいた[6]。

SE の主な効果効能は，①保湿性[7]（図2），②抗酸化作用[8]，③pH コントロール作用[9]，④紫外線防御作用[5]，⑤光増感反応抑制作用[10]，⑥皮膚菌叢制御作用[11]，等が報告された。

第4章　化粧品素材の生産

SE中の皮膚保湿性因子としては，NMFの主要成分でもある乳酸が関与し，アミノ酸組成の類似性が確認されている[6]。更に，SEとヒアルロン酸との相乗的な保湿性の亢進が認められ[6]，製品中の保湿性効果を増強する上で有用な組み合わせとなる。一方，SEの抗酸化作用に関しては，SE自身の抗酸化性とともに，ビタミンEとのシナジー効果が確認され，抗酸化成分としては，分子量300～1000のProline rich peptidesが関係していることが明らかとなっている[8]。

乳酸菌培養液中に存在する乳酸には，保湿・美白作用やα-ヒドロキシ酸作用による皮膚ターンオーバーの改善効果が報告されている[12]。また，基質の乳タンパクから生成されるアミノ酸・ペプチドは抗酸化作用を発現させる可能性を秘めている。

このように，乳酸菌培養液は使用する乳酸菌種により多様な成分の発酵液が調製可能であり，機能性の向上や新たな効果が期待できる素材と言えるであろう。

1.3.2　乳酸桿菌／アロエベラ発酵液

アロエを用いた化粧品素材としては，育毛，紫外線防御，抗炎症，抗チロシナーゼ，保湿，毛髪保護，増粘剤等の多様な効果を持つ素材が報告されている[13]。一方で，アロエには皮膚刺激性を有するシュウ酸カルシウムやアロエレジンなどが含まれているので，これらを除去して用いることが必要である[14]。そこで，ここでは安全性の高い食用のアロエベラ搾汁を基質とし，アロエの保湿性を乳酸菌発酵で向上させた素材開発例を紹介する。

アロエベラ搾汁の発酵に適した乳酸菌株のスクリーニングは，搾汁中の増殖性および保湿作用の測定値から利用可能な乳酸菌を選別した[15]。発酵液は，アロエベラ搾汁を基質として乳酸菌にて30～37℃，3日間発酵後，菌体を除去して発酵液を得た。保湿作用は，ヒト前腕内側皮膚に発酵液を$10\mu l/cm^2$塗布し，塗布前および塗布後経時的に中心電極1mmの高周波（3.5MHz）電導度測定装置SKICON-200（IBS）によってコンダクタンスを測定し，その上昇率として塗布前後のコンダクタンスの差を塗布前のコンダクタンスで除して表した。

その結果，増殖性が良好で保湿性が発酵により上昇が認められた乳酸菌のほとんどは，分離源が植物質からの乳酸菌（*Lactobacillus plantarum, Lactobacillus pentosus*）であった。そこで，これらの中で，酢漬けキャベツから分離された*Lactobacillus plantarum* YIT 0102による発酵液が他の乳酸菌株の発酵液と比較して高い保湿作用であったので[16]，この乳酸菌を用いて調製した素材を乳酸桿菌／アロエベラ発酵液（以下，AFLと略）とした。

AFLの保湿性は，分子量3000以下の低分子画分が最も高く，発酵によって生成した乳酸がAFLの保湿成分の一つである可能性が考えられた。そこで，AFLと同量の乳酸を未発酵アロエベラに添加して保湿作用を検討したが[16]，コンダクタンスの上昇はAFLより低かった（図3）。このことから，乳酸は未発酵アロエベラと相乗的に保湿作用を発揮するものの，その作用は弱く，乳酸以外の他の成分がAFLの保湿作用に関与することが考えられた。そこで，アロエベラ搾汁

微生物によるものづくり

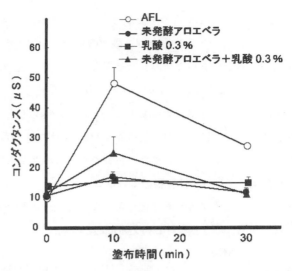

図3　アロエベラ発酵液および乳酸を添加した未発酵アロエベラ塗布による角層水分含量に及ぼす影響[16]

中の有機酸・糖質類に着目し保湿性との関連性を検討した。その結果，有機酸については，乳酸およびリンゴ酸に同程度の高い保湿作用のあることがわかった。また，糖については高い保湿作用を示したフルクトースが，乳酸存在下で相乗的に増加することが示された[16]。今回使用した未発酵物のアロエベラ搾汁は，フルクトースを0.4〜0.6%含有し，発酵によってその含有量はほとんど変化しない。また，アロエベラに含まれるリンゴ酸は *Lactobacillus plantarum* によってマロラクチック発酵が進行して乳酸に変換されること[17]，アロエベラは未発酵物でもある程度の保湿作用を示すこと，*Lactobacillus plantarum* は好気環境のもとでは乳酸以外に酢酸を作ること等から，AFLの優れた保湿作用は，発酵によって増加した乳酸および微量の他の有機酸とフルクトースとの相乗効果が主な原因となっていることが考えられた[16]。

AFLはその保湿効果が乳酸発酵を行うことによって格段に上昇したが，その他にもアロエベラ自身が持っている抗炎症作用と炎症後の組織修復作用は発酵の前後でほとんど変わらなかったデータを得ている[16]。このことから，乳酸桿菌／アロエベラ発酵液は乳酸菌による発酵が植物素材の機能性向上に有用であった一例と考える。

1.3.3　大豆ビフィズス菌発酵液

大豆抽出物や豆乳は化粧品素材として汎用されている素材であり，様々な生理活性を有する大豆イソフラボンを含有しているが，通常は配糖体の形で存在し，これを経口摂取したときは腸内細菌が持つβ-glucosidaseによってアグリコンに変換される（図4）。この配糖体は，皮膚に直接塗布してもアグリコン変換はされず吸収も悪いので，大豆イソフラボン配糖体をアグリコンに効率的に変換する微生物の検索を行った結果，*Bifidobacterium breve* YIT4065を見出し[18]，これ

第4章 化粧品素材の生産

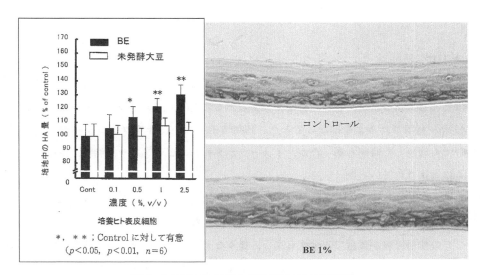

図4 大豆中に含まれるイソフラボンの構造と発酵によるアグリコン変換

図5 ヒアルロン酸産生に及ぼすBEの影響[21]

を用いて大豆ビフィズス菌発酵液（以下，BEと略）を調製した。

調製方法は，加熱冷却した豆乳に菌液を接種して37℃，24時間静置培養してビフィズス菌発酵液を得た。これに3倍量のエタノールを添加して十分混和した後，遠心分離を行って生じた沈澱を除去したものをBEと称した[16]。

BEの主な皮膚生理作用としては，①保湿性，②ヒアルロン酸産生促進作用，③コラーゲン産生促進作用，④皮膚弾力性の改善，等の有用作用が確認されている[19〜22]。

保湿作用は，BE中のイソフラボン類には保湿作用は認められないが，発酵で生じる乳酸，酢酸，更に長期塗布では皮膚中に生成されるヒアルロン酸とこれら有機酸との相乗作用[6]もBEの保湿性に関与していることが推察された。

BEのヒアルロン酸産生の促進作用については，図5に示すように，ヒト表皮細胞およびヒト表皮三次元培養モデルにビオチン標識したヒアルロン酸結合性タンパク質を用いて染色した組

織標本において，いずれも未発酵の大豆よりも優れたヒアルロン酸産生の亢進作用を示した[21]。また，真皮の線維芽細胞培養およびヘアレスマウス皮膚へのBE塗布でも，表皮同様ヒアルロン酸産生の亢進作用のあることを確認した[21]。これらの結果，BEの弾力性改善作用は表皮と真皮におけるヒアルロン酸産生亢進と，真皮コラーゲン産生の促進が皮膚基質成分の変化を惹起し弾力性改善に結びついた可能性が考えられた[22]。

BEのヒアルロン酸産生促進作用は，大豆自身では見出されてこなかった作用であり，発酵による配糖体のアグリコン化によって植物素材に新たな機能性を賦与した典型的な事例と言えるであろう。

1.4　おわりに

化粧品素材は，かつては石油由来原料から工業化学的に生産されたものや天然物素材からの抽出物がほとんどであったが，香粧品科学の発展とともに発酵や酵素処理等を利用した微生物の生体触媒技術が利用されるようになってきた。1980年代にはバイオテクノロジーが化粧品素材開発の分野でも席巻した時期もあったが，イメージが先行しエビデンスや機能性，生産性等の問題から多くは淘汰されていった。

近年，ここで紹介したような乳酸菌の生体触媒を利用した保湿作用や抗皮膚老化作用等のエビデンスを持った発酵素材が次々と開発されている。とりわけ，食品に使用されている乳酸菌は発酵乳としての使用経験が豊富で安全性も高く，様々な天然素材に皮膚生理活性的な付加価値を付与できる可能性を秘めている。また，地球環境に配慮した生分解性素材や石油由来原料に依存しない素材づくりにおいても，様々な乳酸菌の機能が利用される可能性が広がっている。将来的には，乳酸菌ゲノムの解析が進み，それぞれの乳酸菌の機能が解明されることで，より効率的な化粧品素材づくりに乳酸菌が利用されていくであろう。

文　献

1) 桜井稔三ほか，乳酸菌の科学と技術，p.1，学会出版センター（1996）
2) 曽根俊郎ほか，*BIO INDUSTRY*, **23**(8), 13（2006）
3) 千葉勝由，*COSMETIC STAGE*, **1**(3), 35（2007）
4) K. Chiba, *Jpn. J. Lactic Acid Bact.*, **18**, 105（2007）
5) 遠藤寛，新しい化粧品の技術と市場，p.284，シーエムシー出版（1985）
6) 宮崎幸司ほか，フレグランスジャーナル臨時増刊，**9**, 85（1988）

7) 山田弘生ほか，日本香粧品学会誌，**6**，38（1979）
8) 細谷英雄ほか，第7回日本香粧品学会講演要旨集，p.59（1982）
9) 平木吉夫，フレグランスジャーナル，**13**，18（1975）
10) 市岡稔ほか，第8回日本香粧品学会講演要旨集，p.210（1983）
11) 木村雅行ほか，第9回日本香粧品学会講演要旨集，p.132（1984）
12) 鈴木正人，新しい化粧品素材の効能・効果・作用（上巻），p.247，シーエムシー出版（1998）
13) 前田憲寿ほか，フレグランスジャーナル臨時増刊，**16**，83（1999）
14) 鈴木正人，新しい化粧品素材の効能・効果・作用（上巻），p.395，シーエムシー出版（1998）
15) 花水智子ほか，第55回SCCJ研究討論会講演要旨集，p.73（2004）
16) 曽根俊郎ほか，フレグランスジャーナル，**10**，64（2005）
17) 金子勉，乳酸菌の科学と技術，p.100，学会出版センター（1996）
18) Y. Shimakawa *et al., Int. J. Food. Microbiol.,* **81**(2), 131（2003）
19) K. Miyazaki *et al., Skin Pharmacol. Appl. Skin Physiol.,* **15**, 175（2002）
20) 宮崎幸司ほか，フレグランスジャーナル，**12**，112（2000）
21) K. Miyazaki *et al., Skin Pharmacol. Appl. Skin Physiol.,* **16**, 108（2003）
22) K. Miyazaki *et al., J. Cosmet. Sci.,* **55**, 473（2004）

2 海洋微生物をソースとしたメラニン生成抑制能を有する微生物の探索とメラニン生成抑制剤開発

渡邉正己[*1]，吉居華子[*2]，藤井亜希子[*3]

2.1 はじめに

海洋は生命誕生の場であり，豊富な水の存在によって，陸上と比べ乾燥，紫外線，酸素などの影響が少ない環境である。そのため，陸上に比べ，多種多様な生命が存在していると予想されている。特に，海洋の微生物は，生命誕生以来の様々な遺伝子を蓄えており，陸生微生物にはない生理機能を持つ可能性が高い。我々は，そうした海洋微生物の有用機能を有効に利用する目的で長崎県全域の海洋水，海底泥砂，海水魚内臓等から海洋微生物を広く採取し，20,000 株に及ぶ「海洋微生物ライブラリー」を構築し，ヒトに有用な生理機能を持つ微生物の探索と，その生理機能を薬品素材あるいは食品素材として利用することを試みている。これまでに，脂肪前駆細胞分化抑制能，がん細胞増殖抑制能，難分解性生体高分子分解能など 10 をこえる能力を指標にして有用機能を持つ海洋微生物を探索してきたが，驚くべきことに，いずれの機能に関しても，海洋微生物ソース 1,000 株あたり数〜数十株の有用微生物の分離に成功してきた。このヒット率は，陸生微生物をソースとして同様の探索を行う際のヒット率に比べ桁外れに高い。加えて，ヒットした微生物は，ほとんどが新種であった。このことは，海洋微生物が有用生理活性を探索するために極めて有用な資源であることを意味する。

こうした背景にあって，本節では，美容と健康の観点から開発が望まれるシミ，ソバカスの原因となるメラニンの生成を抑制する生理活性物質を海洋微生物から探索し，その有効利用技術の開発を目指した試みを紹介する。

2.2 海洋微生物の分離と保存

海洋微生物のソースとして，我々が独自に構築した海洋微生物ライブラリー*を用いた。Marine Agar2216 培地(DIFCO, USA, 55.1g/L 蒸留水)をオートクレーブ滅菌(121℃, 20 分間)し，深型 90mm ディッシュ（IWAKI，東京）に流し込み作成した寒天平板培地に，海洋微生物を白金耳で塗布し 20℃で培養してコロニー形成させた。コロニー形成後，単一コロニー由来の細菌を，

---

* 生理機能探索に利用を希望される方は京都大学　原子炉実験所　放射線生命科学研究部門の渡邉まで（nabe@rri.kyoto-u.ac.jp）お問い合わせください。

*1　Masami Watanabe　京都大学　原子炉実験所　放射線生命科学研究分野　教授
*2　Hanako Yoshii　京都大学　原子炉実験所　放射線生命科学研究分野
*3　Akiko Fujii　長崎大学　薬学部　放射線生命科学研究室

第4章　化粧品素材の生産

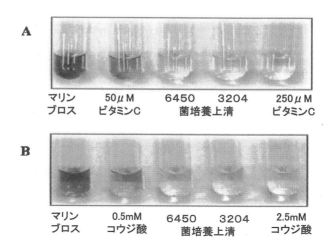

図1　メラニン生成抑制能の判定
A；ビタミンCを陽性対照とした検査群，B；コウジ酸を陽性対照とした検査群。

オートクレーブ滅菌（121℃，20分間）したMarine Broth2216培地（DIFCO，USA，37.4g/L蒸留水）5mlを加えた15ml遠心チューブ（住友ベークライト，東京）に分注し20℃で培養した。増殖した海洋微生物培養液0.5mlを人工海水Jamarin S（Jamarin Laboratory，大阪）で2倍希釈したグリセロール（WAKO，大阪）溶液1mlの入ったセラムチューブ（住友ベークライト，東京）に懸濁し，−80℃で凍結保存した。

残り4.5mlの海洋微生物培養液を3,600rpmで5分間の遠心を行い菌体と培養上清とに分離し，上清を生理活性の探索のためのサンプル液として使用した。

2.3　メラニン生成抑制能

メラニン生成抑制活性は，Sharmaらの方法で測定した。実際には，0.1mMリン酸緩衝液に3,4-ディヒドロフェニルアラニン（DOPA；Sigma，USA），チロシナーゼ（T7755；Sigma，USA）およびサンプル液をそれぞれ1mM，10μg/mlおよび0.5%の終濃度になるように加え，37℃水浴で10分間反応させた。10分後に生成したメラニン量を波長475nmにおける吸光度を測定して定量した。その反応例を図1に示すが，陰性対照群として5%マリンブロスを，陽性対照群として250μMビタミンCおよび2.5mMコウジ酸を用いた。マリンブロスでは，褐色に色がつくが250μMビタミンCおよび2.5mMコウジ酸処理群では，ほとんど変色しない。この検出系を用いて，1,019株をソースとしてメラニン生成抑制活性を探索し，陽性対照群として用いた250μMビタミンCおよび2.5mMコウジ酸と同程度のメラニン生成抑制活性を持つ2株（♯6450および♯3204）を発見した。

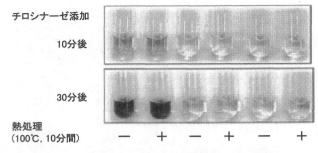

図2 海洋微生物由来メラニン生産抑制成分の熱安定性

　この2つのメラニン生成抑制能保持菌は，いずれも有明海沿岸泥砂由来でグラム陰性桿菌であった。ミトコンドリアの16S-rRNAの塩基配列をもとに種の同定を行ったところ，それぞれ*Ruegeria*属，および*Roseobacter*属に近縁の新しい種と判定した。この2株から得た培養上清を10%濃度で試験管内で培養したヒトメラノーマ細胞HM3KOの培養液に添加し4日間処理すると，細胞内のメラニン生成量は，未処理の場合の40〜50%程度まで抑制された。ヒト-ケラチノサイト皮膚等価モデルに処理した場合にも，メラニンの蓄積が抑制された。今回，発掘した成分は，細胞や組織レベルでもメラニン生成抑制効果を発揮できることが判った。さらに，この2株由来の培養上清をヒト胎児由来初代培養正常線維芽細胞（HE40）に処理し，細胞毒性を調べたところ，細胞培養液に最終濃度10%で添加し4日間処理を行っても80%以上の細胞が生存し，致死毒性は大きくないことが判った。

　これら2株のメラニン生成抑制活性成分は，図2に示す様に100℃で10分間の熱処理によって失活せず，化粧品素材等として商品化する際に，大きなメリットとなると予想できる。

2.4　メラニン生成抑制機構

　メラニンの生成抑制機構として，これまでに，アルブチンやコウジ酸で代表されるチロシナーゼ活性の抑制によるもの，ビタミンC関連物質など抗酸化機能に基づくドーパキノンの酸化的重合過程の抑制によるもの，カミツレエキスに代表されるメラニン生成促進に関わる情報伝達阻害によるものなどが知られている。

　そこで，今回，発見した海洋微生物成分の還元能力を中川らの方法によって検討した。実際には，15mlのプラスチックチューブに塩化第二鉄溶液，サンプル液およびフェナントロリンをそれぞれ終濃度1mM，5%および1.2mg/mlに調整して混合し，波長510nmにおける吸光度を測定して還元能を測定した。結果は，図3に示すが，250μMビタミンC処理群は，他と違って明瞭な赤色を呈し，強力な還元能の存在が示されたが，今回，発見した海洋微生物産生成分は，陰性対

第4章　化粧品素材の生産

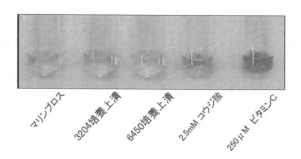

図3　海洋微生物由来メラニン生産抑制成分の還元能

照群のマリンブロスと同じ様に全く赤色を呈さず，還元能力はない．2.5mM コウジ酸処理群は，やや薄い赤色を呈するので，チロシナーゼ活性抑制機能とともに，ビタミンCには及ばないものの還元能を持つことが判る．横軸に基質濃度（DOPA濃度）の逆数と縦軸にメラニン生成反応初速度の逆数をプロットして Lineweaver-Burk プロット解析を行ったところ，サンプル液の濃度があがるにつれて関係直線が上向きにシフトすること，基質濃度とメラニン生成反応初速度の関係直線は 1/s = 0 付近によって交わることが判った．またマッシュルーム由来チロシナーゼ（35.7units/ml）と L-DOPA（1mM）にサンプル液を混ぜることによってチロシナーゼ阻害効果を測定したところ，1～3％濃度の＃3204 および＃6450 の培養上清処理は，20μM アルブチンと同程度のメラニン生成抑制作用を示した．これら一連の活性成分特性を総合的に判断すると，新規成分のメラニン生成抑性能は，チロシナーゼ活性の拮抗的阻害に由来していると思われる．

　現時点で，この物質の本体を化学構造として特定できてはいないが，分子量は3,000以下で大きな極性を持つという性質とともに一連の特性を考慮すると，メラニン生成抑制活性成分は，単糖やオリゴ糖レベルの糖，アミノ酸やオリゴペプチドなどの可能性が高いと推測される．これまでに，チロシナーゼ活性阻害作用を示す物質としてドーパの配糖体であるアルブチンが知られているが，糖，アミノ酸やオリゴペプチドの構造を持つ活性物質は製品化されていないので，こうしたものであれば有用性が高い．一方，メラノソーム内におけるメラニン生成経路の阻害を作用機序とするコウジ酸，ビタミンC誘導体あるいはアルブチンなどは，メラニン生成抑制機能を発揮する濃度で強い細胞毒性が現れることが知られている．また，ハイドロキノン，コウジ酸あるいはビタミンCには，明らかな変異原性が確認されている．カミツレエキスなど情報伝達経路に作用する成分は，様々な生理反応経路に影響を及ぼす可能性が指摘されている．我々が発見した活性成分には，現時点まで，重篤な毒性作用が見つけられていないことは注目できる．

　これまで開発された一連のメラニン生成抑制剤が，それぞれに特徴的な欠陥を持つことは明らかである．今後は，強力な能力を持つ単独物質の単独作用によって美白効果を狙うよりも，異な

った機構によって美白効果を現す生理物質を安全性が高い低濃度で組み合わせて効果を発揮するという視点にたった開発が強く望まれる。さらに，メラニン生成抑制機能の制御は，単に皮膚におけるメラニン蓄積という美容上の問題の解決に留まらず，皮膚の分化，老化に密接に関わる問題の抑制を介してヒトの健康に資するものであることには最大の注意を払う必要がある。

2.5 結論

幅広い機能遺伝子が蓄えられていると予想される海洋微生物をソースとして生理機能物質を探索しようとする我々の試みは，自然界に存在するエネルギーサイクルのなかで人類に役立つ生理機能を発見し，生産する新しい物質生産システムの構築という観点からも大いに注目できる。加えて，海洋微生物が多様な生理機能を蓄えているという点で，前述の複数成分を併用した化粧品効果あるいは薬理効果を狙うために役立つと思われる。

3 微生物発酵法によるヒアルロン酸の生産

吉田拓史*

3.1 はじめに

　化粧品に求められる機能として代表的なものに，美白，保湿，アンチエイジングがあげられる。なかでも保湿効果は基礎化粧品の中でももっとも基本的な機能と位置づけられており，保湿成分の開発動向には多くの注目が寄せられている。

　保湿成分としては，コラーゲン，セラミド，アミノ酸，グリセリンなど多々あげられるが，その中でもヒアルロン酸は，近年まれに見るロングセラーの保湿剤として地位を確立し，基礎化粧品市場にとって無くてはならない存在となった。

　ヒアルロン酸を用いた化粧品は1980年代前半から市場に見られるようになった。当時から高い保湿効果には定評があったものの，ヒアルロン酸が200万円/kgもする高価な素材であったことも影響して，市場に広く浸透するというところまではいかなかったようである。2000年代になって，ヒアルロン酸の製造方法の進歩により大幅な低価格化が進み，それに伴って採用への障壁は取り除かれつつあると考えられる。

　ヒアルロン酸はその保湿性以外にも，生体適合性，安全性，感触の良さなどの優れた性質を持ち合わせている。それゆえ今後も化粧品はもとより，他の市場においてもさらに活用が広まっていくであろう。

　ここではヒアルロン酸の一般的な性質・機能について述べた後，微生物発酵法によるヒアルロン酸の生産を中心に概説する。

3.2 ヒアルロン酸の構造と分布

　ヒアルロン酸は1934年にKarl Meyerらによって牛の硝子体から単離されたグリコサミノグリカンであり，Hyaloid（硝子体の）とUronic acid（ウロン酸）から，「Hyaluronic acid（ヒアルロン酸）」と命名された[1]。このほかに「hyaluronan（ヒアルロナン）」とも呼ばれる。日本ではヒアルロン酸という名称が主流であるが，逆に海外ではヒアルロナンと呼ばれることが多い。

　生体内におけるヒアルロン酸の分布としては，臍帯がもっとも多く，次いで関節液，皮膚，硝子体とされている。そのほかにも，血管，血清，脳，軟骨，心臓弁などのあらゆる結合組織に存在していることが確認されている[2]。サメの皮，クジラ軟骨，鶏冠，ブタの皮など様々な動物の器官や，一部微生物からも発見されているが，植物からはいまだ発見されておらず，その分布は限られているといえる。

　＊　Takushi Yoshida　キユーピー㈱　研究所　健康機能R&Dセンター

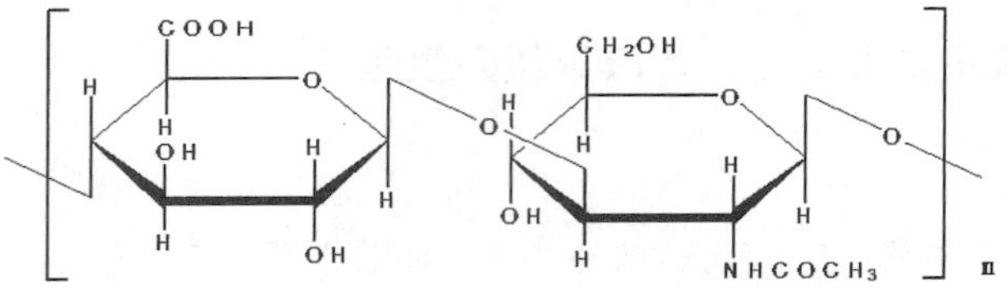

図1　ヒアルロン酸の構造式

　ヒアルロン酸の構造は，N-アセチルグルコサミンとグルクロン酸が互いにβ-グリコシド結合で連なったポリマーである。N-アセチルグルコサミンのC_3にグルクロン酸がβ-1，3結合で，グルクロン酸のC_4にN-アセチルグルコサミンがβ-1，4結合で規則的に結合している[3,4]。

　ヒアルロン酸は白色の無定形物質で，水に溶解すると著しく高い粘度を示す。一般的にはヒアルロン酸はヒアルロン酸ナトリウムを代表とする金属塩の状態で存在するが，生体内ではイオン化してポリアニオン状態で存在する。

3.3　ヒアルロン酸の機能

　生体内でのヒアルロン酸の機能については様々な研究結果が報告されている。その一部を以下に紹介する。

①　生体内の水分保持効果

　ヒアルロン酸は蛋白質と結合して細胞間隙に存在するといわれている。このヒアルロン酸―蛋白質複合体は強い親水性を持ち，細胞外液の保持に作用している。

　ヒアルロン酸が減少すると細胞外液が減少し，細胞への栄養物の輸送，および老廃物の除去機能が滞り，さらに細胞の老化にもつながると考えられる。

　外部の環境に常にさらされている皮膚では，この細胞の老化がもっとも顕著に現れるとされている。

②　創傷治癒効果

　創傷治癒の過程においてヒアルロン酸が関わっていることが知られている。ヒアルロン酸は組織修復期に関与しており，肉芽組織の形成に欠かせないものである。皮膚に創傷が出来たときにヒアルロン酸を塗布するとケロイド状にならず再生することが報告されており[5]，このことからも，ヒアルロン酸が創傷治癒の一端を担っていることがうかがえる。

③　潤滑作用

　関節を潤滑に動かすための潤滑剤として関節液が存在する。関節液にはヒアルロン酸が含まれており，関節軟骨が滑りあう際の摩擦係数をほとんどゼロといえるほどまでに抑えている[6]。関節液に含まれるヒアルロン酸は分子量800万Daと非常に高分子で，濃度も2.3mg/mLと高い。

第4章　化粧品素材の生産

しかし，関節に炎症を与える病気になると低分子ヒアルロン酸の割合が増え，さらに濃度が低くなるなど，その高い潤滑作用を失ってしまう。慢性関節リウマチ時には関節液中のヒアルロン酸濃度は正常時の約半分の 1.2 mg/mL にまで低下することが報告されている[7]。これらの現象は，炎症によって関節液中のヒアルロン酸分解酵素であるヒアルロニダーゼの活性が上昇し，ヒアルロン酸が分解されることによって引き起こされる[8]。

3.4 ヒアルロン酸の工業生産の歴史

ヒアルロン酸の工業生産は，鶏冠抽出法の確立から始まった。前述したとおりヒアルロン酸は動物の結合組織に多く含まれており，これらから抽出・精製するのが当時一般的であった。鶏冠に含まれるヒアルロン酸は約 1% と非常に含量が高く，また鶏冠は，大量かつ容易に入手が可能なことから量産化の原料として用いられるようになった[9]。また，鶏冠に存在するヒアルロン酸の分子量は非常に高く，1000万 Da 近いともいわれる。抽出・精製することでの分子量の低下は否めないが，最大で分子量 500万 Da 程度のヒアルロン酸を得ることが可能である。

抽出法によるヒアルロン酸の製造は工程が複雑であり，高価格の素材ではあったものの，その保湿性，感触の良さなどの優れた性質が認められ市場に定着した。

加えて，微生物による発酵方法が確立されることで市場はさらに活性化した。大量生産化とそれに伴うコストダウンが可能となったためである。微生物発酵法によって製造されたヒアルロン酸は，従来の鶏冠抽出法によるヒアルロン酸と品質的にも差は見られず，市場の拡大を牽引することとなった。

3.5 微生物発酵によるヒアルロン酸の生産

3.5.1 生産菌について

ヒアルロン酸を産生する微生物として現在工業的に使用されている菌は，*Streptococcus zooepidemicus* と *Streptococcus equi* の2種類が一般的である。これらの微生物より生産されたヒアルロン酸は，医薬部外品の原料や既存天然添加物として実績が確認されている。

3.5.2 ヒアルロン酸の生合成経路

微生物におけるヒアルロン酸の生合成は，菌体細胞膜に結合するヒアルロン酸合成酵素（HAS: hyaluronic acid syntase）によって行われる。

HAS は糖ヌクレオチドである UDP-グルクロン酸と UDP-N-アセチルグルコサミンを交互に連結させヒアルロン酸構造を伸長させる[10]。

糖鎖の伸長に必須となる UDP-グルクロン酸と UDP-N-アセチルグルコサミンはそれぞれグルコースなどの糖から生合成される。グルコースは ATP でリン酸化されてグルコース6リン酸

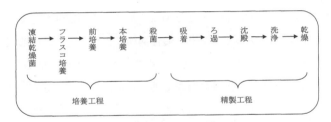

図2 ヒアルロン酸の発酵法による製造方法の一例

となり，その後グルコース1リン酸，UDP グルコースを経て UDP グルクロン酸へと到達する。一方，UDP-N-アセチルグルコサミンはフルクトースをリン酸化したフルクトース6リン酸からグルコサミン6リン酸，N-アセチルグルコサミン6リン酸，N-アセチルグルコサミン1リン酸を経て到達する。フルクトース6リン酸はグルコースの乳酸発酵経路の途中に生成されるため，グルコースのみからでもヒアルロン酸が合成される[11]。

3.5.3 ヒアルロン酸発酵生産の流れとプロセス管理

発酵法によるヒアルロン酸の生産の一例を図2に示す。

ヒアルロン酸の製造工程は，種菌から培養，殺菌までの培養工程と，培養液からヒアルロン酸を抽出，精製する精製工程の2つに大きく分けられる。培養工程では，いかに効率よくヒアルロン酸を生産させるか，精製工程では，ヒアルロン酸以外の不純物をいかに効率よく取り除くかが主題となる。

ヒアルロン酸発酵培地は，炭素源としてのグルコース，窒素源としてのペプトン，酵母エキスを主成分とする液体培地である。この培地に種菌を添加し，適切な温度，pH，撹拌条件などで培養することでヒアルロン酸を含んだ粘調な発酵液が得られる。一例としては，*Streptococcus zooepidemicus* を用いて，培養温度32℃，pH 6.8，溶存酸素 1ppm で制御しながら約40時間培養を行うことで，ヒアルロン酸発酵液を得られるということが報告されている[12]。発酵工程終了後は，多くの場合生産菌の殺菌工程へと進む。殺菌工程では一般的に有機溶剤や殺菌剤を加えることが多い。代表的なものとして，エタノール，メタノールやベンジルアルコール，次亜塩素酸ナトリウムなどがあげられる。加熱による殺菌も可能であるが，ヒアルロン酸の分子量への影響に注意する必要がある。

殺菌後の工程は鶏冠，発酵法に共通するが，ろ過もしくは遠心分離によって固形物を取り除いたあと，有機溶媒もしくは4級アンモニウム塩による沈殿によりヒアルロン酸を沈殿させ回収する方法が一般的である。

ヒアルロン酸発酵において，発酵の安定化や生産性の向上などを求めて，各社様々な検討がされている。それらの一部は特許として公開されており，そこからヒアルロン酸の発酵に影響を与

第4章 化粧品素材の生産

表1 微生物発酵によるヒアルロン酸の製造方法

	企業	特徴
特開昭 61-15698	チッソ㈱	洗浄菌体使用
特開昭 61-63294	チッソ㈱	血清含有培地
特開昭 61-63293	チッソ㈱	pHを糖フィードで制御
特開平 5-276972	チッソ㈱	界面活性剤を添加，収率向上
特開平 10-113197	チッソ㈱	アミノ態チッソ 0.05%以下，高分子量
特開昭 58-56692	㈱資生堂	グルコース 8%含有培地，通気撹拌
特開平 6-38783	㈱資生堂	糖成分 3%以上，pH 5.5～9.0，通気撹拌培養
特開昭 63-28398	電気化学工業㈱	pH 8.0～8.7 に制御
特開昭 63-1411594	電気化学工業㈱	アルギニン添加，グルコース濃度制御
特開平 7-46992	電気化学工業㈱	培養液中に8種のアミノ酸を添加，発酵能力の安定化
特開 2000-189185	電気化学工業㈱	炭酸水素イオン濃度を管理，安定・高収率
特開 2000-189186	電気化学工業㈱	二酸化炭素を含むガス，安定・高収率
特開昭 62-215397	日本化薬㈱	グルコース濃度を 1.5%に制御
特開昭 62-289198	日本化薬㈱	アルギニンとグルタミン酸の添加
特開昭 62-51999	協和醗酵工業㈱	培養液の酸化還元電位を制御する
特開平 6-319579	協和醗酵工業㈱	グルコース＋フラクトース
特開昭 63-94988	明治製菓㈱	培養液粘度を水または糖液添加で制御

えるファクターをうかがい知ることが出来る。

一部ではあるが，特許で公開されている技術を表1で紹介した。

各社各様の技術を確立しているが，基本な考えは菌体の成長促進を目的にするものと，ヒアルロン酸の生産環境を整えるものの2つに分類することが出来る。

このほかにも，菌体そのものを変異させて，高収率，高安定性を達成したり，高分子量のヒアルロン酸を産生させるという取組みも行われているようである。

ヒアルロン酸の発酵生産を行っている企業は上記のほかにも，キユーピー㈱，ヤクルト㈱，紀文フードケミファ㈱などがあげられるが，海外に目を向けると特にチェコ，韓国，中国においてヒアルロン酸の発酵生産が行われている。

3.6 おわりに

本稿ではヒアルロン酸の基礎的な性質と，その製造方法について，特に発酵法による製造方法を例として概説した。発酵法によるヒアルロン酸の開発のポイントはひとえに大量生産による低

コスト化に集約されるといえる。その効果は明らかであり，今日のヒアルロン酸市場の拡大につながっているといえる。急激に拡大したヒアルロン酸の市場ではあるが，一方で国内，海外の様々なメーカー製のヒアルロン酸が市場に流通している。それらの品位には大きな差が見られるため，従来の規格項目はもちろんのこと，安全性，安定性試験など，十分に確認する必要があると考えられる。

今後のヒアルロン酸市場の動向はどのように進むのか大変興味深いものではあるが，現在分かっている中で新しい動きについて紹介させていただく。

第一には，新規用途開発を目指して，新しい素材の研究が活発化しているといえる。現在市場では，アセチル化ヒアルロン酸，カチオン化ヒアルロン酸をはじめとする修飾ヒアルロン酸と，加水分解ヒアルロン酸などの超低分子ヒアルロン酸があり，いずれも従来のヒアルロン酸にさらなる機能性を付加したもので，今後様々な分野で利用が広まっていくものと期待される。

また，発酵法につづく新しいヒアルロン酸の製造方法についても研究が進んでいる。代表的なものとしては，本来ヒアルロン酸生産性を持たないバチルス宿主細胞を，遺伝子組み換えすることでヒアルロン酸を生産させる研究が発表されている[13]。また，タバコなどの植物にも同様にヒアルロン酸合成酵素を導入する取組みも進められている[14]。

市場において一つの地位を確立したヒアルロン酸であるが，今後の展開にも注目が集まっている。

文　　　献

1) K. Meyer *et al., J. Biol. Chem.*, **107**, 629-634（1934）
2) 阿武喜美子ほか，ムコ多糖実験法［Ⅰ］，南江堂，6-7（1972）
3) B. Weissmann, K. Meyer, *J. Am. Chem. Soc.*, **27**, 1753-1757（1954）
4) T. C. Laurent, Structure of hyaluronic acid. In Chemistry and molecular biology of the intercellular matrix（Balazs EA, ed.），Academic Press, London, 703-732（1970）
5) L. Sundblad, "The Amino Suger HA", Academic Press, New York, 229
6) 最新医学全書 1，小学館，232（1991）
7) Balaze *et al., Arthritis Rheum.*, **10**, 357-376（1967）
8) Stephens *et al., Biochem. Biophys. Acta*, **399**, 101-112（1975）
9) 加納優子，*FRAGRANCE JOURNAL*, **15**, 69-74（1996）
10) Vincent C. Hascall *et al.*, The Chemistry, Biology and Medical Applications of Hyaluronan and its Derivatise（T. C. Laurent, ed.），Portland Press, 67-76（1998）

第 4 章　化粧品素材の生産

11)　赤坂日出道, 発酵ハンドブック, 共立出版 (2001)
12)　山村健治ほか,「バイオリアクターの世界」, ハリオ研究所, 292-302 (1992)
13)　公開特許公報 2005-525091
14)　公開特許公報 WO 05-012529

4 高分子量ポリ-γ-グルタミン酸の魅力と新展開

岩本美絵[*1], 朴　清[*2], 小山内　靖[*3], 宇山　浩[*4],
金　哲仲[*5], 夫　夏玲[*6], 成　文喜[*7]

4.1 はじめに

石油を原料に材料の高機能化・多様化が進む一方で，地球環境の悪化・化石資源の限界が懸念されている[1)]。また，BSE問題などの影響で動物由来原料に対する信頼性が低下するなど材料の安全性がクローズアップされ，「安心して使うことができる材料」に対する消費者の関心が日増しに高まっている。近年，消費者意識の向上に応じて環境に無害で安全性の高い，石油エネルギーの代替物質への関心が高まっている。

ポリ-γ-グルタミン酸（Poly-γ-glutamic acid, γ-PGA）は，伝統的大豆発酵食品である日本の"納豆"，韓国の"チョングッチャン"の粘り成分に含まれており，その長い食経験から高い安全性が認められている機能性アミノ酸高分子であり（図1），生体適合性・生分解性・保湿性を併せ持つ素材である。γ-PGA が *Bacillus anthracis* の莢膜成分として発見されてから70年以

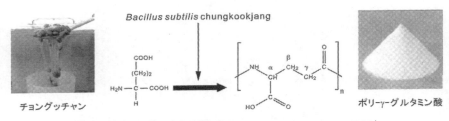

図1　ポリ-γ-グルタミン酸（Poly-γ-glutamic acid, γ-PGA）

---

*1　Mie Iwamoto　㈱ジェノラックBL　機能性素材部　主任
*2　Chung Park　㈱バイオリーダース　営業本部長　常務理事
*3　Yasushi Osanai　㈱ジェノラックBL　取締役
*4　Hiroshi Uyama　大阪大学　大学院工学研究科　応用化学専攻　教授
*5　Chul-Joong Kim　Chungnam National University, College of Veterinary Medicine, Laboratory of Infectious Disease, Professer
*6　Haryoung Poo　Korea Research Institute of Bioscience and Biotechnology, Bionanotechnology Research Center, Principal Investigator
*7　Moon-Hee Sung　国民大学　自然科学大学　生命ナノ化学　教授；㈱バイオリーダース　代表取締役社長

第 4 章　化粧品素材の生産

上が経ち，このポリマーに関する種々の研究が実施された。未だ，ポリマーの形成機構，基質であるグルタミン酸関与システムについては完全に明らかになっていないが，γ-PGA の魅力にひきつけられ，多くの用途開発・応用研究が進行している。特に γ-PGA の生産や利用に関して，難分解性ポリマーの代替素材，エステル化によるプラスチックの開発と水溶性繊維および膜生産などの研究が先進工業国を中心に活発に進められており，上記ニーズを満たすバイオポリマーとして注目が集まっている。

㈱バイオリーダース社（韓国）は"チョングッチャン"から γ-PGA 生産菌株 Bacillus subtilis chungkookjang の単離に成功し，発酵法による高分子量・高純度の γ-PGA 大量生産技術を確立した[2〜5]。本稿では，高分子量 γ-PGA の生産からその機能と応用例について紹介する。

4.2　高分子量 γ-PGA

4.2.1　微生物発酵法による γ-PGA の生産

γ-PGA はグルタミン酸の繰り返し単位からなるポリアミノ酸である。γ-PGA はタンパク質とは異なり，α 位のアミノ基（-NH$_2$）と γ 位のカルボキシル基（-COOH）のアミド結合（γ 結合）により構成され，現在までに，D-グルタミン酸のホモポリマー（D-γ-PGA），L-グルタミン酸のホモポリマー（L-γ-PGA），D-，L-グルタミン酸がランダムに配列したコポリマー（DL-γ-PGA）の 3 種類の光学活性体が確認されている。微生物生産の他，化学合成により α 位のアミノ基（-NH$_2$）と α 位のカルボキシル基（-COOH）のアミド結合（α 結合）により構成されたポリ-α-グルタミン酸（α-PGA）が市販されている。化学合成品では高分子量体の製造が困難であり，高価であるため産業レベルでは利用されていない。そのため，産業利用へ向けた微生物発酵法による γ-PGA の大量生産技術の開発，安定した低コスト製品の提供が望まれている。

γ-PGA はこれまで，Natrialba aegyptiaca, Bacillus anthracis, Bacillus mesentericus, Bacillus licheniformis, Bacillus megaterium, Bacillus subtilis などの菌株により発酵生産されることが報告されている。γ-PGA は，ポリガンマグルタミン酸合成系（γ-PGA synthetase complex, pgsBCA system）によって生合成され[6,7]，γ-PGA 生産菌株はその栄養要求性により大きく 2 つの種類に分けられる。1 つ目のグループはグルタミン酸依存性菌株であり，L-グルタミン酸の添加により γ-PGA 生産性が増加する。このグループには B. anthracis, B. licheniformis ACTC9945A, B. subtilis（natto）IFO3335, B. subtilis F-2-01 が分類される。もう 1 つのグループはグルタミン酸非依存性菌株であり，B. subtilis A35, B. subtilis TAM-4 などが分類される[3,8]。

㈱バイオリーダース社（韓国）は，伝統的な韓国の大豆発酵食品"チョングッチャン"から新規 γ-PGA 生産菌株 Bacillus subtilis chungkookjang の単離に成功し，微生物発酵法による B. subtilis chungkookjang 由来 γ-PGA の高純度大量生産技術を確立した[2,4]。B.

図2　発酵法によるγ-PGA の大量生産
（韓国，㈱バイオリーダース社）

subtilis chungkookjang は，高粘性コロニーを形成し 16S リボソーマル DNA 配列が *B. subtilis* (NCDO1769) と 99.7%の相同性を示した[9]。この菌株はグルタミン酸依存性に分類され，そのγ-PGA 生産力は長期保存や度重なる培養後でさえ衰えない。既存のグルタミン酸非依存性生産菌に比べて発酵期間が短く，また，これまでに確認された *B. subtilis* とは異なり，硝酸塩還元力がネガティブで，Mn^{2+} が存在しない場合胞子形成せず，10% NaCl 存在下でも生育可能である。通常，*B. subtilis* 由来γ-PGA の分子量は 100 ～ 1,000kDa であるが，本菌株の生成するγ-PGA は L-グルタミン酸添加培地中で 10,000kDa に達しており，凍結乾燥処理後の粉末でも約 2,000kDa の高分子量体であった。

現在，同社は発酵液 1L 当たり 25 ～ 30g のγ-PGA を生産することに成功しており，年間 50 ～ 60 トンの生産が可能なグローバルサプライヤーとして，厳密な生産工程による高純度粉末製品の供給を行っている（図2）。

4.2.2　γ-PGA の分子量測定技術の開発

バイオポリマーの分子量やサイズ分布は，その物質の機能と密接に関係している。そのため，分子量測定方法についても物質の機能や構造に関する研究と同様に，数多く実施されている。

バイオリーダース社製造の各種γ-PGA の分子量測定，粘度および各分子量のγ-PGA ハイドロゲルの水分吸収能の結果を表1に記す（表1）。

まず初めに，最も汎用性の高い分子量測定方法である Gel Permeation Chromatography (GPC) により，ポリアクリルアミド（10 ～ 9,000kDa）を標準物質として分子量を測定した。続いて Atomic Force Microscope (AFM) による分子量測定を試みた。AFM は，試料と探針との間の原子間力を検出してイメージ化する。γ-PGA の分子量の大きさに正比例して画像サイズが大きくなり AFM による分子量算出が可能であった。さらに，γ-PGA の加水分解により生じたグルタミン酸塩モノマーの数を 1-フルオロ-2,4 ジニトロベンゼンを用いて定量し，γ-PGA 分子量

第4章　化粧品素材の生産

表1　各種分析方法によるγ-PGA分子量測定

GPC [kDa][a]	Chemical modification [kDa][b]	Light scattering [kDa][c]	AFM[nm³] (GPC, kDa)[d]	Visvosity [cP][e]	Moisture absorption of hydrogel[f]
57	390	40.3	—	5	190
608	—	—	9.76×10^2 (470)	18	710
1,228	780	—	1.60×10^4 (1,004)	34	1,780
2,345	1,600	1,116	3.92×10^4 (1,902)	76	3,060
5,011	—	2,917	1.11×10^5 (5,997)	228	6,210
7,259	—	—	1.75×10^5 (7,395)	450	7,940

—：no date
a：The date was determined as using GPC; column used was Viscotek GMPWXL
b：The date was determined through the number of glutamate monomers generated by hydrolysis and a free amino group quantified with 1-fluoro-2,4-dinitrobenzene（FDNB）
c：The date was determined by the time-averaged intensity of scattered light
d：The date was determined by Atomic Force Microscope
e：The date was determined by Brookfield DV + I Viscometer
f：The date was determined through the moisuture absorption ability of hydrogel produced by cross-linking poly-γ-glutamic acid

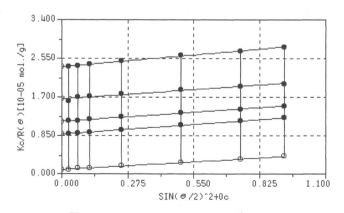

図3　2,000kDa γ-PGAのZimmプロット

を算出する方法を開発した。この方法は，高分子量のγ-PGAにも適応可能であった[10, 11]。

最近，我々は静的光散乱法（SLS法）によりγ-PGAの絶対分子量を求めることに成功した（図3）。SLS法は，溶液中の高分子が占める割合を単位時間における散乱光強度として検出する方法

表2 γ-PGAの産業的利用と新展開

水(汚水)処理	金属キレート,生物吸収凝集剤	PACに代わる重金属・放射線核種の除去
食品	増粘剤	食品・飲料品の粘度増加
	抗凍結剤	冷凍食品の抗凍結剤
	苦味抑制剤	苦味マスキング
	老化防止,感触エンハンサー	パン菓子類や麺の老化防止での利用,感触改良剤など
	添加物	ミネラル吸収促進(卵の殻の強度,体脂肪の減少)など
医薬品	薬物伝達体	薬物担体,薬物の持続:遺伝子治療の利用
	医療用貼付剤(創傷被覆剤)	
	縫合糸,ナノファイバー	癒着防止
	免疫賦活化剤 [29〜31]	アジュバント,抗癌剤
	その他	アトピー改善:Th1/Th2調節機能 炎症緩和:ヒアルロニダーゼ阻害 インフルエンザウイルス阻害機能 [17]
化粧品	保湿剤	
その他	吸収剤	ポリアクリル酸の代替品(おむつ)
	分散剤	化粧品・製紙・洗剤中の色素やミネラルの分散

であり,標準物質が不要で使用する溶媒に制限がないことから,信頼性の高い分子量測定法の1つである [12〜15]。我々は,3種類の B. subtilis chungkookjang 由来 γ-PGA の分子量測定に成功し,2,000 kDa を超える高分子量体 γ-PGA を確認した。

一般的に,高分子の粘性は分子量が大きくなるにつれて増加する。γ-PGA も分子量に比例して粘度値が増加した。特に高分子量体は高い粘性を示し,低分子量体に比べて分子量比以上の粘度増加を示した。高分子量 γ-PGA は,増粘剤・感触改良剤として利用する際の添加量を減らしコストを低減させることが可能になると考えられる。

4.3 高分子量 γ-PGA の魅力

γ-PGA は食用,水溶性,アニオン性の天然ポリマーであり,生分解性を有している。その多機能性,生分解性,無毒性,生体適合性から,健康食品,増粘剤,食品安定化剤,化粧品保湿剤,廃水処理のキレート剤,環境・農業・生物医学製品に応用可能なハイドロゲル,生分解性の梱包材,液晶ディスプレイ,DDS,医療用生体貼付剤など,幅広い応用が期待されている(表2) [16〜18]。

近年,基礎研究から産業利用を含む応用研究がなされている。γ-PGA の生産菌・製造開発から,応用研究・用途開発に至るまで数多くの特許が出願されており,そのうちの約半数を用途関

第4章　化粧品素材の生産

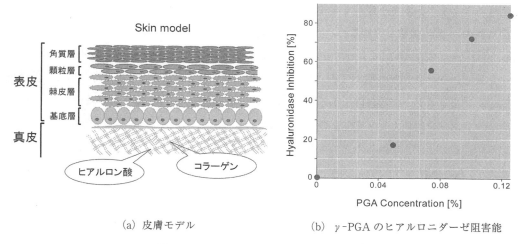

(a) 皮膚モデル　　　　　(b) γ-PGAのヒアルロニダーゼ阻害能

図4　γ-PGAのヒアルロニダーゼ阻害作用

連特許が占めている。繊維やフィルムの形成，カルシウム吸収促進剤，医薬品キャリア，飼料添加物，食品添加物，創傷被覆剤など様々な分野での利用が検討されており，γ-PGAの産業有用性の高さを示している。ここでは，注目すべき用途の1つとして，化粧品用素材としての利用について記述する。

一般に化粧品の保湿剤としてグリセリン，1,3-ブチレングリコールなどのポリオール類，ソルビトールなどの糖類，ピロリドンカルボン酸塩，乳酸，水溶性コラーゲンなどが使用される。なかでも，ムコ多糖であるヒアルロン酸は"天然保湿剤"として汎用されており，近年では，眼科用手術補助剤や膝関節症治療薬などの医薬品にも使用されている[19,20]。γ-PGA水溶液は，ヒアルロン酸特有の重厚感ある使用感とは異なり，さらりとした使用感が特徴である。軽い感触ながら適度な粘性を示し，肌へなじみ易くヒアルロン酸に匹敵する保湿効果・保水効果を有する。また，*B. subtilis* chungkookjang由来高分子量のDL-型γ-PGAは塩添加により，保湿性能に影響を受けない（ペーパーディスク法）ことを確認した。そのため，汗などによる保湿性能への影響も少ないと考えられた。保湿剤としてだけではなく，増粘剤・感触改良剤としての利用も期待されている。

最近の我々の研究より，γ-PGAが皮膚真皮に存在するヒアルロニダーゼ活性を効果的に阻害することを発見した[21,22]。ヒアルロニダーゼは，ヒアルロン酸を加水分解する酵素の総称であり，皮膚の結合組織であるヒアルロン酸を分解することで，皮膚弾力・肌のハリを失わせシワを誘発させる（図4(a)）。また，ヒアルロニダーゼは皮膚炎症の発生時に活性化され皮膚組織の構造を破壊し，炎症系組織への浸潤・血管の透過性を亢進させる酵素であり，ヒアルロニダーゼを

阻害することでアレルギー症状を緩和させることができる。我々は，γ-PGAのヒアルロニダーゼ阻害能の in vitro 試験を実施した。ヒアルロン酸（rooster comb, WAKO）がヒアルロニダーゼ（bovine testes, SIGMA）によって分解され，生成したN-アセチルグルコサミン還元末端を検出・定量し，その吸光度の差よりヒアルロニダーゼ阻害活性を求めたところ，γ-PGAは低濃度で高いヒアルロニダーゼ阻害能を示した（図4（b），2,000kDa γ-PGA）。引き続いて，γ-PGA配合シャンプーを用いたヒト官能試験を実施した。その結果，アトピー性皮膚疾患を患っている被験者の半数以上が，かゆみなどの症状が緩和されたと答え，γ-PGA配合の化粧水・乳液を使用した25人の被験者のうち，22名が皮膚状態が改善された（皮膚弾力・保湿力の向上）と答えた[21, 23]。γ-PGAは，保湿効果だけではなくアレルギー症状の緩和，アンチエイジング効果も有する素材であることを見出した。より詳細な検討が必要ではあるが，本機能を活かした機能性・薬用化粧品や，医科向け化粧品の開発も可能であると思慮している。

他の特出すべき用途として，吸水性ハイドロゲルが挙げられる。ハイドロゲルは三次元網目構造中に水を含んだものであり，体積の90％以上が水である。高吸水性ハイドロゲルに至っては，自重の数千倍もの水を含むことができる。近年，天然ポリマー由来のハイドロゲルへの注目が高まり，おむつや農業用の貯水剤として，薬剤徐放のためのインプラント，水質処理剤として大きな可能性を秘めている。分子内および分子間架橋による三次元網目構造は，放射線照射法[24, 25]，化学架橋法[26, 27]，反復凍結法により形成される。表1に示したように，㈱バイオリーダース社製造のγ-PGAのハイドロゲルは自重の8,000倍もの水分を吸収し，γ-PGAの分子量が大きくなるにつれ，吸水性能も増加することを確認した。ハイドロゲルは，現在，化粧品のみならず，水質浄化剤としての利用も開始されている。開放環境下でも使用できる材料の開発には生分解性の付与などが求められるため，γ-PGAは環境への毒性の無さと生分解性から注目を集めており，構造や膨潤機構を初めとした研究が進むにつれて，その需要もますます拡大すると予想される。

4.4 γ-PGAの市場性

γ-PGAの日本における総市場規模（製品含む）は，2006年度では60トン，2010年では約100トンにも達すると予想されている[28]。γ-PGAの機能性研究は20年以上も前から行われ，化粧品原料としては，水溶液タイプの製品や架橋体製品，粉末状製品として販売されている。食品用途では増粘安定剤（納豆菌ガム）として，健康食品では新機能を訴求する素材として市場展開も開始されており，今後ますますその市場の拡大が見込まれている。その他，架橋体γ-PGAを利用した水質浄化剤としての利用も盛んである。

㈱バイオリーダース社は超高分子量γ-PGAの唯一の製造元であり，基礎研究から最新医療への展開も含めた応用研究を開始している。高付加価値の用途開発による市場形成を目指している。

第4章　化粧品素材の生産

4.5　おわりに

　本稿では，バイオポリマーとして注目されるポリ-γ-グルタミン酸（γ-PGA）について，生産から産業利用までを，特に，*Bacillus subtilis* chungkookjang 由来 γ-PGA に焦点を当てて紹介した。

　B. subtilis chungkookjang 由来高分子量 γ-PGA について，我々は免疫機能を活性化させる免疫賦活作用を確認した[29～31]。この効果は分子量が大きくなるにつれ増加し，抗腫瘍剤としての利用も期待される。また，食品用途としては増粘剤以外にミネラル吸収促進剤としても利用されている。γ結合により連なったポリマーであるγ-PGA はタンパク質とは異なり，プロテアーゼの影響を受けにくく腸内で食物繊維様作用を示す。Ca は腸管内でリン酸と反応して不溶化するため，体内に吸収されにくい。γ-PGA は側鎖にフリーのカルボキシル基を有しており，このカルボキシル基と結合することで Ca の不溶化を防ぎ，溶解性を向上させることが報告されており，その溶解性は γ-PGA の分子量に応じて向上した[4, 32～35]。さらに，ここ数年間では側鎖カルボキシル基と機能性低分子を結合した γ-PGA 誘導体の研究・開発も進められている。

　このように，化粧品用途としてだけではなく，医療用・環境用・食品用など各分野で，γ-PGA の特性を利用した産業利用が始まっており，この先，機能研究だけではなく基礎研究も含めさらなる開発が進むことであろう。今回 SLS 法によって 2,000kDa 以上の超高分子量が確認されており，2,000kDa を含め 5,000kDa，7,000kDa 分子量製品の新市場創出が期待される。γ-PGA の機能解明が進み，今後の産業利用での発展を期待している。

文　　献

1) K. Takaya, *J. Soc. Mat. Sci., Japan,* **54**(3), 346 (2005)
2) 特許第 3999514 号
3) Moon-Hee Sung *et al., The Chemical Record.,* **5**, 352 (2005)
4) 公表特許公報 2005-532462
5) Seong Eun Kang *et al., Food Sci. Biotechnol.,* **14**(5), 748 (2005)
6) M. Ashiuchi *et al., J. Mol. Cat. B: Enzymatics.,* **23**, 249 (2003)
7) M. Ashiuchi *et al., Eur. J Biochem.,* **268**, 5321 (2001)
8) M. Kunioka, *Appl. Microbiol. Biotechnol.,* **47**, 469 (1997)
9) M. Ashiuchi *et al., Appl. Microbiol. Biotechnol.,* **57**, 764 (2001)
10) C. Park *et al., J. Mol. Cat. B: Enzymatics.,* **35**, 128 (2005)
11) M. Ashiuchi *et al., Appl. Environ. Microbiol.,* **70**, 4249 (2004)

12) 大塚電子㈱,光散乱ジャーナル『LSアドバンス』, **2**(1)（2003）
13) 大塚電子㈱技術資料,絶対分子量（2002）
14) A. Holtzer *et al., J. Am. Chem. Soc.,* **118**, 4220（1996）
15) I. Irurzun *et al., Macromol. Chem. Phys.,* **202**, 3253（2001）
16) Ing-Lung Shih *et al., Bioresource Technol.,* **79**, 207（2001）
17) 特許出願 PCT/KR07/004419
18) Young-Gwang Ko *et al., Key Engineering materials,* **342-343**, 225（2007）
19) 宮本武明ほか編集,天然・生体高分子材料の新展開,シーエムシー出版, 143（2003）
20) 宮本武明ほか編集,天然・生体高分子材料の新展開,シーエムシー出版, 373（2003）
21) 公開特許公報 2007-112785
22) 公開特許公報 2007-320950
23) 特許出願 PCT/KR07/005027
24) H. J. Choi *et al., Bull. Korean Chem. Soc.,* **20**(8), 921（1999）
25) M. Kunioka, *Macromol. Biosci.,* **4**, 324（2004）
26) M. Kunioka *et al., J. Appl. Polym. Sci.,* **65**, 1889（1997）
27) 特許出願 PCT/JP2006/318541
28) 市場調査報告書,富士経済（2007）
29) 公開特許公報 2005-187427
30) 公開特許公報 2006-232799
31) Tae Woo Kim *et al., J. Immuno.,* **179**(2), 775（2007）
32) 公開特許公報平 6-32742
33) 特許第 3551149 号
34) 公開特許公報 2006-316022
35) C. Park *et al., J. Microbiol. Biotechnol,* **15**(4), 855（2005）

第5章 化成品素材の生産

1 バイオサーファクタント

森田友岳[*1],井村知弘[*2],福岡徳馬[*3],北本 大[*4]

1.1 はじめに

界面活性剤は,国内だけでも年間100万トン以上生産され,その3分の1が家庭用に,残りの3分の2が繊維,製紙,ゴム・プラスチック,医薬・化粧品,食品,土木・建築,機械・金属など,様々な産業分野で利用されている。その機能は,乳化・分散,洗浄,起泡・消泡,湿潤・浸透,防錆,均染・固着,帯電防止と多種多様であり,現在6000品目以上が用途に応じて使い分けられている。界面活性剤は,日常生活の様々な場面で活躍する最も身近な化成品の一つであり,また幅広い産業分野で欠かすことのできない,重要な機能性化成品である。大部分の界面活性剤は石油由来であるが,石鹸をはじめレシチンやサポニンなど,動植物由来の界面活性剤も古くから利用されている。こうした天然の界面活性剤は,化学物質リスク削減や循環型社会の育成といった観点から注目されている。一方,バイオサーファクタント(BS)と呼ばれ,バイオマス資源から微生物によって量産可能な天然の界面活性剤が知られており,高機能なバイオ素材として,幅広い産業での実用化が期待されている。

1.2 バイオサーファクタントとは

BSは,広い意味では生体由来の界面活性物質の総称であるが,バイオ素材開発の研究分野においては,「微生物によって菌体外に分泌・生産される両親媒性物質」を指す。したがって,植物由来のレシチンやサポニン,動物由来の胆汁酸やカゼインなどはBSの範疇とは異なる[1]。

BSは,1960年代に始まった炭化水素発酵技術(石油類を原料とする発酵プロセス)の一つとして研究された。当時,炭化水素を原料としてある種の微生物を培養すると,培地中に両親媒性の脂質が蓄積されることが知られていた。これら両親媒性脂質は,微生物の培養条件によっては,生産量が非常に高くなることから次第に注目されるようになり,現在BSとして,幅広い産業分

[*1] Tomotake Morita ㈱産業技術総合研究所 環境化学技術研究部門 研究員
[*2] Tomohiro Imura ㈱産業技術総合研究所 環境化学技術研究部門 研究員
[*3] Tokuma Fukuoka ㈱産業技術総合研究所 環境化学技術研究部門 研究員
[*4] Dai Kitamoto ㈱産業技術総合研究所 環境化学技術研究部門 グループ長

微生物によるものづくり

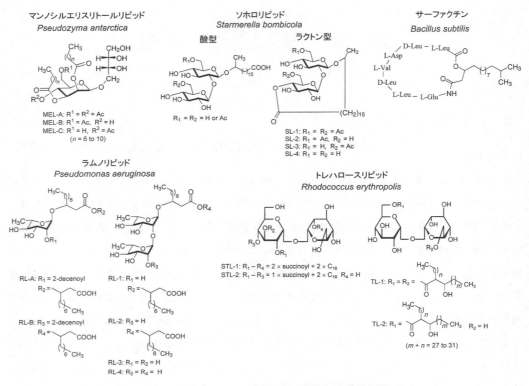

図1 バイオサーファクタントの構造と生産微生物

野での実用化が期待されている。

BSの研究が開始されてしばらくの間は，生分解性や安全性に優れた「地球に優しい界面活性剤」としての応用研究が主流であった。しかし，ここ数年のナノテクおよびライフサイエンス分野の技術革新によって，化学品に対する様々な機能性評価が可能になったことを背景として，BSが単なる界面活性剤としてではなく，「高機能なバイオ素材」として高い潜在能力を有することが示された[2, 3]。すなわち，BSは既存の界面活性剤や生体内脂質には見られない，高度な分子集合能（自己組織化能）や生理活性（細胞活性化）などを持つことが判り，研究動向は大きく変わりつつある。現在では，BSが持つ様々な機能を生かした，高機能・高付加価値製品への応用展開が活発化している。

1.3 バイオサーファクタントの構造と機能

BSは，親水基の構造から，糖型，アミノ酸型，有機酸型，高分子型に分類され，現在までに数十種類のBSが知られている。疎水基としては各種の中鎖および長鎖脂肪酸（飽和，不飽和，分岐，ヒドロキシ型など）が代表的である[4]。代表的なBSの構造とその生産菌を図1に示す。

第5章 化成品素材の生産

合成界面活性剤と比べた場合，BSの構造的な特徴は，①複数の官能基（水酸基，カルボキシル基，アミノ基）や不斉炭素，②複雑でかさ高い構造，③生分解性を受けやすい構造，などを有することである。一方，その機能的な特徴としては，①低濃度で高い界面活性，②緩やかで持続的な作用，③優れた分子集合体や液晶の形成能，④多彩な生理活性，などを発揮することである。

これらの物性や機能は，親水基と疎水基の「きれいに揃った構造」と「巧妙な組み合わせ」に起因している。BSの合成は，微生物細胞内で酵素反応によって位置選択的，立体選択的に行われる。そのため，分子の向き・形が揃っており，界面で効率的な分子集合や配向が可能になるため，既存の界面活性剤に比べてより低濃度で機能を発揮できる。

1.4 バイオサーファクタントの生産

BSは，分子内に多数の不斉炭素を有するため，化学的な合成は困難である。したがって，BSの生産は，経済性，資源循環性，環境負荷の面からも微生物プロセスが最適である。

BSの原料は，主として大豆油や菜種油などの植物油脂が用いられる。また，微生物によっては，その他の脂質系原料（脂肪酸，アルコール，エステル類）やグルコース等の糖質からも生産可能である。図1に示す通り，酵母 *Starmerella bombicola*（*Candida bombicola* から改名）や酵母 *Pseudozyma antarctica*（*Candida antarctica* から改名）は，それぞれソホロリピッドやマンノシルエリスリトールリピッドといった，糖型BSを量産する。また，細菌の仲間も種々のBSを生産することが知られている。例えば，枯草菌 *Bacillus subtilis* はアミノ酸型BSであるサーファクチン，緑膿菌 *Pseudomonas aeruginosa* や放線菌 *Rhodococcus erythropolis* は糖型BSであるラムノリピッドやトレハロースリピッドをそれぞれ生産する[4]。

BSの中でも，特に糖型BSの生産性は高く，工業生産が十分可能である[5]。さらに，BSは原料面（糖質系バイオマスを利用可能），機能面（生体に対して特異な作用を示す）からも，高機能な化成品素材として注目されている。以下，主なBSについて，その生産と特性について概説する。

1.5 各種バイオサーファクタントの生産と機能
1.5.1 マンノシルエリスリトールリピッド

マンノシルエリスリトールリピッド（MEL）は，担子菌系酵母 *P. antarctica* によって量産される[4]。*P. antarctica* の場合，休止菌体を用いてMELを生産可能であるため，培養槽に原料の油脂を流下しながら連続的な生産が可能である。休止菌体法によって，6日間で47g/L（対原料収率は67%）のMELを製造することが可能である。また，製造条件を最適化することで，対原料収率は87%まで向上し，140g/LものMELを製造することが可能である（図2）[1, 6]。

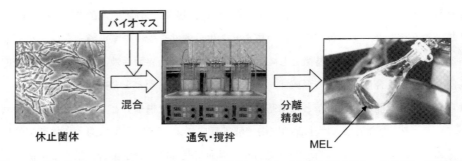

図2 休止菌体（*Pseudozyma antarctica*）を利用したマンノシルエリスリトールリピッドの量産

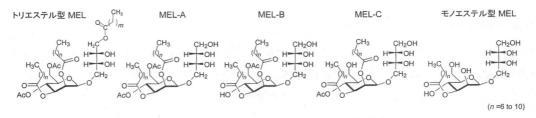

図3 マンノシルエリスリトールリピッド同族体の構造

　最近の研究で，*Pseudozyma*属酵母が環境中から多数見出され，MEL-A量産型である*P. antarctica*とは異なる，MEL-BやMEL-C量産型のMEL生産酵母が取得されている[7〜9]。さらに，培養条件の検討によって，親水-疎水バランス（HLB）の大きさの異なる，トリエステル型やモノエステル型のMELの生産も可能になっている（図3）[10,11]。このように，MEL製造技術は，量産だけでなく構造・機能の多様化も行われ，その実用化に向けて大きく前進している。

　MEL-Aの臨界ミセル濃度は非常に小さく（cmc = 2.7×10^{-6}M），大きな界面活性を示す。例えば，cmcでの表面張力は27mN/mであり，水/n-ヘキサデカンの界面張力は2mN/m以下まで低下する[12]。また，MELの大豆油や炭化水素類に対する乳化能は，代表的な糖型の界面活性剤であるショ糖脂肪酸エステルやポリオキシエチレン-ソルビタン脂肪酸エステルに比べて，数倍以上の活性を示す[6]。

　さらに，MELは水溶液中で特異な自己集合特性や自己組織化構造を示す。MEL-A（1mM）の薄膜を水和させると，直径1〜20μmの油滴状の構造体（スポンジ相，L_3相，二分子膜構造がランダムに連結してできる三次元ネットワーク）を形成することが確認されている[13]。一方，MEL-Bはスポンジ相ではなく，直径10〜20μmの巨大リポソーム（ラメラ相，$L_α$相）を形成する[14]。従来の界面活性剤や両親媒性脂質は，水溶液中で自己集合して容易にミセルを形成するが，二分子膜構造を持つ巨大リポソームを形成できる物質は限られている。MELは，単独系

第5章　化成品素材の生産

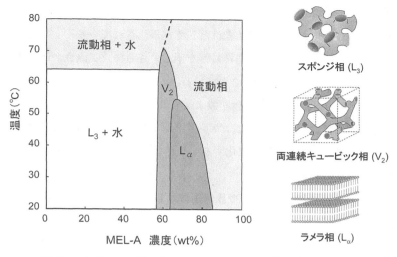

図4　マンノシルエリスリトールリピッド-水2成分系の相平衡図

でベシクルを形成する，極めて稀な糖脂質といえる。このMELのベシクル形成能を利用した，遺伝子導入技術も開発されており，その導入効率は代表的なリポフェクション試薬であるリポフェクチン等に比べると50～70倍に達する[15]。また，MEL-Aは水溶液系でリオトロピック液晶を形成する（図4）。このようにMELは，各種の液晶（スポンジ相，両連続キュービック相，ラメラ相など）を，幅広い濃度・温度領域で形成可能であり，既存の界面活性剤や脂質とは異なる特性を有する[16]。

その他にも，MELは優れた抗菌活性を示し，枯草菌や黄色ブドウ状球菌などのグラム陽性細菌の生育を低濃度で阻害する。さらにMELは，ヒト急性前骨髄白血病細胞（HL60）などの各種白血病細胞やラット褐色細胞種由来細胞（PC12）に対して5～10μMで，増殖抑制や分化誘導を示し，悪性腫瘍であるマウスメラノーマ細胞（B16）に対しては増殖抑制とアポトーシス誘導を示す[4]。

1.5.2 ソホロリピッド

ソホロリピッド（SL）は，酵母 S. bombicola, Candida apicola などにより，グルコース，天然油脂から量産され，ラクトン型（SL-1からSL-4）のものと，開環した酸型のものがある[4]。SLの場合，MELと同様に休止菌体を用いて生産することが可能である。SLは，S. bombicolaを用いて300g/L以上という非常に高い収率で生産できる[17]。また，ラクトース資化性酵母と S. bombicola を連続的に用いる方法で，422g/LのSL生産が報告されている。現在，SLの最高収率は700g/Lに達している[1]。

SLの親水性誘導体やデシルアミド誘導体などは，乳化，湿潤，洗浄，可溶化などに優れ，幅

広い界面活性を示す。特に，SLのプロピレンオキサイド付加体には，優れた皮膚の柔軟化作用や保湿作用が認められており，化粧品素材として実用化されている[18]。酸型SLは，LASやSDSのような合成界面活性剤と同等の洗浄特性を示し，さらに，気泡性が低く生分解性も高いため，食器洗浄機用の洗剤として実用化されている。

酸型SLは，二つの親水基（糖部分と脂肪酸末端のカルボキシル基）を持つため，双頭型脂質に類似した自己組織化特性を示す。また，カルボキシル基を持つため，自己組織化によって形成されるナノ構造体はpHに依存して変化する。酸性条件下では，幅$5〜11\mu m$で，長さ数百μmの巨大なリボンを形成する[19]。

その他にも，ラクトン型SLは枯草菌や放線菌に対して生育抑制作用を示す。また，SLも上記のMELと同様に，各種のヒト白血病細胞（K562，HL60，KU812など）に対して増殖抑制や分化誘導活性を示す。さらに，ヒト急性リンパ性白血病由来細胞（Jurkat細胞）や扁平上皮ガン細胞（Tu-138）に対しても増殖抑制を示す[4]。

1.5.3 ラムノリピッド

ラムノリピッド（RL）は，結核菌に対する抗生物質として緑濃菌 *P. aeruginosa* の発酵液中から発見された。*P. aeruginosa* は，各種RLを生産する（RL-1からRL-4，RL-AおよびRL-B）。RL生産は菌体増殖と同時に進行するため，発酵法で生産される。天然油脂，n-アルカン，エタノール，グリセロールなどを炭素源として，窒素源を制限した条件下で培地中に大量に蓄積される。現在，RLの生産量は100g/L以上に達している[20]。

RLは，アニオン型であるがcmcが低く，表面・界面張力低下能が大きく，乳化，分散，浸透，起泡作用も優れている[21,22]。RL-Aのナトリウム塩のcmcは$6.2×10^{-5}M$であり，表面張力を28mN/mまで低下させる。

RL-1やRL-2は，枯草菌に対して生育抑制作用を示す。また，ある種のRLは，細菌類（大腸菌や枯草菌など）だけでなく，黒麹などのカビ類に対しても生育阻害作用を示す[23]。

1.5.4 トレハロースリピッド

トレハロースリピッド（TL）は，細胞膜結合性であり，他の糖型BSに比べると生産量は少ない。TLは，放線菌 *R. erythropolis* によって，n-アルカンから40g/Lの収率で生産される[24]。TLの場合，側鎖はトレハロースの1級アルコール部分に導入されるが，サクシノイルトレハロースリピッド（STL）の場合は2級アルコール部分に導入される。

TLおよびSTLも，優れた表面・界面張力低下能を示す。特に，STLは，乳化作用ばかりでなく，カーボンブラック，べんがら（α-Fe2O3），α-銅フタロシアニンブルーなどの固体微粒子に対して大きな分散および分散安定化作用を示す。STL（ナトリウム塩）の界面活性は，cmc = $9.6×10^{-4}M$，γcmc = 30mN/m程度である[4]。

第5章　化成品素材の生産

1.5.5　サーファクチン

サーファクチン（SF）を生産する代表的な微生物は，枯草菌 *Bacillus subtilis* である[23]。SF は，環状のペプチドに脂肪酸が結合したリポペプチド型の BS であり，アミノ酸の数や脂肪酸の鎖長が異なる数種類の構造が知られている[4, 24]。生産量は数 g/L 程度であり，上記の糖型 BS と比べると低い。生産物の回収は，限外濾過，水性二層分配，固相抽出，泡分画法などが利用されている。SF の界面活性は強く，抗菌活性も優れている[25]。

1.6　バイオサーファクタント生産微生物の遺伝子組換え技術

生産収率の向上による製造コストの低下は，BS を幅広い分野で実用化するための重要な技術課題の一つである。遺伝子組換え技術を活用すれば，微生物の代謝経路を遺伝子レベルで改変し，生産プロセスを飛躍的に向上できるため，世界中でホワイト（工業用）バイオテクノロジーへの導入が進められている。また，地球温暖化対策として世界中で注目されているバイオリファイナリーは，バイオマスから微生物生産プロセスで化学品の基幹物質を製造する技術であるが，遺伝子組換え技術は多くのバイオリファイナリーの事例で，幅広く活用されている[26]。BS 製造技術に対しても，遺伝子組換え技術による技術革新が期待されており，幅広い産業分野へ展開するため，研究が進められている。

MEL 生合成遺伝子は，最近，植物病原菌 *Ustilago maydis*（植物感染のモデル微生物として研究されており，遺伝子組換えも容易）を用いて同定された[27]。一方，工業利用の観点からは，*Pseudozyma* 属酵母の方が，MEL 生産能力に優れているため，より実用的である。現在，*Pseudozyma* 属酵母を遺伝子組換え技術で改良する研究も進行している[28]。

SL の生合成遺伝子は同定されていないが，その代謝経路は生化学的手法によって推定されている[29]。最近になって，*S. bombicola* の宿主ベクター系の開発が報告され[30]，遺伝子組換えによる SL の生産効率の向上や生産物の構造制御に向けた取り組みが進行しつつある。

RL を生産する *P. aeruginosa* は，病原性細菌であることもあって研究の歴史は古く，遺伝子組換えの技術も充実している。1995 年頃には，RL の生合成遺伝子が同定され，遺伝子発現機構も含めて詳細に解析されている[20, 31]。現在では，*P. aeruginosa* の RL 生合成遺伝子を，別の非病原性の微生物に導入して，RL 生産性を付与することも可能になっており[32]，安価な原料から RL を量産する技術の開発が期待されている。

SF 生合成遺伝子の研究は，*B. subtilis* を対象として 1990 年代初期に行われ[24]，遺伝子工学によるアミノ酸側鎖（親水基）の改変に関する研究も行われている[33]。残念ながら，*B. subtilis* の実験株は SF 生産性が悪く，また SF 高生産株に実験株の遺伝子改変技術を応用することが困難であった。最近になって，SF 高生産株に対する遺伝子組換え技術が開発され[34]，SF 生産効率

の向上に対する，技術的なブレークスルーが期待されている。

1.7 おわりに

　BSは，多彩で優れた物性・機能を有する高機能バイオ素材であって，単なる界面活性剤ではない。BSの機能性は，従来の合成界面活性剤にはない，その優れた「自己組織化能」に基づくものである。現在，ナノテク領域では，物質の「自己組織化能」を利用して，ナノ粒子からボトムアップにより新しい材料を創製する試みがあるが，そのようなアプローチが可能な物質は限定されている。BSは，優れたナノバイオ素子として，ボトムアップにおけるリード化合物として材料創製技術に貢献できるかもしれない。

　BSの実用化を促進するためには，微生物生産のコストが大きな問題であるが，既に述べたように，最近のバイオテクノロジーの飛躍的革新や周辺技術の進歩が突破口となって，解決されるであろう。今後，BSの応用研究がさらに発展し，高機能な化成品素材として，ナノバイオテクノロジーやバイオメディカル領域などの先進的な技術分野で活躍することを期待したい。

文　　献

1) 北本大，オレオサイエンス，**3**，663-672（2003）
2) 北本大，生物と化学，**41**，410-416（2003）
3) D. Kitamoto et al., "Glycolipid-based bionanomaterials", In: Handbook of Nanostructured Biomaterials and Their Applications in Nanotechnology, *American Scientific Publishers*, **1**, pp. 239-271（2005）
4) D. Kitamoto et al., *J. Bioeng. Biosci.*, **94**, 187-201（2002）
5) 北本大，フレグランスジャーナル，**2002-5**，29-38（2002）
6) D. Kitamoto et al., *Biotechnol. Lett.*, **23**, 1709-1714（2001）
7) T. Morita et al., *Appl. Microbiol. Biotechnol.*, **73**, 305-313（2006）
8) T. Morita et al., *FEMS Yeast Res.*, **7**, 286-292（2007）
9) M. Konishi et al., *Appl. Microbiol. Biotechnol.*, **75**, 521-531（2007）
10) T. Fukuoka et al., *Biotechnol. Lett.*, **29**, 1111-1118（2007）
11) T. Fukuoka et al., *Appl. Microbiol. Biotechnol.*, **76**, 801-810（2007）
12) T. Imura et al., *Chem. E. J.*, **12**, 2434-2440（2006）
13) T. Imura et al., *J. Am. Chem. Soc.*, **126**, 10804-10805（2004）
14) D. Kitamoto et al., *Chem. Commun.*, **2000**, 860-861（2000）
15) K. Inoh et al., *J. Control. Release.*, **94**, 423-431（2004）

16) T. Imura *et al., Langmuir,* **23**, 1659-1663 (2007)
17) A.-M. Davila *et al., Appl. Microbiol. Biotechnol.,* **47**, 496-501 (1997)
18) 木村義晴, フレグランスジャーナル, **20**, 22 (1992)
19) S. Zhou *et al., Langmuir,* **20**, 7926-7932 (2004)
20) S. Lang and D. Wullbrandt, *Appl. Microbiol. Biotechnol.,* **51**, 22-32 (1999)
21) 崔永国, 石上裕, オレオサイエンス, **2**, 649-657 (2002)
22) 石上裕, 表面, **35**, 515 (1997)
23) S. S. Cameotra and R. S. Makker, *Curr. Opin. Microbiol.,* **7**, 262-266 (2004)
24) J. D. Desai and I. M. Banat, *Microbiol. Mol. Biol. Rev.,* **61**, 47-64 (1997)
25) P. Singh and S. S. Cameotra, *Trends Biotechnol.,* **22**, 142-146 (2004)
26) B. Kamm and M. Kamm, *Adv. Biochem. Eng. Biotechnol.,* **105**, 175-204 (2007)
27) S. Hewald *et al., Appl. Environ. Microbiol.,* **72**, 5469-5477 (2006)
28) T. Morita *et al., J. Biosci. Bioeng.,* **104**, 517-520 (2007)
29) I. N. A. van Bogaert *et al., Appl. Microbiol. Biotechnol.,* **76**, 23-34 (2007)
30) I. N. A. van Bogaert *et al., Yeast,* **24**, 201-208 (2007)
31) G. Soberón-Chávez *et al., Appl. Microbiol. Biotechnol.,* **68**, 718-725 (2005)
32) Q. Wang *et al., Biotechnol. Bioeng.,* **98**, 842-853 (2007)
33) T. Stachelhaus *et al., Science,* **269**, 69-72 (1995)
34) E. H. Duitman *et al., Appl. Environ. Microbiol.,* **73**, 3490-3496 (2007)

2 バイオポリエステル

田口精一*

2.1 はじめに

　ホワイトバイオテクノロジーの主力アイテムの一つとして期待されるバイオポリエステルは，生物資源を原料に合成される環境・生体調和型ポリマーである[1]。植物起源の物質（糖，油脂，二酸化炭素など）から合成されることが多いので，最近では「植物ポリエステル」と呼ばれることも多い。したがって，産業界では，プラスチック製品等に「植物度＝グリーン度」をどのくらい高めて導入するかが環境貢献の指標にもなりつつある。このような植物ポリエステル製品は，使用後に生分解あるいは燃焼されても元々植物原料中に含有されていた二酸化炭素が回帰するという"カーボンニュートラル"な（環境負荷の少ない）素材として認識されている。また，ポリエステルは基本的に酸・アルカリあるいは酵素的に分解を受け易い性質を持っており，自然環境下での分解あるいは生体中での吸収性に優れている点は，用途開発上のメリットであり特筆すべきことである。最近では，いろいろな形態（材料，化学部品，熱量などのレベル）で積極的にリサイクルできる技術開発が進展している。材料物性および分解・吸収性を考慮したバイオポリエステル製品の合成は，ポリマーのモノマーユニットの化学構造，配列パターン（ランダム・交互・ブロックなど），分子量の大小，微細加工法によって制御可能である。

　本稿では，ポリマー合成におけるモノマー供給の脱石油化，金属触媒から生体触媒への転換，ひいては合成プロセスの全てを環境に配慮したものに置き換え可能とする研究実例を，筆者らの取り組みを含めて紹介，解説する。図1に現在構築されているバイオポリエステルの合成プロセスをまとめて示す。

2.2 代表的なバイオポリエステルの開発研究

　ここでは，バイオポリエステルとして，ポリ乳酸（PLAと略称），ポリブチレンサクシネート（PBSと略称），そしてポリヒドロキシアルカン酸（PHAと略称）を紹介する。PLAは，植物原料が微生物によって乳酸モノマーへ変換される「バイオプロセス」と乳酸モノマーの化学触媒重合に基づく「化学プロセス」によって合成される[2]。PBSも基本的に両プロセスの融合によって合成される。一方PHAは，植物原料からモノマーへの変換とポリマー合成が微生物体内で同時に実現する「オールバイオプロセス」によって生産される。さらに植物体を用いれば，二酸化炭素と水から太陽エネルギーを駆動力としてワンステップでPHAが合成（光合成）される究極の

　＊　Seiichi Taguchi　北海道大学　大学院工学研究科　生物機能高分子専攻　生物工学講座
　　　バイオ分子工学研究室　教授

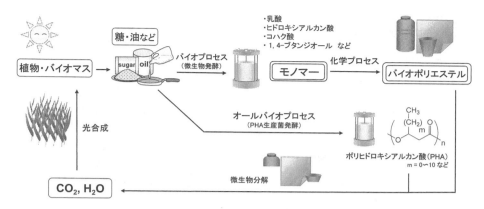

図1 バイオポリエステルの合成プロセス
植物バイオマスから出発して,バイオプロセスおよび化学プロセスを経てバイオポリエステルが合成されるスキームを示す。バイオポリエステルは,使用後環境微生物に分解され,さらに植物バイオマスに還元されて炭素循環システムが形成される。

バイオプロセス製造法となる。

2.2.1 PLAのケース

PLAは,現在世界中の企業が実用化に力を入れている代表的な脂肪族ポリエステルである。バイオマスからのモノマーの発酵生産に関しては,トウモロコシなどの穀物原料を利用する乳酸発酵がよく知られている。化学製法では達成が難しいといわれている光学純度の高い乳酸を生産できることが大きなメリットであり,得られた乳酸をモノマーとして生分解性高分子であるPLAを化学合成することができる。乳酸を脱水環状化した2量体(ラクチド)を開始化合物として,スズや亜鉛の塩化物を触媒とした開環重縮合による合成法が主流である。しかし,使用される金属触媒の生体に与える有害性が常に懸念されている。PLAの材料物性の多様性は,L-乳酸とD-乳酸のステレオコンプレックスを導入するなどの工夫により生み出され,透明性や熱安定性の向上といった高性能化が図られるようになり,ポリブチレンテレフタレートやポリエチレンテレフタレートなど既存の石油系高分子の代替として従来の用途を拡大しつつある[1]。

2.2.2 PBSのケース

また現在,生分解性高分子として上市されているプラスチックの一つにPBSベースの高分子がある。PBSはコハク酸と1,4-ブタンジオールを原料とするポリエステルで,ポリエチレンに近い物性と生分解性を併せ持っていることから,農業用シートやコンポストバッグ,食品トレーなどの用途がある。しかしながら,これらの汎用用途に見合うコスト削減が課題である。従来,原料となるコハク酸は化石資源から供給されていたが,嫌気性細菌の多くがコハク酸を生産することが着目され,バイオマス由来のコハク酸を用いる生産系への切り替えが実現しようとしてい

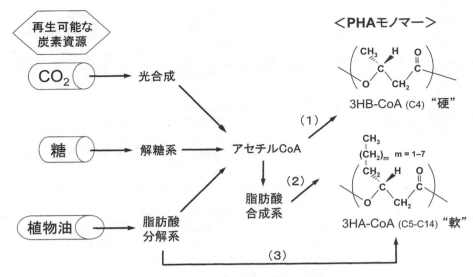

図2　PHAのモノマー供給のための代謝経路
3HB：3-ヒドロキシブタン酸，3HA：C5からC14までを含む3-ヒドロキシアルカン酸。
3つの主要経路を経てモノマーが合成供給されることが明らかにされている。

る。将来，この技術の展開次第では，石油消費の低減のみならずコスト削減にも期待が持たれるようになり，微生物発酵法を基盤としたバイオプロセスと生分解性というバイオプラスチック特有の機能が結びつく好例になるであろう。

2.2.3　PHAのケース

先に述べたように，PHAは基本的に微生物の物質変換能力により糖や植物油のようなバイオマス原料から微生物細胞内で合成されるバイオポリエステルである。PHAの生分解性は大変優れており，ポリ乳酸と比較すると分解速度が速いことが知られているが，その実用化には低コスト化，高性能化，生分解寿命の制御など越えなければならない課題がある。PHA研究は，ここ数年でいくつかのブレイクスルーにより大きく進展しつつある。

(1)　PHA生合成経路と共重合体創製の分子設計

PHAの微生物内合成の立役者は，生体触媒として機能する酵素である。栄養源として微生物細胞内に取り込まれる原料から最終的にPHAポリマーに至るまでの「PHA生合成代謝経路」[3]は，複数の酵素反応の連携によって機能する。PHA生合成は，大別して「モノマー供給ステップ」と「重合ステップ」によって構成されている。図2に，糖，脂肪酸，二酸化炭素を原料として微生物細胞内でPHAのモノマーが合成供給されるプロセスをまとめて模式的に示す。全てのモノマーに共通しているのは，ヒドロキシアルカン酸（HA）のカルボキシル基に補酵素A（CoA）が結合している点である。この共通構造は，モノマー供給酵素と重合酵素の反応性に必須である。

第 5 章　化成品素材の生産

これまでのモノマー供給系探索と同定の研究から主要 3 経路が明らかになっている。①のルートでは，アセチル CoA2 分子が縮合され，さらに還元されて合成される短鎖の 3-ヒドロキシブタン酸-CoA（3HB-CoA）が，最終的に重合酵素によって P(3HB) に重合される。一方，炭素数 6 から 14 の中鎖の 3HA-CoA は，②脂肪酸合成系の中間体から変換され，PHA モノマーとして供給される[4]。また，別のモノマー供給系として，③脂肪酸分解系が知られている[5]。

3HB ユニットだけからなる硬質性の P(3HB) ホモポリマーは，汎用プラスチックのポリプロピレンとよく似た物性を示すが，二次結晶化によって経時的に脆い材料となる欠点がある。また，融点近傍で熱分解が起こり溶融成型を自在にできないという問題もあった。そこで，P(3HB) の分子鎖中に中鎖の第 2 モノマー成分を導入した共重合体を合成すれば，柔軟性が向上し同時に融点を下げられることが期待される。現在，この原理に基づいた共重合化研究によって結晶性の高いプラスチックから弾性に富むゴムまで多様な物性を示す素材をデザインできることがわかってきた[6]。このような背景の中，組換え微生物を PHA 生産工場として，3HB ユニットと種々の 3HA ユニットがさまざまな分率で構成された PHA 共重合体を作製する試みが精力的におこなわれるようになってきている。

(2)　PHA 合成関連酵素の機能改変

天然酵素のパフォーマンスをさらに高めるアプローチとして，解明された立体構造に基づいて機能改変する手法と，ランダム変異と機能スクリーニングから構成される進化工学的アプローチ[7] が PHA 合成研究でも積極的に導入されている。前者の構造ベースで基質特異性を変換する研究は，脂肪酸分解系の中間体からモノマー供給を触媒する水和酵素に適用された。X 線結晶構造解析[8] により解明された本酵素の推定基質結合ポケットを形成するアミノ酸の一部をより小さなアミノ酸に置換することで，挿入されるモノマーをより長鎖のものにシフトさせることに成功し，PHA 共重合化時の組成制御が可能となった[9]。

また，進化工学に基づく酵素改変に関しても多くの成果が得られている。筆者らは，立体構造解明に難航している PHA 重合酵素を対象に本手法を適用している。PHA 重合酵素は，ポリマー合成の最終段階で機能する鍵酵素で，生産性はもちろん共重合組成（酵素の基質特異性とリンク）や分子量といったポリマー物性に直接関連するパラメーターを支配する（図 3）。遺伝子の突然変異と高効率選択（簡便なプレートアッセイとクロマトグラフィーによる定量分析）からなる人工進化実験を実施したところ，多くの進化酵素を手に入れることができた[10, 11]。たとえば，図 4（A）に示すように，たった 1-3 アミノ酸置換だけで 3HB の分率を 14%（天然酵素）から 93% までの幅でキメ細かく組成制御できるようになった。また，分子量も最小限のアミノ酸置換で一桁以上もダイナミックに変動できるようになった（図 4（B））。これらの結果がもたらす波及効果は，テーラーメイド型のバイオポリエステルの製造が可能となることである。すなわち，

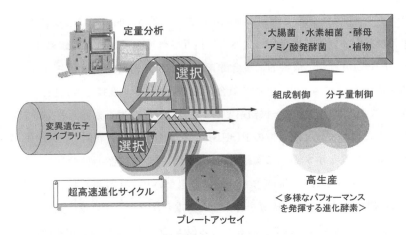

図3　進化酵素創出のための一連の流れ
遺伝子レベルで莫大な変異体を作製し，目的機能を獲得した変異体（酵素レベル）が超高速・高効率に選択されるシステムに投入し，スーパー酵素がアウトプットされてくる仕組になっている。

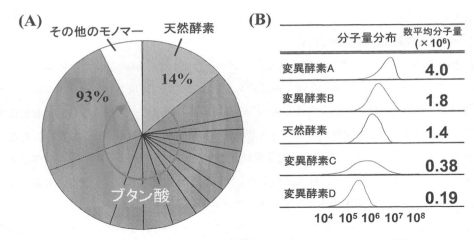

図4　重合酵素の分子改変による共重合組成（A）と分子量（B）の制御
（A）天然酵素は，PHA共重合体中の3HB分率が14％であるが，進化酵素は最大93％まで増強できる。
（B）分子量も，一桁の幅で大きくも小さくも自在に変動可能である。

特定の用途に適した物性を示すバイオポリエステルを合成できる進化酵素を莫大な変異酵素ライブラリーの中から選定して差し出せる対応関係ができるということである。こうして創製され蓄積されていく進化酵素は，大腸菌以外の実用微生物や植物体でも利活用されることが期待される。たとえば，PHA製品の生体医療材料や食品接触容器への展開を図る場合，内毒素を含まないコリネ型細菌のような微生物で合成できることは魅力である。本菌は，アミノ酸発酵の産業微生物

第5章　化成品素材の生産

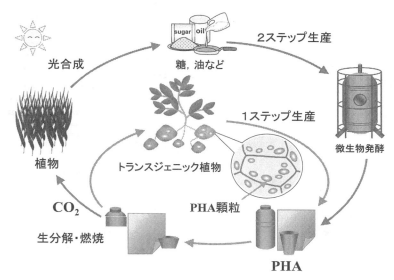

図5　PHAバイオポリエステルの微生物と植物による生産の比較

としても有名で，植物バイオマスの資化能力が高いという特長も持っており，基礎研究が進んでいる[12]。

（3）　PHAの植物による生産

二酸化炭素を植物の光合成によってPHAという形で固定して生産させれば，炭素源のコストはゼロである。図5に示すように，いわば植物体そのものが培養装置で，畑など大地が培地という位置づけである。生産プロセスとしても微生物の2ステップから1ステップに簡略化できる点で優位である。このように微生物生産に使用したPHA合成遺伝子資源を植物に転用する研究は，1992年のシロイヌナズナというモデル植物におけるP(3HB)生産にまでさかのぼる[13]。しかしながら，その生産量は非常に少量であった。微生物と比べて植物は複数の細胞内小器官（オルガネラ）を有しており，各オルガネラに特徴的な生理・代謝系をよく理解した上でPHA生産の戦略を考えることが重要である。たとえば，プラスチドという脂肪酸合成の旺盛なオルガネラ内で，うまくPHAモノマーに変換する酵素と重合酵素を発現できるようにした場合，シロイヌナズナで100倍のP(3HB)を生産させることに成功している。その後，米国モンサント社は，3HBユニットと4HBユニットとの共重合体を少量だが蓄積させた。このように，微生物によるPHA生産で積み上げられてきた経験とノウハウが，いよいよ本格的に植物でのPHA生産に活用される時代になってきた。実際，我々が創出した進化重合酵素を植物体に導入して，微生物と同様にその有効性が示されつつある[14]。

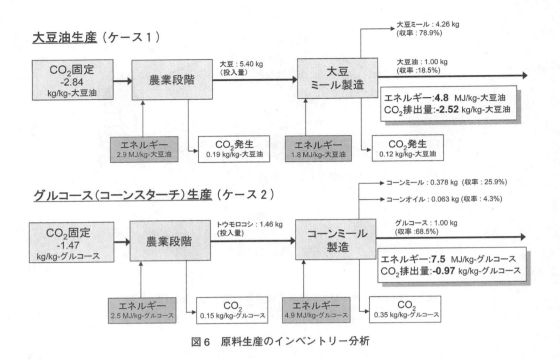

図6 原料生産のインベントリー分析

2.2.4 PHAの生産コスト

PHAの生産コストは，用いる炭素源，基質あたりの収量，菌体からのPHA回収におけるダウンストリーム工程の効率に依存するため，生産性，生産速度，PHA蓄積率の向上が望まれ，発酵生産条件の最適化が重要である[15]。これまでに土肥グループは，まず大豆油（ケース1）とトウモロコシデンプン（ケース2）の2種類の使用原料に基づいたインベントリー分析結果（図6)[16]を提示し，次いで各生産プロセスについての投入エネルギー量と排出二酸化炭素量を負荷項目とした環境影響評価（ライフサイクルアセスメント分析）をおこない，発生二酸化炭素の収支が大きく変わらないというカーボンニュートラルな原料を使用することの有意性を示した。図7に，他の代表的な汎用性石油プラスチックと比較できる形で棒グラフで示した。一つ目は，炭素数4と6（3-ヒドロキシヘキサン酸（3HHx））からなる柔軟性を有するP(3HB-co-3HHx)共重合体で，組換え水素細菌を用いて大豆油から0.7～0.8（g-PHA/g-大豆油）の非常に高い収率で生産することができる（ケース1）。二つ目は，組換え大腸菌を用いたグルコースから超高分子量P(3HB)を生産するプロセスである。培養条件を工夫することによって重量平均分子量300万以上の超高分子量P(3HB)が合成されることがわかり，延伸処理により高強度繊維やフィルムに加工することができる（ケース2）。いずれの微生物からも，界面活性剤による菌体の溶解，次亜塩素酸による漂白，洗浄，乾燥の工程を経てPHAの精製顆粒が得られる。

第 5 章　化成品素材の生産

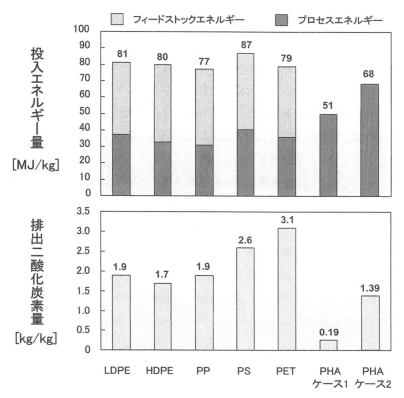

図 7　PHA と汎用樹脂生産の投入エネルギー量と排出二酸化炭素量の比較
LDPE：低密度ポリエチレン，HDPE：高密度ポリエチレン，PP：ポリプロピレン，
PS：ポリスチレン，PET：ポリエチレンテレフタレート

　年間 5,000 トンの PHA 共重合体を発酵槽 1 機で生産した場合，その生産コストは，大豆油からは PHA 顆粒 1kg あたり 3.9 ドル，グルコースからは 4.2 ドルにまで抑えられることがわかった。その内訳は，施設減価償却年数を 5 年として計算すると，いずれの生産条件においても設備費が約半分を占めていた。また，グルコースからの超高分子量 P(3HB) 生産のホモポリマー含率向上によるコスト削減の効果およびスケールアップの影響を検討している。P(3HB) 含率が 79 重量％の場合，生産コストはポリマー顆粒 1kg あたり 4.2 ドルであるが，85 重量％で 3.9 ドル，90 重量％で 3.6 ドルへと直線的に減少した。現実的には 85 重量％が P(3HB) 含率の上限と思われる。一方，年間生産規模が 5 万トンでは，ポリマー顆粒 1kg あたり 3.2 ドル，10 万トンでは 3.1 ドルへと減少した [17]。

2.3　おわりに

　本稿で取り上げた微生物により糖や植物油から生合成され，環境中の微生物が分泌する酵素に

よって完全に分解されるポリエステルは，バイオベースポリマーおよび生分解性ポリマーという特長を備え，二酸化炭素量削減効果の観点からも最も環境に優しい材料の一つとして位置づけられる。炭素物質の循環型社会を構築するには，再生可能資源を原料とした生分解性高分子の生産を第一に考えなければならない。いかにして食料と競合しない再生可能資源から望みの高分子材料を生み出すかが今後の大きな課題である。具体的には，廃棄性のバイオマス（バイオ燃料副産物など）や活性汚泥中の利用可能な炭素資源の有効利用は今後活発化することは必至である。実際，我が国でもこれまでの生分解性を全面に打ち出したグリーンプラというロゴに，再生可能資源を何％原料として用いているかを明記する動きもあり，この傾向は今後ますます強くなっていくものと思われる。

再生可能資源からのバイオポリエステルの創製，有限資源のバイオリサイクル，進化工学などのバイオテクノロジーを用いた新規バイオポリエステルの創製，分子レベルでの物性および生分解性のコントロールなど，各要素技術の発展が加速的に進んでいる。今や，バイオテクノロジー研究者と高分子科学研究者の共同作業による研究・技術開発がさらに求められるホワイトバイオテクノロジーの意欲的研究分野に位置づけられ，今世紀に大きく躍進することが期待されている。

文　献

1) 田口精一ほか，大島一史監修，グリーンプラスチック材料技術と動向，pp.16-23，シーエムシー出版（2005）
2) 鈴木陽一ほか，未来材料，**6**(7)，44，エヌ・ティー・エス（2005）
3) 田口精一，蛋白質核酸酵素，2005年3月号，262（2005）
4) T. Fukui et al., J. Bacteriol., **179**, 4821 (1997)
5) B. H. A. Rehm et al., J. Biol. Chem., **273**, 24044 (1998)
6) H. Abe et al., Biomacromolecules, **3**, 133 (2002)
7) 田口精一，生命工学，第5章，134，共立出版（2000）
8) T. Hisano et al., J. Biol. Chem., **278**, 617 (2002)
9) T. Tsuge et al., Appl. Environ. Microbiol., **69**, 4830 (2003)
10) S. Taguchi et al., Macromol. Biosci., **4**, 145 (2004)
11) C. T. Nomura et al., Appl. Microbiol. Biotechnol., **73**, 969 (2007)
12) S.-J. Jo et al., J. Biosci. Bioeng., **102**, 233 (2006)
13) Y. Poirier et al., Science, **256**, 20 (1992)
14) 山田美和ほか，日本油化学会誌，オレオサイエンス，**5**(11)，523（2005）
15) 柘植丈治ほか，OHM，2005年11月号，34（2003）

16) M. Akiyama *et al., Polym. Degrad. Stab.,* **80**, 183 (2003)
17) 田口精一ほか,化学経済,2004年3月号,32 (2004)

3 ポリオール

宇山　浩*

3.1　はじめに

　自然界では光合成により大気中の二酸化炭素が植物中に炭素資源として固定化される。この炭素資源からなるバイオマスを利用したバイオエネルギーが石油などの化石燃料の代替として注目されている。バイオエネルギーの代表的なものとして、デンプンから発酵合成したバイオエタノールと油脂から合成したバイオディーゼルが挙げられる。これらは二酸化炭素を固定化した原料から作られているため、燃焼により二酸化炭素の絶対量が増加しない"カーボンニュートラル"な燃料である。このようなバイオマスからのエネルギー生産は工業化例を含め、その研究開発が進んでいるが、バイオマスからの材料開発は立ち遅れ感が否めない。バイオマスを利用した材料の製造により二酸化炭素排出量の大幅な削減を達成するには、バイオマスの大量確保とバイオマスにあわせた工業製品への変換技術が求められる。しかし、石油系材料と比した価格と物性・機能のバランスから化学工業単独では工業化検討に至らない場合が多い。

　プラスチックは化学工業の主幹産業であり、我々の日常生活に欠かすことのできない材料である。現在のプラスチックの大部分は石油から作られており、焼却あるいは生分解により二酸化炭素が発生する。地球温暖化防止に向け、材料の観点からもカーボンニュートラルのプラスチックが社会的に求められている。そこで、地球環境に優しいプラスチック材料として、天然物を出発原料とする"バイオプラスチック"が注目されてきた[1]。バイオプラスチックは自然界の物質循環に組み込まれるものであるため、循環型社会構築に大きく寄与する未来型材料として期待されている。

　バイオベースポリマーの代表例として、セルロースをはじめとする多糖系材料とポリ乳酸が挙げられる。前者は繊維、フィルターとして幅広く利用されているが、耐水性、加工性等の問題からプラスチックとしての工業用途は限定されている。ポリ乳酸はトウモロコシなどのデンプンを原料に作られるバイオプラスチックである[1,2]。まず、デンプンをバイオプロセスにより乳酸に変換し、化学的に重合することによりポリ乳酸が得られる。乳酸からの直接重合が容易でないことから、乳酸の環状二量体であるラクチドに変換後、イオン重合により高分子量のポリ乳酸が製造されている。ポリ乳酸のガラス転移温度は60℃、融点は170℃である。結晶性熱可塑性ポリマーに分類され、既存のプラスチックに近い性質を示すことから、ポリプロピレンをはじめとする幾つかの石油由来のプラスチックの代替を目指した用途開発が積極的に検討されてきた。しかし、ポリ乳酸の製造に多段階を要することなどから、価格は石油由来のプラスチックの2倍以上であ

---

*　Hiroshi Uyama　大阪大学　大学院工学研究科　応用化学専攻　教授

り，しかも，現時点では物性・機能も石油由来のプラスチックの同等以下である場合が多い。そのため，実用化例の多くが環境対応を目指す企業の限定された用途や官による助成事業（愛知万博等）に留まっている。しかし，バイオプラスチック製品に対する社会的要請の高まりから，携帯電話やパソコンのボディーにポリ乳酸系材料が採用されるなど，バイオプラスチック製品は少しずつ，社会に浸透しつつある。

　ポリウレタンはポリオールとジイソシアネートから作られ，年間70～80万トン製造されている。用途により軟質～硬質と多様な性質が求められ，形状もシート状，発泡体など様々である。バンパーなどの自動車用部材，ベルトなどの工業用部材，靴底などのスポーツ用品，クッションなどの家具と用途も幅広い。ポリオールは末端に水酸基を有する分子量数百～数千の線状あるいは分岐状（星型）オリゴマーで，ポリプロピレングリコールを主成分とするポリオールが最も多く製造されている。既存品はいずれも石油から作られており，ポリウレタンの用途が身近であることから最終製品メーカからの植物度の高いポリウレタンの開発に対する要望が強い。本節では，ポリウレタン用原料であるポリオールの植物由来品の開発動向を中心に述べる[3, 4]。

3.2　低分子バイオポリオール

　植物油脂の不飽和高級脂肪酸のグリセリントリエステルであり，炭素—炭素の内部二重結合以外の反応性基を有さないものが多い。その中で，ヒマシ油は構成脂肪酸の約90％が二級水酸基を有するリシノール酸である特異な構造の油脂である。ヒマシ油はトウゴマの種子に40～60％含まれる。トウゴマは東アフリカ原産のトウダイグサ科の植物で現在では世界中に分布している。古くから灯火油や便秘薬として利用されており，塗料や印刷インキ等の工業用に幅広く利用されている。ヒマシ油は化合物当たり水酸基を3個弱有するため，ポリウレタン用ポリオールとして利用できる。

　また，油脂から誘導化したポリオールを用いたポリウレタンが開発されている。大豆油を多く産出するアメリカでは，政府主導の研究プロジェクトとして大豆油ベースの材料開発が活発に行われ，大豆油ポリオールを原料とするポリウレタンがトラクターのバンパーや絨毯に利用されている。大豆油ポリオールはエポキシ化大豆油の開環により製造される。しかし，これらのポリオールは二級水酸基による反応性の低さ，ポリウレタンフォームにおける低分子量体であることによる反発弾性率の低さなどの問題点が指摘されている。

3.3　ポリ乳酸ポリオール

　植物度の高いポリウレタン（植物ポリウレタン）を設計する上で，ポリウレタンの主用途であるフォームにあわせて，高分子型の植物ポリオールを使用する必要がある。また，ポリウレタン

表1 多分岐ポリ乳酸ポリオールの合成

Sample	Initiator	[LA]/[Initiator]	N^a	$M_n(Calc)^b$	M_n^c	M_w/M_n^c	M_n^d
SCO-10	Castor oil	10	3	2300	1900	1.3	2400
SCO-20	Castor oil	20	3	3700	2400	1.4	3300
SCO-50	Castor oil	50	3	8100	3500	1.5	9600
SCO-100	Castor oil	100	3	15300	13200	1.5	$-^e$
SCO-200	Castor oil	200	3	29700	33200	1.5	$-^e$
SPCO-10	Poly(castor oil)^f	10	6	3100	3000	1.7	2900
SPCO-20	Poly(castor oil)^f	20	6	4500	4400	1.7	4800
SPCO-50	Poly(castor oil)^f	50	6	8900	6000	2.0	11000

[a]N means the numbers of hydroxyl groups in initiator, [b]Calculated molecular weight, [c]Determined by SEC, [d]Determined by NMR, [e]Not measured, [f]Poly(castor oil):ひまし油のオリゴマー

フォームの既存製造プロセスを利用するためには,液状のポリオールが好ましい。筆者らはこのような要請を満たす植物ポリオールの開発を行ってきた。具体的にはリシノール酸を含有するヒマシ油とその重合体であるポリヒマシ油を開始剤として用いたラクチドの開環重合により多分岐ポリ乳酸ポリオールを開発した。油脂は安価な天然物であり,樹脂の構成成分として高い潜在性を有する[5, 6]。多分岐ポリ乳酸ポリオールの合成はL-ラクチド(LA)と開始剤を任意の割合で混合し,アルゴン雰囲気下,130℃,24時間加熱して行った。得られた重合物のNMR測定を行ったところ,ヒマシ油の水酸基に隣接するメチン由来のピークが消失しており,ヒマシ油の水酸基を開始点とした多分岐ポリ乳酸ポリオールが生成したことを確認した。

表1に多分岐ポリ乳酸ポリオールの合成結果を示す。ラクチドと開始剤のモル比([LA]/[Initiator])を変化させて重合を行った。NMRにより多分岐ポリ乳酸ポリオールの分子量を求めたところ,開始剤の割合が減少するにつれ,分子量が増加した。NMRから求めた分子量と仕込み比から算出した分子量がよく一致したことから,ポリ乳酸のホモポリマーは生成せず,ヒマシ油を開始剤とした多分岐ポリ乳酸ポリオールのみが得られたことがわかった。

表2にDSCにより評価した多分岐ポリ乳酸ポリオールの熱的特性を示す。ヒマシ油の割合が増加するにつれ,ガラス転移温度(T_g),融点(T_m),結晶化度(X_c)がともに低くなった。特に[LA]/[Initiator]=10のサンプルはワックス状となり,結晶性が消失した。水酸基の数がヒマシ油と比較し多いポリヒマシ油を開始剤に用いた場合,T_g,T_mに大きな変化は見られなかったが,結晶性が低下することがわかった。これはコアとなる開始剤の分岐が増加したためと考えられる。さらにDL-ラクチドを用いて合成した多分岐ポリ乳酸ポリオールでは仕込み比に関わらず,結晶性が消失した。

第5章　化成品素材の生産

表2　多分岐ポリ乳酸ポリオールの熱的特性

Sample	N^a	T_g^b (℃)	T_m^c (℃)	ΔH_m^d (J/g)	X_c^e (%)
SCO-10	3	−20	−f	−f	−
SCO-20	3	6	87	24	33.8
SCO-50	3	23	138	33	40.1
SCO-100	3	33	147	40	45.4
SCO-200	3	42	153	42	46.6
SPCO-10	6	−22	−f	−f	−
SPCO-20	6	6	92	1	1.6
SPCO-50	6	14	126	11	13.3

$^a N$ means the numbers of hydroxyl groups in initiator, $^b T_g$：ガラス転移温度, $^c T_m$：融点, $^d \Delta H_m$：単位質量当たり融解エンタルピー, $^e X_c$：結晶化度, ^{f}Not observed

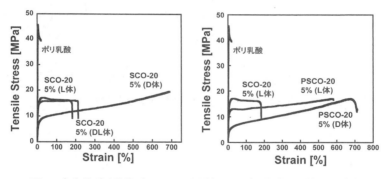

図1　多分岐ポリ乳酸ポリオールを添加したポリ乳酸の一軸伸張試験

　ポリ乳酸のフィルムは柔軟性に乏しく，ポリ乳酸用の高性能可塑剤が求められている。可塑剤はポリマー鎖とよく相溶することが必要であるために低分子が用いられる場合が多く，報告されているポリ乳酸用可塑剤の多くは低分子体である。しかし，低分子可塑剤はブリードアウトによる可塑化性能の低下等の課題があり，実用化に至っていない。筆者らが開発した多分岐ポリ乳酸ポリオールのポリ乳酸に対する可塑化性能を調べたところ，5％の添加で高い破断伸びを示した（図1）。既存品にこれ以上の性能を示すものが報告されているが，ポリ乳酸に対して20％の添加を必要とする点でこの多分岐ポリ乳酸ポリオールの可塑剤としての差別化が可能である。また，高分子型可塑剤であるため，ブリードアウトせずに可塑化性能が長期に安定であることが期待される。
　また，多分岐ポリ乳酸ポリオールを用いて植物ポリウレタンの合成を行った。このポリ乳酸ポ

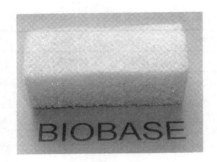

図2 発泡植物ポリウレタン

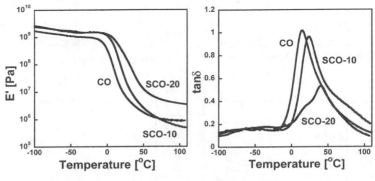

図3 植物ポリウレタンの動的粘弾性特性

リオールに対し,水,シリコン系整泡剤および過剰の2,4-トルエンジイソシアネートを添加し,室温ですばやく撹拌を行ったところ,発泡ポリウレタンが得られた(図2)。水を添加しない非発泡ポリウレタンを合成し,ヒマシ油(CO)を用いて合成したポリウレタンと物性を比較した。動的粘弾性測定から,多分岐ポリ乳酸ポリオールを用いて合成したポリウレタンはヒマシ油から合成したポリウレタンよりガラス転移温度が高く,熱的性質が向上し,ゴム領域の貯蔵弾性率(E')が上昇した(図3)。また,ポリヒマシ油を用いて合成したポリウレタンはヒマシ油を用いた場合と比較して,貯蔵弾性率が向上した(図4)。

3.4 発酵乳酸液からのポリ乳酸誘導体の製造

上述のように既存のポリ乳酸の製造プロセスは多段階であり,そのことがコスト高につながっている(図5)。そこで,筆者らはベンチャー企業のバイオベースとバイオ・エナジーと共同で,粗乳酸あるいは乳酸発酵液からポリ乳酸を製造する技術開発に取り組んでいる[7]。乳酸発酵液を直接重合し,この段階で生じるオリゴマーの精製・高分子量化する技術により,ポリ乳酸の革

第5章 化成品素材の生産

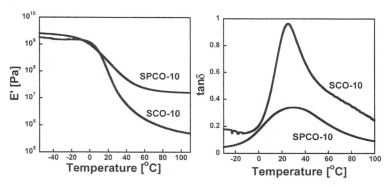

図4 ヒマシ油およびポリヒマシ油を核とする多分岐ポリ乳酸ポリオールから合成した植物ポリウレタンの動的粘弾性特性

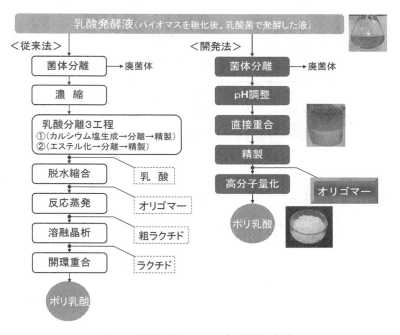

図5 乳酸発酵液からのポリ乳酸の製造

新的な製造方法を開発した。この方法は簡便な手法であり工業化の障壁が低く，ポリ乳酸製造に要するコスト，エネルギーを約40％削減することに成功した。また，ヒマシ油から乳酸の直接重合も可能で，液状の多分岐ポリ乳酸ポリオールを製造できる（図6）。この手法の特徴として，核部分の構造，ポリ乳酸鎖の分子量や立体構造により物性を自在にチューニングすることができ，多様な用途・要請に対応できる点が挙げられる。

ポリ乳酸は結晶化しづらいために射出成形による成形加工に難があり，用途が限定されてきた。

259

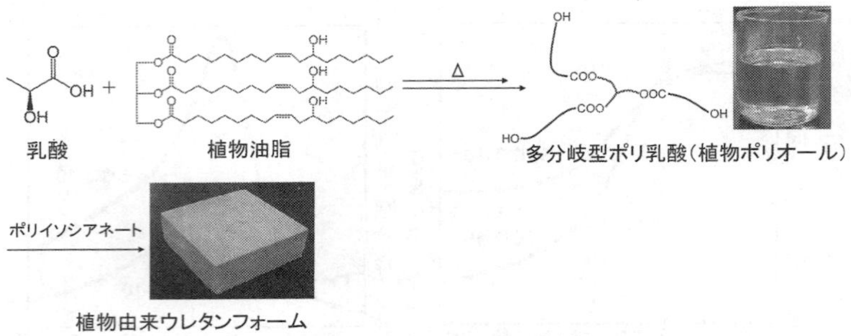

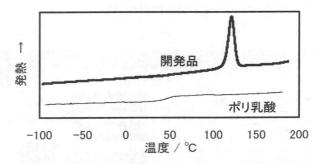

図6　乳酸からの多分岐ポリ乳酸ポリオールの合成

図7　多分岐ポリ乳酸を添加したポリ乳酸のDSC分析（冷却）

筆者らは多分岐ポリ乳酸に結晶化を著しく促進する機能を見出し，ポリ乳酸用添加剤として開発した（図7）。この添加剤は既存品と比べ，迅速な冷却でも結晶化発熱量が十分に高いことから結晶化促進効果は極めて高く，溶融状態のポリ乳酸を冷却過程で容易に結晶生成させることができる。さらに植物由来という特徴があり，成形プロセス時の成形時間短縮，金型低温化，成形品の耐熱性向上，良好な成形性の点で既存技術と差別化できる。

3.5　おわりに

本節では筆者らが開発した多分岐ポリ乳酸ポリオールを中心に，新しい植物由来の分岐状ポリマーの特性について述べた。植物由来の材料に対する社会的要請は近年，急速に高まっており，バイオプラスチックの需要の顕著な増大が期待される。それに併せて，多様な用途に対応できるバイオプラスチックの開発が益々，必要となってきた。植物ポリウレタンもその一環で開発されたものであり，今後，実用化に向けた取り組みが活発になるであろう。

第 5 章　化成品素材の生産

文　　献

1) 木村良晴ほか，天然素材プラスチック，共立出版（2006）
2) 技術情報協会編，"最新　ポリ乳酸の改質・高機能化と成形加工技術"（2007）
3) 辻本敬，寺田貴彦，高分子，**56**，349（2007）
4) 宇山浩ほか，PCT/JP2007/055167
5) 辻本敬，宇山浩，ネットワークポリマー，**28**，114（2007）
6) 宇山浩，化学工業，**59**，48（2008）
7) 宇山浩ほか，PCT/JP2007/055165

4 ポリエステル

谷野孝徳[*1]，近藤昭彦[*2]

4.1 はじめに

ポリエステルは我々の身近で最も広く用いられているポリマーの一つであり，その用途は繊維・フィルム・飲料容器・塗料・工業部品・医療品など多岐にわたる。ポリエステル繊維は2006年には全世界で年間2785万トン生産され，これは全合成繊維の80%に相当し[1]今後もその生産量の増加が見込まれる。このような生産量からポリエステル繊維の応用範囲は広く，従来とは異なりより付加価値の高い製品の開発が望まれている。また，塗料用途のポリエステルにおいてはVOC（Volatile Organic Compounds）の原因物質となる生産中に副生する環状化合物の低減が，医療品への利用に際しては生産時に用いる金属触媒の完全な除去あるいは金属触媒の不使用が強く望まれている。このような背景と近年の省エネルギー・環境負荷の少ないグリーンケミストリーへの期待から，ポリエステル合成における触媒として酵素剤が注目されている。一般的に用いられる飽和ポリエステルはジカルボン酸とジオールの縮合重合体であることからエステル合成反応を触媒できる酵素であるエステラーゼ群，その中でもリパーゼを触媒としたポリエステル合成が試みられている。ここでは通常のリパーゼ固定化酵素剤ではなく，酵母細胞表層ディスプレイ法を用い筆者らが創製したリパーゼアーミング酵母を用いたポリエステル合成法の開発について紹介する。

4.2 酵母細胞表層ディスプレイ法とリパーゼアーミング酵母

酵母細胞表層ディスプレイ法とは，遺伝子工学的手法により目的とする種々の機能性タンパク質をアンカーと呼ばれるタンパク質に融合した状態で酵母細胞に生産させることで，目的機能性タンパク質をアンカータンパク質を介して自発的に酵母細胞の表層に固定化・提示させる手法である。このようにして機能性タンパク質を細胞表層にディスプレイした酵母細胞は「アーミング酵母」と呼ばれ様々な用途に利用されている。酵素を酵母細胞表層にディスプレイすることで，酵母細胞自体を培養後，遠心等の比較的簡便な手法で回収することでそのまま固定化酵素剤として利用することができるため，大幅なプロセスの簡略化による固定化酵素剤の製造コストダウンが可能となる（図1）。また，一般的な菌体触媒を固定化酵素剤として用いた場合とは異なり，酵素が外界に提示されているため生体膜による拡散抵抗による影響を受けず，基質の親水性／疎水性，高分子／低分子などの性質を問わず高活性に触媒反応を行うことが可能である状態の酵素

[*1] Takanori Tanino　神戸大学　工学部　G-COE 研究員
[*2] Akihiko Kondo　神戸大学　大学院工学研究科　応用化学専攻　教授

第5章 化成品素材の生産

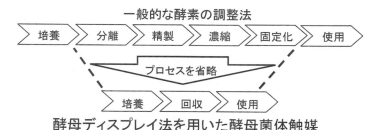

図1 酵母ディスプレイ法を用いた酵母菌体触媒の調整法

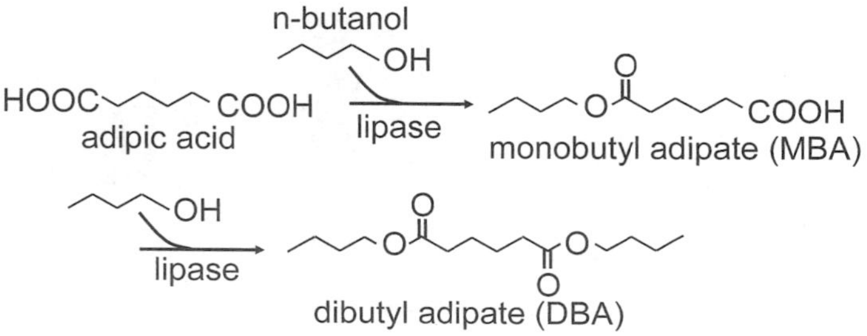

図2 モデル反応としての Dibutyl adipate（DBA）合成反応

を菌体に保持させた菌体触媒—固定化酵素剤として用いることが可能である。

筆者らは，現在までに *Rhizopus oryzae* 由来リパーゼ（ROL）を細胞表層にディスプレイした ROL アーミング酵母を開発し，これを用いた植物油からのバイオディーゼル燃料生産[2]ならびに光学分割反応による医薬中間体合成[3]における有用性を示してきた。ポリエステル合成に際し ROL に加えリパーゼの中でも多くの応用例が報告され，その有用性が広く知られているリパーゼの一つである *Candida antarctica* 由来リパーゼ B（CALB）を細胞表層にディスプレイした CALB アーミング酵母を開発しポリエステル合成反応に用いた。

4.3 ポリエステル合成反応におけるリパーゼアーミング酵母の選択

筆者らはポリエステルとして1,4-ブタンジオールとアジピン酸の脱水縮合反応により合成されるポリブチレンアジペートをターゲットとした。このポリブチレンアジペートは最も凡庸なポリエステルの一つで，ウレタンフォーム，人工皮革，エラストマーなどの原料として利用されている。まず，重合反応に適したリパーゼアーミング酵母を選択するため，n-ブタノールとアジピン酸を用いたジエステル Dibutyl adipate（DBA）合成反応をモデル反応として行った（図2）[4]。

反応は培養後集菌した後に凍結乾燥処理を施した ROL アーミング酵母と CALB アーミング酵母を用い，適量の水分を添加した無溶媒系で60℃にて行った。反応溶液のガスクロマトグラフ

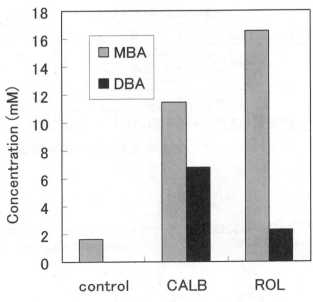

図3 リパーゼアーミング酵母エステル合成能の比較

ィーによる分析の結果，リパーゼを酵母細胞表層にディスプレイしていないコントロール酵母細胞を用いた場合と比較して，ROL，CALB両アーミング酵母共に優位なエステル合成活性が確認された（図3）。また，DBA合成能においてはCALBアーミング酵母の方が優れていたことから，ポリブチレンアジペート合成にはCALBが適していると結論づけた。

このようにポリエステル合成に用いるリパーゼ分子種のスクリーニング・選択は効率的なポリエステル合成において重要であり，またこの際酵母細胞表層ディスプレイ法は強力なツールとして利用できる。CALBアーミング酵母を用いDBA合成反応が平衡に達するまで反応を行った結果，反応168時間でアジピン酸を完全に消費しこのうち約80%をDBAへと変換できることが明らかとなった。

4.4 CALBアーミング酵母の改良

ポリブチレンアジペート合成反応は反応の進行と共に系中の粘度が増加する。このため反応速度を向上させるため合成系中にCALBアーミング酵母を多量に投入するとさらに粘度を上げハンドリングが悪くなってしまう。そこで筆者らは合成系中に投入するアーミング酵母量を削減するため，CALBアーミング酵母自体のリパーゼ活性の向上を試みた。まず，CALBとアンカータンパク質の融合遺伝子を含むCALB酵母細胞表層ディスプレイ発現カセットをa型ならびにα型酵母細胞ゲノム上にそれぞれ4コピーずつ順次導入しCALBアーミング一倍体酵母細胞を

第5章　化成品素材の生産

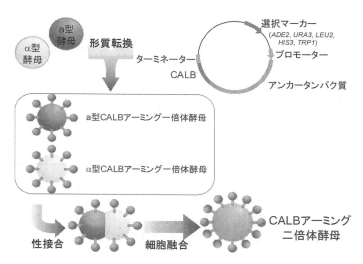

図4　CALBアーミング二倍体酵母作成スキーム

創製した。これらを酵母の性接合を利用して融合することで8コピーのCALB酵母細胞表層ディスプレイ発現カセットをゲノム上に有するCALBアーミング二倍体酵母を創製した（図4）。

新たに創製したCALBアーミング酵母はマルチコピー型プラスミドを用いて遺伝子発現を行っていた従来のCALBアーミング酵母に比べ2倍以上のリパーゼ活性を示し，アーミング酵母の収量についても5倍以上に向上した。リパーゼ活性に加えアーミング酵母の収量増加により，アーミング酵母を固定化酵素剤として利用することによるさらなる固定化酵素剤の製造コストダウンが示唆された。

4.5　CALBアーミング二倍体酵母によるポリブチレンアジペートの合成

1,4-ブタンジオールとアジピン酸に培養後集菌した後に凍結乾燥処理を施したCALBアーミング二倍体酵母と適量の水を加えポリブチレンアジペート合成反応を60℃にて行った。反応系中に多量の水分が存在すると酵素反応の平衡が加水分解側にシフトし合成反応が十分に進まない可能性を考慮し，反応の進行に伴って生成する水分を除去するため減圧条件下で行った。合成したポリブチレンアジペートは酸価，分子量共に従来法である金属触媒法と同等の物性を有したものであった（表1）。さらに，VOCの原因物質である環状化合物を従来法に比べ1/2から1/5低減することに成功した（表2）。

また，合成したポリブチレンアジペートに5％の水分を添加し80℃でインキュベートすることにより耐加水分解性を測定した結果，市販のCALB固定化酵素剤であるNovzyme435を用いて合成したものでは酸価の上昇が認められたのに対し，CALBアーミング二倍体酵母を用いて

表1　合成法によるポリブチレンアジペート物性の比較

	AN	Mn	Mw	Mw/Mn
CALBアーミング酵母	0.14	2800	6380	2.28
従来法（金属触媒法）	0.32	2830	5920	2.09

表2　合成法による環状化合物の比較

	環状化合物（％）	
	1:1	2:2
CALBアーミング酵母	0.065	0.474
従来法（金属触媒法）	0.15	0.521

合成したものでは酸価の上昇は認められなかった。このことからCALBアーミング酵母は市販の固定化酵素剤に比べ担体（アーミング酵母においては酵母細胞）からのCALB酵素分子の遊離や担体の破砕によるリパーゼの混入が少ないものと考えられる。また，CALBアーミング二倍体酵母は6回の繰り返し反応に耐え，繰り返し利用による反応速度の低下なくポリブチレンアジペートを合成できることが明らかとなっている。これら一連の研究結果により，著者らはCALBアーミング酵母によるポリエステル合成法の有用性を示すことができたと考えている。

4.6　おわりに

以上のように本稿では，ホワイトバイオにおける新規ポリエステル合成法としてアーミング酵母を用いた合成法とこれに用いるアーミング酵母の開発，ならびにその有用性について述べてきた。酵母細胞表層ディスプレイ法により細胞表層にリパーゼをディスプレイしたアーミング酵母を用いたポリエステル合成はまだその産声を上げたばかりであり，これからの研究によるその可能性，多様性の開発は非常に心躍る研究分野であるといえる。ポリエステルは世界で最も生産量の多い化成品の一つであることからも，バイオコンバージョンプロセス化が大きく期待されており，リパーゼアーミング酵母を用いた合成法がその重要な一翼を担えるようになることを期待してやまない。

謝辞

文中に紹介した筆者らの研究はDIC㈱　青木亨様との共同研究であり，ここに感謝の意を著します。

第5章 化成品素材の生産

文　　献

1) 日本化学繊維協会 http://www.jcfa.gr.jp/index.html
2) T. Matsumoto *et al., Appl. Environ. Microbiol.*, **68**, 4517 (2002)
3) T. Matsumoto *et al., Appl. Microbiol. Biotechnol.*, **64**, 481 (2004)
4) T. Tanino *et al., Appl. Microbiol. Biotechnol.*, **75**, 1319 (2007)

5　生分解性ポリエステル PHBH 生産酵母の開発

大窪雄二*

5.1　はじめに

生分解性プラスチックには魅力的な素材がそろっており，ポリ乳酸を中心に着実に利用がひろがりつつある。しかしながら，環境的側面（脱石油資源，環境中での分解性など）と，経済的側面（石油由来のプラスチックと同等の性能，価格など）を同時に満足する生分解性プラスチックはいまだ市場に本格的に登場していない。我々は，上記要求を満足すべく，生分解性プラスチックの研究開発を多面的に展開している。本節では，酵母を用いた生分解性ポリエステル PHBH の生産研究について我々の取り組みを紹介する。

5.2　PHBH

(R)-3-hydroxybutyrate（以下，3HB）と (R)-3-hydroxyhexanoate（以下，3HH）をモノマーユニットとして構成される共重合ポリエステル P (3HB-co-3HH)（以下，PHBH，図1）は，土壌細菌 Aeromonas caviae FA440 株より見いだされた菌体内に貯蔵されるポリヒドロキシアル

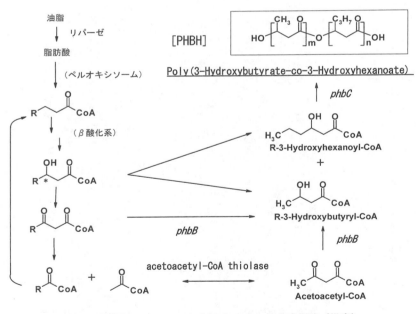

図1　組換え C. maltosa における PHBH 生合成経路（推定）

---

*　Yuji Okubo　㈱カネカ　フロンティアバイオ・メディカル研究所　基幹研究員

カン酸（以下，PHA）の一種である。本ポリエステルの特徴として，ポリ乳酸と比較して嫌気性条件下での生分解性に優れ，3HBと3HHのモノマー組成比率を変化させることで様々な物性のポリマーとすることができる。3HH組成比が5mol%から15mol%の範囲のものが，汎用樹脂であるポリプロピレンから高密度ポリエチレンの物性に近く，ボトル，シート，トレー，発泡樹脂など様々な用途への利用が可能であることから，特に期待されている熱可塑性ポリエステルである[1]。

5.3 酵母を用いたPHBHの生合成
5.3.1 菌体内ポリエステル生産の宿主

安価な汎用樹脂を微生物で生産する場合，菌体当りの蓄積量の他に，与えた炭素源に対して得られるポリマーの炭素収率もコストに大きく影響を与える要素である。一般的に，炭水化物に比べ油脂・脂肪酸類は高い炭素収率を与えるが，大腸菌が油脂を資化できないように，微生物の油脂類の資化性は多様である。「資化性」は，生産菌株の選定上極めて重要である。

蓄積量の低い *A. caviae* に代わり，油脂類の資化性に優れた *Cupriavidus necator*（旧名 *Ralstonia eutropha*）を用いた生産系の研究が活発になされている。大豆油を炭素源とした場合，3HH組成比は5mol%程度まで高めることができることが示されており[2]，更に遺伝子組換えの技術等を駆使して3HH組成比や生産性を向上させる検討が進みつつある。

「資化性」の点から見ると，酵母類も有用な生産株候補である。その上，細菌のβ酸化系がS体の中間体（(S)-3HH-CoA等）を経てアセチルCoAまで分解されるのに対し，酵母類のβ酸化系は，PHAの基質と同じR体の中間体を経由し分解が進む[3]。従って，酵母のβ酸化系の中間体を効率的にポリエステル合成反応に利用することができればPHBH生産が効果的に行なえると予想した。連続培養によるコスト低減や，細菌に比べ菌体分離が簡便である利点も考えられた。

遺伝子組換え菌を産業上利用するにあたり，求められる法的適合性（GILSP）や安全性の担保も重要な生産菌株選択のポイントとなる。これらの点を考慮し，かつて石油蛋白としての利用が検討された酵母 *Candida. maltosa* IAM12247株を生産菌の一候補として選択した。本菌株は，アルカン・脂肪酸・油脂類の資化能が高く，高密度培養や連続培養の検討が行なわれている。また，ベクター系の開発や，発現プロモーターの整備も高木らによって詳細になされている[4]。

5.3.2 *C. maltosa* におけるPHBH生産菌育種—1

594アミノ酸よりなる *A. caviae* 由来のPHA合成酵素遺伝子（*phaC*）[5]を，*C. maltosa* のコドン使用頻度に合わせて全合成した。特に，*C. maltosa* はCTGコドン（ロイシン）をセリンに翻訳するためこの作業は必須である。これらの遺伝子のC末端にセリン-リジン-ロイシン（SKL）の

表1 C. maltosa における A. caviae 由来 PHA 合成酵素変異体の効果

PHA 合成酵素遺伝子	遺伝子数	プロモーター	PHBH 生産性[*2] (wt%)	3HH 組成[*2] (mol%)	分子量[*2] (M.W.)
野生型	1	ALK1p[*1]	1.1	n.d.[*3]	n.d.
野生型	1	ARRp	2.1	15.4	450000
変異型 N149S	1	ARRp	7.1	23.8	710000
野生型	2	ARRp	3.0	21.7	260000
変異型 N149S	2	ARRp	12.8	28.4	455000
変異型 D171G	2	ARRp	4.5	23.0	330000
変異型 N149S/D171G	2	ARRp	14.0	34.1	320000

[*1] C. maltosa の P450 ALK1 プロモーター。
[*2] PHBH 生産性は重量法,3HH 組成は NMR 法,分子量は GPC 法による。
[*3] 未測定。

3残基よりなるターゲッティングシグナル (peroxisome targeting signal type-1, PTS-1) を付加した。本配列の付加により PHA 合成酵素は,PEX5 蛋白に認識され,β酸化の場であるペルオキシソームに移送される。

最初に,PHA 合成酵素遺伝子のプロモーターとして,油脂類を炭素源として利用した場合に強く誘導がかかるプロモーターを探索した。入手可能であった10種のプロモーターの下流に全合成した phaC を結合させ,C. maltosa にベクター (pUTA-1)[4]) を用いて遺伝子導入し,植物油脂を炭素源として培養したときの PHBH 生産性で比較した。その結果,木暮らの開発した ARR プロモーター (ARRp,C. maltosa の P450ALK2 のプロモーター上流に ARR (アルカン レスポンシブル リージョン) 配列を4個付加した[6])) が最も強力であることが判明した (データ省略)。しかしながら,酵母乾燥菌体重量当り2%程度の蓄積量に留まった (表1)。

次に,理研において大腸菌を用いた進化工学的手法により作製された,比活性や基質特異性の変化した A. caviae 由来 PHA 合成酵素の変異体類[7)]について C. maltosa での効果を検討した。また,発現ユニットを2コピー導入したベクターを作製し gene dosage 効果も検討した。PHBH 生産性は,N149S 変異体を利用することで,野生型と比較し約4倍に向上した。同時に3HH 組成およびポリマー分子量が共に上昇した。発現ユニットを2コピー化した場合,含量と3HH 組成は上昇するものの分子量の低下が観察された。D171G 変異体は蓄積量の向上への効果は少なかったが,3HH 組成を若干向上させた。また,これらの変異の組み合わせた N149S/D171G 二重変異体は,蓄積量および3HH 組成を更に向上させる相加的な効果をもたらした (表1)。

これらの結果より,更に PHA 合成酵素の発現量を増加させれば更に蓄積量の増大が見込まれるものの,更なる分子量低下と3HH 組成の増加が予想された。その為,3HB の供給系の強化も

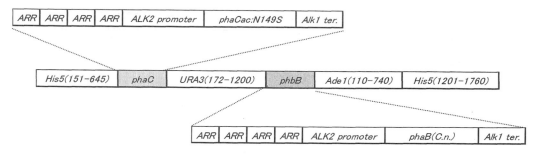

図2 遺伝子導入用 DNA の構成例（模式）

phaCac: N149S は PTS-1 配列を付加した *A. caviae* 由来 PHA 合成酵素変異体遺伝子を，*phbB*（*C.n.*）は PTS-1 配列を付加した *C. necator* 由来アセトアセチル CoA 還元酵素遺伝子である。*ARR* は *C. maltosa* のアルカンレスポンシブルリージョンを示している。*Ade1* 遺伝子断片はポップアウトによる遺伝子破壊部位への挿入効率を上げる為に挿入した。括弧内の数字は使用した DNA の位置を GENBANK 登録上の配列に合わせて表記した。

同時に必要であると考えられた。

5.3.3 多遺伝子導入可能な *C. maltosa* 株の構築

C. maltosa においては多コピー型ベクターが開発されているものの，菌体内での安定性が低く，導入遺伝子の発現量増大に利用することができない。従って，染色体上への多重組み込みが必要となる。胞子形成能を持たず，半2倍体酵母である *C. maltosa* の栄養要求性変異株は取得されているが，多くが薬剤変異によるものであり，産業上利用するにはその生育の面で懸念が存在する。そこで我々は，野生株よりポップアウト型マーカー回復法とナイスタチン濃縮を利用して，相同組換えのみによる効率的な遺伝子破壊により染色体上の5つの遺伝子を破壊し，アデニン，ヒスチジン，ウラシル要求性となった多重栄養要求性株を作成した。本株は，生育の面で野生株と遜色が無いことを確認した（データ省略）。本株は，3種のマーカーを有するため少なくとも3回の遺伝子導入が可能となった。

5.3.4 *C. maltosa* における PHBH 生産菌育種ー2

染色体導入用に作成した遺伝子の概略図を図2に示した。3HB の供給系の強化も同時に行なうため，*C. necator* 由来のアセチル CoA の2量化反応を触媒する β-ケトチオラーゼ遺伝子（*phbA*）と，アセトアセチル CoA を還元し 3HB-CoA を作る還元酵素遺伝子（*phbB*）も *phaC* と同様に全合成し，プロモーター，ターミネーター，PTS-1 を付加した発現カセットを作成した。マーカーとして Ura3 や His5 遺伝子を利用し，相同組換え領域として His5 や Ura3 遺伝子断片を 5' および 3' 末端に結合させた。この様な導入用 DNA を多種用意し，先に述べた多重栄養要求性株に順次相同組換えにより導入した。各種作製した株を，パーム核油等を炭素源として培養し PHBH 生産性を評価した（表2）。PHBH 蓄積量は，HPLC を用いた簡易法で測定する方法[7]と，

表2　染色体多重組み込み型 *C. maltosa* における PHBH 生産性の比較

育種株	発現カセット数		PHBH 生産性[*1]	PHBH 生産性[*2]	3HH モル比[*2]	分子量[*2]	分散度[*2]
	phaC(N149S)	*phbB*	(wt%)	(wt%)	(mol%)	(M.W.)	(Mw/Mn)
A	2	2	−[*3]	38	18.3	776000	4
B	2	3	−	45	12.5	1260000	8
C	3	1	31	−	−	−	−
D	3	2	41	−	−	−	−
E	4	2	41	−	−	−	−
F	4	3	−	47	14.1	820000	7
G	4	4	−	49	12.2	920000	7.5
H	5	2	43	−	−	−	−
I	5	3	45	−	−	−	−

[*1] HPLC 法による生産量の推定値。
[*2] PHBH 生産性はクロロホルムによる抽出ポリマーの重量法による。3HH モル比は NMR 法による。分子量と分散度は GPC による。
[*3] − は測定せず。

クロロホルム抽出による重量法により測定した。予想通り PHA 合成酵素 N149S 変異体（*phaC*(N149S)）と還元酵素 *phbB* の発現カセット数を同時に増やしていくことで蓄積量が向上し，*A. caviae* を超える高い生産量が達成された。

3HH 組成比と分子量については，*phaC*(N149S) と *phbB* の発現カセットの比によりトレードオフの関係がありそうであった。この関係を利用し，*phaC* 変異体（N149S，N149S/D171G など）と *phbB* の発現カセットの比を適切に変えることで，生産性を維持しつつ，目的とする 3HH 組成のポリエステルを生産することができると考えられる。しかしながら，*phaC*(N149S) や *phbB* の発現カセット数を増やしたことによる蓄積量に対する効果は，発現カセット数が多くなるにつれて減少した。この状況は，PHBH 合成の律速段階が PhbB の補酵素である NADPH の再生系，β酸化の速度など資化速度，アセチル-CoA のサイトゾルへの移動との競合，あるいはポリエステルを蓄積する空間的な制限に移ったことによるものと考えられる。

他方，データは省略するが，アセチル CoA の 2 量化反応を触媒する β-ケトチオラーゼ遺伝子 *phbA* を導入しても，PHBH 生産性に有意な影響は観察できなかった。これらのことから，PHBH の合成基質供給経路としては，β酸化系からの直接的な 3HB-CoA 供給の他に，β酸化系のケト体が 3HB-CoA に還元される経路や，*C. tropicalis* で知られているペルオキシソーム内在性の acetoacetyl-CoA thiolase[8] を経由した供給経路が働いているものと推測している。図1に今回作製した *C. maltosa* における PHBH 生合成経路の推定図を示した。

第5章　化成品素材の生産

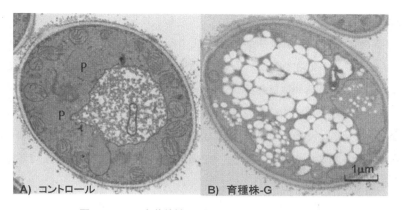

図3　PHBH 高蓄積性 Candida maltosa の TEM 像
(P) はペルオキシソームと考えられる。育種株-G については表2参照。

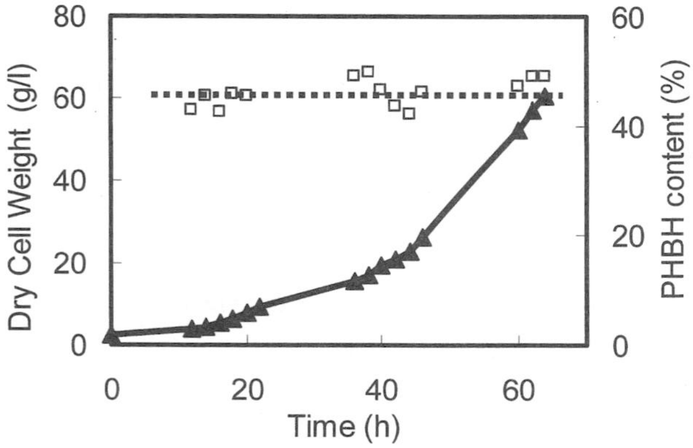

図4　PHBH 高蓄積型 C. maltosa（育種株-G）のジャー培養結果
培養は 3L ミニジャー装置による。培地は無機塩培地 M2[3) を用い，炭素源としてパーム核油をフィードした。実線は，細胞量（g/L）を，破線は乾燥重量当りの PHBH 含量を示す。

　図3に油脂を炭素源として培養したときの，PHBH 生産株および非生産性の親株の透過型電子顕微鏡写真（TEM）を示した。PHBH ポリマーと考えられる大小様々な粒子が，ペルオキシソームと考えられる一重膜構造に囲まれたオルガネラ内部に観察でき，酵素が設計通りの機能を果たしていることが確認できた。ペルオキシソームの大きさや細胞内に占める割合も，非生産株と比べ拡大していた。
　ジャー培養の結果の一例を図4に示した。リンあるいは窒素制限下でポリマーを蓄積するバクテリアとは異なり，本遺伝子組換え C. maltosa におけるポリマーの蓄積は培養経過に関係なくほぼ一定であった。また，本培養期間中において導入遺伝子の脱落も観察されていない。このことから，本酵母株が培養生産性の高い連続培養に適していることが示唆された。

5.4 まとめと今後の展望

 以上述べてきたように，本来は PHA を蓄積しない真核生物である酵母においても高度に PHA を蓄積させることが可能であると示すことができた。酵母を用いた PHA 生産の研究事例は幾つかあるが，これほど高い蓄積を示したものはない。多くの研究がサッカロマイセスなどのコンベンショナルな酵母を用いていること，サイトゾルへの蓄積を試みていること，などが本研究との大きな違いである。その上に，幾つもの技術を複合的に利用し，段階的に分子育種することが高い生産性に至る為には必要であった。律速段階を一つ一つ丁寧に解除していくことで，更に生産の向上が期待できる。

 我々は，環境・経済両面を満足する生分解性プラスチック PHBH を開発していくために，*C. maltosa* の他に，細菌類を用いた生産菌育種や，精製法・加工法なども含めた最適化を継続し鋭意検討していく。また，汎用化学品の生産においては今後，グルコースなどの可食資源に代わり非可食資源の炭素源としての利用が求められてくることが予想される。*C. maltosa* は，様々な炭素源を資化することのできる有望なプラットホームであり，非可食資源からの様々な物質の生産にも活用できると考えている。

謝辞

 本研究をご指導いただきました新潟薬科大学高木正道教授はじめ，太田先生，土肥先生，理研の皆様など多くの研究者の方々に感謝いたします。

文献

1) 三木康弘，グリーンプラスチック材料技術と動向，シーエムシー出版，p.25（2005）
2) T. Tsuge et al., *FEMS Microbiol Lett.*, **277**, 217（2007）
3) JK. Hiltunen et al., *J. Biol. Chem.*, **267**, 6646（1992）
4) S. Mauersberger et al., in K. Wolf（Eds.）, Nonconventional yeasts in Biotechnology, p.411, Springer-Verlag, Berlin, Heiderberg, New York（1996）
5) T. Fukui, Y. Doi, *J. Bacteriol.*, **179**, 4821（1997）
6) 木暮ほか，日本農芸化学大会講演要旨集，191（2002）
7) T. Kichise et al., *Apple. Environ. Microbiol.*, **68**, 2411（2002）
8) N. Kanayama et al., *J. Bacteriol.*, **180**, 690（1998）

6 有機溶媒耐性を賦与した酵母を用いたエステル合成

松井　健[*1]，黒田浩一[*2]

6.1 はじめに

　医薬，農薬，食品などに関連する分野において，副作用や薬害の防止，効能の向上のために化合物が光学的に純粋であることが非常に重要である。特に3-ヒドロキシカルボン酸エステル誘導体は抗生物質であるβ-ラクタム類の合成中間体として有用な化合物であり，光学純度をより高めていく必要がある。光学純度の高い化合物を得るための手法としては，不斉合成法，カラムを用いた光学分離法，微生物等の生体触媒を用いた不斉還元法等が知られている。しかしながら不斉合成法では高温高圧下で行う，高価な触媒を使用する，あるいは収率や光学純度が低くなるという問題があり，カラムを用いた光学分離法では分離前の光学純度が低いため原料からの変換率が低くなるという問題がある。一方，微生物による不斉還元法は光学純度が高く，さらに複雑な反応系を簡略化することができるが，その系で微生物が生育する必要がある。生育環境に近い親水性のエタノール，アミノ酸，核酸，有機酸などの分野においては大きく発展し成功を収めてきたが，疎水性の分野ではほとんどの原料，生産物，あるいは溶媒が細胞毒性を有するため効率的な生産を行うことができない。有機溶媒耐性を持ち，且つ不斉還元活性を示す細菌は *Pseudomonas* 属をはじめとして多数存在するが，基質あるいは生成物を代謝してしまうことが多い。その点，真核生物であるパン酵母 *Saccharomyces cerevisiae* はこのような資化をすることなく定量的に変換することができる。ここでは我々が単離した有機溶媒耐性酵母の解析とその結果に基づいて野生株の有機溶媒耐性化を行い，その耐性株を用いた3-ヒドロキシカルボン酸エステルの生産について紹介する。

6.2 有機溶媒耐性酵母

　生命を持った微生物を有機溶媒系での物質生産に用いるためには，特に耐性を持った株でない限りそれを有機溶媒から保護する必要がある。アルギン酸カルシウムのような保護材となるポリマーに微生物を内包し，外側をポリウレタンのような耐久性で多孔質の材料で覆うことにより，使用環境下で担体材料の崩壊や微生物の漏出などを生じることなく長期間安定して用いることができる[1]。この手法によりドライイースト DY-1 株を固定化し，イソオクタン中で長期間にわたり連続培養した結果，有機溶媒に対して強い耐性を持つ酵母 KK-211 株が単離された[2]。これは真核生物の中では唯一報告されている有機溶媒耐性株である。

---

*1　Ken Matsui　京都大学　大学院農学研究科　応用生命科学専攻　博士課程
*2　Kouichi Kuroda　京都大学　大学院農学研究科　応用生命科学専攻　助教

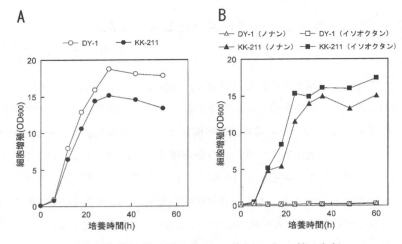

図1 有機溶媒存在下でのDY-1株とKK-211株の生育
A：YPD培地50ml, B：YPD培地50ml＋有機溶媒50ml；振盪速度：235rpm

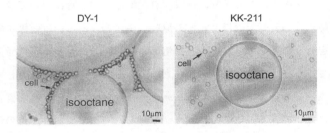

写真1 イソオクタンに対する細胞の吸着

6.2.1 KK-211株の特徴

図1に有機溶媒を含む培地中でのKK-211株の生育を示す。KK-211株は有機溶媒を含まない培地中では親株であるDY-1株よりも生育がわずかに劣るが，イソオクタンやノナンの存在下ではKK-211株のみが良好に生育する。他にもオクタンやジフェニルエーテルといった有機溶媒存在下でも生育することが分かっている[2]。またKK-211株は形態的には親株であるDY-1株と同じであるが，細胞膜リン脂質中の飽和脂肪酸の割合を増加させていることが分かっており[2]，バクテリアにおいてなされた研究による知見と一致している。KK-211株が表層の組成を変化させていることは写真1[3]に示したイソオクタンに対する親和性の違いからも分かる。DY-1株はイソオクタンに吸着するのに対し，KK-211株はイソオクタンにほとんど吸着していない。この結果よりKK-211株の表面はDY-1株より親水的であり，疎水性の有機溶媒と接触しにくくしていることが分かる。さらに膜の脂肪酸組成を変化させることにより膜の流動性を低くし，有機溶媒の膜への侵入を防いでいると考えられる。またKK-211株はイソオクタン中でも失活

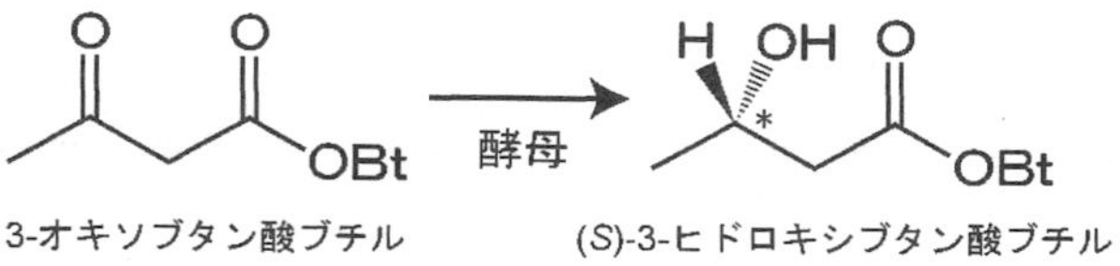

第5章　化成品素材の生産

図2　3-オキソブタン酸ブチルの（S）-3-ヒドロキシブタン酸ブチルへの不斉還元

表1　DNAマイクロアレイ解析によりKK-211株の有機溶媒耐性に関与すると推定された遺伝子

ORF code	Gene name	Induction fold	PDRE*	Description
YLR099C	ICT1	8.09	○	Lysophosphatidic acid acyltransferase
YGR281W	YOR1	3.52	○	Transporter
YDR406W	PDR15	3.04	○	Transporter
YOL151W	GRE2	2.41	○	Associated with osmotic pressure stress
YDR011W	SNQ2	2.29	○	Transporter
YOR328W	PDR10	1.46	○	Transporter
YJL078C	PRY3	1.81	−	Homology with plant PR-1 class. Suspected localization on cell wall.
YOL105C	WSC3	1.77	−	Regulates cell-wall structure. Stress response.
YKL164C	PIR1	1.35	−	Cell-wall protein with covalent bonding
YBR067C	TIP1	1.26	−	High-and low-temperature stress response. Localized on cell wall.
YJL158C	CIS3	1.21	−	Cell-wall protein with covalent bonding
YNL190W	−	1.07	−	Unknown

* PDRE: pleiotropic drug response element

することなく図2のような3-オキソブタン酸ブチルの（S）-3-ヒドロキシブタン酸ブチルへの不斉還元を97％以上の光学純度で行うことが分かっている[2]。このような特徴を持つ酵母KK-211株の有機溶媒耐性はイソオクタン存在下での連続培養中の自然変異によって得られたものであり，KK-211株の解析を通して有機溶媒耐性を再構築することができれば，工業利用に適した株に応用することによってさらに効率の良い物質生産が可能になると期待される。

6.2.2　有機溶媒耐性関連因子の同定

筆者らは上記のような有機溶媒耐性酵母KK-211株の特徴を基に耐性メカニズムの解析を行い，有機溶媒耐性の構築を試みた。KK-211株の有機溶媒耐性に関わる因子を特定する方法としては，DNAマイクロアレイにより，野生株とKK-211株とで全遺伝子の転写レベルを比較し，その転写パターンの変化に基づいて絞り込むことが有効である。表1にDNAマイクロアレイ解析によってKK-211株において転写レベルが上昇していた遺伝子の中で特に有機溶媒耐性に大

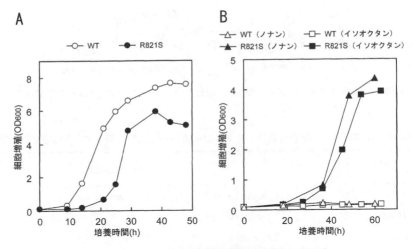

図3 *PDR1*-R821S 変異の有機溶媒耐性への効果
A：YPD 培地 50ml，B：YPD 培地 50ml＋有機溶媒 50ml；振盪速度：235rpm

きく関与していると考えられる遺伝子を示す[4]。転写レベルの増加が最も大きい *ICT1* はリゾホスファチジン酸アシルトランスフェラーゼをコードする遺伝子であり，リン脂質の組成を変化させていると考えられる。また *YOR1*, *PDR15*, *SNQ2*, *PDR10* といった複数の ABC トランスポーターの発現レベルが大きく上昇しており，細胞内へと侵入した有機溶媒を細胞外へと効率的に排出していると考えられる。これらの遺伝子の発現制御機構を調べると，共通してプロモーター領域に PDRE（Pleiotropic Drug Response Element）[5] という特徴的な配列を持つということが分かった。さらにこれらの PDRE を持つ遺伝子は転写因子 PDR1 により制御されており，興味深いことに *PDR1* に変異を持つ株の転写パターン[6,7] が KK-211 株の転写パターンと類似性を持つことが分かった。そこで KK-211 株の *PDR1* 配列を調べたところ，821 番目のアルギニンがセリンに変異していることが見つかった[8]。したがって，この 1 アミノ酸変異が有機溶媒耐性に大きく関与していると考えられる。

6.2.3 有機溶媒耐性の構築

そこで，上記の 1 アミノ酸変異が有機溶媒耐性を引き起こす因子であるかどうか検証するために，KK-211 株で見つかった変異（*PDR1*-R821S）を実験室酵母 MT8-1 株のゲノムに相同組み換えにより導入し，有機溶媒存在下での生育を調べた（図3）[8]。MT8-1 野生株は有機溶媒を含まない培地では良好に生育するが，有機溶媒存在下では増殖が観察されず，有機溶媒の毒性によって死滅していることが分かった。一方，*PDR1*-R821S 変異を導入した MT8-1 変異株は有機溶媒を含まない培地中では生育がやや落ちているが，イソオクタンやノナンといった有機溶媒存在下においても良好に生育した。MT8-1（*PDR1*-R821S）変異株は，KK-211 株と比較して有機溶

第5章 化成品素材の生産

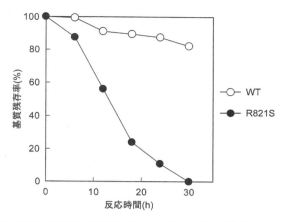

図4 *PDR1*-R821S 変異株による 3-オキソブタン酸ブチルの還元
YPD 培地：50ml，イソオクタン：50ml，基質濃度：20mM，初期 OD_{600}：4.0，振盪速度：235rpm

媒存在下での生育がやや遅いが，これは二つの株の倍数性や株の違いが影響しているためであると考えられる。このことから KK-211 株の有機溶媒耐性が *PDR1*-R821S 変異に依存し，この 1 アミノ酸変異を導入することにより任意の株を簡便に有機溶媒耐性化できることが分かった。

6.3 *PDR1*-R821S 変異株による還元反応

PDR1-R821S 変異を導入した酵母が有機溶媒存在下でも生育することを示したが，この変異の導入によって有機溶媒耐性化した酵母が実際に有機溶媒存在下でも触媒活性を持つことを確認するために，バッチ式の水／有機溶媒二相系を用いて *PDR1*-R821S 変異株による 3-オキソブタン酸ブチルの還元反応を行った（図4）[8]。3-オキソブタン酸ブチルは酵母が生命を維持している状態でのみ 3-ヒドロキシブタン酸ブチルに還元されることが分かっている。有機溶媒耐性を持たない MT8-1 野生株はイソオクタンの毒性により死滅するため基質はほとんど還元されない。しかし，上記の 1 アミノ酸変異の導入により有機溶媒耐性を賦与した *PDR1*-R821S 変異株は反応開始 30 時間後にはほぼすべての基質を還元しており，イソオクタン存在下でも生育するというだけでなく，物質変換反応に必要な触媒活性を維持できるということが分かった。このことは，各物質変換反応に適した株を *PDR1*-R821S 変異の導入により有機溶媒耐性化し，水／有機溶媒二相系で生体触媒として用いることができるため，既存の反応系を容易に連続生産可能な二相系へと転換できることを示している。

6.4 おわりに

3-ヒドロキシカルボン酸エステルの一つである 3-ヒドロキシブタン酸ブチルの合成法として，

有機溶媒中での酵母による還元について記述した。有機溶媒は細胞にとって有毒となるが，1アミノ酸変異（*PDR1*-R821S）の導入により野生株を有機溶媒耐性化することに成功し，水／有機溶媒二相系での反応を実現させることができた。この *PDR1*-R821S 変異の導入による有機溶媒耐性化は物質生産に適した生産効率の高い株に応用することも可能である。将来的には，酵母分子ディスプレイ法と組み合わせることにより，従来では複数に分かれていた疎水性物質の生産が有機溶媒を含む一つの反応系で効率的に行うことが可能になる。これは現在の化学法に代わる新しい手法として今後様々な生産プロセスへの応用が期待される[9,10]。

文　献

1) T. Kanda *et al.*, *Appl. Microbiol. Biotechnol.*, **49**, 377 (1998)
2) T. Kawamoto *et al.*, *Appl. Microbiol. Biotechnol.*, **55**, 476 (2001)
3) S. Miura *et al.*, *Appl. Environ. Microbiol.*, **66**, 4883 (2000)
4) K. Matsui *et al.*, *Appl. Microbiol. Biotechnol.*, **71**, 75 (2006)
5) D. J. Katzmann *et al.*, *J. Biol. Chem.*, **271**, 23049 (1996)
6) J. B. DeRisi *et al.*, *FEBS Lett.*, **470**, 156 (2000)
7) M. S. Tuttle *et al.*, *J. Biol. Chem.*, **278**, 1273 (2003)
8) K. Matsui *et al.*, *Appl. Environ. Microbiol.* in press
9) 植田充美，現代化学，**361**, 484 (2001)
10) 植田充美，現代化学，**366**, 46 (2001)

7　バイオマスからの乳酸エステルの合成

稲葉千晶*1，植田充美*2

7.1　はじめに

　2005年に京都議定書が発効し，環境問題に関する情勢が大きく変化してきている。それに従い，2007年3月に新たな「バイオマス・ニッポン総合戦略」が策定された。これまでと同じように大量生産，大量消費，大量廃棄の社会システムを継続していくと，地球温暖化や化石資源の枯渇，廃棄物の蓄積などの環境問題が深刻化することは自明である。そこで，化石資源ではなくバイオマスを積極的に利用しようという動きが盛んになってきた。化石資源の燃焼は地中に埋まっていた二酸化炭素を大気中へと放出することになるため，大気中の二酸化炭素濃度は増加するが，バイオマスの燃焼により放出される二酸化炭素は生物が成長過程で光合成により大気中から吸収した二酸化炭素であるため，大気中の二酸化炭素は増加しない。つまり，バイオマスの利用は，二酸化炭素は生物のライフサイクルを循環するという「カーボンニュートラル」（図1）の実現に繋がる。

　バイオマスの利用のひとつとして，植物由来プラスチックである生分解性プラスチック，ポリ乳酸は注目を集めている。現在の汎用性プラスチックは石油を原料にして化学合成によって作られており，微生物による分解を受けないため，使用後は焼却や埋め立て処分される。そのため，

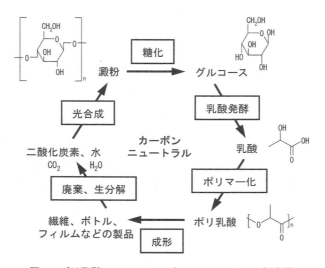

図1　ポリ乳酸におけるカーボンニュートラルの概念図

---

*1　Chiaki Inaba　京都大学　大学院農学研究科　応用生命科学専攻　修士課程
*2　Mitsuyoshi Ueda　京都大学　大学院農学研究科　応用生命科学専攻　教授

焼却処理では二酸化炭素が放出され，また，埋め立て処分では環境中に蓄積していく。従って，このような環境負荷の大きい素材をバイオマスから製造し，使用後は微生物によって分解されて最終的には再び植物に戻るというカーボンニュートラルが実現可能な素材に置換していくことは急務である。しかし，生分解性プラスチックは汎用性プラスチックと比較して，物性の面で劣るということや高価格であるということが障害となり，普及が遅れているのが現状である。物性の問題は近年盛んに研究がなされており，L-乳酸のポリマーとD-乳酸のポリマーを混合してステレオコンプレックス化させるとポリ乳酸の耐熱性が向上すること[1]，乳酸エステルとの混合により強度が上昇すること[2] が報告されている。低価格化についてはポリ乳酸のポリマー化の多段階からなるステップを減らす研究が行われており，乳酸に直接マイクロ波を当てることによるワンステップでのポリマー化に成功している例もある[3]。しかし，直接のポリマー化を行う際には乳酸が十分に精製されていないと成形したプラスチックに色がついてしまうという問題がある。現在のポリ乳酸の工業的な製造工程では，乳酸の精製は水酸化カルシウムと酸を用いて行われているが，最終的に副産物として大量の塩が生成することが問題視されている[4]。そこで，本稿では乳酸の精製を，安価に，そして環境負荷の少ないかたちで行うことができる方法の一端を担えることが期待できる手法を紹介する。

7.2　*Candida antarctica* リパーゼB提示酵母による乳酸エステルの合成
7.2.1　*Candida antarctica* リパーゼB提示酵母の作製

　先に述べたように，乳酸の精製過程で問題となっている副産物の問題を解決するために，乳酸をエステル化することにより乳酸の分離を容易にし，それに続く加水分解反応を行うことによって純度の高い乳酸を得るという方法に着目した。本稿で特に注目したのは，乳酸をエステル化する過程である。乳酸をエステル化するために，乳酸とエステルの脱水反応を用いることにし，その脱水反応を触媒する酵素としてリパーゼを選択した。リパーゼの本来の反応はエステル結合の加水分解反応であるが，その逆反応であるエステル合成反応やエステル交換反応にも作用することが知られている[5]。そこで，実際に使用する酵素として，担子菌類酵母 *Candida antarctica* が生産するリパーゼB（CALB）を選択し，酵母分子ディスプレイシステムを用いてCALBを細胞表層にディスプレイすることによるCALB提示酵母の構築を試みた。酵母分子ディスプレイシステムとは，細胞表層にアンカータンパク質をコードする遺伝子の情報を応用して，発現させたいタンパク質を酵母 *Saccharomyces cerevisiae* の細胞表層に提示するという画期的な技術である[6,7]。このシステムを用いて酵素を酵母の細胞表層にディスプレイすると，酵母1細胞あたりおよそ $10^4 \sim 10^5$ 分子の酵素が最密充填的にディスプレイされるので[8]，酵母細胞自体を「Whole-cell biocatalyst」として取り扱うことが可能となる。さらに，酵素が酵母細胞の細胞壁に固定

第5章　化成品素材の生産

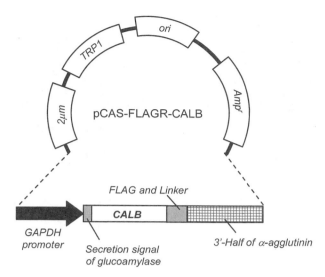

図2　CALB 表層提示用プラスミド[9]

化されることにより，酵素の熱安定性が増す[9]。このことは，物質合成に酵素を用いる上で重要である。また，CALB は水溶系および有機溶媒系の両方において高い活性や安定性を保つため，物質合成への応用が期待されている。CALB の触媒反応に関する現在までの報告では，その大半が Novozym 435（Novo Nordisk）などの固定化リパーゼを使用している[10,11]。固定化酵素は安定性が非常に高いため利用価値が大きいという特徴を有する反面，特別な化学修飾により製造されているためにコストが高いという問題がある。そこで，ここに示したような酵母分子ディスプレイシステムを用いて CALB 提示酵母を構築すれば，酵母を培養するだけで固定化された状態の CALB を得ることができ，コストの問題を解消することができると考えられる。

実際に CALB をディスプレイするために，分泌シグナルをコードする遺伝子，CALB をコードする遺伝子，アンカータンパク質である α-アグルチニンの細胞壁ドメインをコードする遺伝子をこの順に融合させた（図2）[9]。これを酵母内で発現させると，CALB と α-アグルチニンの融合タンパク質は分泌シグナルによって小胞体，ゴルジ体を経て，分泌小胞を介したエキソサイトーシスにより細胞膜へと輸送され，表層最外殻に固定化される。

目的とするエステル化反応は CALB 本来の反応である加水分解反応の逆反応なので，反応系にはできるだけ水分が少ないほうがよいと推測できる。CALB 提示酵母を有機溶媒中での乳酸エステル合成に用いるため，CALB 提示酵母菌体を培養・洗浄後，凍結乾燥することにより水分を除き，粉状の乾燥菌体を調製した（図3）。凍結乾燥することによって細胞表層にディスプレイした CALB の活性が失われていないことは，凍結乾燥前後での CALB 提示酵母の p-

微生物によるものづくり

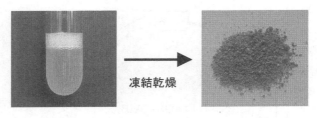

図3 CALB提示酵母乾燥菌体の様子

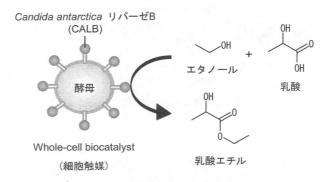

図4 CALB提示酵母を用いた乳酸エチルの合成

Nitrophenyl butyrateに対する加水分解活性を測定することにより確認した[12]。

7.2.2 CALB提示酵母を用いた乳酸エチルの合成

7.2.1で活性を保持していることが確認された乾燥菌体50mgを用いて，スクリューキャップ付試験管の中に溶媒として5mlの水飽和ヘプタン，基質として500mMのエタノールと10mMの乳酸を添加し，30℃で振とうすることによって乳酸エチルの合成反応を行った（図4）。その反応液をHPLCで分析した結果，乳酸エチルの生成を確認することに成功した（図5）。反応系にMolecular sievesを加えて脱水した無水ヘプタン，反応系に10％の水を加えた水を含むヘプタン，水飽和ヘプタンの3種類の溶媒を用いて合成反応を行ったところ，溶媒として水飽和ヘプタンを用いた反応系で最も効率よく乳酸エチルが生成することが確認された。つまり，酵素が活性を示し，かつ加水分解の逆反応を触媒するには，水飽和のようなごく少量の水分が必要であるということになる。

乳酸エチルの合成における酵素反応の様子を調べるために反応のタイムコースをとると，200時間以降は反応が停止していると思われた（図6）。反応はエタノール過剰の条件下で行っていたので，反応系にもう一方の基質である乳酸をさらに加えてみたところ，合成の再開が見られた。また，合成反応再開時の酵素反応の初速度は反応初期と比較して遜色はなかった。このことから，

第5章　化成品素材の生産

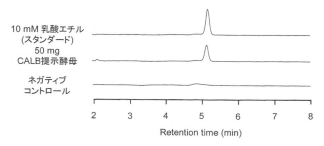

図5　CALB提示酵母による乳酸エチルの合成

分析条件
カラム：5C$_{18}$-MS-II（4.6 × 150mm），40℃
移動相：20％メタノール溶液（0.08％トリフルオロ酢酸入り）
流速：1.0ml/min
注入：2μl
検出：UV 210nm

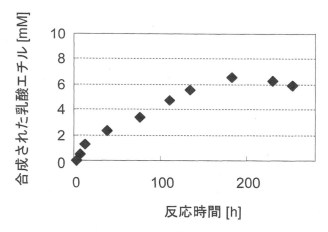

図6　乳酸エチル合成のタイムコース

反応停止の原因は酵素の失活ではなく，加水分解反応と合成反応とが平衡に達したからではないかと考えられる。また，合成反応の再開が見られたことから，有機溶媒にCALB提示酵母をさらしていても酵素活性は失われないということが分かる[12]。

さらに効率よく乳酸エチル合成を行う条件を検討するために，温度を上げて反応を行った。その結果，温度の上昇と共に酵素反応の初速度が増加し，反応時間111時間での合成効率は50℃で74％にまで上昇させることに成功した（表1）[12]。

また，CALBはD-乳酸も基質として認識できるかを120時間の合成反応で調べたところ，L-乳酸と同程度の合成効率が得られることが分かった[12]。CALBを用いて乳酸の光学分割をする

表1 温度変化における乳酸エチル合成効率の比較

温度 [℃]	30	40	50	60
合成効率 [%]	47.5	61.3	74.2	69.1

ことはできないが、乳酸発酵を行う際にL体のみ、またはD体のみを生産する微生物を使用すれば、どちらの乳酸の精製にもCALB提示酵母は使用することが可能であると考えられる。

7.3 おわりに

本稿では、酵母分子ディスプレイシステムにより*Candida antarctica*リパーゼB（CALB）を酵母の細胞表層に提示し、この酵母を「Whole-cell biocatalyst」として用いて、エタノールと乳酸というバイオマス由来の物質からの乳酸エステル合成が、高効率で可能であるということを紹介した。今回の乳酸エステル合成には溶媒として水飽和ヘプタンを用いたが、基質であるエタノールと乳酸だけを用いた無溶媒系での反応が効率よく進行すれば、エタノールと乳酸というどちらもバイオマス由来の物質だけを用いることになるため、より環境への負荷が少ない反応系の構築が可能となるのではないかということも期待でき、さらなる展開が望まれる。

また、今回は乳酸エステルとして乳酸エチルを選択したが、すでにCALBの市販固定化酵素であるNovozym 435を用いての乳酸ブチル、乳酸ヘキシル、乳酸オクチルなどの合成が可能であるということが報告されているので[13]、CALB提示酵母を用いれば乳酸エステルのライブラリーを作成することも可能であろう。乳酸エステルはポリ乳酸合成における乳酸精製過程の中間体として重要なだけでなく、7.1で述べたようにポリ乳酸の硬くてもろいという物性を改善する際のキーとなる性質を持つ。さらに、乳酸エステルは高品質かつ安全性の高い工業用溶剤としてや、オゾン層への影響がなく生分解性が速い洗浄剤としての用途もある。このような有用な性質を持つ乳酸エステルの新たな合成法の確立は、持続可能な社会、環境に優しい社会の創出において一助となることが期待されている。

文　献

1) H. Tsuji *et al., Macromolecules,* **24**, 5651 （1991）
2) 福田徳生，愛産研ニュース，**34**, 2 （2005）
3) 特開 2006-169397

4) S. Mecking, *Angewandte Chemie,* **43**, 1078 (2004)
5) A. Svendsen, *Biochimica et Biophysica,* **1543**, 223 (2000)
6) M. Ueda *et al., Biotechnology Adv.,* **18**, 121 (2000)
7) M. Ueda *et al., J. Biosci. Bioeng.,* **90**, 125 (2000)
8) S. Shibasaki *et al., Appl. Microbiol. Biotechnol.,* **55**, 471 (2001)
9) M. Kato *et al., Appl. Microbiol. Biotechnol.,* **75**, 549 (2007)
10) A. Larios *et al., Appl. Microbiol. Biotechnol.,* **65**, 373 (2004)
11) D. Pirozzi *et al., Biotechnol. Prog.,* **22**, 444 (2006)
12) C. Inaba *et al.,* 投稿中
13) M. From *et al., Biotechnology Letters,* **19**, 315 (1997)

8 バイオリファイナリーによるリグニンの有用物質への変換

中西昭仁[*1], 黒田浩一[*2]

8.1 はじめに

近年, 我々全人類の共通の問題として, 地球温暖化問題が重要視されるようになってきている。地球温暖化は, 温室効果ガスが地球表面からの放射熱を大気中に蓄え逃がさなくすることで引き起こされると言われている。それら温室効果ガスの中でも特に, 昨今の大気中における二酸化炭素濃度の著しい増加は地球温暖化に大きく影響を与えており, エネルギー源が石炭から石油へ移行した1960年代のエネルギー革命以降, その影響は如実に見られてきている。これに対して一刻も早い解決が望まれており, 現在その手法として太陽光発電や地熱発電, 原子力発電や風力発電等, 様々なエネルギーの供給法が考案されている。その中でも特に脚光を浴びているのが生物由来の資源を利用するバイオマスエネルギーである。バイオマスを対象とする利点としては, 半永続的に利用可能であり, 莫大なエネルギーを放ち続ける太陽がエネルギー源である点, またバイオマスから得られた化成品は生物由来なので廃棄されても環境に還り易い点, さらにバイオマスはエネルギーや化成品の原料を供給できるため石油と代替可能で, これまでの石油依存社会のシステムを維持できる点が挙げられ, 十分注目に値する資源だと考えられる。本稿では, バイオマス資源をエネルギーや石油代替化合物に変換するバイオリファイナリーによるリグニン変換化成品を考察する。

8.2 バイオリファイナリーについて

1992年6月に, リオ・デ・ジャネイロで開催された環境と開発に関する国際連合会議(地球サミット)において, 気候変動枠組条約が採択された。2005年の京都議定書の批准書では日本は1990年代を基準として6%の温室効果ガスの発生抑制を2008〜2012年の年間平均で達成することを掲げてはいるが, 2008年現在において, 設定された国際公約を達成することが非常に困難な状況にある。そこで現状を打開する為に特に注目されつつあるのが, 循環型資源, つまりバイオマス資源である。もともと前述の様な大気中の二酸化炭素濃度の上昇が生じたのも, 地下資源として地中に眠っていた炭素源である石油を石油産品として乱用している現状に問題があるとされている。バイオマス中に存在する炭素源を効率良く利用すれば, これまで石油などの化石燃料で動いてきた社会においてこれ以上の二酸化炭素の濃度上昇を回避することができるはずである。バイオマス資源を用いた化石燃料産品からの脱却プロセスが, バイオリファイナリーである。

[*1] Akihito Nakanishi 京都大学 大学院農学研究科 応用生命科学専攻 修士課程
[*2] Kouichi Kuroda 京都大学 大学院農学研究科 応用生命科学専攻 助教

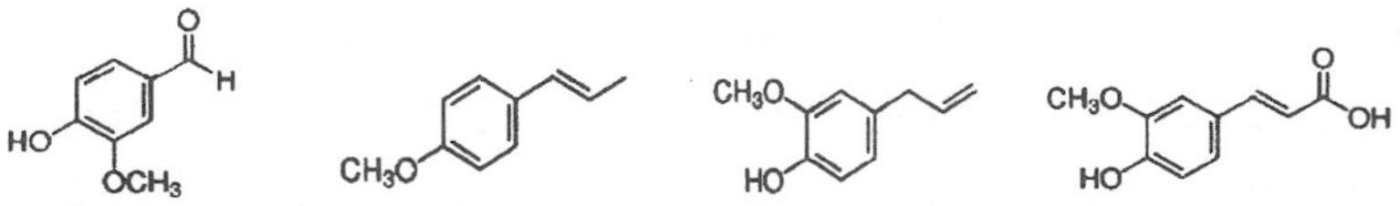

第5章　化成品素材の生産

図1　有用なフェニルプロパノイドとその誘導体
我々の生活に欠かせない食品添加物や香料，医薬品などには，フェニルプロパノイドやその誘導体が数多く利活用されている。その一例を示す。

8.3　バイオリファイナリーに用いられるバイオマス資源について

生態圏には様々な種類の生物由来の資源バイオマスがあり，例えば動物や菌類，細菌などももちろんバイオマスである。しかしながら数あるバイオマスの種類の中でも，効率良く，かつ大量に太陽エネルギーを資源に変換できるのは何よりも植物であり，我々人間は古来よりその恩恵を受けてきた。植物系バイオマスがバイオリファイナリーを大きく助ける資源となるのは言うまでも無い。カーボンニュートラルの考えに基づくと，植物系バイオマスの利用に対する利点は太陽エネルギー，二酸化炭素，水だけで光合成によって炭酸同化を行い再生可能な資源を作出することであり，非常に大きな強みになると言うことができる。

ここで食糧と競合しない植物バイオマス資源の主要な構成成分は，対象とする植物種によるが，難分解性のセルロース，ヘミセルロース，リグニン等である。セルロースは地球上で最も多い炭水化物と言われ，糖質を基に形成された多糖類であり，繊維素とも言われる。ヘミセルロースも多糖類で，キシランやマンナンを含む。これらセルロース，ヘミセルロースはバイオエタノール生産に利用されるが，リグニンは前述の糖類とは一線を画して，フェニルプロパノイド骨格を持つ天然高分子である。すなわち，リグニンはフェニルプロパノイドからなる有用物質に変換することにより，資源として有効活用することも可能であると考えられる。

8.4　フェニルプロパノイドを利用した化成品とリグニンとの関わりについて

フェニルプロパノイドとは，大半の植物においてシキミ酸経路を経て合成されたフェニルアラニンから生成されるベンゼン環に C_3 の炭素鎖が結合した C_6-C_3 の基本単位からなる化合物群の総称である。単量体の C_6-C_3 基本単位からなるモノフェニルプロパノイドやその誘導体，C_6-C_3 基本単位が二つ重合したジフェニルプロパノイドやその誘導体には，我々の生活に関与しているものが多い。例えば香料として食品に添加されるバニリンや，カンゾウなどの漢方薬に含まれるアネトール，香水の主成分のオイゲノール等はモノフェニルプロパノイドやその誘導体であり，抗酸化物質と言われているセサミンや，誘導体に抗炎症性や抗バクテリアの性能があると言われているカルコン誘導体などはジフェニルプロパノイド誘導体である（図1）。さらに C_6-C_3 の基

本単位が高次に重合したものがリグニンである。リグニンは単量体の C_6-C_3 基本単位がラジカルカップリング反応を経て，三次元網目構造をとって重合したものであり，樹木の木化に関して非常に重要な物質である。先に示した通り，モノフェニルプロパノイドやジフェニルプロパノイドには我々の生活に有用なものが多いが，現在石油からの精製や化学合成で大部分を賄っている。バイオリファイナリーによって生態圏に大量に存在するリグニンを効率的に C_6-C_3 の基本単位にまで低分子化することが可能となれば，石油依存から脱却したフェニルプロパノイド製品の生産を行うことができるのである。

8.5 ホワイトバイオテクノロジーにおけるリグニン変換化成品の価値について

我々の生活にはフェニルプロパノイド類が含まれるものが数多く存在するが，実際，大量生産するとなると大半の原料を石油に依存しているのが現状である。例えば，香料として重要なバニリンは2001年には全世界で12,000トンのバニリンが消費されたが，天然バニリンは1,800トンのみで残りのほとんどがオイゲノール等から化学合成されたものであった[1]。また，抗酸化作用を持つと言われているフェルラ酸においてはバニリンとマロン酸との縮合脱炭酸により化学合成されている。このように，バニリンやフェルラ酸等が化学合成法によって生産されていることは，高分子フェニルプロパノイドやリグニンなど，地球上には大量のフェニルプロパノイドが存在するにも関わらず，原料の大部分を石油に依存してきた化学重工業型社会の典型である。現在世界各国で様々な油田が開発されてきており，ブラジルで石油確認埋蔵量が50億～80億バレルのトゥピ油田・ガス田を発見したことは記憶に新しい。しかしながら日本の石油輸入の現状は，アラブ首長国連邦，サウジアラビア，イラン等，中東の国々に偏っていて，有事の際の危機的状況は想像に難くない。かつ，中東情勢の不安や政治的な介入によって石油価格は急激な高騰を続けており，2007年1月では一バレルあたり60米ドルであったのが，2008年1月には一バレルあたり100米ドルを超えた[2]。リグニンを低分子化し利活用することによって，石油産品からの脱却が見込める為，フェニルプロパノイド化成品の供給を安定化させることができ，また石油に掛かっていた費用を削減できる。

8.6 酵素によるリグニンの分解について

前項で述べた通り，リグニンは多量のフェニルプロパノイド基本骨格を保有している。このリグニンを低分子化し有用な産物を得るため，現在までに化学的手法や物理的手法，生化学的手法など様々な手法が試みられている。現行の技術においても，リグニンの分解自体は可能ではあるが，例えば生化学的手法による酵素法では酵素の価格が高いなど，その各々の技術に対して改善すべき課題が大いに残されているのが現状である。現在の環境に対する配慮やエネルギー資源に

第5章　化成品素材の生産

対する懸念から考えて，リグニンを分解するにはより安全でよりエネルギー効率の良い分解システムの構築が求められている。そこで生化学的手法による酵素法から，生物機能を利用した新たな手法について紹介する。

環境中で木材の腐朽は，昆虫やげっ歯類等のかじりキズや災害等で物理的に樹皮が侵襲されたところに，糖質を分解する一次寄生菌が繁殖してこれを消費し，難分解性のセルロース，ヘミセルロース，リグニンを二次寄生菌が分解していく。二次寄生菌の分解過程において，木材を白色化させる菌は白色腐朽菌，褐色化させる菌は褐色腐朽菌と呼ばれており，褐色成分であるリグニンは白色腐朽菌に分解されることになる。これら白色腐朽菌は，リグニンの分解に際し菌体外酵素を分泌する。その主な酵素として，ラッカーゼ（Lac）やペルオキシダーゼ（リグニンペルオキシダーゼ（LiP），マンガンペルオキシダーゼ（MnP），バーサティルペルオキシダーゼ（VP））等が知られており，白色腐朽菌はこれらの中から少なくとも一種類の酵素を菌体外に分泌する。白色腐朽菌から分泌された菌体外酵素は一般的に言われる様な基質特異性の高いものではなく，基質特異性の低いものである。例えば，LiPは酵素表面から活性中心のヘムに至る電子のロングレンジ移動経路を持っており，LiP表面で直接高分子を酸化する能力がある[3]。一方MnPはフェノール性の基質と共に二価のマンガンを三価に酸化する酵素であって，そこで生成された三価のマンガンはシュウ酸やセロビオン酸等の適切なキレート剤で安定化された後，拡散してリグニンの三次元網目構造の中に入り込みこれを分解する経路[4]と，不飽和脂肪酸をメディエーターとしてリグニンを分解する経路が知られている（図2）[5〜8]。このように，リグニン分解酵素は一般的に言われるような鍵と鍵穴の関係で分解する酵素ではなく，リグニンやメディエーターから電子を引き抜く機能を持つ。このことはフェニルプロパノイド骨格がランダムに三次元網目構造をとったリグニンを分解する際，非常に有効な反応機構であると言える。このような白色腐朽菌の持つ有用機能を，培養が簡便で既に様々な産業利用がなされている酵母に導入することによって，効率の良いバイオリファイナリーの実現が期待される。

近年，活性を保持したまま種々の機能性タンパク質を細胞表層にディスプレイし，酵母を含む様々な細胞の表層にこれまでにない新たな機能を持たせる「細胞表層工学」が確立されており，これらの創製された細胞は「アーミング酵母」と呼ばれている[9]。そこで筆者らは，白色腐朽菌のリグニン分解酵素群を探索し，これらを細胞表層工学によって酵母の細胞表層に提示し，低コストで効率の良いリグニン変換システムの構築を行っている。この細胞表層提示技術を利用し酵母にリグニン分解酵素を表層提示させると，以下に述べる主な三つの利点を挙げることができる。まず，酵母菌体自体を酵素群として用いることが可能であり，培養という簡単な操作によって大量に調製ができる点で，これは白色腐朽菌等からリグニン分解酵素を単離してくる労力やコストを考えると，非常に大きな利点となる。また，白色腐朽菌等の分泌する菌体外酵素量は多くはな

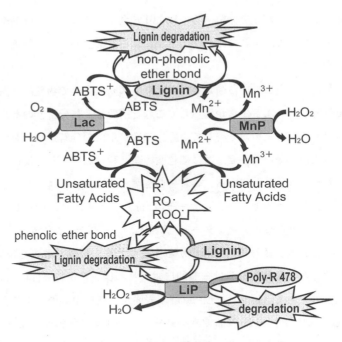

図2 主要なリグニン分解酵素の分解系概略図

主なリグニン分解酵素の（Lac：ラッカーゼ，LiP：リグニンペルオキシダーゼ，MnP：マンガンペルオキシダーゼ）の反応経路概略図を示した。LiPやVPは単独でリグニンの基本結合である非フェノール型エーテル結合を開裂できるが，LacやMnPは単独では非フェノール型エーテル結合を直接開裂できない。しかしこれらの酵素も不飽和脂肪酸の存在下ではこれを開裂することができる[6〜8]。

いので，酵母の増殖速度や表層提示量を考えると，これも利点に挙げることができる。次に，リグニン分解相を遠心分離に供することで容易に酵素を分離できることが挙げられる。これは酵素法で比較的問題になりがちな，反応相中での酵素自体のコンタミネーションである。リグニン分解酵素は35〜75kDa付近のサイズのタンパク質であり[10]，遠心分離等でその殆どを簡単に分離することはできない。しかしながら，本項の細胞表層提示技術を用いてリグニン分解酵素を表層提示すれば，酵母自体は遠心分離に供することで反応相から分離することができるので，酵母に表層提示された酵素を容易に遠心分離することができる。最後に表層提示された酵母が生育し続ける限り継続的にこのシステムを活用することができる点が挙げられる。このことは，リグニンを分解する系を立ち上げる度に，わざわざリグニン分解酵素を投入しなくても良いことを意味する。これらは酵素法を用いて工業的にパイロットスケールを組み木材からフェニルプロパノイドを得る際に，コストの面からも，手間の面からも，非常に有効な機能となる。

筆者らはリグニン分解変換システム構築の第一歩として，実際に白色腐朽菌 *Trametes* 属からラッカーゼをコードする遺伝子 *Lac* I をクローニングし，*Lac* I を酵母の細胞表層に提示したア

第5章　化成品素材の生産

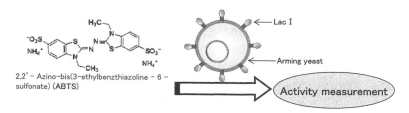

図3　LacⅠの活性測定法概略図
細胞表層提示用プラスミドに LacⅠを組込んだ後，酵母の細胞表層で発現させた。
活性測定には ABTS を用いた。

ーミング酵母を構築した。活性測定には ABTS を利用したが，ABTS は単なるメディエーターとしてだけではなく，ABTS$^+$に酸化されると光波長 420nm 付近で吸光を示すようになるので，LacⅠの電子引き抜き反応を確認するには絶好のツールとして活用できる[11]。その結果，酵母の細胞表層に提示された LacⅠは電子引き抜き反応を行っていることが強く示唆された（図3）。前述のような LacⅠのみにとどまらず，種々の分解酵素をディスプレイすることで，リグニンのバイオリファイナリーが大きく期待できるであろう。

8.7　おわりに

21世紀はバイオテクノロジーの時代であると言われる。これは生物の機能を最大限利活用しようとしており，「生物に習う」形で再生可能な循環型社会の構築を目指すものである。セルロースやヘミセルロースはバイオエタノールに変換することでバイオリファイナリーの産物として地球環境の保全に貢献できるシステムが構築されつつあるが，まだまだ難溶性のリグニンは黒液と呼ばれる燃料形態としての用途が主たる利用法である。本稿では，白色腐朽菌由来のリグニン分解酵素を細胞表層提示した酵母を活用することで，リグニン分解システムが構築できる可能性を示した。「生物に習う」形で，これからのさらなる進展が大いに期待される。

文　献

1) J. Mark, W. Dignum *et al.*, *Food Rev. International*, **17**, 119（2001）
2) 明治物産㈱ http://www.meijibussan.co.jp/pdf/kaigai/oil_zaiko.PDF
3) H. Kamituji *et al.*, *Biochem. J.*, **386**, 387（2005）

4) H. Wariishi *et al.*, *Biochem. Biophys. Res. Comm.*, **176**, 269 (1991)
5) T. Watanabe *et al.*, *Eur. J. Biochem.*, **267**, 4222 (2000)
6) K. Messner, E. Srebotonik, *FEMS Microbiol. Rev.*, **13**, 351 (1994)
7) S. Sato, *Biomacromolecules*, **4**, 321 (2003)
8) W. Bao *et al.*, *FEBS lett.*, **354**, 297 (1994)
9) M. Ueda, A. Tanaka, *J. Biosci. Bioeng.*, **90**, 125 (2000)
10) K. Addleman *et al.*, *Appl. Environ. Microbiol.*, **61**, 3687 (1995)
11) A. Leonowicz, K. Grzywnowicz, *Enzyme Microbiol. Technol.*, **3**, 55 (1981)

第6章　資源・燃料の生産

1　アセトン・ブタノール・エタノール発酵における研究開発の動向

三宅英雄[*1]，田丸　浩[*2]

1.1　はじめに

　アセトン・ブタノール・エタノール（ABE）発酵は，アセトン・ブタノール菌として，グラム陽性芽胞形成桿菌である *Clostridium* 属が使われており，多種多様な糖を基質として嫌気発酵を行うことで最終産物のアセトン・ブタノール，およびエタノールが生産される。その比率はおよそ3：6：1であり，それらの合計のソルベント濃度は，約20g/Lに達する[1]。また主な菌株は，*Clostridium acetobutylicum, Clostridium beijerinckii, Clostridium saccharoacetobutylicum, Clostridium saccharoperbutylacetonicum* の4種に分類され[2]，その中でも *C. acetobutylicum* と *C. beijerinckii* の2種は研究例が多い。さらに，*C. beijerinckii* は *C. acetobutylicum* よりも生育pHが広いため，ABEの生産効率が高く，応用研究が多数報告されている[3]。

　ABE発酵は，酵母を使ったエタノール発酵に続いて実用化された発酵技術である[4]。我が国でも1930年代に廃糖蜜からABE発酵が行われていたが，第二次世界大戦後に化学合成法によるブタノール生産が開始され，安価な合成ブタノールが普及するにつれてABE発酵によるアセトン・ブタノール生産は世界的に衰退した。しかし，近年，化石燃料の高騰と地球温暖化における環境問題が注目され，再び食物や未利用資源からのバイオ燃料の生産が各国で行われるようになった。一方，アメリカやブラジルではバイオエタノールの生産が進み，徐々に代替エネルギーとして浸透している。ブタノールもエタノールに比べ様々な利点を持っているため，アメリカを中心に研究が進んでいる。ブタノールの利点は，エタノールと比べ，蒸気圧が低く，ガソリン混合において耐水性が高いため既存のガソリン流通および給油システムなどのインフラがそのまま使用できる。また，エタノールより高い混合比でもエンジンの仕様を変えることなく使うことができる。エタノールとの混合燃料と比べて燃費効率が優れており，エタノールでは燃焼する際にガソリンの75％程度のエネルギーしか発生できないが，ブタノールでは燃焼の際にガソリンの95％のエネルギーを発することができる。このような利点から，ガソリンの代替燃料としてブタノールは理想的である。また最近の状況としては，イギリスの石油メーカーのBP社とアメリ

[*1]　Hideo Miyake　三重大学　大学院生物資源学研究科　助教
[*2]　Yutaka Tamaru　三重大学　大学院生物資源学研究科　准教授

の化学メーカーであるデュポン社が共同でバイオブタノールの生産に取りかかると発表されており，世界的に見てもバイオブタノール生産は注目されている。

1.2 ABC発酵の問題点

上記で述べたABC発酵が衰退した3つの大きな原因として，①廃糖蜜の原料の高騰，②アセトン・ブタノール菌が増殖してソルベント濃度が上がると生成物阻害の影響を受けるため低濃度のソルベントしか回収できない，③②の理由のため蒸留して回収するにはコストがかかりすぎる点，が挙げられる[5]。しかしながら，1970年代のオイルショック以後，石油資源に頼るのではなく，再生可能な資源として廃糖蜜やトウモロコシ，木質などが再び注目され始めた。特に酪農業の副産物として生産されるミルクホエーや農作物の残渣については発酵基質として注目され，酸や酵素によって加水分解し，ABE発酵を行う研究が多数行われた[4,6]。一方，セルロース質については，繊維質に富んだ農業残渣の前処理過程からでるクマル酸およびフェルラ酸が発酵の阻害物質となるため，現在大きな問題となっている[7]。また生成物阻害に関しては，培地中からブタノールを取り除くことができれば生成物阻害を回避することができる。近年，パーベーパレイション法，ガスストリッピング法，逆浸透法，液―液抽出法などの蒸留に比べ消費エネルギーを抑えることができる手法が開発され[3]，培地から生成物であるブタノールを取り除くことでブタノール生成量を大幅に向上させることが可能になった。

1.3 ソルベント生成 Clostridium 属細菌の代謝経路

ソルベント生成Clostridium属細菌の代謝経路を図1に示す[8]。ソルベント生成Clostridium属細菌は，α-アミラーゼ，α-グルコシダーゼ，β-アミラーゼ，グルコアミラーゼ，プルラナーゼ，アミロプルラナーゼ，セルラーゼ，β-グルコシダーゼだけでなく，多数の糖質分解酵素を分泌する（図1(1)）。糖質分解酵素で生産された様々な単糖は，細胞膜にある特定のトランスポーターによって細胞内に取り込まれ，解糖経路かペントースリン酸経路を経てピルビン酸へと変換される（図1(2)，(3)）。ピルビン酸は，ピルビン酸―フェレドキシンオキシドレダクターゼによってアセチルCoAに変換され（図1(4)），チオラーゼによるアセチルCoA2分子の縮合反応からアセトアセチルCoAへと変換される（図1(5)）。さらに，アセトアセチルCoAは3-ヒドロキシブチルCoA脱水素酵素によってブチリルCoAに変換される（図1(6)）。有機酸生成過程では，アセチルCoAはリン酸アセチルトランスフェラーゼや酢酸キナーゼにより酢酸へ（図1(7)），ブチリルCoAはリン酸ブチルトランスフェラーゼにより酪酸へと変換され菌体外へ放出される（図1(8)）。その後ソルベント生成過程において，アセチルCoAはアセトアルデヒド脱水素酵素とエタノール脱水素酵素によりエタノールへ（図1(9)），アセトアセチルCoAは

第6章 資源・燃料の生産

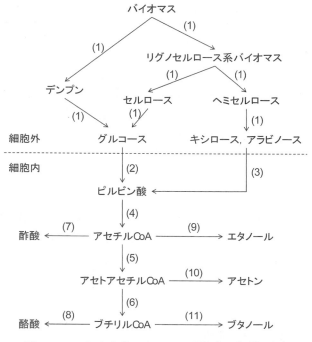

図1 ソルベント生成 *Clostridium* 属細菌の代謝経路[8]

CoA トランスフェラーゼとアセトアセテート脱炭酸酵素によりアセトンへ（図1 (10)），ブチリル CoA は，ブチルアルデヒド脱水素酵素とブタノール脱水素酵素によってブタノールを生成する（図1 (11)）。*C. acetobutylicum* の場合，有機酸生成過程からソルベント生成過程への制御は，酪酸の濃度が 9mM に達するとブタノール生成へと転換される[9]。

これまでに *Clostridium* 属ゲノムに関する研究は多数行われており，*C. acetobutylicum* ATCC824 については既にゲノム情報が明らかにされている[10]。*C. beijerinckii* NCIMB 8052 については，現在ゲノムプロジェクトが進行中である。またゲノム情報の解析が進むことで，様々なソルベント生成 *Clostridium* 属細菌において代謝関連遺伝子のクローニングが多数行われ，ABE 発酵を改善するために遺伝子をモディフィケーションさせた菌の開発もされている。*C. acetobutylicum* ATCC824 においては，CoA トランスフェラーゼをコードする *ctfA* と *ctfB* さらにアセトアセテート脱炭酸酵素をコードする *adc* を含む3つのアセトン生成遺伝子を強発現させたプラスミドが構築されており，これらの遺伝子を強発現させることでソルベントの生産量が増加する[11]。しかしながら，ベクターのみを組み込んだ菌でもソルベントの生産能を増強させるという報告もあり，ベクターを組み込むこと自体で菌に対して代謝ストレスを与え，これが引き金となってソルベント生成遺伝子群の発現を増加させるのではないかとも考えられる[12]。また，

表1 *Clostridium beijerinckii* BA101 による ABE 生産

発酵方法	ブタノール除去方法	ABE(g)	グルコース(g)	収率(g)	生産性(g/L per h)
回分発酵[16]	–	24.2	59.8	0.42	0.34
回分発酵[17]	ガスストリッピング法	75.9	161.7	0.47	0.60
回分発酵[16]	パーベーパレイション法	32.8	78.2	0.42	0.50
流加発酵[18]	ガスストリッピング法	233	500	0.47	1.16
流加発酵[19]	パーベーパレイション法	165	384	0.43	0.98

培地1Lをベースとした場合の結果

ソルベント生成遺伝子の強発現とは異なり,これらの遺伝子を早期に誘導することで高いブタノール生産を示すという報告もある[13]。さらに *C. beijerinckii* では,ブタノール高生産変異体である *C. beijerinckii* BA101 株が開発され[14],近年この変異株を使ったパイロットスケールでの研究が行われている[15]。

1.4 バイオブタノール生産研究の海外動向

さて,上記で述べたゲノム解析や代謝解析,パイロットプラントによる研究などがアメリカ,ヨーロッパ,日本を中心に行われている。アメリカのイリノイ大学のグループは,*C. beijerinckii* BA101を用いて,回分発酵,流加発酵,連続発酵によるブタノール生産の研究を精力的に行っている。回分発酵は,ブタノール生産にとって最もシンプルで一般的な実験方法であり,この方法でグルコース,トウモロコシデンプン,マルトデキルトリン,大豆由来の糖,デンプンベースな農業廃棄物などを原料としたABE発酵の研究が行われている。また特に,アメリカにおいて安価で手に入るトウモロコシデンプンを使ったABE発酵技術は進んでおり,例えば,約60g/Lのトウモロコシデンプンから合計25g/LのABEを生産することができる。しかしながら,回分発酵では時間当たりのABE生産性は低く,1時間当たり0.37g/Lほどしか生産することができない。また生成物であるブタノールを取り除く処理を行わない場合は,糖濃度60g/L以上で発酵を行っても生成物阻害が生じるため効率的ではない。

流加発酵法や連続発酵法は,基質濃度が高いと阻害を示すようなときに適しており,工業的な用途で使われる方法である。しかしながら,徐々に基質を加えていくと生成物であるブタノール濃度も上昇するためABEの生産性が低下する。これを改善する方法として,ブタノールを取り除くためのガスストリッピング法やパーベーパレイション法を用いた研究が行われ,その結果,ABE生産性を向上させることで,回分培養に比べて大量の糖を利用することに成功し,時間当たりのブタノール生産性が向上している[16〜19](表1)。

第6章 資源・燃料の生産

また，C. acetobutylicum を使用した研究も多数行われている。上記と同様のアメリカのイリノイ大学では，セルロース系であるコーンファイバー・キシランを原料とした ABE 発酵に取り組んでいる[20]。すなわち，C. acetobutylicum P260 とキシラナーゼを加えた系ではコーンファイバー・アラビノキシランとキシロースから 9.67g/L の ABE が生成され，さらに加水分解，発酵，ガスストリッピング法を統合したプロセスで行うことで，24.67g/L の ABE を生産することに成功している。また代謝経路でも述べたが，ソルベント生成 Clostridium 属細菌は多くの加水分解酵素を生産するが，セルロース質の加水分解は非常に困難である。一方，C. acetobutylicum の全ゲノム配列の決定から，スキャフォールディン遺伝子やドックリン配列を持つ多くのセルロソーム関連遺伝子を保持していることが明らかになったが，それらのセルロソーム遺伝子はシュード・ジーンでありフルに機能していないことが予想された。そのため，フランスの BIP-CNRS とプロバンス大学のグループは，C. cellulolyticum 由来のマンナナーゼ man5K 遺伝子を C. acetobutylicum ATCC 824 に導入することで，ミニセルロソームを分泌させる研究を行っている[21]。

1.5 バイオブタノール生産研究の国内動向

国内においては，九州大学の園元教授らのグループで C. saccharoperbutylacetonicum N1-4（ATCC 13564）を用いた研究がある。C. saccharoperbutylacetonicum N1-4 は，工業応用にも使える高ブタノール生産菌であり，オイルパーム廃油を使った ABE 発酵[22]，酪酸を基質とした pH-stat 流加培養法による ABE 発酵[23]，グルコース添加による余剰汚泥の利用[24]，電子キャリアとしてメチルビオロゲンを用いたブタノール発酵の高効率化[25] などの研究が行われている。

特に産業応用において，ヤンマー㈱と協同で「バイオマスエネルギー高効率転換技術開発」（NEDO プロジェクト）を実施している[26]。その内容は，生ゴミ，焼酎粕，廃食油を原料とし，ABE 発酵とメタン発酵を組み合わせた2段発酵法による，バイオディーゼル燃料とメタンガスの製造である。すなわち，廃食油のメチルエステル油だけでは流動点が高く（約-2℃）冬季の使用に問題が生じる。そのため，ブタノールを添加することで流動点が低下し，冬季使用や寒冷地などで使用することができる。また，ABE の抽出過程でメチルエステル油を活用する方法では，ABE 発酵において廃食油のメチルエステル油を培養上清に張り込み，発酵中に生産されるブタノールなどをメチルエステル側に抽出することで生成物阻害を低減させる方法である。この抽出方法は，他の抽出法と比べ発酵プロセスで使用するエネルギーが少なくて済むのが特徴である。さらに，ブタノールを含んだメチルエステル油をバイオディーゼル燃料として利用することができる。

1.6 まとめ

ABE 発酵の歴史は古く，研究例も多いが既に実用化されているバイオエタノールと比べるとそのハードルは高い。ハードルの一つは，ブタノールによる生成物阻害が発酵の促進を遅らせている点であり，発酵に用いる体積に対して生産されるブタノールは少量（低濃度）であるため，それを回収するためのエネルギーコストが高い点である。もう一つのハードルは，ABE 発酵で生産されるブタノールは n-ブタノールであり，エタノールと比べオクタン価が低い。したがって，n-ブタノールだけでなく，2-ブタノールや tert-ブタノールなどの構造異性体を創製することでオクタン価の高いバイオブタノールを生産する研究も今後行う必要がある。

文献

1) T. C. Ezeji et al., Appl. Microbiol. Biotechnol., **63**, 653-658 (2004)
2) S. Keis et al., Int. J. Syst. Evol. Microbiol., **51**, 2095-2103 (2001)
3) T. C. Ezeji et al., Chem. Rec., **4**, 305-314 (2004)
4) D. T. Jones, D. R. Woods, Microbiol. Rev., **50**, 484-524 (1986)
5) 田代幸寛, 小林元太, バイオサイエンスとインダストリー, **61**, 544-547 (2003)
6) P. A. M. Claassen et al., 10th European conference and technology exhibition biomass for energy and industry., 138-141 (1998)
7) T. C. Ezeji et al., Biotechnol. Bioeng., **97**, 1460-1469 (2007)
8) T. C. Ezeji et al., Curr. Opin. Biotechnol., **18**, 220-227 (2007)
9) M. H. W. Hüsemann., E. T. Papoutsakis, Appl. Environ. Microbiol., **56**, 1497-1500 (1990)
10) J. Nölling et al., J. Bacteriol., **183**, 4823-4838 (2001)
11) L. D. Mermelstein et al., Biotechnol. Bioeng., **42**, 1053-1060 (1993)
12) S. Birnbaum, J. E. Bailey, Biotechnol. Bioeng., **37**, 736-745 (1991)
13) R. V. Nair et al., J. Bacteriol., **181**, 319-330 (1999)
14) B. A. Annous, H. P. Blaschek, Appl. Environ. Microbiol., **57**, 2544-2548 (1991)
15) M. Parekh et al., Appl. Microbiol. Biotechnol., **51**, 152-157 (1999)
16) P. J. Evans, H. Y. Wang, Appl. Microbiol. Biotechnol., **54**, 1662-1667 (1988)
17) I. S. Maddox et al., Process. Biochem., **30**, 209-215 (1995)
18) N. Qureshi, I.S. Maddox, Bioprocess. Eng., **6**, 63-69 (1991)
19) W. J. Groot et al., Biotechnol. Lett., **6**, 709-714 (1984)
20) N. Qureshi et al., Biotechnol. Prog., **22**, 673-680 (2006)
21) F. Mingardon et al., Appl. Environ. Microbiol., **71**, 1215-22 (2005)
22) A. Ishizaki et al., J. Biosci. Bioeng., **87**, 352-356 (1999)
23) Y. Tashiro et al., J. Biosci. Bioeng., **98**, 263-268 (2004)

24) G. Kobayashi *et al., J. Biosci. Bioeng.*, **99**, 517-519（2005）
25) Y. Yashiro *et al., J. Biosci. Bioeng.*, **104**, 238-240（2007）
26) 青木義則ほか，エコバイオエネルギーの最前線―ゼロエミッション型社会を目指して―，259-265，シーエムシー出版（2005）

2 バイオマスからのバイオ水素-電気エネルギー変換システム

民谷栄一[*1], 石川光祥[*2], 池田隆造[*3]

2.1 はじめに

　近年,自然エネルギーやバイオマスエネルギーなどの持続可能エネルギーが注目されている。特にバイオマスエネルギーは大気中の二酸化炭素濃度を増加しない点で有望な化石燃料代替としてその利用開発が進んでいる。バイオマスエネルギーには,バイオエタノール・バイオディーゼル・バイオガスなどが含まれるが,本稿ではバイオガスの一つであるバイオ水素について,その生産法と電気エネルギーへの変換システムについて述べる。バイオ水素の生産方法として,バイオマスを微生物にて分解する方法と高温にて熱分解する方法とが挙げられる。微生物分解法では穏和な条件で反応を行うことができるが,反応速度は遅く効率も低いため反応槽の大型化という問題点がある。一方,熱分解法では高温処理を行うために多量のエネルギーと大型設備を必要とするので,一旦事故が起きたときの危険性が極めて大きいという問題点がある。水素のエネルギー変換については,近年水素を燃料とする燃料電池が注目されている。燃料電池は,燃料を一方の電極の触媒作用で電子とプロトンに分解した後,対極で酸素と反応させて電力を得るシステムである。燃焼によってエネルギーを得るのではなく化学反応時のエネルギーを取り出すことから高い効率で電気エネルギー生産を行うことができる。これまでの燃料電池は高温下で作動させるものが一般的であったが,昨今の技術進歩により常温で効率よく作動するものが開発され,自動車への応用開発もなされている[1]。

　バイオマス燃料の需要は,昨今話題となっているバイオエタノールのように今後ますます高まることが予想されるが,その原料を現在のようにトウモロコシやサトウキビなどの食料・飼料作物に求めていると,食品の高騰や貧困国での飢餓などの問題とともに,農地拡大に伴う熱帯雨林の伐採によって二酸化炭素吸収量が減少し,大気中の二酸化炭素濃度の上昇という問題も招来する。そこで,非食物または農産廃棄物のリグノセルロース系バイオマスや食品廃棄物などの廃棄物系バイオマスからの燃料生産が必要不可欠である。バイオエタノールでは大型プラントでの生産と輸送については安全上特に大きな問題はないと考えられるが,バイオ水素に至っては残念ながら効率的輸送ならびに保存方法が確立されておらず,大型プラントでの一括生産は輸送時に多

[*1] Eiichi Tamiya　大阪大学　大学院工学研究科　精密科学・応用物理学専攻　教授

[*2] Mitsuyoshi Ishikawa　北陸先端科学技術大学院大学　マテリアルサイエンス研究科　機能科学専攻；(現)㈱フジタ

[*3] Ryuzoh Ikeda　北陸先端科学技術大学院大学　マテリアルサイエンス研究科　機能科学専攻　産学連携研究員

第6章　資源・燃料の生産

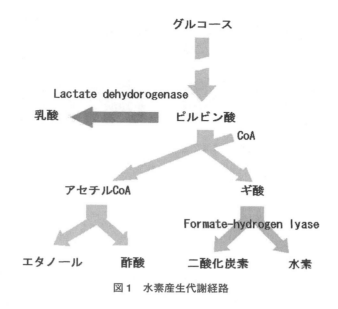

図1　水素産生代謝経路

大な危険を伴って現実的ではない。また，大型プラントの建設には多額の設備投資を必要とするが，反応速度や効率において未だ問題がある[2,3]。ここでは，小型・高効率でバイオ水素を発生するバイオ水素リアクターとそれを用いたバイオ水素-電気エネルギー変換システムについて述べる。

2.2　水素産生菌

水素産生菌は，光エネルギーを用いる光合成細菌[4~6]と光を必要としない暗発酵微生物[6~9]に分けることができる。光合成細菌は高効率で水素を産生するが，光の強度等に影響されるため，現在では主に暗発酵での水素生産が研究されている。暗発酵で水素を産生する微生物は，*Enterobacter*属，*Escherichia*属，*Clostridium*属などに含まれる細菌で，これらの微生物は嫌気条件下において水素産生系酵素群を発現して水素を産生する（図1）。

最近，食品廃棄物等の非食品からのバイオ水素生産が提唱されており，非食品バイオマスからの水素生産の研究が行われている。島津製作所，サッポロビールおよび敷島製パンの共同研究では，製パン時に生じる残渣を用いて水素を生産している[2]。また，リグノセルロース系バイオマスからの水素生産の事例としては，タイなどの東南アジア諸国では，パームオイルの抽出残渣が多量に発生していることから，これらを用いたバイオ水素の生産が検討されている[10]。以上のようにバイオ水素生産においても非食物や廃棄物などのバイオマスを用いることが重要である。バイオ水素は今後実証試験を行うことによってバイオエタノール同様，次世代エネルギーとして

 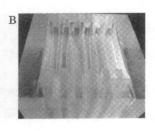

図2　多層バイオ水素リアクター
A：固定化担体挿入前，B：固定化担体挿入後

さらに期待される。

2.3　多層バイオ水素リアクター

　バイオ燃料電池の構築に際して多層バイオ水素リアクターを構築した。従来のバイオ水素リアクターではビーズ状固定化担体を用いたものが多かったが，これらのビーズ状固定化担体を用いたバイオリアクターでは，充填した担体内に発生したガスのために担体がリアクター上部に浮上し，さらに新たに発生するガスが担体間に溜まるために，ガスの回収が困難であるばかりか反応停止の要因となることが報告されている[11,12]。我々は，シート状の菌体固定化担体をリアクター内部に一定間隔で縦に挿入し，材料にアガーゲルを用いることで担体中に発生したガスが留まらず，ガスの回収を容易で，効率的な水素産生を実現した多層バイオ水素リアクター（Compact stacked flatbed reactor: CSFR）を構築した（図2）。アガーゲルを用いたシート状固定化担体は物理的強度が低いことから，リアクターに挿入する際に破損の恐れがあったが，濾紙上に担体を構築し，二枚のテフロンシートで挟むことでこの問題を解決した[13]。

　この多層バイオ水素リアクターを用いて連続水素生産システムを構築し，基質液の 100 mM グルコースを Hydraulic retention time（HRT）＝ 2 h の条件で送液して連続水素生産を行った。その結果，水素産生速度は約 24 時間安定に推移していたが，それ以降は漸次低下した（図3）。また，水素産生速度が安定時の 6 割まで低下したときにグルコースを含まない基質液を送液してリアクター内部の洗浄を行ったが，産生速度が大きく回復することはなかった。これは，固定化菌体がリアクター内で蓄積した代謝産物に長期間曝されていたことが原因の一つであると考えられる。実際に，リアクター排出液の pH は 5.5（送液した基質液の pH は 6.5）まで低下しているにもかかわらず，グルコースを含まない基質液によるリアクター内洗浄後の排出液の pH は 6.0 までしか低下していないことが確認された。したがって，水素産生速度が高いときは副生成物である有機酸が多く産生され，pH の低下はその指標となることが示唆された。基質液の反応後の pH 低下による菌体への阻害の可能性を検討するため，初期 pH を 7.5 および 8.5 に調整した基質

第6章　資源・燃料の生産

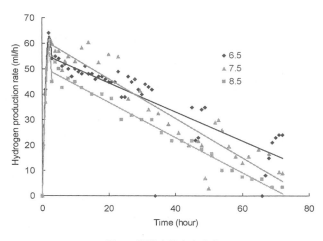

図3　長期連続水素生産

表1　反応容積の増加方法の比較

	リアクターの大型化	リアクターの並列化
条件の均一化	困難	容易
コンタミネーション	反応を停止し，すべてを交換する必要がある	リアクター1基の交換だけで反応を停止する必要がない
ハンドリング	煩雑	容易
担体への影響	大型化に伴い重力がかかり崩壊する原因となる	1基のリアクターの検討と同様に安定である
設計コスト	低い	高い

液をリアクターに送液して，再度長期間の連続水素生産実験を行った（図3）。排出液のpHは，初期pHが7.5および8.5の基質液いずれにおいても6.0以下に下がることはなかったが，産生速度は従前と変わらず徐々に低下した。また，pH 7.5および8.5の基質液における水素産生速度には有意な差は見られなかった。したがって，本水素産生系リアクターにおいては，基質液の初期pHは6.5～8.5の範囲で同程度の水素産生速度を示すことが示唆された。

2.4　多層バイオ水素リアクターの並列化

多層バイオ水素リアクター1基では，燃料電池を作動させるために充分な水素を供給することが困難であり，反応容積の増加が必要である。反応容積を増やすためには，リアクターを大きくする方法とリアクター数を増やす方法とがあり，両者で水素の生産性および経済性に与える影響について比較を行った（表1）。これを基に4基のリアクターからなる並列多層バイオ水素リア

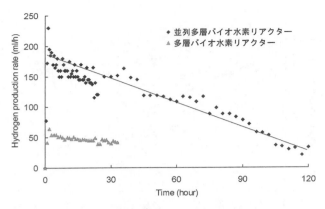

図4　並列多層バイオ水素リアクターを用いた水素生産

クターを構築し，これと等しい容積の大型リアクター1基との比較を行った。多層バイオ水素リアクターを4基並列に連結した並列多層バイオ水素リアクターの水素産生速度の経時変化を図4に示す。開始24時間までは平均水素産生速度158 ml/hで水素を産生し，その後，漸次減少しながら120時間の水素産生が継続した。このときの水素産生速度は，多層バイオ水素リアクター1基の値の約4倍であり，並列リアクターシステムにおいても同等の性能を引き出すことに成功した。また，反応開始45時間に亀裂に起因するガス漏れが1基のリアクターに生じたが，修復後の反応再開によって水素産生速度は同一軌道上まで回復した。以上のことから，多層バイオ水素リアクターを並列に連結することによって，水素産生効率を低下させることなく反応容積を増加することに成功した。大型の単一リアクターではトラブル発生時に修復のために水素産生反応を停止する必要があるが，この並列リアクターシステムにおいては，トラブルを生じたリアクターだけをシステムから切り離して修復後，システムに再連結することが可能である。リアクター修復の間，水素発生速度は低下するが完全な供給停止には至らず，安定に水素供給可能なリアクターを構築することができたと考えられる。すなわち，複数基のリアクターを並列に配置することによって各リアクターにかかる負担を軽減し，トラブル発生時の水素ガス供給停止の危険性を回避することが可能となった。

2.5　バイオ水素-電気エネルギー変換システム

並列多層バイオ水素リアクターに燃料電池を接続して，バイオ水素-電気エネルギー変換システムを構築した（図5）。燃料電池にプロペラ付小型モーター（消費電力20 mW，抵抗11.2 Ω）を接続し，出力を測定した。通常，供給する水素ガスにわずかに混入する二酸化炭素は燃料電池の性能にはほとんど影響を与えないが，本系において産生されるバイオガスには二酸化炭素が

第6章　資源・燃料の生産

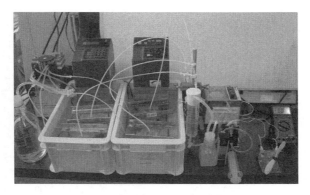

図5　バイオ水素-電気エネルギー変換システム

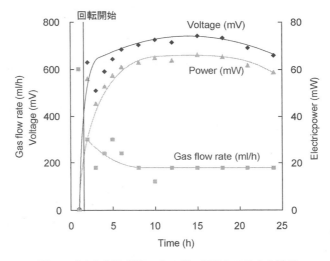

図6　バイオ水素-電気エネルギー変換システムの性能

50%含まれ，燃料電池の性能を低下させる危険性がある．この二酸化炭素の除去のために水酸化ナトリウム水溶液を用いた．構築したバイオ水素-電気エネルギー変換システムの性能を図6に示す．反応開始1時間後から出力が上昇し，5時間以降約55 mWの出力を維持した．これ以降，燃料電池の出力は55 mWで安定したが，供給水素によって燃料電池が飽和されている可能性が示唆されたため，新たな燃料電池を直列に接続して1.1 Vの電圧を得た．さらに，同型の燃料電池3基の直列接続や高出力燃料電池への接続によって出力の上昇を試みたが，さらなる出力の上昇は見られなかった．したがって，多層バイオ水素リアクターを4基並列に連結したシステムの性能は1.1 Vであると判断した．

現時点では，このシステムを高出力燃料電池へ適用することは困難であり，また，水素ガスを

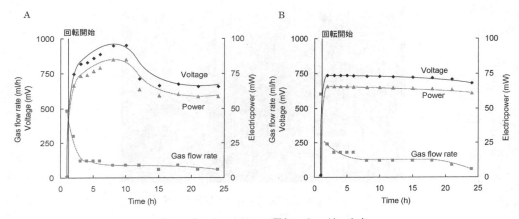

図7 バイオマスからの電気エネルギー生産
A：果実，B：デンプン・糖質系廃棄物

長期間にわたって安定供給する面においても問題がある。そこで，水素を貯蔵可能な水素吸蔵合金を用いたシステムを構築した。並列多層バイオ水素リアクター-水素吸蔵合金システムにおいて，デッドスペースの空気を水素にてパージし，吸蔵合金を冷却することで水素の吸蔵に成功した。その後，水素吸蔵合金-高出力燃料電池システムにて 1.92 W（2.4 V）の出力を得た。

2.6 バイオマスからの電気エネルギー生産

本節の冒頭にも記述したが，現在，バイオマス燃料の主たる原料は食料・飼料作物であり，これらの需要の増加とともに食品価格の高騰や飢餓などの深刻な社会的問題を引き起こしている。そこで，これらの食料・飼料作物と競合しない食品廃棄物からの電気エネルギー生産について記述する。今回注目した原料は，製品の劣化による廃棄果実およびデンプン・糖質系廃棄物である。これらは，全国各地で排出されており，他のバイオマスと比較してバイオマス燃料を生産しやすい原料である。果実は果汁そのままを，デンプン・糖質系廃棄物はグルコアミラーゼを用いて糖化した糖化液をバイオ水素-電気エネルギー変換システムを用いて，電気エネルギー生産を行った。梨の果汁を用いたシステムでは，開始1時間以降60 mW（660 mV）以上の出力が得られた（図7A）。また，グルコアミラーゼ糖化液を用いた場合も同様に開始1時間以降出力が高くなり，その後24時間 63 mW（700 mV）以上の出力を維持した（図7B）。これらは，グルコースを用いた純粋系と同程度の出力を示しており，バイオマスを用いた場合においても電気エネルギー変換システムが安定に作動することが示唆された。

2.7 おわりに

現在,既存の水素ガス発生用バイオリアクターは大型で,効率性・汎用性などが低く,また高額な設備投資が必要となるため普及していない。一方,燃料電池は,小型かつ高性能のものが開発されている。多層バイオ水素リアクターは小型・高効率のリアクターであり,燃料電池との融合によりバイオ水素-電気エネルギー変換システムの構築が可能となった。このシステムに実サンプルを用いた場合においても純粋系と同程度の出力が得られており,さらなる改良によりオンサイトでの使用と汎用化が期待される。また,リグノセルロース系バイオマスを原料にするシステムの構築により,野菜残渣や廃棄紙を用いることができるため,家庭やビルといった小規模での使用が可能となる。このように,水素を生産した場所で消費するいわば地産地消の形態を取ることでさらに流通コストの削減を図ることも可能になると考えられる。

文　　献

1) R. Malhotra, *J Petrotech Society,* **4**, 34 (2007)
2) Y. Mitani *et al., Master Brewers Association of the Americans,* **42**, 283 (2005)
3) I. Hussy *et al., Biotechnol. Bioeng,* **84**, 619 (2003)
4) K. Sasikala *et al., Adv Appl Microbiol,* **38**, 211 (1971)
5) H. Zhu *et al., Int J Hydrogen Energy,* **24**, 305 (1999)
6) T. Kondo *et al., Int J Hydrogen Energy,* **31**, 1522 (2006)
7) M. Sauter *et al., Mol Microbiol,* **6**, 1523 (1992)
8) YK. Oh *et al., Int J Hydrogen Energy,* **28**, 1353 (2003)
9) S. Van Ginkel *et al., Environ Sci Technol,* **39**, 9351 (2005)
10) S. O-thong *et al., Enzyme Microb Technol,* **41**, 583 (2007)
11) C. N. Lin *et al., Int J Hydrogen Energy,* **31**, 2200 (2006)
12) M. Ishikawa *et al., Int J Hydrogen Energy,* **31**, 1484 (2006)
13) M. Ishikawa *et al., Int J Hydrogen Energy* (2007) in press

3 バイオエタノール

荻野千秋[*1]，田中　勉[*2]，福田秀樹[*3]，近藤昭彦[*4]

3.1 はじめに

　平成14年度に日本政府の総合戦略「バイオマス・ニッポン」が策定され，バイオマスの有効利用による持続的に発展可能な社会の実現が提言されている。この戦略は，①バイオマスの有効利用に基づく地球温暖化防止や循環型社会形成の達成，②日本独自のバイオマス利用法の開発による戦略的産業の育成を目指すものである。また，地球規模での環境保護の観点から，バイオマス原料は日本のみならず，世界中から安価かつ豊富な資源の積極的な利用が求められている。さらに石油資源枯渇や価格高騰の影響より，これまでの石油資源依存型の「オイルリファイナリー」から，バイオマスベースの「バイオリファイナリー」社会への転換が急務とされている。米国においても，1999年にクリントン大統領が「バイオ製品およびバイオマスエネルギーの開発・普及に関する大統領令」を発令し，バイオマスエネルギーの利用率を2010年までに10％までに拡大する方針を指示し，ヨーロッパにおいても同様の方針が打ち出されている状況である。このような社会的背景も重なり，トウモロコシなどのデンプン質バイオマスから製造されているバイオエタノールの開発が急速に進んでおり，一般市民生活に広く浸透し，その認知度も高くなってきている。

　我々の研究室では，酵母を用いてデンプンやセルロース等の植物バイオマスを資化可能にする遺伝子組み換えを施した微生物によるバイオエタノールの生産を試みている。本稿ではこれらの研究成果を紹介し，バイオエタノールについて概説したい。

3.2　細胞表層提示技術を用いたエタノール生産

　酵母 *Saccharomyces cerevisiae* やグラム陰性菌 *Zymomonas mobilis* は，エタノール生産を行う微生物として広く知られている。我々は約10年前よりエタノール生産能に優れた酵母 *S. cerevisiae* を用いたバイオマスからのエタノール発酵の研究を進めている。その中で我々は「細胞表層提示技術（アーミング技術）」（第1章5節「アーミング技術による生体触媒創製の新しい展開」（植田充美）参照のこと）という，バイオマス分解酵素を酵母表層に提示するコア技術を用いたバイオマスからの直接エタノール生産技術を開発することに成功している。まずこの技術に関して簡

[*1]　Chiaki Ogino　神戸大学　大学院工学研究科　応用化学専攻　准教授
[*2]　Tsutomu Tanaka　神戸大学　自然科学系先端融合研究環　助教
[*3]　Hideki Fukuda　神戸大学　自然科学系先端融合研究環　環長，教授
[*4]　Akihiko Kondo　神戸大学　大学院工学研究科　応用化学専攻　教授

第6章 資源・燃料の生産

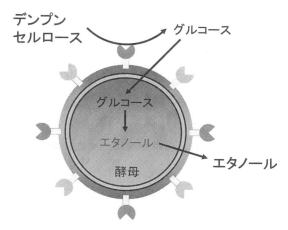

図1 表層提示酵母によるエタノール生産

単に紹介したい。

　細胞表層提示技術とは，提示させたい目的タンパク質をその細胞表層に局在するタンパク質（アンカータンパク質と呼ばれる）と遺伝子レベルで融合して発現させ，細胞表層に目的タンパク質を提示させる技術である。例えば，酵母 S. cerevisiae には，その細胞表層に細胞同士の性接合に関与する α-アグルチニンというタンパク質が存在する。この細胞表層外殻に存在する α-アグルチニンをアンカータンパク質として利用することで，バイオマス分解に関連するアミラーゼやセルラーゼを細胞表層に提示することが可能である（図1）。また，酵母細胞表層の凝集性に関わるタンパク質として FLO1 タンパク質が報告されている。この FLO1 もアンカータンパク質として優れており，アミラーゼなどのバイオマス分解酵素と融合することで，細胞表層に目的融合タンパク質を強固に吸着（提示）することが可能となる。この技術によって，これまでの麹菌と酒酵母による米（デンプン）からの醸造（エタノール生産）では，麹菌で生産されたデンプン分解酵素（アミラーゼ）によってデンプンをグルコースに分解し，その後，酒酵母によってそのグルコースをエタノールに変換していた多段プロセスを，表層にアミラーゼを提示した酵母を用いることで単一プロセスとして行うことが可能となった。また，細胞表層に分解酵素が局在化（集積化）しているために，分解物（グルコース）を即座に酵母内に取り込めるメリットもあり，系内のグルコース濃度を常に低濃度に維持できるメリットもある。

3.3 デンプンからのエタノール生産

　我々は上述の細胞表層提示技術を利用し，酵母表層に各種アミラーゼを提示した酵母の創製を行い，可溶性デンプンや低温蒸煮デンプンを原料としたエタノール発酵を行ってきた[1～3]。さら

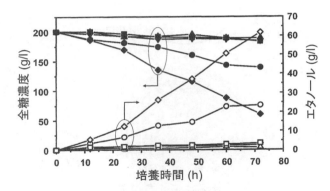

図2 アミラーゼ表層提示酵母による無蒸煮デンプンからのエタノール生産
●, ○：グルコアミラーゼをアグルチニンで表層提示, ▲, △：α-アミラーゼをアグルチニンで表層提示, ▼, ▽：α-アミラーゼをFLO1で表層提示, ■, □：グルコアミラーゼおよびα-アミラーゼをアグルチニンにて表層提示, ◆, ◇：グルコアミラーゼ／アグルチニンおよびα-アミラーゼ／FLO1にて表層提示

には，無蒸煮デンプンからの直接エタノール発酵にも成功している[4]。以下に，アミラーゼ表層提示酵母を用いた無蒸煮デンプン原料からのエタノール生産実施例を紹介したい。

Rhizopus oryzae 由来グルコアミラーゼを α-アグルチニンのC末端側の細胞表層提示に関わる部分と遺伝子工学的に融合して酵母表層に発現させた。さらに，この酵母に *Streptococcus bovis* 由来の α-アミラーゼを FLO1 と遺伝子工学的に融合した形でそれぞれ表層提示した酵母を創製した。この遺伝子組み換え酵母を培養した結果，酵母菌体自体にグルコアミラーゼ活性，α-アミラーゼ活性を確認することができた。また，培養液の上清には酵素の活性は全く確認できなかった。このことから，グルコアミラーゼおよび α-アミラーゼの両方をその活性を保ったまま酵母表層に提示できたことを確認した。さらにこの酵母を用いて，無蒸煮デンプンを直接の炭素源としたエタノール発酵を試みた（図2）。まず創製した酵母を好気的条件下にて増殖させた後に回収し，新しい培地成分（炭素源を除く）と無蒸煮デンプンを含む培地に懸濁させて，嫌気的条件下にてエタノール発酵を行った。その結果，この細胞表層提示酵母は嫌気的条件下で効率よくデンプンを分解し，デンプン分解産物（グルコース）を利用してエタノール発酵を行っていることが明らかとなった。このアミラーゼ表層提示酵母を用いることで，デンプンからのエタノール発酵におけるコスト問題となっているアミラーゼ酵素群の添加やデンプンの前処理問題を省略し，デンプンから直接エタノールを生産することが可能となった。

3.4 セルロースからのエタノール生産

木材，草木等の農作廃棄物，古紙などに代表されるセルロース系バイオマスは，地球上にデンプンよりもはるかに豊富に存在する資源である。また，食糧としての需要もあるデンプン質バイ

第6章　資源・燃料の生産

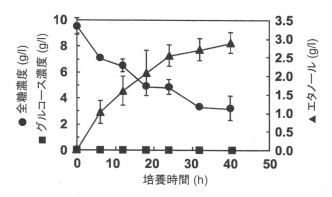

図3　3種のセルラーゼを表層共提示した酵母によるセルロースからのエタノール発酵

オマスに比べ，セルロース系バイオマスはこの食糧問題とも競合すること無く，原料を安価に使用することが可能であるために，将来の石油代替エネルギー源として注目を集めている。セルロースはグルコースがβ 1,4-グリコシド結合して連結した直鎖上の高分子多糖であり，この直鎖上高分子の側鎖同士が水素結合にて強固に相互作用して結晶領域と非結晶領域を有する構造を形成している。これまでにこのセルロースの酵素分解にはエンドグルカナーゼ（EG），セロビオヒドラーゼ（CBH）そしてβグルコシダーゼ（BG）の3種類のセルラーゼ群が必要であると報告されている。そこで我々は先のアミラーゼのケースと同様に，*Trichoderma reesei* 由来 EG と CBH および，*Aspergillus aculeatus* 由来 BG の3種のセルラーゼ遺伝子をそれぞれα-アグルチニンと遺伝子工学的に融合したプラスミドを構築し，その全てを同一の酵母に形質転換した遺伝子組み換え酵母の創製を行った[5]。その結果，3つのセルラーゼ酵素がそれぞれ細胞表層に提示されていることが，蛍光顕微鏡観察により確認できた。そこで，先のデンプンからの発酵と同様に，好気的条件下にて増殖させたセルラーゼ表層提示酵母をリン酸膨潤セルロースに懸濁させて，嫌気的条件下にてエタノール発酵試験を行った結果，セルロース分解能力およびエタノール発酵能力が確認できた（図3）。先にも述べたようにセルロース分解には3種のセルラーゼ酵素が関与する必要があるが，その存在比も大きな要因となる。今後，効率的な分解システムを構築していくにあたっては，表層提示する3種のセルラーゼ酵素の存在比率を調整できるシステムを確立していく必要があると考えている。

3.5　ヘミセルロースからのエタノール生産

　木質系バイオマスにはセルロース以外にも多様な成分を含んでおり，中でもキシランを主成分とするヘミセルロースはセルロースに次いで多量に存在する。そこで，キシランをターゲットとしたエタノール生産を試みた[6]。先のセルロースと同様に，キシランをキシロースに分解する能

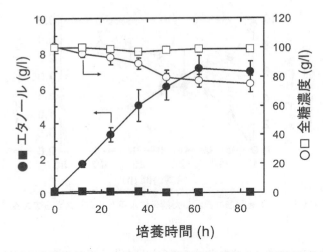

図4 キシラナーゼ表層提示およびキシロース代謝系組み込みをした酵母によるキシランからのエタノール生産
●, ○:キシラナーゼ表層提示＋キシロール代謝系組み込み酵母, ■, □:対照酵母

力は酵母には存在せず，これらの分解酵素群を表層提示する必要がある．さらに，酵母にはC6糖であるグルコース代謝経路は存在するが，C5糖であるキシロース代謝経路は存在しない．そこで，これら両者の機能を賦与した遺伝子組み換え酵母の創製を行った．キシランをキシロースに分解するのに必要な T. reesei 由来キシラナーゼおよび Aspergillus oryzae 由来βキシロシダーゼ遺伝子の両者をα-アグルチニンと遺伝子工学的に融合して，共に酵母に形質転換した．これにより酵母にキシラン分解能力を付与することができる．さらに，キシロースを代謝するために必要な Pichia stipitis 由来キシロースレダクターゼとキシリトールデヒドロゲナーゼを菌体内発現させ，S. cerevisiae 由来キシルロキナーゼを過剰発現させた．これにより，キシロース代謝能力を酵母に賦与することができる．前述のアミラーゼおよびセルラーゼによる発酵と同様に，好気的条件下にて菌体を増殖させた後に嫌気的条件下にて，キシランを炭素源としてエタノール発酵を検証した結果，表層提示した酵素によってキシランを分解し，分解されたキシロースを炭素源として賦与した代謝系にてエタノール発酵を行うことが確認できた（図4）．しかしながら，グルコースに比較してキシロースはその消費および発酵速度が低く，またエタノール収率も低い．キシランの分解能力を向上させると共にキシロース代謝能力も向上させていくことが今後の大きな課題である．

3.6 まとめ

本研究室では，デンプンやセルロースなどの植物バイオマスを原料としてエタノール発酵を可

第6章 資源・燃料の生産

能にする様々な遺伝子組み換え酵母の開発を進めてきている。その結果，現時点ではデンプンからの表層提示技術によるバイオリファイナリー基盤技術の開発はかなり成熟してきており，今後は化学工学的要素を組み入れて低コストかつ環境にやさしいプロセスの開発などまでを含めた総合的システム開発が必要になっていくと思われる。しかしながら，セルロース系バイオマスの分解に関しては解決すべき課題は多い。現状では未だどの微生物由来のセルラーゼをどのような比率で使用すれば効率的なセルロース分解が行えるかも明確に明らかにされていない状況であり，今後はセルロース分解能が高い *Clostridium thermocellum* に代表されるような複数のセルラーゼ酵素から構成されるセルロソームを模倣した細胞表層提示技術を確立することで，セルロースを効率的に分解することができると考えられる。また，セルロース系バイオマスは非常に強固な結晶構造を有しているために，発酵に供与するセルロース系バイオマスには現時点では酸や熱などの何らかの前処理を必要としている。したがって，酵素反応に適した物理的・化学的前処理の組み合わせも重要な因子として寄与してくる。このように，セルロース系植物バイオマスの微生物資化には酵素学的な観点からの基礎研究と前処理に関する研究の両面より研究を進めていく必要があると考える。加えて発酵阻害物や高温での発酵に耐えられるような微生物の育種，および発酵を含むエタノール製造プロセスの最適化などを推進していくことが重要である。

文　　献

1) A. Kondo *et al.*, *Appl. Microbiol. Biotechnol.*, **58**, 291 (2002)
2) H. Shigechi *et al.*, *J. Mol. Cat. B: Enzymatic.*, **17**, 179 (2002)
3) H. Shigechi *et al.*, *Biochem. Eng. J.*, **18**, 149 (2004)
4) H. Shigechi *et al.*, *Appl. Environ. Microbiol.*, **70**, 5037 (2004)
5) Y. Fujita *et al.*, *Appl. Environ. Microbiol.*, **70**, 1207 (2004)
6) S. Katahira *et al.*, *Appl. Environ. Microbiol.*, **70**, 5407 (2004)

4 複数の全菌体酵素を用いたバイオディーゼル燃料の生産

福田秀樹*

4.1 はじめに

近年,植物油や廃食用油などの油脂類をメタノールのようなアルコール類と反応させて得られる脂肪酸メチルエステルが,既存のディーゼル燃料(軽油)に代替可能なバイオディーゼル燃料(略称:BDF)としてその利用が期待されている。BDFを使用することにより,排気ガス中に含まれる硫黄酸化物や浮遊性粒子状物質などの酸性雨や肺がんを引き起こす環境汚染物質の排出量を著しく低減させることができる。また,バイオマスを原料としていることから,CO_2の増加にはならず(カーボン・ニュートラル),地球温暖化防止対策に役立つバイオ燃料として世界中で急速に普及してきている。

EU諸国では軽油に5〜30%添加して利用されており,2005年度にはドイツ,フランス,イタリアでは生産量がそれぞれ約120万トン/年,約40万トン/年,約35万トン/年に達し,米国では約25万トン/年も生産されている。一方,バイオマス資源が豊富なベトナム,タイ,インドネシアなどの東南アジア諸国においても,ココナツオイル,パーム油,ヤトロファ油など種々油脂類からの生産計画が進められている。我が国では,京都市において,1997年から廃食用油をバイオディーゼル燃料に転換し2000年から市バスのディーゼル燃料に20%添加されており,今後も拡大してゆくものと考えられる。

BDFはメタノリシス反応(図1)と呼ばれる反応により生産され,反応触媒として水酸化カリウムや水酸化ナトリウムなどのアルカリ触媒を用いる方法が一般的に用いられている。しかしながら,アルカリ触媒のコストは安価で経済的であるが,①生産物であるBDFの精製のために多段階の水洗が必要なこと,②アルカリ石鹸による収率低下を防ぐため,原料中に含まれる遊離の脂肪酸の除去が必要なこと,③廃食用油を用いる場合,水の存在による触媒機能の低下を防ぐ

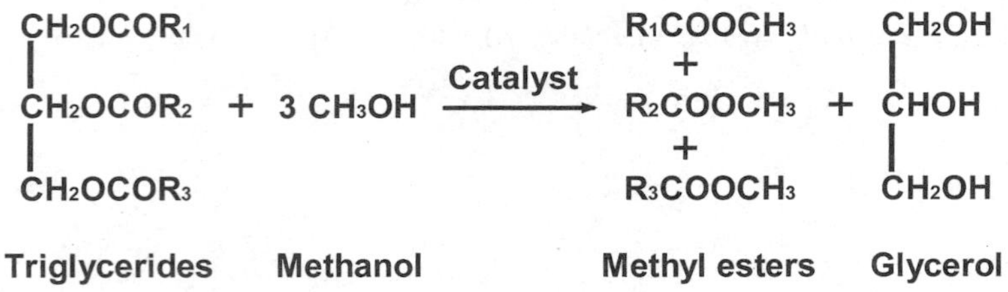

$$\begin{array}{c} CH_2OCOR_1 \\ | \\ CH_2OCOR_2 \\ | \\ CH_2OCOR_3 \end{array} + 3\,CH_3OH \xrightarrow{Catalyst} \begin{array}{c} R_1COOCH_3 \\ + \\ R_2COOCH_3 \\ + \\ R_3COOCH_3 \end{array} + \begin{array}{c} CH_2OH \\ | \\ CHOH \\ | \\ CH_2OH \end{array}$$

Triglycerides　　Methanol　　　　　Methyl esters　　Glycerol

図1 メタノリシス反応スキーム

---

* Hideki Fukuda 神戸大学 自然科学系先端融合研究環 環長,教授

第6章 資源・燃料の生産

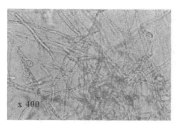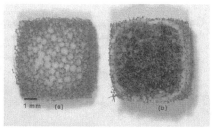

図2 *Rhizopus oryzae* 菌体（左）およびBSPs固定化菌体（右：(a) BSPs表面；(b) BSPs断面）

ために脱水操作が必要なこと，④副生産物であるグリセリンのpHが著しく高く，回収・再利用のために複雑な工程を必要とすること，など多くの課題を残している[1]。

4.2 酵素によるバイオディーゼル燃料の生産

アルカリ触媒が有する課題を克服する方法として，微生物が生産するリパーゼ酵素を用いる方法が注目されている。この方法は，①BDFの精製工程が簡単なこと，②遊離の脂肪酸の影響を受けずエステルに変換できること，③使用する酵素の種類により，水分の存在の影響を受けないこと，④副生産物のグリセリンのpHは中性付近で回収・再利用が容易なこと，などの特徴を有している。

リパーゼ酵素を使用する場合には，①微生物が分泌した酵素を回収して利用する方法（分泌酵素触媒法）[1,2] と②微生物の細胞内に蓄積した酵素あるいは細胞表層に提示した酵素を微生物菌体のまま直接利用する方法（全菌体生体触媒法）[3] とが開発されている。全菌体生体触媒は，微生物の培養後，菌体を回収して直ちに使用できるので，複雑な精製工程や固定化工程を省略することが可能となり，経済的に有利な方法と考えられる。ここでは，微生物の細胞内に蓄積した各種菌体酵素を用いた全菌体生体触媒法について概説する。

4.3 糸状菌 *Rhizopus oryzae* による全菌体生体触媒

4.3.1 糸状菌 *Rhizopus oryzae* によるメタノリシス反応

糸状菌 *Rhizopus oryzae* が生産するリパーゼは，無溶媒および水分の存在下で油脂のメタノリシス反応を効率的に触媒することが知られており，一定量の水や遊離脂肪酸の混在が発生する廃食用油などを原料とする場合にも有効と考えられる。筆者らは，リパーゼ生産能力の高い *R. oryzae* IFO 4697 株をポリウレタン製の多孔質担体（Biomass support particles; 略称：BSPs）に固定化させ，固定化菌体を直接リパーゼ酵素剤として用いる技術を開発した。図2に示すように，*R. oryzae* は液体培養において菌糸を伸長させて生育し，BSPsと共存して培養する過程で，菌体

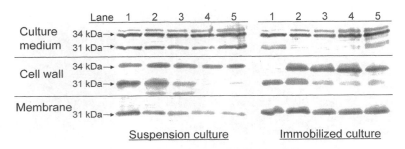

図3 サスペンジョン培養（左）および固定化培養（右）での菌体外，細胞壁，細胞膜による R. oryzae リパーゼのウエスタンブロット解析
Lane 1～5 shows 培養時間 24，48，72，96，and 120h を表す。

は自発的に固定化される。こうした培養操作で得られた固定化菌体は，ろ過などの分離操作を経て，固定化酵素と同じように反応に利用できる。このような固定化菌体のリパーゼ活性を高めるためには，培養液に添加する基質関連物質の種類が重要な因子で，オリーブ油やオレイン酸の添加が R. oryzae の菌体メタノリシス活性を向上させることが明らかとなっている。4～20%（w/w）の水を含む大豆油のメタノリシス反応の触媒に用いた実験では，メチルエステル含有率は80%（w/w）以上の高い濃度にまで達した[4]。このように，本プロセスでは菌体と BSPs を加えて培養するだけで，高活性の固定化菌体が調製できるので省エネ型プロセスとして有利な方法と考えられる。

4.3.2 R. oryzae 菌体におけるリパーゼの局在性

これまで多くの糸状菌リパーゼは，培養初期に細胞内で生合成され，一時的に細胞表面に留まった後，速やかに細胞外へ放出される分泌型酵素であると考えられてきた。しかしながら，糸状菌の細胞を直接酵素剤として反応に用いる場合，リパーゼの菌体外への分泌を抑制し，いかにして菌体リパーゼ活性を高めるかが重要となる。筆者らは，R. oryzae の培養条件の検討により，①菌体の BSPs への固定化および②オリーブ油など基質関連物質の培養液への添加が，菌体メタノリシス活性を高めることを見出した。以下では，各培養条件における R. oryzae が生産するリパーゼ（ROL）の種類の特定，ROL の局在部位およびメタノリシス活性について概説する[5]。

R. oryzae の細胞を分画し，ウェスタンブロット法により解析した結果を図3に示す。培養時に BSPs を加えないサスペンジョン培養では，細胞膜画分に 31kDa のリパーゼ（略称：ROL31）のみが存在し，細胞壁および菌体外に 34kDa のリパーゼ（略称：ROL34）と ROL31 が存在することが分かった。また，細胞壁における ROL34 の量は培養時間にほとんど影響を受けないのに対し，細胞膜画分の ROL31 は培養経時と共に著しく減少することも明らかとなった。

一方，菌体を BSPs に固定化させて培養した場合には，培養後期においても著量の ROL31 が

第6章 資源・燃料の生産

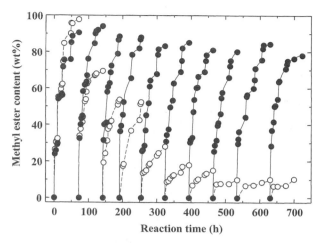

図4 充填層型バイオリアクターを用いた繰り返しメタノリシス反応における経時変化
（●）充填層型バイオリアクター；（○）レシプロシェーカー

細胞膜に存在し，菌体外ではROL34が大量に分泌されているのに対し，ROL31の分泌は強く抑制された。このような結果から，R. oryzaeは少なくとも2種類のリパーゼを生産し，菌体のBSPsへの固定化操作は，細胞膜に局在するROL31の菌体外への分泌を抑制することが明らかとなった。さらに，細胞膜局在型ROLの量とメタノリシス活性の相関性を検討した結果，細胞膜のROL31の量と菌体の比メタノリシス活性との間には正の相関性が存在することから，R. oryzaeの菌体メタノリシス活性には，細胞膜に局在するROL31が重要な役割を担っていることが明らかとなった。

4.3.3 R. oryzae 菌体を用いた充填層型培養装置によるBDF生産

全容量20LのエアリフトÆ型培養装置を用いてR. oryzaeを培養して得られたBSPs固定化菌体を分離回収し，この菌体をカラム内に充填した充填層型バイオリアクターによって繰り返しのメタノリシス反応を行った結果をシェーカーを用いた場合との比較で図4に示す[6]。1サイクル目において90%（w/w）を越える高いメチルエステル含有率を示し，10サイクルの繰り返し反応においても80%を維持した。一方，シェーカーを用いた場合には，サイクル数の増加に伴い急激に減少し10サイクル目には約10%（w/w）まで低下した。これは，固定化菌体がBSPsから剥離してくることが主な要因であると考えられる。

しかしながら，充填層型バイオリアクターにおいても，繰り返し反応においてメチルエステルの含有率は徐々に低下した。この要因として，反応液中にモノグリセリド（MG）およびジグリセリド（DG）のような中間生成物の蓄積がメチルエステル含有率の低下を引き起こしているものと推定された。

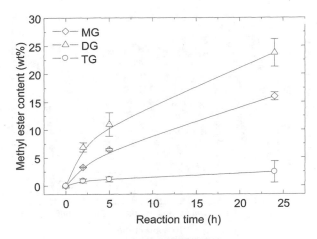

図5 mdlB の基質特異性
記号：(△) mono-olein；(□) di-olein；(○) tri-olein

4.4 部分グリセリド特異的リパーゼによる BDF 生産[7]
4.4.1 部分グリセリドによる特異性

　中間生成物の蓄積を低減させ，メチルエステル含有率の高い反応系を構築させるために，MG および DG に特異的なリパーゼを開発した。R.oryzae 由来のリパーゼ（ROL）は，トリグリセリド（TG）型リパーゼと言われるリパーゼで，TG，DG および MG に作用する。また ROL は 1,3 位置特異性を有しているが，2 位のアシル基が転移反応により 1,3 位に転移するので高い反応率が得られる。

　一方，*Asperugillus oryzae* 由来のリパーゼ（略称：mdlB）は MG, DG 型リパーゼと言われるリパーゼで TG にはほとんど作用せず，MG および DG に対して位置に関係なく特異的に作用し速やかに反応する。したがって，これらのリパーゼを組み合わせることにより，メチルエステル含有率の高い BDF を生産することが可能となる。

　mdlB を含有する全菌体生体触媒は次のようにして作成した。*A. oryzae* が持っている mdlB 遺伝子を過剰発現させるため，プロトプラスト-PEG 法を用いて *A. oryzae niaD*300 株に導入し形質転換した。得られた形質転換体は，ROL の場合と同様に BSPs と共に培養することにより固定化菌体が得られた。図5に mdlB の基質特異性を検討した結果を示す。TG を基質に用いた場合，反応はほとんど進行せず，24 時間では反応率は 5wt% にも達しなかった。これに対し，基質に MG, DG を用いた場合には，24 時間後の反応率がそれぞれ 16wt%, 23wt% 程度に達し，mdlB が MG および DG に特異的に作用することが確認された。

　続いて，ME 含有率が 82wt% の中間生成物を原料としてメタノリシス反応を行った結果を図6

第6章 資源・燃料の生産

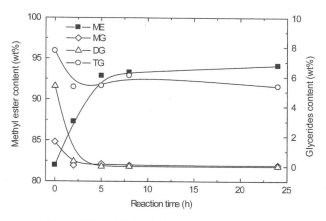

図6　中間生成物を原料としたメタノリシス反応
記号：(■) ME；(◇) MG；(△) DG；(○) TG
スタート時の成分：ME 82%, MG 1.6%, DG 5.4%, TG 10.4%

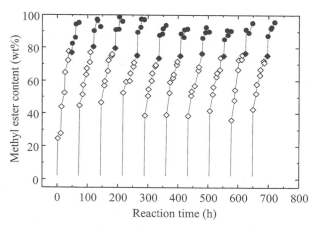

図7　充填層型バイオリアクターを用いた二段階反応システムによる繰り返しメタノリシス反応
記号：(◇) ROL；(●) ROL + mdlB

に示す。図より，MG，DG 含有率が速やかに減少し，それに伴い ME 含有率が増加した。MG，DG 量は反応5時間後にはそれぞれ GC 検出できない程度にまで減少し，ME 含有率も反応24時間後には約 95wt% の高含有率を達成した。一方，mdlB は TG に対して作用しないので，TG 量は反応期間中を通してほとんど変化しなかった。

4.4.2　2種類の全菌体生体触媒による BDF 生産

最後に，2本の充填層式バイオリアクターを用いた繰り返しメタノリシス反応を行った結果を図7に示す。ROL と mdlB を混合し，mdlB で MG および DG を，ROL で TG を反応させる二

段階の反応系を検討した。すなわち，ROLのみを充填したカラムで反応させた後の反応液を，ROLとmdlBを充填した2本目のカラムでさらに反応させるシステムを採用した。最初のカラムで48時間反応させた後，反応液を取り出し，2本目のカラムでの反応に移し，反応時間はそれぞれ48時間および24時間の合計72時間1サイクルの反応とした。

最初のカラム反応では各サイクル含有率は80wt%程度であったが，2本目の反応において90wt%を大きく超えるME含有率を達成した。10サイクルの反応後においても，95wt%の高いME含有率が得られた。

このような結果から，ROLおよび（ROL + mdlB）を充填した二段階反応システムが工業的BDF生産に適していると考えられる。

4.5 おわりに

地球温暖化防止対策として脱化石燃料社会の構築が急がれている。このため，バイオディーゼルやバイオエタノールなどのバイオ燃料のみならず，従来石油など化石資源から製造されていた一般化学汎用品などをバイオマス資源から製造する「バイオリファイナリー研究」が大変注目されている。ここで述べたバイオディーゼル燃料もその一つとして，省エネ型で効率のよい製造方法の確立が要求されており，早急な実用化が待たれる。

文　献

1) H. Fukuda, A. Kondo, H. Noda, Biodiesel fuel production by transesterification of oils (REVIEW), *J. Biosci. Bioeng.*, **92**, 405-416 (2001)
2) Y. Shimada, Y. Watanabe, T. Samukawa, A. Sugihara, H. Noda, H. Fukuda, Y. Tominaga, Conversion of vegetable oil to biodiesel using immobilized *Candida antarctica* lipase, *J. Am. Oil Chem. Soc.*, **76**, 789-793 (1999)
3) 福田秀樹,「全細胞生体触媒によるバイオディーゼル生産」, バイオ液体燃料, エヌ・ティー・エス, 306-314 (2007)
4) K. Ban, M. Kaieda, T. Matsumoto, A. Kondo, H. Fukuda, Whole cell biocatalyst for biodiesel fuel production utilizing *Rhizopus oryzae* cells immobilized within biomass support particles, *Biochem. Eng. J.*, **8**, 39-43 (2001)
5) S. Hama, S. Tamalampudi, T. Fukumizu, K. Miura, H. Yamaji, A. Kondo, H. Fukuda, Lipase localization in *Rhizopus oryzae* cells immobilized within biomass support particles for use as whole-cell biocatalysts in biodiesel-fuel production, *J. Biosci. Bioeng.*, **101**, 328-

333 (2006)
6) S. Hama, H. Yamaji, T. Fukumizu, T. Numata, S. Tamalampudi, A. Kondo, H. Noda, H. Fukuda, Biodiesel-fuel production in a packed-bed reactor using lipase-producing *Rhizopus oryzae* cells immobilized within biomass support particles, *Biochem. Eng. J.*, **34**, 273-278 (2007)
7) 甲田梨沙,沼田崇男,田中勉,近藤昭彦,福田秀樹,部分グリセリドリパーゼを用いたバイオディーゼル燃料生産系の開発,化学工学会第73年会研究発表講演プログラム集,J118 (2008)

5 レアメタルや重金属を吸着・回収するバイオアドソーベント

黒田浩一*

5.1 はじめに

　サステイナブルな社会を目指して地球環境に負担の少ない物質生産が求められており，生物機能を利用した物質生産はホワイトバイオテクノロジーと呼ばれ，大きく期待されている技術である。特に地球環境の観点から，資源・エネルギーの生産において活発に研究が進められているところであり，化石燃料から脱却し再生可能なバイオマス資源をエネルギーや石油代替化合物へと変換する技術（バイオリファイナリー）はその代表的な例として挙げられる。金属についても，高度経済成長期に引き起こされた有害重金属による環境汚染から，様々なハイテク機器に用いられ必要不可欠となってきている希少金属（レアメタル）など，我々の生活においても身近な存在であり，その重要性は日増しに高まっている。そのため，生物機能を利用した金属資源の回収は資源確保という意味でホワイトバイオテクノロジーの重要なターゲットであると考えられる。本稿では，微生物表層を金属の吸着・回収の場とする「微生物によるものづくり」における新しい発想のもと，筆者らが開発してきた細胞表層工学技術（アーミング技術）を用いて，レアメタルや重金属を吸着・回収できるよう細胞表層をデザインしたバイオアドソーベントの開発とその展開について紹介する。

5.2 金属の社会的必要性

　金属に関してはこれまで環境汚染の一因としてのイメージが先行してきたが，「捨てれば汚染物質，集めれば資源」であり，その効率的回収技術が重要である。特に金属の中でもレアメタルは他の金属と比較して，①少量，②代替性が著しく低い，③偏在性が高く産出国に対する依存度が非常に高いため，資源セキュリティーの確保が重要視されている。レアメタルは，自動車，デジタル家電，情報関連機器などの日本経済を支えるハイテク産業に使用され，ハイテク製品の小型化・軽量化・高性能化および省エネルギーといった点で大きく貢献しており，これらのハイテク産業の国際競争力の維持・発展に必要不可欠な素材・製品として需要が拡大している。また，世界有数の材料技術を誇る高度部材産業の集積も日本の製造業の国際競争力を支えている。しかし，中国をはじめとする資源産出国であるBRICs諸国の経済発展により，レアメタルの国内需要が高まっており，特に中国では近年の経済発展に伴い輸出を規制する動きが見られている。このような特定国への供給依存と近年の国際価格の高騰により，レアメタルの供給構造は極めて脆弱となっている。そのため，レアメタルは日本産業のアキレス腱とも言われている[1]。日本では

---

*　Kouichi Kuroda　京都大学　大学院農学研究科　応用生命科学専攻　助教

第 6 章　資源・燃料の生産

海外からの安定供給が困難になった場合に備えて 1983 年にレアメタル国家備蓄制度が創設され，7 種類のレアメタル（ニッケル，クロム，マンガン，コバルト，タングステン，モリブデン，バナジウム）が備蓄の対象となっており，民間備蓄分と合わせて国内基準消費量 60 日分相当の備蓄を行っている。一方で，これまでに日本国内に廃棄・蓄積された金属をリサイクルの対象となる資源として見れば，我々の住む都市は膨大な非鉄金属資源を埋蔵している鉱山（都市鉱山）と捉えることができ，その量を算出すると日本は世界有数の資源国に匹敵するとも言われている[2]。したがって，日本がレアメタルを確保する方策として，自然界から効率よく集める技術や上記の都市鉱山の考え方から，廃棄された製品，排水中などから効率よく回収するといった資源の有効利用のための技術が求められており，レアメタル循環型社会システムの構築が大きな課題であると言える。

5.3　微生物による金属イオン吸着と回収

　水圏中に含まれる金属イオンを回収するためには，第一段階として金属イオンを何らかの吸着体に吸着させること，そして第二段階として吸着した金属イオンを効率的に脱着させることが必要である。水圏中での金属イオン吸着は，環境浄化を目的とした重金属イオン吸着が行われており，大きく分けて物理化学的な方法と生物を利用した方法（バイオレメディエーション）が挙げられる。バイオレメディエーションはより安価で有効であると考えられており，その中でも微生物を吸着剤とするバイオアドソーベントの開発が注目され研究が盛んに行われている[3]。特に，常温常圧下での吸着が可能であり，目的金属イオンの濃度が低い溶液中からも吸着が可能であることから，比較的高い濃度を想定した物理化学的方法を補う方法として期待されている。生物は環境中の金属イオン濃度によらず生体内の金属イオン濃度をある一定の範囲に留めるといった恒常性維持システムを備えている。このシステムにおいて，金属イオンを認識して情報伝達を行ったり，無毒な形に封じ込めたりするタンパク質が機能しており，バイオアドソーベントの開発ではこのような生体分子の持つ金属イオン認識・結合能を利用する。しかしながら，これまでに開発されてきたバイオアドソーベントでは細胞内への蓄積に着目し蓄積能を向上させた試みが多く[4]，吸着させた後の回収については殆ど考えられておらず，回収するためには細胞を破砕しなければならないため，実際のところ回収は困難であった。そこで，筆者らはこれを解決するため，微生物と金属との関わりの中でも細胞内への蓄積に先立って起こる細胞表層での吸着に着目した。細胞表層を吸着の場として捉え，細胞表層での吸着能を向上させるという発想と微生物の細胞表層デザインを可能にした細胞表層工学（アーミング技術）の確立によって，目的の金属イオンを吸着・回収させることができるよう細胞表層をデザインした新しいバイオアドソーベントが生み出されてきている。

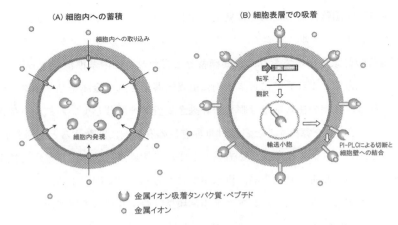

図1　金属イオンを吸着するバイオアドソーベントのモデル図
(A) 従来型の細胞内蓄積を強化したバイオアドソーベント
(B) 細胞表層での吸着・回収能を賦与したバイオアドソーベント

5.4　金属イオン吸着・回収のための細胞表層デザイン

　細胞表層デザインを可能にした細胞表層工学技術（アーミング技術）では，目的の機能性タンパク質を細胞表層上にディスプレイさせ，細胞自体に新しい機能を賦与することができる。そのため，細胞の新しい分子育種法として有用であり様々な新しい機能を持ったアーミング細胞の作製に成功している[5]。この技術では，細胞表層に輸送・局在化するタンパク質の分子情報を利用し，これを目的のタンパク質に融合させることによってディスプレイすることができる。既に酵母において様々なタンパク質のディスプレイに成功している α-アグルチニンは性凝集に関わる細胞表層タンパク質であり，N末端のシグナル配列とC末端のGPIアンカー付着シグナルを含む細胞壁アンカリングドメインがディスプレイに用いられている。筆者は金属イオン吸着・回収のための細胞表層デザインとして，金属イオン吸着タンパク質やペプチドをディスプレイし，これによって様々な金属イオンを細胞表層上で吸着・回収することのできるバイオアドソーベントを実現させることができた（図1）[6〜9]。このようなアプローチによってできたバイオアドソーベントは細胞内での吸着と比べて様々な利点を持ち合わせている。細胞表層工学技術は，新しい機能を持った細胞の分子育種法であるとともに，発現させたタンパク質を単離・精製をすることなく細胞をタンパク質粒子として扱うことのできるタンパク質工学の革新的ツールでもある。すなわち，金属イオン吸着能を持った機能性タンパク質でコーティングされた細胞をそのまま吸着担体として扱うことができ，しかも吸着分子の調製と担体への結合という2つの過程を培養という簡便な操作によって自動的に行うことができるのである。細胞表層での吸着は吸着に要する時間も短く，脱着・回収の際にも細胞を破砕しなくてよいため，1度吸着に用いた細胞を繰り返し利

第6章 資源・燃料の生産

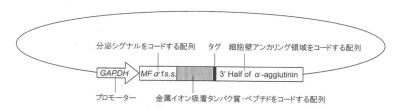

図2 金属イオン吸着タンパク質・ペプチドをディスプレイするための融合遺伝子

用することも可能であると考えられる。また，ディスプレイする吸着分子を変えることによって，吸着できる金属イオンを比較的容易に変えることもできる。さらに細胞表層工学技術が確立されている微生物の中で，筆者が用いた酵母は安全性が確認されている真核生物であり，タンパク質の品質管理機構や糖鎖付加を行うことができるため，遺伝子配列が分かっている多種多様な金属イオン吸着タンパク質・ペプチドのディスプレイが期待できる。

5.5 金属イオン吸着タンパク質・ペプチドの細胞表層ディスプレイ

そこで酵母の細胞表層工学を用い，レアメタルや重金属イオン吸着能を持つ分子をディスプレイすることによって，バイオアドソーベント作製のための細胞表層デザインを行った。最初の試みとして2価重金属イオンをターゲットとし，これを吸着することのできるペプチドとしてヒスチジン6量体 $(His)_6$ を，タンパク質としてメタロチオネインを用いディスプレイした。$(His)_6$ はタンパク質精製の際のアフィニティータグとして広く用いられており，2価重金属イオンとのアフィニティーを利用して精製が行われている[10]。また，メタロチオネインは生体内の2価重金属イオンの恒常性維持に関わっており，高含量のシステイン残基を介して過剰な重金属イオンを吸着し封じ込めることによってその毒性から細胞を守る役割を果たしている[11]。そこで，$(His)_6$ や酵母由来のメタロチオネインを細胞表層にディスプレイするため，図2に示した融合遺伝子を構築した。解糖系で構成的に働く *GAPDH* プロモーターの下流に5'末端から α-ファクターのシグナル配列，金属イオン吸着タンパク質・ペプチド，タグ配列，細胞壁アンカリング領域として機能する α-アグルチニンのC末端320アミノ酸をコードする塩基配列を融合した。これをパン酵母 *Saccharomyces cerevisiae* に導入して発現を行い，タグに対する抗体を用いた蛍光抗体染色によって実際に細胞表層上へのディスプレイを確認した（写真1）。構築したアーミング酵母を用いて溶液中の銅，カドミウム，ニッケルイオンを吸着させた後，細胞を EDTA で処理することによって細胞表層で吸着した重金属イオンの脱着・回収を行った。EDTA 溶液中に遊離した金属イオンの濃度を測定することによって，吸着・回収能を評価した。その結果，$(His)_6$ ディスプレイ酵母では銅，ニッケルイオンの吸着・回収能が増大し（図3），メタロチオネインデ

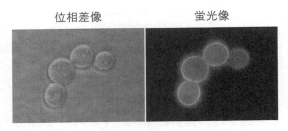

写真1 メタロチオネイン提示酵母の蛍光抗体染色

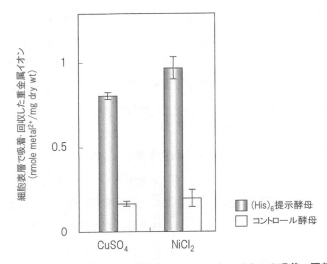

図3 (His)$_6$提示酵母による銅イオン・ニッケルイオンの吸着・回収

ィスプレイ酵母ではカドミウムイオンの吸着・回収能が増大した。重金属イオン吸着分子をディスプレイしたことにより吸着・回収能が増大したが,さらに重金属イオン含有培地での生育を調べたところ,興味深いことに野生型では生育できない濃度の重金属イオン含有培地においても生育することができ,細胞表層での吸着が細胞の重金属イオン耐性の1つのメカニズムとして有効であることも分かった(図4)。そのため,細胞表層工学を用いた細胞表層のデザインは,様々な環境に耐性を示す細胞を分子育種する際のアプローチとして有用であると考えられる。

上記のような細胞表層を吸着の場とする重金属イオンの吸着・回収システムは,レアメタルのような産業上有用性の高い金属イオンの吸着・回収においても適用可能であり,資源回収の意味で有益なバイオアドソーベントとなり得る。そのためにはレアメタルを吸着することのできる生体分子が必要であるが,レアメタルを含めた微量金属の中には生体中の金属タンパク質の補因子として様々な酵素反応に不可欠な必須微量金属が存在する。必須微量金属が特異的に認識され取り込まれることによって,金属タンパク質は正常に機能することができ,このような金属タンパ

第6章 資源・燃料の生産

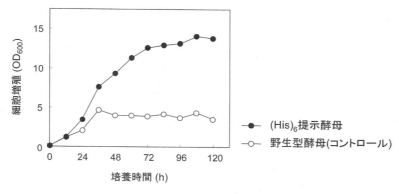

図4　2mM 銅イオンを含む YPD 培地（pH7.8）での生育

ク質が備えている金属認識・結合能力を利用することができる。レアメタルの中でも国家備蓄の対象となっており近年国際価格が大きく上昇しているモリブデンは強硬度，耐熱性等があり，特殊鋼，電子部品，触媒，潤滑剤等に用いられているため，産業上有用性の高い金属であり，その吸着・回収システムの構築が期待されている。そこでモリブデンをターゲットとし，上記のような細胞表層デザインからのアプローチによって，モリブデンを吸着・回収するバイオアドソーベントの開発を行った。ディスプレイするモリブデン吸着分子として，ヒトや植物をはじめ様々な生体中にはモリブデンを補因子として働くモリブデン結合型タンパク質が存在するため[12]，これらのタンパク質に着目し，そのモリブデン認識・結合能力を利用した。大腸菌では，外界中に存在するモリブデンを取り込むためのトランスポーターの発現を制御する転写因子として ModE タンパク質が機能しており，モリブデン酸イオン（MoO_4^{2-}）を認識・結合することが知られている[13]。このタンパク質は N 末端領域に DNA 結合ドメインを持ち，C 末端領域にモリブデン酸イオン結合ドメインを持つ全長 262 アミノ酸のタンパク質である。ModE タンパク質を細胞表層ディスプレイするため，大腸菌ゲノム DNA から ModE タンパク質をコードする DNA 断片を取得し，図2に示したような細胞表層提示用の融合遺伝子中に組み込むことによって酵母にて発現を行った。蛍光抗体染色によってModEタンパク質の細胞表層ディスプレイが確認できたため，この細胞を用いてモリブデン吸着試験を行った。その結果，野生型と比べて吸着能の増加が見られ，また吸着時の溶液のpHを7.8から10に変化させると吸着量は大きく低下することが分かった。したがって，構築したアーミング酵母はモリブデンを吸着できるだけでなく，pHなどの簡便な化学的処理によって脱着・回収が実現できる可能性が高いと考えられるので，現在条件検討を行っているところである[14,15]。このように，細胞表層デザインといった細胞表層を吸着の場と捉えて改良を行った結果，有害重金属イオンを吸着する環境浄化酵母だけでなく，レアメタルイオンを吸着・回収する資源リサイクル酵母へと新たな可能性を見出した。

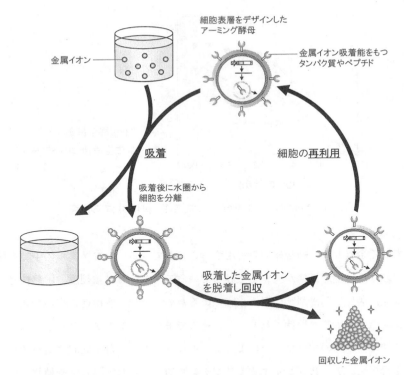

図5 細胞表層をデザインしたアーミング酵母による金属イオンの吸着・回収システム

5.6 細胞表層デザインにより創製したバイオアドソーベントの利点と更なる可能性

バイオアドソーベント開発の新しいアプローチとして細胞表層デザインを行った結果，環境汚染重金属イオンやレアメタルイオン吸着・回収能を賦与することができたが，このような細胞表層を吸着の場とするバイオアドソーベントには様々な利点や可能性を秘めている。従来の細胞内への蓄積と比べて，吸着した金属イオンを細胞から非破壊的に回収できることは最大の利点であり，これによってバイオアドソーベントの繰り返し利用も充分可能であると考えられるため，実用化を考えた場合に非常に重要な要素となるであろう（図5）。また，吸着に要する時間についても，細胞内への蓄積が細胞の代謝機能に依存した反応であるのに対し，細胞表層での吸着は代謝に依存しない表面での反応であるため吸着速度は数分間で完了していると予想される。さらに，ターゲットとなる金属イオンが細胞毒性を有している場合，細胞内への蓄積は細胞にとって有毒となり細胞の生育や代謝能に影響を与え吸着の低下を招く恐れがある。一方，細胞表層吸着では金属イオンは細胞内に取り込む必要がないため，有害金属イオンであっても吸着能に与える影響は小さく，しかも細胞に金属耐性を与えることが明らかとなった。

目的とする金属種に合わせて，細胞表層にディスプレイするタンパク質を交換することにより，

第6章 資源・燃料の生産

言わばバイオアドソーベントのオーダーメードも可能である。細胞表層デザインを行ったアーミング酵母を用いて実際に金属イオンの吸着・回収を行う際，水圏中には目的とする金属イオンの他に様々な別の金属イオンが混在している可能性が高い。したがって，今後さらに実用性の高いものにしていくためには，目的の金属イオンのみを選択的に吸着することが重要な課題になると考えられる。この点に関しても，細胞表層デザインによるアプローチでは，選択的吸着能を持ったタンパク質をディスプレイすることによって，高選択性を持ったバイオアドソーベント開発の可能性を有している。また，細胞表層デザインを行うツールとして用いた細胞表層工学は，細胞表層へ新機能を付与する手法としてだけではなく，変異を導入したタンパク質がディスプレイされた細胞を1つの支持体として，タンパク質の精製・濃縮操作を必要とすることなく，ディスプレイされた変異タンパク質を細胞のまま機能解析することができる革新的な分子ツールでもある。変異の導入は発現プラスミド上のDNA配列にて行っており，導入した変異はプラスミド上のDNA配列を解析することによって迅速に決定することができる。そのため，細胞表層工学を用いることによって，生物が備えている金属イオン吸着タンパク質を用いるだけでなく，これらを改変して選択性を与えたり，選択的吸着能を持ったペプチドやタンパク質を新たに作り出したりすることもできる。実際に，大腸菌の細胞表層にディスプレイした12アミノ酸からなるランダムペプチドライブラリーの中から，ニッケルイオン吸着能を示すペプチドのスクリーニングを行った例が報告されており[16]，金属イオン吸着タンパク質の改変・創製とバイオアドソーベントの分子育種を同時に行うことができるのである。

5.7 おわりに

本稿で紹介したレアメタル・重金属の吸着・回収が可能なバイオアドソーベントは，従来の細胞内への蓄積とは異なる細胞表層での吸着といった新しいアプローチと，細胞表層工学という細胞表層デザインを可能にしたバイオ技術の確立によって創製され，これまでにない多くの利点を有しているため，今後益々の発展が期待される。環境汚染重金属イオンの吸着・除去に有用であったが，特にレアメタルに関しては社会的な必要性が高く実際にレアメタルの吸着も可能であったため，資源の回収という意味でも非常に有益なバイオアドソーベントとなるであろう。ここではモリブデンをターゲットとした例を紹介したが，細胞表層工学による新しいレアメタル吸着分子の創製とその細胞表層ディスプレイによって，様々なレアメタルを吸着することのできるバイオアドソーベントのオーダーメードを行い，資源リサイクル酵母として発展していくことが期待される。

文　献

1) 古郡悦子, 化学と工業, **59**, 200-203 (2006)
2) ㈲物質・材料研究機構, 平成20年1月11日プレスリリース
3) G. M. Gadd, C. White, *Trends Biotechnol.*, **11**, 353 (1993)
4) M. Pazirandeh *et al.*, *Appl. Microbiol. Biotechnol.*, **43**, 1112 (1995)
5) A. Kondo, M. Ueda, *Appl. Microbiol. Biotechnol.*, **64**, 28 (2004)
6) K. Kuroda *et al.*, *Appl. Microbiol. Biotechnol.*, **57**, 697 (2001)
7) K. Kuroda *et al.*, *Appl. Microbiol. Biotechnol.*, **59**, 259 (2002)
8) K. Kuroda *et al.*, *Appl. Microbiol. Biotechnol.*, **63**, 182 (2003)
9) K. Kuroda *et al.*, *Appl. Microbiol. Biotechnol.*, **70**, 458 (2006)
10) E. Hochuli *et al.*, *J. Chromatography*, **411**, 177 (1987)
11) T.R. Butt, D.J. Ecker, *Microbiol. Rev.*, **51**, 351 (1987)
12) R. Hille, *Trends Biochem. Sci.*, **27**, 360 (2002)
13) D. G. Gourley *et al.*, *J. Biol. Chem.*, **276**, 20641 (2001)
14) 黒田浩一ほか, 工業材料, **55**, 66 (2007)
15) 黒田浩一ほか, 貴金属・レアメタルのリサイクル技術集成, エヌ・ティー・エス, p.305 (2007)
16) J. Dong *et al.*, *Chem. Biol. Drug. Des.*, **68**, 107-112 (2006)

微生物によるものづくり
―化学法に代わるホワイトバイオテクノロジーの全て― 《普及版》 (B1124)

2008年 6 月20日　初　版　第 1 刷発行
2015年 5 月11日　普及版　第 1 刷発行

監　修　　植田充美　　　　　　　　　Printed in Japan
発行者　　辻　賢司
発行所　　株式会社シーエムシー出版
　　　　　東京都千代田区神田錦町 1-17-1
　　　　　電話03 (3293) 7066
　　　　　大阪市中央区内平野町 1-3-12
　　　　　電話06 (4794) 8234
　　　　　http://www.cmcbooks.co.jp/

〔印刷　株式会社遊文舎〕　　　　　　　Ⓒ M. Ueda, 2015

落丁・乱丁本はお取替えいたします。

本書の内容の一部あるいは全部を無断で複写（コピー）することは，法律で認められた場合を除き，著作者および出版社の権利の侵害になります。

ISBN978-4-7813-1017-6　C3045　¥5400E